管理纪事遗产

中国水文化遗产图录

朱海风　史月梅　编著

中国水利水电出版社
www.waterpub.com.cn
·北京·

内 容 提 要

本书以1949年以前的中国水利管理纪事遗产为导向，从名目繁多的古代文化材料中披沙拣金，从各流域和不同地域的文化遗存中精挑细选，对水利管理文化遗产进行了甄别梳理，扼要介绍了水利管理与纪念建筑、水利碑刻、水利法规制度和水利文献等重要内容，配合著录了大量翔实的史料和图文，兼顾了文化普及和提升并重的编著愿景，期望能为水文化遗产的保护、利用、传承和发展献上绵薄之力，能对广大读者与从事相关研究的专家学者有所助益。

图书在版编目（CIP）数据

管理纪事遗产 / 朱海风，史月梅编著. -- 北京 ：
中国水利水电出版社，2022.12
（中国水文化遗产图录）
ISBN 978-7-5226-0635-4

Ⅰ. ①管… Ⅱ. ①朱… ②史… Ⅲ. ①水利工程－文化遗产－中国－古代－图录 Ⅳ. ①K878.42

中国版本图书馆CIP数据核字(2022)第254070号

书籍设计：李菲　芦博　田雨秾　龚煜

书　名	中国水文化遗产图录　管理纪事遗产 ZHONGGUO SHUIWENHUA YICHAN TULU　GUANLI JISHI YICHAN
作　者	朱海风　史月梅　编著
出版发行	中国水利水电出版社 (北京市海淀区玉渊潭南路1号D座　100038) 网址：www.waterpub.com.cn E-mail: sales@mwr.gov.cn 电话：(010) 68545888（营销中心）
经　售	北京科水图书销售有限公司 电话：(010) 68545874、63202643 全国各地新华书店和相关出版物销售网点
排　版	北京金五环出版服务有限公司
印　刷	北京天工印刷有限公司
规　格	210mm×285mm　16开本　18.5印张　494千字
版　次	2022年12月第1版　2022年12月第1次印刷
定　价	198.00元

丛书序

中国特有的地理位置、自然环境和农业立国的发展道路决定了水利是中华民族生存和发展的必然选择。早在100多万年前人类起源之际，先人们即基于对水的初步认识，逐水而居，“择丘陵而处之”；4000多年前的大禹治水则掀开中华民族历史的第一页，此后历代各朝都将兴水利、除水害作为治国安邦的头等大事。可以说，水利与中华文明同时起源，并贯穿其发展始终；加上中国疆域辽阔、自然条件千差万别、水资源时空分布不均、区域和民族文化璀璨多样，这使得中国在漫长的识水、用水、护水、赏水和除水害、兴水利的过程中留下数量众多、分布广泛、类型丰富的水文化遗产。这些水文化遗产具有显著的时代性、区域性和民族性，以不同的载体形式、全面系统地体现并见证了中国先人对水资源的认识和开发利用的历程及成就，体现并见证了各历史时期和不同地区的水利与经济、社会、生态、环境、传统文化等方面的关系，以及各历史时期水利在民族融合、边疆稳定、政局稳定和国家统一等方面的重要作用，体现并见证了水资源开发利用在中华民族起源与发展、中华文明发祥与发展中的重要作用与巨大贡献。可以说，它们是中国文化遗产中不可或缺、不可替代的重要组成部分，有的甚至在世界文化遗产中也独树一帜，具有显著的特色。基于此，近年来，随着社会各界对水文化遗产保护、传承与利用的日益重视，水文化遗产逐渐走进人们的视野。

一、水文化遗产的特点与价值

水文化遗产，顾名思义，就是人们承袭下来的与水或治水实践有关的一切有价值的物质遗存，以及某一族群在这一过程中形成的能够世代相传、反映其特殊生活生产方式的传统文化表现形式及其实物和场所，它们是物质形态和非物质形态水文化遗产的总和。水文化遗产具有以下特点。

（一）水文化遗产是复杂的巨系统

水文化遗产是在识水、用水和护水，尤其是除水害、兴水利的水利事业发展过程中逐渐形成的，也是这一过程的有力见证，这使得水文化遗产具有以下三个方面的特点：

其一，中国自然条件千差万别，水资源时空分布不均，加之区域社会经济发展需求各异，这使得水文化遗产具有数量众多、分布广泛和类型丰富等特点，且具有显著的地域性或民族性。

其二，中国是文明古国，也是农业大国，拥有悠久而持续不断的历史，历朝各代都把除水害、兴水利作为治国理政的头等大事，这使得中国水利事业始终在持续发展，水利工程技术在持续演进，从而使水文化遗产不断形成与发展，并具有显著的时代性。

其三，中国水利建设是个巨系统，它不单单涉及水利工程技术问题，还与流域或区域的经济、社会、环境、生态、景观等领域密切相关，与国家统一与稳定、边疆巩固、民族融合等因素密切相关，同时在中华民族与文明的起源、发展与壮大方面发挥着重要作用。这一特点决定了水文化遗产是个开放的系统，除了在水利建设过程中不断形成的水利工程遗产外，还包括水利与其他领域和行业相互作用融合而形成的非工程类水文化遗产，从而逐渐形成几乎涵盖各个领域、包括各种类型的遗产体系。

总而言之，中国水利事业发展的这三个特点决定了水文化遗产具有类型极其丰富的特点，不仅包括灌溉工程、防洪工程、运河工程、城市供排水工程、景观水利工程、水土保持工程、水电工程等水利工程类遗产，以及与水或治水有关的古遗址、古建筑、治水人物墓葬、石刻、壁画、近代现代重要史迹和代表性建筑等非工程类不可移动的物质文化遗产；包括不同历史时期形成的与水或治水有关的文献、美术品和工艺品、实物等可移动的物质文化遗产；还包括与水或治水有关的口头传统和表述、表演艺术、传统河工技术与工艺、知识和实践、社会风俗礼仪与节庆等非物质文化遗产。

（二）水文化遗产是动态演化的系统，是“活着的”“在用的”遗产

水文化遗产尤其是“在用的”水利工程遗产，其形成与发展主要取决于特定时期和地区的自然地理和水文水资源条件、生产力和科学技术发展水平，服务于当地经济社会发展的需求，这使得它既具有一定的稳定性，又具有动态演化的特点。在持续的运行过程中，随着上述条件或需求的变化，以及新情况、新问题的出现，许多工程都进行过维修、扩建或改建，有的甚至功能也发生了变化。因此，该类遗产往往由不同历史时期的建设痕迹相互叠加而成，并延续至今。如拥有千年历史的灌溉工程遗产郑国渠，其取水口位置随着自然条件的变化而多次改移，秦代郑国首开渠口，西汉白公再开，宋代开丰利渠口，元代开王御史渠口，明代开广济渠口，清代再开龙洞渠口，最后至民国时期改移至泾惠渠取水口。这是由于随着泾水河床的不断下切，郑国渠取水口位置逐渐向上游移动，引水渠道也随之越来越长，最后伸进山谷之中，不得不在坚硬的岩石上凿渠，从而形成不同的取水口遗产点。有些“在用的”水利工程遗产，随着所在区域经济社会发展需求的变化，其功能也逐渐发生相应的转变。如灵渠开凿之初主要用于航运，目前则主要用于灌溉。

在漫长的水利事业发展历程中，水文化遗产的体系日渐完备，规模日益庞大，类型日益丰富。其中，有些水利工程遗产拥有数百年甚至上千年的历史，至今仍在发挥防洪、灌溉、航运、供排水、水土保持等功能，如黄河大堤、郑国渠、宁夏古灌区、大运河、哈尼梯田等。这一事实表明，它们是尊重自然规律的产物，是人水共生的工程，是“活着的”“在用的”遗产，不仅承载着先人治水的历史信息，而且将为当前和今后水利事业的可持续和高质量发展提供基础支撑。这是水利工程遗产不同于一般意义上文化遗产的重要特点之一。

（三）水文化遗产具有较高的生态与景观价值

水文化遗产尤其是水利工程遗产不像一般意义上的文化遗产如古建筑、壁画等那样设计精美、工艺精湛，因而长期以来较少作为文化遗产走进公众的视野。然而，近年来，随着社会各界对它们的进一步了解，其作为文化遗产的价值逐渐被认知。

首先，水文化遗产与一般意义上的文化遗产一样，具有历史、科学、艺术价值；其次，它们中的“在用”水利工程遗产还具有较高的生态和景观价值。在科学保护的基础上，对它们加以合理和适度的利用，将为当前和今后河湖生态保护与恢复、“幸福河”的建设等提供文化资源的支撑。这主要体现在以下两个方面：

一方面，依托水体形成的水文化遗产，尤其是那些拥有数百上千年历史的在用类水利工程遗产，不仅可以发挥防洪排涝、灌溉、航运、输水等水利功能，而且可以在确保上述功能的基础上，充分利用其尊重河流自然规律、人水和谐共生的设计理念和工程布局、结构特点，服务于所在地区生态和环境的改善、“流动的”水景观的营造，进而提升其人居环境和游憩场所的品质。这是它有别于其他文化遗产的重要价值之一。

另一方面，作为文化遗产的重要组成部分，水文化遗产是不可替代的，且具有显著的区域特点和行业特

点。在当前水景观蓬勃发展却又高度趋同的背景下，以水文化遗产为载体或基于其文化遗产特性而建设水景观，不仅可有效避免景观风格与设计元素趋同的尴尬局面，而且可赋予该景观以灵魂和生命力；依托价值重大的水利工程遗产营建的水景观还可以脱颖而出，独树一帜，甚至撼人心灵。

二、水文化遗产体系的构成与分类

作为与水或治水有关的庞大文化遗产体系，水文化遗产可根据其与水或治水的关联度分为以下三大部分：一是因河湖水系本体以及直接作用于其上的人类活动而形成的遗产，这主要包括两大类，一类是因河湖水系本体而形成的古河道、古湖泊等；另一类是直接作用于河湖水系的各类遗产，其中又以治水过程中直接建在河湖水系上的水利工程遗产最具代表性。二是虽非直接作用于河湖水系但是在治水过程中形成的文化遗产，即除了水利工程遗产以外的其他因治水而形成的文化遗产。三是因河湖水系本体而间接形成的文化遗产，即前两部分遗产以外的其他文化遗产。在这三部分遗产中，前两部分是河湖水系特性及其历史变迁的有力见证，也是治水对政治、经济、社会、生态、环境、景观、传统文化等领域影响的有力见证，因而是水文化遗产的核心和特征构成。在这两部分遗产中，又以第一部分中的水利工程遗产最能展现河湖水系的特性及其变迁、治理历史，因而是水文化遗产的核心和特征构成。

鉴于此，基于国际和国内遗产的分类体系，考虑到水利工程遗产是水文化遗产特征构成的特点，拟将水利工程遗产单独列为一类。据此，水文化遗产首先分为工程类水文化遗产和非工程类水文化遗产两大类。其中，非工程类水文化遗产可根据中国文化遗产的分类体系，分为物质形态的水文化遗产和非物质形态的水文化遗产两类。物质形态的水文化遗产又细分为不可移动的水文化遗产和可移动的水文化遗产。

（一）工程类水文化遗产

工程类水文化遗产指为除水害、兴水利而修建的各类水利工程及相关设施。按功能可分为灌溉工程、防洪工程、运河工程、城乡供排水工程、水土保持工程、景观水利工程和水力发电工程等遗产。另外，工程遗产所依托的河湖水系也可作为工程遗产纳入其中，即河道遗产。这些工程类水文化遗产从不同的角度支撑着不同时期的水资源开发利用和水灾害防治，是水利事业发展历程及其工程技术成就的实证，也是水利与区域经济、社会、环境、生态相关关系的有力见证，是水利对中华民族、中华文明形成发展具有重大贡献的最直接见证。它主要包括以下几类：

（1）灌溉工程遗产。指为确保农田旱涝保收、稳产高产而修建的灌溉排水工程及相关设施。作为农业古国和农业大国，中国的灌溉工程起源久远、类型多样、内容丰富，它们不仅是农业稳产高产、区域经济发展的基础支撑，而且在民族融合和边疆稳定等方面发挥着重要作用，也为中国统一的多民族国家的形成与发展提供了坚实的经济基础。如战国末年郑国渠和都江堰的建设，不仅使关中地区成为中国第一个基本经济区，使成都平原成为“天府之国”，而且使秦国的国力大为增强，充足的粮饷保证了前线军队供应，秦国最终得以灭六国、统一天下，建立起中国历史上第一个统一的、多民族的、中央集权制王朝——秦朝。在此后的2000多年里，尽管多次出现分裂割据的局面，但大一统始终是中国历史发展的主流。秦朝建立后，国祚虽短，但它设立郡县制，统一文字、货币和度量衡，统一车轨和堤距等举措，对后世大一统国家的治理产生了深远的影响。秦末，发达的灌溉工程体系和富庶的关中地区同样给予刘邦巨大帮助，刘邦最终战胜项羽，再次建立大一统的国家，并使其进入中国古代社会发展的第一个高峰。

自秦汉时期开始，历代各朝都在西部边疆地区实施屯垦戍边政策，如在黄河流域的青海、宁夏和内蒙古河套地区开渠灌田，这不仅促进了边疆地区经济的发展，而且巩固了边疆的稳定、推动了多民族的融合。这一过程中，黄河文化融合了不同区域和民族的文化，形成以它为主干的多元统一的文化体系，并在对外交流中不断汲取其他文化，扩大自身影响力，从而形成开放包容的民族性格。

由于地形和气候多种多样、水资源分布各具特点，不同流域和地区的灌溉工程规模不同、型式各异。以黄河为例，其上游拥有众多大型古灌区，如河湟灌区、宁夏古灌区、河套古灌区等；中游拥有大型引水灌渠如郑国渠、洛惠渠、红旗渠等，拥有泉灌工程如晋祠泉、霍泉等；下游则拥有引洛引黄等灌渠。

（2）防洪工程遗产。指为防治洪水或利用洪水资源而修建的工程及相关设施。治河防洪是中国古代水利事业中最为突出的内容，集中体现了中华民族与洪水搏斗的波澜壮阔、惊心动魄的历程，以及这一历程中中华民族自强不息精神的塑造。

公元前21世纪，发生特大洪水，给人们带来深重的灾难，大禹率领各部族展开大规模的治水活动。大禹因治水成功而受到人们的拥戴，成为部落联盟首领，并废除禅让制，传位于其子启，启建立起中国历史上第一个王朝——夏朝，中国最早的国家诞生。在大禹治水后的数千年间，大江大河尤其是黄河频繁地决口、改道，每一次大的改道往往会给下游地区带来深重的甚至是毁灭性的灾难；长江的洪水灾害也频繁发生。于是中华民族的先人们与洪水展开了一次又一次的殊死搏斗。可以说，从传说时代的大禹治水，到先秦时期的江河堤防的初步修建，到西汉时期汉武帝瓠子堵口，明代潘季驯的“束水攻沙”“蓄清刷黄”，清代康熙帝将“河务、漕运”书于宫中柱上等，中华民族在与江河洪水的搏斗中发展壮大，其间充满了艰辛困苦，付出了巨大牺牲，同时涌现出众多伟大的创造，并孕育出艰苦奋斗、自强不息、无私奉献、百折不挠、勇于担当、敢于战斗、富于创新等精神。这是中华民族的宝贵精神，值得一代代传承与弘扬。

与洪水抗争的漫长历程中，历代各朝逐渐产生形成丰富多彩的治河思想，建成规模宏大、配套完善的江河和城市防洪工程，不断创造出领先时代的工程技术等。在江河防洪工程中，堤防是最主要的手段，自其产生以来，历代兴筑不已，规模越来越大，几乎遍及中国的各大江河水系，形成如黄河大堤、长江大堤、永定河大堤、淮河大堤、珠江大堤、辽河大堤和海塘等堤防工程，并创造了丰富的建设经验，形成完整的堤防制度。

（3）运河工程遗产。指为发展水上运输而开挖的人工河道，以及为维持运河正常运行而修建的水利工程与相关设施。早在2500年前，中国已有发达的水运交通，此后陆续开凿了沟通长江与淮河水系的邗沟、沟通黄河与淮河水系的鸿沟、沟通长江与珠江水系的灵渠，以及纵贯南北的大运河等人工运河。这些人工运河尤其是中国大运河不仅在政治、经济、文化交流及宗教传播等方面发挥着重要作用，而且沟通了中国的政治中心和经济中心，是中国大一统思想与观念的印证；此外，它们还是连接海上丝绸之路与陆上丝绸之路的纽带，在今天的“一带一路”倡议中仍然发挥着重要作用。

在漫长的运河开凿历程中，中国创造出世界上里程最长、规模最大的人工运河；不仅开凿了纵横交错的平原水运网，而且创造出世界运河史上的奇迹——翻山运河；不仅具有在清水条件下通航的丰富经验，而且创造出在多沙水源的运渠中通航的奇迹。

（4）城乡供排水工程遗产。指为供给城乡生活、生产用水和排除区域积水、污水而修建的工程及相关设施。城市的建设规模、空间布局、建筑风格和发展水平往往取决于所在地区的水系分布，独特的水系分布往往赋予城市独特的空间分布特点。如秦都咸阳地跨渭河两岸，渭河上建跨河大桥，整座城市呈现“渭水贯都以象天汉，横桥南渡以法牵牛”的空间布局；宋代开封城有汴河、蔡河、五丈河、金水河等四河环绕或穿城而过，呈现“四水贯都”的空间布局，并成为当时最为繁盛的水运枢纽；山东济南泉源众多，形态各异，出而汇为河流湖泊，因称“泉城”。早期的聚落遗址、都城遗址中都发现有领先当时水平的排水系统。如二里头遗址发现木结构排水暗沟、偃师商城遗址中发现石砌排水暗沟、阿房宫遗址有三孔圆形陶土排水管道；汉长安城则有目前中国最早的砖砌排水暗沟，它在排水管道建筑结构方面具有重大突破。

（5）水土保持工程遗产。指为防治水土流失，保护、改善和合理利用山区、丘陵区水土资源而修建的工程及相关设施。水土保持工程遗产是人们艰难探索水土流失防治历程的有力见证，它主要体现在两个方面：一是工程措施，主要包括水利工程和农田工程，前者主要包括山间蓄水陂塘、拦沙滞沙低坝、引洪淤灌工程等；后者主要包括梯田和区田等。另一类是生物措施，主要是植树造林。

（6）景观水利工程遗产。指为营建各类水景观而修建的水利工程及相关设施。通过恰当的工程措施，与自然山水相融合，将山水之乐融于城市，这是中国古代城镇规划、设计与营建的主要特点。对自然山水的认识和利用，往往影响着一个城镇的特点和气质神韵。古代著名的城镇尤其是古都所在地，大多依托山脉河流规划、设计其城市布局，并辅以一定的水利工程，建设城市水景观，用来构成气势恢宏、风景优美的皇家园林、离宫别苑。如汉唐长安城依托渭、泾、沣、涝、潏、滈、浐、灞八条河流，在城市内外都建有皇家苑囿，形成“八水绕长安”的景观，其中以城南的上林苑最为知名；元明清时期的北京，依托北京西郊的泉源，逐渐建成闻名世界的皇家园林，尤其是三山五园。

（7）水力发电工程遗产。指为将水能转换成电能而修建的工程及相关设施。该类遗产出现的较晚，直至近代才逐渐形成发展。如云南石龙坝水电站、西藏夺底沟水电站等。

（8）河道遗产。指河湖水系形成与变迁过程中留下的古河道、古湖泊、古河口和决口遗址等遗迹，如三江并流、明清黄河故道、罗布泊遗址、铜瓦厢决口等。

（二）非工程类水文化遗产

1.物质形态的水文化遗产

物质形态的水文化遗产指那些看得见、摸得着，具有具体形态的水文化遗产，又可分为不可移动的水文化遗产和可移动的水文化遗产。

（1）不可移动的水文化遗产。不可移动的水文化遗产可分为以下六类：

其一，古遗址。指古代人们在治水活动中留有文化遗存的处所，如新石器时代早期城市的排水系统遗址、山东济宁明清时期的河道总督部院衙署遗址等。

其二，治水名人墓葬。指为纪念治水名人而修建的坟墓，如山西浑源县纪念清道光年间的河东河道总督栗毓美的坟墓、陕西纪念近代治水专家李仪祉的陵园等。

其三，古建筑。指与水或治水实践有关的古建筑。该类遗产中，有的因水利管理而形成，有的是水崇拜的产物，而水崇拜则是水利管理向社会的延伸。因此，它们是水利管理的有力见证，以下三类较具代表性：一是水利管理机构遗产，即古代各级水行政主管部门衙署，以及水利工程建设和运行期间修建的建筑物及相关设施，如江苏淮安江南河道总督部院衙署（今清晏园）、河南武陟嘉应观、河北保定清河道署等。二是水利纪念建筑遗产，即用来纪念、瞻仰和凭吊治水名人名事的特殊建筑或构筑物，如淮安陈潘二公祠、黄河水利博物馆旧址等。三是水崇拜建筑遗产，即古代为求风调雨顺和河清海晏修建的庙观塔寺楼阁等建筑或构筑物，如河南济源济渎庙等。

其四，石刻。指镌刻有与水或治水实践有关文字、图案的碑碣、雕像或摩崖石刻等。该类遗产主要包括以下四类：一是历代刻有治水、管水、颂功或经典治水文章等内容的石碑。二是各种镇水神兽，如湖北荆江大堤铁牛、山西永济蒲州渡唐代铁牛、大运河沿线的趴蝮等。三是治水人物的雕像，如山东嘉祥县武氏祠中的大禹汉画像石等。四是摩崖石刻，如重庆白鹤梁枯水题刻群、长江和黄河沿线的洪水题刻等。

其五，壁画。指人们在墙壁上绘制的有关河流水系或治水实践的图画。如甘肃敦煌莫高窟中，绘有大量展现河西走廊古代水井等水利工程、风雨雷电等自然神的壁画。

其六，近现代重要史迹和代表性建筑。主要指与治水历史事件或治水人物有关的以及具有纪念和教育意义、史料价值的近现代重要史迹、代表性建筑。该类遗产主要包括以下三类：一是红色水文化遗产，如江西瑞金红井、陕西延安幸福渠、河南开封国共黄河归故谈判遗址等。二是近代水利工程遗产，如关中八惠、河南郑州黄河花园口决堤遗址等。三是近代非工程类水文化遗产，如江苏无锡汪胡桢故居、陕西李仪祉陵园、天津华北水利委员会旧址等近代水利建筑。

（2）可移动的水文化遗产。可移动水文化遗产是相对于固定的不可移动的水文化遗产而言的，它们既可伴随原生地而存在，也可从原生地搬运到他处，但其价值不会因此而丧失，该类遗产可分为三类。

其一，水利文献。指记录河湖水系变迁与治理历史的各类资料，主要包括图书、档案、名人手迹、票据、宣传品、碑帖拓本和音像制品等。其中，以图书和档案最具代表性，也最有特色。图书是指1949年前刻印出版的，以传播为目的，贮存江河水利信息的实物。它们是水利文献的主要构成形式，包括各种写本、印本、稿本和钞本等。档案是在治水过程中积累而成的各种形式的、具有保存价值的原始记录，其中以河湖水系、水利工程和水旱灾害档案最具特色。这些档案构成了包括大江大河干支流水系的变迁及其水文水资源状况，水利工程的规划设计、施工、管理和运行情况，流域或区域水旱灾害等内容的时序长达2000多年的数据序列，其载体主要包括历代诏谕、文告、题本、奏折、舆图、文据、书札等。这些档案不仅是珍贵的遗产，而且是有关“在用”水利工程遗产进行维修和管理不可或缺的资料支撑，也是未来有关河段或地区进行规划编制、治理方略制定的历史依据。

其二，涉水艺术品与工艺美术品。指各历史时期以水或治水为主题创作的艺术品和工艺美术品。艺术品大多具有审美性，且具有唯一性或不可复制性等特点，如绘画、书法和雕刻等。宋代画家张择端所绘《清明上河图》，直观展示了宋代都城汴梁城内汴河的河流水文特性、护岸工程、船只过桥及两岸的繁华景象等内容；明代画家陈洪绶所绘《黄流巨津》则以一个黄河渡口为切入点，形象地描绘了黄河水的雄浑气势；北京故宫博物院现藏大禹治水玉山，栩栩如生地表现出大禹凿龙门等施工场景。工艺美术品以实用性为主，兼顾审美性，且不再强调唯一性，如含有黄河水元素的陶器、瓷器、玉器、铜器等器物。陕西半坡遗址中出土的小口尖底瓶，既是陶质器物，也是半坡人创制的最早的尖底汲水容器。

其三，涉水实物。指反映各历史时期、各民族治黄实践过程中有关社会制度、生产生活方式的代表性实物。它主要包括六类：一是传统提水机具和水力机械，又可分为以下三种：利用各种机械原理设计的可以省力的提水机具，如辘轳、桔槔、翻车等；利用水能提水的机具，如水转翻车、筒车等；将水能转化为机械能用来进行农产品加工和手工作业的水力机械，如水碾、水磨、水碓等。二是治水过程中所用的各种器具，如木夯、石夯、石硪、水志桩，以及羊皮筏子等。三是治水过程中所用的传统河工构件，如埽工、柳石枕等。四是近代水利科研仪器、设施设备等，如水尺、水准仪、流速仪等。五是著名治水人物及重大水利工程建设过程中所用的生活用品。六是不可移动水利文化遗产损毁后的剩余残存物等。

2.非物质形态的水文化遗产

非物质形态的水文化遗产是指某一族群在识水、治水、护水、赏水等过程中形成的能够世代相传、反映其特殊生活生产方式的传统文化表现形式及其相关的实物和场所。

（1）口头传统和表述。指产生并流传于民间社会，最能反映其情感和审美情趣的与治水、护水等内容有关的文学作品。它主要分为散文体和韵文体民间文学，前者主要包括神话、传说、故事、寓言等，如夸父逐日和精卫填海神话、江河湖海之神的设置、大禹治水传说等；后者主要包括诗词、歌谣、谚语等。

（2）表演艺术。指通过表演完成的与水旱灾害、治水等内容有关的艺术形式，主要包括说唱、戏剧、歌舞、音乐和杂技等。如京剧《西门豹》《泗州》等，民间音乐如黄河号子、夯硪号子、船工号子等。

（3）传统河工技术与工艺。指产生并流传于各流域或各地区，反映并高度体现其治河水平的河工技术与工艺。它们大多具有因地制宜的特点，有的沿用至今，如黄河流域的双重堤防系统、埽工、柳石枕、黄河水车；岷江的竹笼、杩槎等。

（4）知识和实践。指在治水实践和日常生活中积累起来的与水或治水有关的各类知识的总和，如古代对黄河泥沙运行规律的认识，古代对水循环的认识，古代报汛制度等知识和实践。

（5）社会风俗、礼仪、节庆。指在治水实践和日常生活中形成并世代传承的民俗生活、岁时活动、节日庆典、传统仪式及其他习俗，如四川都江堰放水节、云南傣族泼水节等。

三、本丛书的结构安排

本丛书拟系统介绍从全国范围内遴选出的各类水文化遗产的历史沿革、遗产概况、综合价值和保护现状等，以向读者展现其悠久的历史、富有创新的工程技术和深厚的文化底蕴，在系统了解各类现存水文化遗产的基础上，了解中国水利发展历程及其科技成就和历史地位，了解水利与社会、经济、环境、生态和景观的关系，感受水利对区域文化的强大衍生作用，了解水利对中华民族和文明形成、发展和壮大的重要作用，从而提高其对水文化遗产价值的认知，并自觉参与到水文化遗产的保护工作中，使这些不可再生的遗产资源得以有效保护和持续利用。

本丛书共分为6册，为方便叙述，按以下内容进行分类撰写：

《水利工程遗产（上）》主要介绍灌溉工程遗产与防洪工程遗产。

《水利工程遗产（中）》主要介绍以大运河为主的运河工程遗产。

《水利工程遗产（下）》主要介绍水力发电工程遗产、供水工程遗产、水土保持工程遗产、水利景观工程遗产、水利机械和水利技术等。

《文学艺术遗产》主要介绍与水或治水有关的神话、传说、水神、诗歌、散文、游记、楹联、传统音乐、戏曲、绘画、书法和器物等。

《管理纪事遗产》主要介绍水利管理与纪念建筑、水利碑刻、法规制度和特色水利文献等。

《风俗礼仪遗产》主要介绍水神祭祀建筑、人物祭祀建筑、历代镇水建筑、镇水神兽和水事活动等。

本丛书从选题策划、项目申请，再到编撰组织、图片收集、专家审核等历经5年之久，其中经历多次大改、反复调整。在这漫长的编写过程中，得到了中国水利水电科学研究院、华北水利水电大学、中国水利水电出版社等单位在编撰组织、图书出版方面的大力支持，多位专家在水文化遗产分类与丛书框架结构方面提供了宝贵建议，在此一并表示真挚的感谢。

同时还要感谢水利部精神文明建设指导委员会办公室、陕西省水利厅机关党委、江苏省水利厅河道管理局在丛书资料图片收集工作中给予的大力帮助；感谢多位摄影师不辞辛劳地完成专题拍摄，也感谢那些引用其图片、虽注明出处但未能取得联系的摄影师。

期望本丛书的出版，能够为中国水文化遗产保护与传承、进而助力中华优秀传统文化的研究与发扬做出独特贡献，同时也期待广大读者朋友多提宝贵意见，共同提升丛书质量，推动水文化广泛传播。

丛书编写组

2022年10月

前言

水是地球万物赖以生存的重要物质基础，也是人类社会经济可持续发展的重要支撑条件，更是中华民族生存与发展的命脉。历朝历代的明君贤臣全都把兴修水利、治理水患看作治国安邦的头等大事。在原始社会，人们逐水而居，繁衍生息，创造了优秀的农耕文明。人类选择居处、发展城市时，都是以取用水便利、排水通畅为首要条件。人们傍河而居，在水资源充沛的情况下，安排生活和生产。随着人口的持续增长和生产规模的扩大，自然水源已经不能适应人们的需要，特别是江河洪水还随时对人的生命财产安全存在着巨大威胁，在这种情形下，如何合理地调配水资源、管理水资源，使水资源最大限度地服务人类，就成为了一项非常重要的任务。

我国对水资源管理的相关记载，最早可追溯至春秋战国时期。据《战国策 · 东周》记载："东周欲为稻，西周不下水，东周患之。苏子谓东周君曰：'臣请使西周下水，可乎？'乃往见西周之君曰：'君之谋过矣!今不下水，所以富东周也。今其民皆种麦，无他种矣。君若欲害之，不若一为下水，以病其所种。下水，东周必复种稻；种稻而复夺之。若是，则东周之民可令一仰西周，而受命于君矣。'西周君曰：'善。'遂下水，苏子亦得两国之金也。"东周想要种水稻，但西周却不给放水，东周国君很担心水稻种不了，苏子自告奋勇去拜见西周国君，巧妙地说服了西周国君给东周放水。从中可以看出，此时人们已经有了利用地理之利控制水权的意识了，而且水资源所有权一直是归国家所有的。

从古至今，中国政府都创设了水资源管理体系，为水资源国家所有权的实施提供了渠道，为水资源的调配起到了法律保障作用。隋唐时期，国力强盛，经济发达，中央集权国家进一步发展、壮大，在充分借鉴了前代水资源管理制度基础上，制定了一套全新的行政管理制度。具体表现为：隋初在中央国家机构中设水部侍郎，属土部领导，隋炀帝执政后，改水部侍郎为水部郎，属工部领导。唐从隋制，自此至清，基本上没用隋制，较少变动。到了明清时期，河西许多县志中特设《水案》一章，记载县域之间上下游间争水的纠纷。乾隆《镇番县志》曰："河西讼案之大者，莫过于水利一起，正讼连年不解，或截坝填河，或聚众毒打。"可见建立完善的水权与使用制度以满足社会对水的需要，一直都是历代朝廷政府需要处理的头等大事。

从《管子 · 度地》中的记载可知，战国时期已经有了较为详细的水利施工管理制度，从水官的选派，到修防队伍的选拔，险情的监管，动工的最佳时机，再到施工工具、用料与钱粮的准备等，都有着细致的规定。以后历朝在此基础上又发展演变出更加系统的法规条例，以及乡规民约，由之而形成的水资源管理遗产，如管理建筑，包括衙署官邸、管理机构、名人故居（墓园、纪念馆）等；碑刻纪事，包括摩崖石刻、治水碑碣（治水碑、水则碑），历朝历代的法规制度，以及卷帙浩繁的历代古籍水利文献，以及甲骨文献、简牍文献、缣帛文献、敦煌遗书、明清档案、手稿、舆图、报纸期刊、水册水案、水利法规与管理科条等，都是最可宝贵的水利资源，我们要一代一代地保护与传承下去。

全书共分4章。第1章主要介绍了古代的管理与纪事建筑，包括衙署官邸、管理机构、纪念建筑三部分，第2章主要介绍了水利碑刻，包括摩崖石刻和水利碑碣两部分，第3章主要介绍了水利相关的法规制度，包括国家法律、地方法规、乡规民约与工程管理规定四部分，第4章主要介绍了特色水利文献，包括甲骨文献、简牍文献、缣帛文献、敦煌文献、明清档案、治水手稿、方志舆图、水利刊物与明清水簿（水册）等。

本书由朱海风、史月梅编著。特别感谢王瑞平教授对其中的“纪念建筑”一节所提供的帮助，同时也衷心感谢水利水电出版社的领导和编辑老师对本书的编写出版所给予的大力支持：感谢中国水利水电科学研究院王英华研究员对本书写作的悉心指导，感谢中国水利水电出版社水文化分社社长李亮，以及中国水利学会水利史研究会、黄河文化研究会和华北水利水电大学有关专家、学者所给予的大力支持。

在本书的编撰过程中，编者参考了大量文献资料和图片，在文中详细标明了出处并列为参考文献，在此向这些文献的作者一并表示衷心的感谢。

由于编者水平与见识所限，虽然尽可能地收集资料，本书仍存在不少未尽与疏漏之处，敬请广大读者与学界通人不吝赐教。

编者

2022年12月

目录

安橋

1

管 理 与 纪 事 建 筑

中国是水利大国，重视水利管理是中华民族的优良传统，历代水利管理机构都是重要的政务与民生部门。古代水利官员居住的衙署官邸，是部署水患治理、修建水利设施、督理漕运的行政事务场所，具有重要的教化资治功能。朝廷还设有专门的水位站、水文站，制定了严密的洪水预防报警机制，颁布了有关河渠、灌溉法律法规，对兴建和管理渠、塘、陂、堰、运河等水利工程起到了关键作用。另外，历代治水名人的故居与墓园，也是宝贵的历史文化遗产。衙署官邸、管理机构、纪念建筑等方面的文化遗存，具有非常重要的时代价值，蕴涵着深厚的民族精神，值得我们永久珍视。本章就针对这些内容分别进行深入论述。

1.1 衙署官邸

1.1.1 济宁河道总督衙门

清代运河沿线曾设有3个河道衙门，其中济宁河道总督衙门存在时间最长，于清光绪二十八年（1902年）裁撤后被废弃，历时600多年，历经188任河道总督。至日本侵华时大部分被毁坏，碑刻多数遗失，但相关资料和院署平面图完好保存在如《济宁县志》（民国）等诸多古籍文献中，使我们今天还能一窥其大致面貌。

济宁河道总督衙门占地5公顷，建筑面积达1.6万平方米。设有大堂、二堂、三堂，有书院射圃、演武厅等，规模宏大、布局严谨、气势威严。据清制，这是部院级衙门才有的规格。

河道总督，官名，清俗称“河台”；河道总督署，机构名，河道总督的办事机构。

济宁河道总督衙门是京杭运河及相关河道的管理机构，明清治运司运的最高行政机关和最高军事机关，设在山东济宁，为工部尚书宋礼所建，初名为“总督河道都御史署”。明清两代又先后称为：总督河道部道衙门、河道部院军门署、总督河院署，后人简称为河道军门署、河道部院署，或简称作河道总督衙门。衙门的主要官员为总督，据《明史》《清史稿》记载，官秩为正二品，个别总督兼挂御史衔的，官秩为从一品。

清光绪二十八年（1902年）正月，济宁河道总督衙门裁撤之后，运河也分别交由所在省管理，衙门也随之破败、失修。至1945年日本投降后，衙门的房屋已被破坏殆尽。

明永乐九年（1411年）遣尚书主持治河，后有时派遣侍郎、都御史前往治理，明成化七年（1471年）设河道总督（简称河督、总河），驻扎山东济宁，首任总河为工部侍郎王恕。明初黄河为患较轻，朝廷以管理漕运的都督兼管河务。遇有洪灾，临时派遣总河大臣一员前往治理，事毕即撤，并非常设。明正德四年（1509年）规定以都御史充任。明嘉靖十三年（1534年），以都御史加工部尚书或侍郎职衔，明隆庆四年（1570年）加提督军务，明万历五年（1577年）改总理河漕兼提督军务，八年（1580年）废。明万历三十年（1602年），朝廷将河、漕再次分职，此后直至明亡再未复合。

清置河道总督专官，掌管黄河、京杭大运河及永定河堤防、疏浚等事。治所在山东济宁，首任河督杨方兴。清康熙十六年（1677年），总河衙门由山东济宁迁至江苏清江浦（今江苏淮安）。河道总督驻扎清江浦，一旦河南武陟、中牟一带堤工有险，往往鞭长莫及。清雍正二年（1724年）四月，设副总河，驻河南武陟，负责河南河务，以兵部左侍郎嵇曾筠为首任副总河。两年后，黄河险段由河南逐渐下移至山东，朝廷又将山东与河南接壤的曹县、定陶、单县、城武等处河务交由副总河管理。清雍正七年（1729年）改总河为总督江南河道提督军务（简称江南河道总督或南河总督，管辖江苏、安徽等地黄河、淮河、运河防治工作），副总

济宁河道总督衙门

河为总督河南、山东河道提督军务（简称河东河道总督或河东总督，管辖河南、山东等地黄河、运河防治工作），分别管理南北两河。遇有两河共涉之事，两位河督协商上奏。遇有险工，则一面抢修，一面相互知会。总河则演变成南河总督，仍驻清江浦；副总河演变为河东总督，驻扎开封。

清雍正八年（1730年），设直隶河道总督（管辖海河水系各河及运河防治工作）。为别于南河与东河（官方文书一般称之为“河东”），后人称之为北河。三河之名源于此。至清乾隆十四年（1749年），直隶河务渐趋正轨，裁直隶总河，令直隶总督兼管河务。此后，河务只有两总督：南河总督与河东总督。江南河道总督一人驻清江浦，清咸丰八年（1858年）裁撤；山东、河南河道总督（东河总督或者河东总督）驻济宁州（今山东济宁），清光绪二十八年（1902年）裁。河道总督所属文职有河库道、河道、管河同知、通判等；武职有河标副将等。

清乾隆十八年（1753年），以河道总督无地方责，授衔视巡抚。

1.1.2 淮安河道总督部院衙署（江苏淮安清晏园）

清晏园位于江苏省淮安市清江浦区人民南路西侧，环城路北侧，是我国治水和漕运史上唯一一座保存完好的衙署园林，全国重点文物保护单位、国家水情教育基地、国家水利风景区、国家3A级旅游景区，有“江淮第一园”之称。

淮安河道总督部院衙署（江苏淮安清晏园）1

淮安河道总督部院衙署（清晏园）始建于明永乐十五年（1417年），距陈瑄开凿清江浦河道，督理漕运，奉旨设立户部分司公署至今已有600年历史。河道总督府（清晏园）是清代全国最高级别的治水机构，是国家在京城以外专设的治河决策、指挥和管理机构，管辖着黄河、淮河、运河。河道总督直接受命于皇帝，下辖四道、二十四厅、二十四（河兵）营，其“规模之大，县城无两”。清康熙十七年（1678年），清政府在清江浦设官治河，河督靳辅在明代户部分司旧址“凿池植树，以为行馆”，后经历任河督整修，公园渐成规模。自康熙十七年始，清代常驻淮安的河道总督共56任，45位，历时183年；清咸丰十一年（1861年），清政府裁河道总督，漕运总督由淮安府迁驻清晏园，历时43年；光绪三十年（1904年），裁漕督，总督署改为江北巡抚署；清光绪三十一年（1905年）改设江北提督于此。清晏园曾先后称为西园、淮园、澹园、清宴园、留园、叶挺公园、城南公园。1991年，公园更名为“清晏园”。

现在的河道总督署是2008年复建的，它不仅展示了淮安古今治水成就，也是展示淮安水利的一扇窗口。

河道总督的正职多为正二品，或是从一品，副职为正三品。朝廷还常以官阶较高的官员任河道总督，如高斌、嵇曾筠等人均授大学士衔。

淮安河道总督部院衙署（江苏淮安清晏园）2

1.1.3 淮安总督漕运部院

淮安总督漕运部院，位于今淮安区的城区中心，占地约3万平方米，与楚州标志性建筑镇淮楼、淮安府衙大堂在同一条中轴线上。作为中国古代历史上曾主管全国漕运的唯一机构，它是中国封建社会经济兴衰的历史见证，更是华夏文明的一大奇迹。

淮安楚州（今江苏淮安）是南北水运的枢纽、东西交通的桥梁。据清同治十二年《重修山阳县志》载："凡湖广、江西、浙江、江南之粮船，衔尾而至山阳，经漕督盘查，以次出运河，虽山东、河南粮船不经此地，亦遥禀戒约。故漕政通乎七省，而山阳实属咽喉要地也。"自隋代起，朝廷在淮安楚州设立漕运专署，宋代设立江淮转运使，东南六路的粮粟全都由淮河入汴水，之后运送到京师。明清时期，朝廷在这里设总督漕运部院衙门，以便督查、催促漕运事宜，主管南粮北调、北盐南运等筹运工作。

总督漕运部院衙门是朝廷的派出机构，总督都由勋爵大臣担任，明景泰二年（1451年）始设漕运总督于淮安，与总兵参将同理漕事。明陈王宣、李肱、李三才、史可法，清施世纶、琦善、穆彰阿、恩铭、杨殿邦等人都先后在这里担任过漕运总督之职；漕运总督权力显赫，除了管理漕运还兼任巡抚，因此也被称为"漕抚"。部院机构庞大，文官武将及各种官兵达270多人；下辖储仓、造船厂、卫漕兵厂等，约有2万人之众。

部院衙门始建于宋乾道六年（1170年），由录事陈敏兴修，元代为淮安路总管府，元至元三十年（1293年），由阿思重修。明洪武元年（1368年）淮安知府范中政建淮安府署；洪武三年（1370年），知府姚斌改为淮安卫指挥使司；明成化五年（1469年），通判薛淮重修；明嘉靖十六年（1537年），督御史周金在城隍

淮安总督漕运部院1

淮安总督漕运部院2

庙东新建都察院；明隆庆五年（1571年），知府陈文烛重修；明万历七年（1579年），都御史云翼将淮安迁往城隍庙东，移总督漕运部院于此。

其建筑规模宏伟，有房213间，牌坊3座，中曰“重臣经理”，东西分别曰：“总共上国”“专制中原”。中轴线上分设大门、二门、大堂、二堂、大观堂、淮河节楼。东侧有官厅，书吏办公处、东林书屋、正值堂、水土祠及一览亭等。西侧有官厅、百录堂、师竹斋、来鹤轩等。大门前有照壁，东西两侧各有一座牌坊。然以上建筑，全毁于20世纪40年代。只有房基、础石仍存。

1.1.4 河南武陟嘉应观

嘉应观，俗名庙宫，又称黄河龙王庙，位于河南省焦作市武陟县嘉应观乡，距焦作市区35千米。1963年4月，嘉应观被河南省人民委员会确定为省级文物保护单位。2001年6月，嘉应观被中华人民共和国国务院批准列入第五批全国重点文物保护单位名单。2010年6月25日，嘉应观成功创建为国家4A级旅游景区。

清康熙六十年（1721年）至雍正元年（1723年），武陟黄河先后5次决口，康熙派雍正亲临堵口。雍正元年（1723年），雍正继位后，命兵部侍郎、河道副总督嵇曾筠加固堤坝，并为堤坝题碑名为“御坝”；雍正为祭祀河神、封赏历代治河功臣，特下诏书建造嘉应观。雍正五年（1727年），嘉应观竣工，建筑布局效仿故宫，集宫、庙、衙署为一体。观内有雍正亲自撰文并书写的铜碑，立在一条河蛟身上，主“镇恶”之意。1950年，嘉应观西院建立，作为傅作义和苏联专家治理黄河指挥部，开发黄河水资源，修建人民胜利渠。1951年3月，人民胜利渠开始施工。1952年4月，人民胜利渠举行开闸放水典礼；同年6月，灌溉农田；10月31日，毛泽东主席亲临视察。

嘉应观

嘉应观占地面积140亩，分南、北两院和东西跨院：南院原有戏楼、牌坊；北院为祭祀河神、巡河行宫建筑群；东西跨院为河台、道台衙署；中轴线南北依次有山门、御碑亭、严殿、大王殿、恭仪亭、舜王阁；两侧对称有掖门、御马亭、钟楼、鼓楼，更衣殿、龙王殿、风雨神殿；观西原有陈公祠；嘉应观中大殿天花板上有65幅圆形龙凤图彩绘，是前清满族艺术风格（故宫的龙凤图为满汉合璧，嘉应观的龙凤图是清一色的满族文化风格），天花板材料是檀香木，不见蛛网，不粘灰尘，鸟虫不进，所以又称为“无尘殿”，中大殿为重檐歇山回廊式建筑。

1. 山门

山门位于嘉应观南端，为单檐歇山顶，顶部覆盖蓝色琉璃瓦，檐下为五踩重昂斗拱，外檐木质上均有彩绘，门前门牌上书有“勅建嘉应观”，为雍正手书。

山门

2. 御碑亭

御碑亭位于嘉应观南部，外形似清代皇冠，内立雍正撰文的大铜碑，高4.3米，铁胎铜面，碑周24条龙缠绕，底座为蛟。

御碑亭

御碑亭局部

3. 严殿

严殿位于嘉应观南部，是王公大臣祭祀河神的仪殿，“嘉应观”匾额是雍正皇帝题写。

严殿匾额

严殿

4. 水清碑

大王殿又称“中大殿”，位于嘉应观的中部，为重檐歇山回廊式建筑，殿内正立“钦赐润毓”金牌，“润毓”是雍正御赐在武陟治理黄河的都御史他他拉 · 牛钮的封号（牛钮是雍正皇帝的皇叔，也是嘉应观的首任主持），殿前有一碑为水清碑，也叫灵石碑。嘉应观建成后（1727年），黄河水澄清了2000余里，持续20多天，雍正皇帝为纪念这一祥瑞，特下诏全国官员加升一级，命左副都御史罗常泰亲临嘉应观祭祀河神，特立此碑，以示纪念。

水清碑

5. 恭仪厅

恭仪厅位于嘉应观北部，为王公大臣祭拜禹王前整理衣冠的地方，以便恭恭敬敬祭拜禹王。

恭仪厅

6. 道台衙署

道台衙署位于嘉应观西院，建于清雍正四年（1726年），是清朝河北道台处理治河及灭蝗事务的办公场所，辖彰德、卫辉、怀庆三府。设黄沁厅、2间河兵房、2间厢房。

道台衙署

7. 河道衙署

河道衙署，即如今的嘉应观治黄博物馆，位于嘉应观的东院，原是雍正时治理黄河的办公衙署，里面有议事厅、执事房和马厩等设施。

河道衙署（嘉应观治黄博物馆）

8. 治理黄河指挥部旧址

治理黄河指挥部旧址位于嘉应观西北端，为傅作义和苏联专家治理黄河指挥部旧址。新中国第一任水利部长傅作义曾在这里办公，同住于此的还有首任黄河水利委员会（简称黄委会）主任王化云、苏联驻中国首席水利专家布可夫、清华大学教授张光斗、地质学家冯景兰。

治理黄河指挥部旧址

1.1.5 顺直水利委员会旧址

顺直水利委员会旧址位于天津市河北区自由道24号。于1918年建造，2006年修复。已被列为“第三次全国文物普查百大新发现”“近现代重要史迹及代表性建筑”等。2013年，被天津市人民政府列为第四批天津市文物保护单位。

1917年7月下旬，我国华北地区受台风影响普降暴雨，海河流域发生特大洪灾。7月20—28日直隶省境内连降大暴雨，入秋后又降大雨，海河流域山洪暴发，永定、大清、子牙、南北运河、潮白等数十条河流相继漫水或决堤破河，京汉、京绥、京奉、津浦铁路中断，受灾范围遍及直隶全境，受灾县城达104个，被淹面积3.8万平方千米。其中以天津、保定两地受灾最为严重。直隶全省灾民达500余万人。9月中旬，天津南运河被洪水冲破河堤，21日后梁王庄至杨柳青一线河堤连续决口10余处。24日夜，洪水突涌市区，天津西、南区部全部被淹，水深处竟达丈余。东、北、中区也部分受淹，英租界水也深达二尺半，灾情严重。

1918年3月，北洋政府在天津成立顺直水利委员会，以熊希龄为会长，主要负责海河、黄河流域的水利行政。1928年改组为华北水利委员会，聘用著名水利科学家、工程师李仪祉任委员会主席。1929年明确以华北各河湖流域及沿海区域为管辖范围。大沽高程水准基点1931年设在该会院内首级台阶前。抗战胜利后改组为华北水利工程总局。旧址为砖木结构，两层带半地下室，中心为三层塔楼，平面呈L形，建筑规模宏大，造型典雅，属欧式建筑风格。

顺直水利委员会旧址1

顺直水利委员会旧址2

1.1.6 清河道署

清河道署位于河北省保定市莲池区兴华西路3号，是河北省保存较完整的一座清代道台衙署，是第七批全国重点文物保护单位。

清河道为分巡道，始设于清雍正四年（1726年），全称为“分巡道直隶清河道”。清道光年间，清河道署由裕华路天主教堂地迁至兴华路。民国时期，清河道署曾作为军阀王占元的公馆。民国二十六年（1937年），“七七事变”后王占元公馆由伪保定市政府占用。民国三十四年（1945年）8月，抗战胜利后为国民党暂编第28军军部。中华人民共和国成立后，河北省供销社、河北省档案馆入驻清河道署。20世纪70年代，清河道署成为民居。2015年1月，保定市水利局按照设计方案，积极筹措资金，同年9月开始对清河道署进行修缮。2019年10月，保定水利博物馆施工布展开始。2021年12月16日，保定水利博物馆正式向公众免费开放。

清河道署匾额

清河道署

清河道署共有6套院落，建筑面积1840平方米。建筑群分东、中、西三路，建筑形式为硬山布瓦顶，布局严谨，南北方向的主轴线全长160余米，自临兴华沿线纵向串通一座大门。共有大门、垂花仪门院、大堂院、二堂院、三堂院及东路东跨院、西路西花厅院、西花厅后院等古建筑18栋，中轴线上四套院落布局规整，均为一正房两厢房，正厢之间有庑廊相连，正房（北房）均为面阔五间，进深两间，两侧东西厢房面阔三间，进深两间，廊步山墙施花卉图案。各院落两侧均开便门，以便进出。在中路二进院以东，存有清河道署东跨院；在中路四套院以西，有由左旁门出，有清河道署西花厅、西花厅后院。

1.1.7　太湖水利同知署

太湖水利同知署位于江苏省吴江区同里镇富观街三桥风景区太平桥北堍（tù）东侧，朝南面河，原基地面积13000多平方米，建筑面积2428平方米，是目前太湖流域唯一 一座保存较好的古代水利衙门。2012年4月21日，同里古镇北入口综合改造工程和水利同知衙门修复工程启动，该项目对国内衙署规制、太湖水利历史研究具有较大的参考价值。2014年7月1日，太湖水利同知衙门被公布为苏州市文物保护单位。

太湖水利同知署俗称“水利衙门”。据史料记载，水利衙门所用房屋始建于清康熙三十九年（1700年），占地十七亩八分，房屋七进，大门宽七间，内里宽十七开间，东西备弄，后为花园，房屋共91间。主人陈沂震，字起雷，号狷亭，是康熙年间进士。到了雍正初年，陈家因卷入政事被抄了家。清雍正八年（1730年），朝廷征用陈家旧宅，设立了“太湖水利同知署”，隶属于苏州府的“专司（太湖）水利”官衔，所辖范围为江浙沿湖10县的水利事务。其级别相当于苏州知府的副职，为正五品官员。清雍正十三年（1735年），“太湖水利同知署”改为“抚民厅”，移驻吴县洞庭东山，割吴县东山设“太湖厅”，旧署也

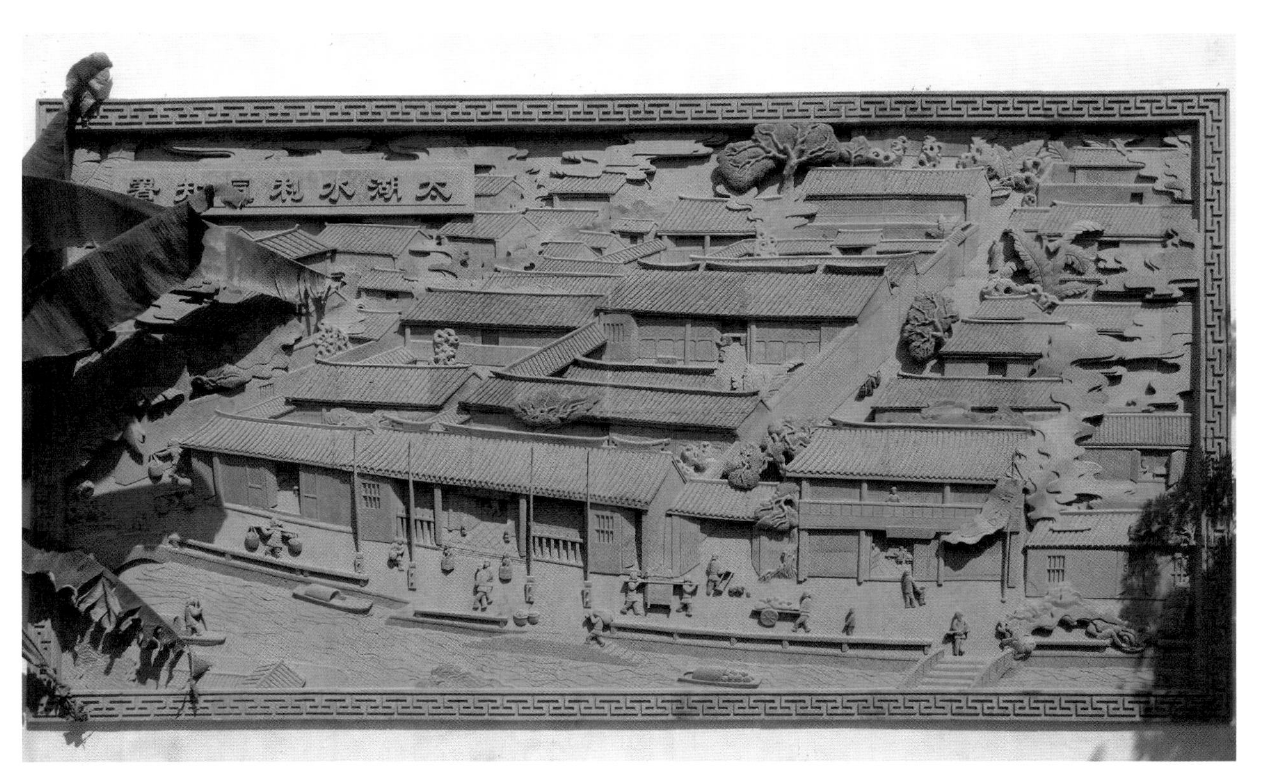

太湖水利同知署建筑布局

就改成了民居。清乾隆元年（1736年），又被同里诸生王铨以纹银3000两买下居住，取名为“敬仪堂”。清咸丰十年（1860年）五月二十八日，由于同里被太平军攻陷，王宅被忠王李秀成的弟弟李明成率部驻扎。清同治元年（1862年）六月，太平军退却，王铨家人又迁回了敬仪堂。

太湖水利同知署

太湖流域河网密布，湖泊众多，自然条件优越，水陆交通便利，从古至今，当地农业、渔业和工业都很发达。加上人口稠密，经济基础雄厚，一直都是国家非常重要的税赋之地，也是历朝历代都很重视的水利重地。太湖水利同知署既见证了太湖水利的疏浚史，又具有同知衙署类建筑的显著特征，对研究太湖水利发展历史、机构设置以及水利衙署的建筑特点，具有重要的实证价值，是不可复制的文化遗产。其建筑布局、结构体系、装饰特色、地方做法等，体现了同里传统建筑发展的典型手法。

1.1.8　老灌县水利府同知署

清代设置管理都江堰的堰官——水利同知，其治所水利府位于四川灌县老城区。也是我国唯一 一座管理灌溉的政府水利衙门。雍正年间，把这里的“军粮同知”改为了“水利同知”。雍正十二年（1734年），水利同知府由成都迁到灌县县署右侧原典吏署，管理都江堰。初名管粮水利厅，又称成都水利厅，后改为水利同知署。设东西两岸房屋，各有典吏3人，文书办理若干人；东案办理堰工；西案办理懋、抚、绥、崇、章五屯粮饷，属成都府，由布政使统其事。后罢西案，保存东案；设冬、春两班典吏2人，经理堰务，并设水勇24

人，巡查河工。以后，水利府编制65人，其中官员14人（包括同知1人，典吏7人，帮书6人），由省财政发俸银；差役49人，工资在原华阳县地丁税中划拨；堰长、夫头各1人，工资在岁修工程费中开支。水利府制度一直延续到清末，达183年之久。

清光绪十二年（1886年）《增修灌县志》在“水利同知署”栏载：“在县署右，系旧捕厅署，清雍正十三年（1735年）以成都水利同知移驻，建头门、仪门各3间，大堂及东西厢房各5间，二堂3间，左右客厅各1间，大花厅3间，二堂后蜈蚣架一道，左右厢房各3间，三堂5间，厨房2间。清光绪九年（1883年），署同知盛时彦培修东西科房、壅壁并彩画匾额联。”当时的水利府内曾有三间穿斗房屋供奉着历代的治水有功官员，激励官员为水利事业殚精竭虑。光绪《增修灌县志》的《县治图》与清乾隆五十一年（1785年）《灌县志》的《县治图》为同一张图，于“县署”西面的建筑上标注“水利府”。

据中国水利学会会员、著名的都江堰水利专家吴敏良先生考证，水利府旧址在今幸福路上段，于清雍正十三年（1735年）设立，距今已有270多年历史。吴敏良老先生称，“水利府”是目前全国仅存唯一 一座古代水利衙门遗迹。水利府之所以称之为“衙门”，是因为水利官员不仅有维护和管理水利工程之责，还有办理水务案件之权。若有破坏水利工程者或因用水而发生纠纷的案件则由水利官员进行审判，审判后再交由地方典役署去执行。

据民国《灌县志》载：“民国元年改成都水利同知为水利委员，逾年，改水利知事，编制27人，仍驻灌县，隶属西川道。后更名为都江堰驻灌县水利委员，职权过小，堰将不治。……民国八年，改委员为成都水利知事，崇其职权。”

老灌县水利府同知署大门

老灌县水利府同知署内部

民国二十四年（1935年）设四川省水利局于灌县，统管都江堰。民国二十五年（1936年）七月，四川省水利局迁成都，扩大组织管理全省水利。八月，由省水利局派员在灌县成立都江堰工程处，编制28人，专管渠首工程。灌区中县地方工程由省水利局主持。民国三十三年（1944年）八月，改组都江堰工程处，扩大成立“四川省都江堰流域堰务管理处”，隶属省建设厅，编制84人，管理都江堰全灌区。

在民国《灌县志》的《灌城街道图》上明确标注了“成都水利署”，位置在井福街以西、文星街（现为文庙街）以东的东街（现为幸福路）上。

2008年汶川地震时，水利府原址的房屋坍塌，当地政府进行了修复。

1.2 管理机构

1.2.1 镇江潮位站

镇江潮位站又名北固山潮位站，位于江苏省镇江市北固山观音洞北侧。始建于清光绪三十年（1904年），由镇江海关测候所设立，用于观测长江潮水位。民国二十五年（1936年）扬子江水利委员会建造岛式自记水位台，建筑全部采用钢筋混凝土框架式。此潮水位站为本省最早的观测站，有近百年历史，在省内保存完整的独此一处，是见证长江水位历史演变的唯一水利建筑物。2021年12月，入选《江苏省首批省级水利遗产名录》。

镇江潮位站

1.2.2 黄龙滩水文站

黄龙滩水文站始建于民国二十五年（1936年）六月，位于湖北省十堰市黄龙滩镇，集水面积10668平方千米，该站是堵河黄龙滩水库的出库和堵河入丹江口水库的控制站，也是国家重要水文设施和重点报汛站、长江水文首批“118”自动报汛站之一。距堵河河口23千米，现隶属于长江委水文局汉江水文水资源勘测局。通过长期观测，收集了长系列的水文基本资料，为流域的水资源开发利用、汉江防汛及丹江口水库和黄龙滩水库调度运行发挥了重要的作用。

黄龙滩水文站1

黄龙滩水文站2

黄龙滩水文站主要观测项目有水位、流量、降水量、含沙量等，1938年因战乱等原因中断测验，1950年恢复全面测验。1980年实测最高水位176.52米，最大流量11200立方米每秒，均为建站之最。该站已经实现了水位、雨量实时采集，报汛自动传输，微机测流等。通过技术创新，实现了流量间测。如今丹江口水库二期工程完工，南水北调中线工程实施，丹江口水库正常蓄水位升高。当丹江口水库水位在159米以上时，该站受回水顶托影响，水位流量关系复杂，使用H-ADCP在线监测流量。

1.2.3 林家村水文站

林家村水文站位于陕西省宝鸡市以西11千米的林家村渭河峡谷出口处，于民国二十三年（1934年）一月设立，原名太寅站，1959年7月改名为林家村站。该工程于1998年5月开工建设，2003年3月基本建成投入试运行。它的附属设施是坝后电站，电站于2003年7月建成并网发电。大坝对下游农灌用水、发电、防洪调洪起到了重要作用。

林家村水文站

1.2.4 安康水文站

安康水文站位于安康市汉滨区吉河乡观心村，地处安康城区上游2千米。始建于民国二十三年（1934年），系汉江上游干流重要控制站，距国家重要水文站坝址约17千米，集水面积3825平方米，距河口里程1018千米。

安康水文站承担了水位、流量、水质、含沙量、降水量、水面比降、水文调查、水资源等监测和水文情报预报等任务，担负着向国家防总、省防总、安康防总以及下游湖北防总等重要报汛任务，下辖桂花园、白岩2个水文站及79个指导雨量站。右图为安康水文站自计水位井。

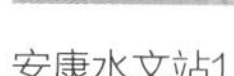
安康水文站1

安康水文站2

1.2.5 武功水工试验室（西北水利科学研究所）

西北水利科学研究所以应用技术研究为主，是立足中国西北地区、面向全国的综合性水利科学研究机构，简称西北水科所。西北水科所位于陕西省杨凌区。其前身是创建于民国二十九年（1940年）的武功水工试验室。1950年，改名西北水工试验所。1954年，归水利部领导，改为现名。1959年由水利电力部与陕西省双重领导。1969年，改由陕西省领导。1979年，恢复部、省双重领导，以部领导为主。1996年，改由水利部直接领导。1999年9月，合并到西北农林科技大学，由教育部领导。

西北水科所的任务是：以西北地区农业节水、水资源持续利用和黄河中、上游水利水电建设关键技术研究为中心，开展干旱、半干旱地区水资源可持续利用技术的试验研究；引水枢纽、渠首渠系泥沙的防治及其利用，水力管道输送试验研究；水利水电枢纽优化布置及消能防冲试验研究；黄土基本性质、矿化结构及粗粒料填筑特性试验；水工建筑材料基本性能及渠道、水库工程防渗防冻试验、结构应力分析计算与原型观测；建筑、交通、冶金、石油、煤炭等行业与水利科技相关的试验研究等。

西北水科所下设学术委员会和职称评定委员会以及行政、业务等职能部门。业务部门有水工、土工、灌溉、河渠、材料、水资源、新技术和设计室。另设有西北水利水电咨询公司、西北水利工程实验中心、西北水利水电监理中心、陕西省水利工程检测中心站及水利水电勘测设计院等机构。全所占地面积14公顷，各类建筑面积5.08万平方米，其中河工、水工、管道试验大厅6座，建筑面积8120平方米，露天试验场8900平方米。1999年年底，全所职工共412人，其中在职人员252人。具有专业技术职称者145人，其中高级职称63人，中级职称82人。固定资产4000多万元，主要仪器设备2200多台。科技图书8.4万册，科技资料3.5万册，期刊700余种1.3万册，科技档案3000余卷。

从1950年至1999年，西北水科所共提出试验研究报告2800余份；编著出版水利科技图书38种。1978—1999年，获国家和省、部级颁发的各种科技奖励80项，其中全国科学大会奖8项，各部委科技成果奖28项，陕西省科学大会奖及各省级科技成果奖44项。西北水科所与国内730个单位及国外8个科研机构进行科技交流。先后派出专家、学者到美国、日本、俄罗斯和西欧及非洲的一些国家访问、进修及技术援助。先后有90

武功水工试验室（水利部西北水利科学研究所）

多个国外学术代表团的专家来所访问讲学。西北水科所编辑出版的两种学术刊物：《西北水资源与水工程》与《防渗技术》，在全国出版发行。

1.2.6　白河水文站

白河水文站位于陕西省白河县，始建于民国二十三年（1934年），是南水北调中线工程水源地——丹江口水库入库控制站，国家重要水文站，是长江水文首批“118”自动报汛站之一。集水面积59115平方米，承担着向国家防总、长江防总、陕西防指、汉江集团报汛的任务，不仅是汉江上最早设立的水文观测站之一，也是丹江口水库重要的入库控制站，对于汉江流域防汛至关重要。

白河水文站测验项目有水位、水温、流量、悬移质泥沙输沙率（含沙量和颗粒分析）、床沙、推移质、降水量。主要测验设备为水文电动缆道，主要测验仪器有：全站仪、水准仪、水位自记仪、流速仪和积时式采样器，配备有微机测流系统。

白河水文站

1.2.7 郑州花园口水文站

黄河花园口是黄河下游的起始段，也是历史上震惊中外的“花园口决口事件”发生地。花园口因宋时曾在此建闸治水，渐成村落，又因明代在此修建花园并形成渡口而得名。花园口水文站设立于民国二十七年（1938年），地处黄河下游“地上悬河”起点的花园口水文站，见证了黄河水文70余年来由量变到质变的飞跃。它是黄河水文窗口示范站之一，也是黄河历史上第一座数字化的水文站，具备前沿指挥部功能。多年来，花园口水文站的数据一直是黄河防洪水资源调度和治理开发的重要依据，花园口水文站共有三种流量实测方法：一是在郑州黄河公路大桥上安装了5个雷达在线测流系统，24小时固定监测流速，在线实时传送数据；二是当黄河流量在5500立方米每秒以下、每立方米含沙量15千克以下时，采用ADCP流量测验法；三是在流量较大、含沙量较高的情况下，利用流速仪进行多船联测。

花园口水文站

1.3 纪念建筑

1.3.1 名人故居

1. 大禹故里

大禹故里位于四川省绵阳市北川县治城境内，面积50多平方千米。相传这里是大禹的出生地，景区内群山雄秀，林木葱郁，动植物品种繁多，地质景观奇特，流瀑飞泉多姿多彩，是一个秀丽独特的山地风光和人文景观相融的景区。主要景点有禹穴沟、采药山、石纽山、摩崖甘泉、三叉河、誓水柱、禹庙、金锣岩、刳儿坪、禹州池、一线天、血石流光、猿王洞等。

石纽山日落日出之时有五色霞气。每当雨后，白云飘浮于石林中，石峰忽隐忽现，变化万千；血石流光是指一线天到金锣岩的峡岩中有白石，其上红斑点点，好似血点浸入，相传是禹母生禹时随水而下的血渍；禹穴沟是一条十几里长的峡谷，峡内岩崖陡峭，怪石嶙峋，桥头李太白书“禹穴”二字犹存。

大禹公而忘私、为民造福的奉献精神，勇于探索、务实求真的科学精神，艰苦奋斗、坚韧不拔的创业精神，九州一家、共同发展的民族团结和谐精神是中华民族精神的象征。大禹文化对传承中华文化、发扬大禹精神，增强民族自豪感，增进华夏一家亲的认同感，激发向心力和爱国热情，无疑是具有十分重要的历史和现实意义。

大禹故里

大禹像

2. 王安石故里

王安石故里位于江西省抚州市东乡区上池村，距离县中心25千米，该村始建于北宋，迄今已逾千年。1985年江西省人民政府将王安石故里列为第一批省级风景名胜点。

王安石（1021—1086年），字介甫，小字獾郎，晚号半山，谥“文”；封荆国公，世人又称王荆公。北宋抚州府临川（今抚州市东乡区上池村）人。北宋杰出的政治家、文学家、改革家，被列宁誉为是“中国十一世纪伟大的改革家”，为“唐宋八大家”之一。

王安石十分重视兴修水利，把它视作“为天下理财”的途径。变法期间，他制定了发展农业的新法，北宋熙宁二年（1069年），在其主持下，制定颁发了著名的农田水利法。其中《农田水利约束》是我国第一部比较完整的农田水利法。许多地方在新法的鼓励下，自动组织起来，大兴农田水利，形成了一次水利建设高潮。

地处黄河下游的北宋京城开封府，河患剧烈，对宋朝的政治、经济影响极大。王安石作为宰相，对黄河的治理投入了不少心血。据记载，他在沿黄各府、路兴修水利工程750余处，灌溉面积达10万顷之多。黄河下游两岸竞相引浑水淤地，改良了土壤，使大片荒漠变为良田。在王安石的大力推动之下，朝廷专门设立了沿汴淤田司，开展引黄放淤长达10年，有力促进了黄河下游两岸的农业生产，也为进一步巩固宋王朝的皇权统治打下了良好的基础。

宋庆历七年（1047年），王安石上任鄞县（即宁波）知县。在任期间他提出“大浚治川渠”的施政方略，组织民众兴修水利。他花了一个多月时间，行程1000多里，风餐露宿，不辞辛劳，实地调查，为各处水

王安石像

王安石纪念馆

利建设作出规划。这一年，在他的主持下，全县兴修水利设施21处，大大提高了抗灾能力。其中最突出、最具有代表性的功绩就是修复东钱湖。他组织率领10余万民工，清除葑草，疏浚湖泥，立湖界，起堤堰，决陂塘，整修七堰九塘，限制湖水流出，抵御海潮侵入，从而解除了湖区周围及鄞县、镇海七乡农民的水旱之苦，充分发挥了湖区的灌溉和渔获之利。自此，“七乡三邑（鄞、镇、奉）受沾濡”，“虽大暑甚旱，而卒不知有凶年之忧”，庄稼连年丰收，百姓安居乐业。

王安石故里保存下来的建筑主要是明清以来修建的，是展示中国明清建筑艺术及其发展历史的文物保护区，现存有100余栋古代建筑和十多处王安石有关的遗迹。

（1）半山书院。半山书院始建于北宋时期，在村东明珠峰东南半山腰，原名为“云峰书院”，王安石祖父王用之去世，王安石随父亲王益从韶州返故里居丧，曾在云峰书院就读三年。因王安石号半山，后人则将其更名为“半山书院”。王安石在书院就读时，曾吟七绝一首，题为“云峰早照”。上池“瑶田”为王安石曾祖父王明的宅居地，有竹林及池塘尚存。后方有钓鱼台，王安石罢相后，经常在池塘边钓鱼思考，曾作有《兰塘隐钓》一诗。如今瑶田遗址已成村民菜圃。为怀念王安石，其侄子伯祥将钓鱼台命名为“荆公钓鱼台”，于上池瑶田村前建一门楼，在门楼上方竖一石匾，石匾阴刻“望重荆槐”表示永远怀念。

（2）荆公桥、荆公陂。荆公桥、荆公陂在上池村西约500米田坂间。据传始建于宋，为纪念王荆公，故名。原桥毁，上池村1931年重修《王氏宗谱》中有明故王辑撰《重建荆公桥记》。东西向，横跨泷溪巷。始建于宋代。东西向，跨泷溪港，二墩三孔石桥，桥长14米，宽1.2米。当年王安石乘舆经过此桥返回故里，留有《泷溪晚烟》诗篇为纪，原先桥头有“上池荆公桥”五字大石碑，高3米有余，现不见踪迹，但还存有明朝正德年所刻“荆公桥记”刻石，惜文字漫漶难认。荆公陂即桥下的水陂，村民称之为“细陂潭”。荆公桥、荆公陂遗迹俱在，在上池村旧基图中也都有绘址。

王安石别墅

（3）王安石别墅。据上池村族谱记载：宋嘉祐六年（1061年），王安石在上池村后辟有一地，建了一栋常肇居别墅，后人称其为王安石别墅。此别墅为两层三进、三厅，有房20多间，后改为“十家书院”，由十家房管理修缮。上池、源里两村均有子弟入学读书，历代以来，书院培养了许多人才。别墅占地400多平方米，外围墙右开有大门，上书“别墅”两字，中间是方池塘，池塘正中的围墙上书“浴云池”三字，左有竹林，有大樟树三株，梅花树一株。之后是内围墙，左、右开大门，分上、中、下三进；中厅对称开了两个四方天井，室内阳光充足，空气清新；上厅左楼开着园窗，对映百叶陂，晴天夜晚可看到月亮。窗上方有木质匾一块，书“听月楼”三字。恬静优美的环境是上池学子居住和读书的好地方。王安石多次曾想长于此地沐浴云池，静听月亮中的神仙故事。后有位私塾先生曾撰对联一副：“听月楼台伴我图书千古秀；浴云池上宜人花鸟四时春。”荆公别墅在土改时分给多户村民使用，因一直未修缮，现只留得断垣残壁。

（4）总门里。总门里是清代建筑群（含一府六县，自新斋，珠树齐名等），位于江西省东乡区黎圩镇上池村，是王安石二十三代后裔清朝王来起所建。他在湖北老河口开办冶炼业，在1864年太平天国都城（天京）沦陷时意外得到太平天国“圣库”黄金后，从湖北运回18车金银珠宝，于清同治八年（1869年）建成。太平天国运动正是1864年失败结束，可以说总门里见证了江西的兴衰。总门里建筑群共七栋围成一个总门，匠心独具地设计了暗道和暗室，以达到防御土匪、排水的作用。“一府六县”古宅是总门里最大的看点，古宅传承了王安石家族的“聚族而居”的理念和儒家长幼有序、“先有族姓，后有门户、地望”的观念。建筑群东侧有一栋布置较暗的房屋，名为“自新斋”，王氏家族有人犯了族规，就会被关到自新斋里面去思过。此外，自新斋门楼是斜建的，门框条石也是斜面的，门的斜对面是正门，寓意关在屋内的人要改过自新，不走歪门邪

总门里

道。中华民族自古重视家风，流传下无数古语家训，世代传承，但像这样融入到古建筑体系的并不多见。“珠树齐名”是总门里的一所书院，以王氏堂号命名。这里是王安石家族后人生活的聚集地，是研究荆公文化的重要载体。总门里有江南荣国府之称。

（5）王氏宗祠。王氏宗祠位于江西省东乡区黎圩镇上池村，系王安石弟王安上后裔所建，始建于北宋末期的家族祠堂建筑，属于家族祭祀祖先和先贤的场所。因兵灾战乱之故，几建几毁，明朝后期第四次重建，中文国际频道《记住乡愁》曾到上池村王氏宗祠拍摄。2021年荆公千年诞辰在王氏宗祠举行。

王氏宗祠

3. 东坡故里

东坡故里位于今四川省眉山市。眉山是四川省地级市，位于成都平原西南部，岷江中游，古称“眉州”。宋代文学家苏东坡出生于此地。

苏轼（1037—1101年），字子瞻，号东坡居士，北宋文学家、书画家，北宋嘉祐元年（1056年），苏轼第一次走出四川到京城考试，第二年和弟弟苏辙考中同榜进士，深受当时主考官欧阳修的赏识。北宋嘉祐六年（1061年），被授予大理评事、签书凤翔府判官。苏轼幼年深受其父苏洵的熏陶，“学通经史，属文日数千言”。后来，父亲苏洵在京城病故，他丁忧扶丧回归故里。北宋熙宁二年（1069年），苏轼回到朝中任职，由于不认同王安石的变法主张所以请求外调，自北宋熙宁四年（1071年）至元丰初期，先后在杭州、密州、徐州、湖州等地任地方官。北宋元丰二年（1079年）因诗文诽谤朝廷而获罪下狱，后侥幸获释，被贬到黄州，起起落落最终被贬到了海南。宋徽宗登基后，大赦天下，苏轼得以返回京城，但在经过常州时逝世，享年66岁。生前著有《东坡七集》《东坡乐府》等著作。苏轼不仅是北宋时期著名的书画家、文学家、美食家，他在农田水利方面也为后人留下了很多宝贵的经验。

苏轼从密州到徐州赴任这年，洪水决堤要淹没曹村，在梁山泊上泛滥就要溢出南清河。而城南两山环绕、吕梁狭窄，阻滞了泄洪。水汇集在城下，不停上涨又不能及时流泄。城就要被冲垮了，富民们争着要逃出城避水。苏轼命令手下尽力堵塞洪水，保护城池，上万人紧张操作，水势到晚上却愈加汹涌，徐州城内弥漫着惊恐的气氛。苏轼于是亲上城楼，露宿城头督工抗洪，镇定人心，最终保住了全城不被淹没。后来又开凿水道，疏引积水。水退之后，他又向朝廷请求筑十里长堤拒水护城，朝廷听从他的意见，在堤上建了一座黄楼。堤成后河水循着故道分流而去。朝廷事后颁发诏书表彰他，徐州人至今还怀念他。

宋元祐四年（1089年），苏轼出任杭州太守。看到杭州的西湖由于长期没有疏浚，淤塞严重，制定了疏浚六井以疏浚西湖的工程方案。苏轼在他的任期完成了六井的修复、茅山河与盐桥河的疏浚、西湖的整治，而因为调任，钱塘江石门未能实施，此即所谓“坐陈三策本人谋，唯留一诺待我画”。苏轼的此次整饬，不但对西湖的蓄滞排洪功能进行了有效的修复和建设，还扩大了整个西湖的面积，拆毁了湖中大量为地方权贵所占的私围葑田，并对全湖进行了挖深，又在全湖最深处即今湖心亭一带建立了3座石塔，禁止在此范围内养殖菱藕以防西湖再次淤塞。治湖挖出的大量葑草与泥土被堆成一条纵贯湖面的长堤，不仅方便了杭州百姓的湖上交通，也在景观上连接了西湖南北，将西湖分作内外两湖。又于其上建了映波、锁澜、望山、压堤、东浦、跨虹6座石桥以沟通长堤两边的湖水。苏堤的西湖水利工程极大改变了唐代以来西湖风景的格局，极大丰富了西湖风景的层次和韵味，也第一次让人有机会从不同的角度、方向欣赏西湖之美。所谓“四面荷花三面柳，一城山色半城湖”的印象自此开始。

为了给西湖整饬提供长久的经济保障，苏轼设置了一个叫做“开湖司公使库”的机构，专门管理西湖种植菱藕诸项目的利钱收入，用作西湖清淤的雇工费用。当年所造的这座连接南山到北山，勾连六桥烟柳的湖堤，就是后世所称之“苏堤”，苏轼在诗中称之“六桥横绝天汉上，北山始与南屏通”。此后千年，“苏堤春晓”一直作为西湖上最重要的景观，列为西湖十景之首。宋元祐六年（1091年）八月，苏轼外任颍州，在为期半年的时间里，苏轼在颍州水利上做了三件大事。

苏轼初来颍州，当地官员正计划在陈州境内修一条八丈沟来缓解本地的水患，苏轼看出这项计划的漏洞，迅速在两个月内取得了确定的水文资料：淮河泛涨的水位，高于八丈沟上游八尺五寸，八丈沟的开挖非但不能缓解陈州水患，上下游来水势必还会在颍州横流，苏轼还重新核算了经费，叫停项目，避免了劳民伤财的错误举措。阻止了八丈沟的开挖后，苏轼便转向了清河的疏浚。他在沿河修筑了三座水闸，又在上游开了一条清沟，修建了一座名曰青波塘的小水库，工程竣工后，颍州西南地表水大可泄、小可蓄。通航之外，还能灌溉沿河两岸60里的农田。之后，苏轼又疏浚了颍州西湖。

苏东坡雕像

三苏祠

苏轼晚年被贬谪到岭南。没有官职的苏轼，在这看似无法施展的位置上，为惠州的水利做了两件好事，并协同惠州的首脑为惠州修建了两座桥，一座在惠州湖上，一座在河上。惠州城只有一座好井，供官家使用，因此，惠州人的饮用水安全很成问题，造成了疫病流行，苏轼便约了一位相知的道士，设计了一套引山泉进惠州的系统。宰相章惇还是不想放过苏轼，又要把苏轼流放到遥远的琼州，在乡间，苏轼看见当地百姓多取池塘中水饮用，不少人因此染病，于是，他说服乡民一同掘一口井，将井水作为饮用水。此后，人们便很少患疫病了。百姓争相效仿，掘井蔚然成风。而苏轼亲手开挖的第一口井，被百姓称为“东坡井”，我们今天仍然可以在海南儋县的东坡书院看到这口井的遗迹。

徽宗即位，苏轼被特赦，他上路北返，但是他再也赶不回他的京都。在途中去世了。虽然苏东坡的一生并不十分顺利，仕途也比较坎坷，还曾多次被贬，但他每到一地，都会留下兴治水利的佳话，除积极参与治水实践外，还撰写了水利著述《熙宁防河录》《禹之所以通水之法》《钱塘六井记》等。苏轼把水利事业与国家的兴衰联系在一起。在长期的治水实践中，实事求是、因地制宜，坚持科学治水，为当时水利建设事业做出了重要贡献。

4. 冯道立故居

冯道立故居位于江苏省东台市时埝镇北堂巷2号。这是一幢清乾隆年间建造的民居。砖木结构，大门朝南，正厅为三开间，格扇门窗，古朴典雅，占地面积624平方米，建筑面积19.9平方米，为冯氏出生地和长期生活之处。

冯道立，字务堂，号西园，生于清乾隆四十七年（1782年），卒于清咸丰十年（1860年），终年78岁。时埝这地方，地势特低。洪水骤至。田庐尽没，人民深受水患之害。因此，冯道立在青年时代，便绝意仕途，发愤专攻水利，立志为桑梓造福。他虚心学习前人的水利专著，同时又讲究实际，多次雇船至长江、淮河、废黄河、白马湖、高宝湖、洪泽湖以及范公堤东广大海滨地区进行实地勘察，访问当地的农夫、渔民，查阅有关水利、水文资料，描绘了数以百计的水利图。有一次，他去勘察水系三年未归。老百姓赞扬他有“大禹之风”。

冯道立故居

故居内景

故居内陈列《冯道立生平业绩展》，介绍了冯道立毕生为民治水的事迹，还有冯道立当年的一些手稿以及当年读书用的方桌、书箧、著作刻板和诰命箱等文物。这些文物都是冯道立先生后人冯华和他的母亲郃昌玲女士历经艰辛保存下来的。此外，清道光十六年（1836年）冯道立倡建的“务本堂水龙会所”的三架水龙亦陈列在室内。故居内市甬尽头的砖屏上，刻有冯道立先生的画像，画像两侧，为清代大思想家魏源当年访问冯道立先生时题的一副对联。联曰：绘郑檀之图，一卷中已饥已溺；熏阳城之化，数千家毋讼毋嚣。故居的东南角有一块空地，这里曾建有一座砖砌的天文台，冯道立夜夜都在这里观察天象。冯道立使用过的长圆筒状的望远镜、大罗盘等仪器，20世纪60年代尚存世，这在闭关锁国的清王朝，称得上是相当珍贵的物件了。

5. 刘文淇故居

刘文淇故居位于江苏省扬州市广陵区东圈门14号，又名“青溪旧屋”，亦称“刘氏书屋”，系清代民居。书屋占地面积800平方米，建筑面积350平方米，坐北朝南，东宅西园。门楼为条砖勾缝、方砖贴面的清水墙。入门迎面为砖雕福祠，残破。住宅前后三进，小青瓦平房，硬山顶。第一进为正厅，曾悬挂“光照堂”匾额，面阔三楹，进深七檩。西南有小轩，原额为“兰榭”，为刘文淇之曾孙刘师培少时读书处；第二进“明三暗四”，通面阔12.8米，进深七檩7米，西侧有一套间及小天井，1945年改建过；第三进三间两厢，前置步廊，步廊有耳门右通火巷，左通套房。套房前有一个小天井，天井东面有房一间，西面为披房，披房向西有门通向花园。西部原有花园，筑有书亭。

刘文淇（1789—1854年），字孟瞻，江苏仪征人。清嘉庆己卯年（1819年）优贡生，候选训导。父业医。舅氏凌晓楼爱其颖悟，自课之。稍长，即精研古籍，贯串群经。于毛郑贾孔之书及宋元以来诸学说，博览冥搜，实事求是。与刘宝楠齐名，有“扬州二刘”之称。

刘文淇一生于《左氏传》致力特勤。尝谓：“左氏之义，为杜注剥蚀已久；其稍可观览者，大抵袭取旧说。爰辑《左传旧注疏证》一书，取贾、服、郑三君之注，疏通证明。凡杜氏所排击者纠之，所剿袭者彰之，其沿用韦昭语注者，亦一一标记。”

刘文淇像（刘文淇像取自《清代学者像传》第二集，叶公绰辑，杨鹏秋摹绘。）

刘文淇故居

他如《说文五经异义》所引先师古文家说，《汉书·五行志》所载刘子骏说，及经疏史注《御览》等书引《左传》不题姓名而与杜注异者，亦皆贾、服旧义；凡若此并称为旧注，而加以疏证。其顾、惠补注下逮近人专释曲氏之书，苟有可采，咸与登列，末始下以己意，定其从违；仍复旁稽博考，详为证佐，务期左氏之大义微言炳然著明。草创四十年，长编虽具，未及写定，遽尔遗世。惟抉剔孔氏义疏所袭取刘光伯述义别为表著，成《左传旧疏考正》八卷仅存。《春秋左氏传旧注疏正》由其创始，其子刘毓崧、孙刘寿曾继之，三代共治，百年而成。该书于1959年出版。

又据《史记秦楚之际月表》，知项羽曾都江都；核其时势，推见割据之迹，作《楚汉诸侯疆域志》三卷。据《左传》《吴越春秋》《水经注》诸书，知唐宋以前扬州地势南高北下，较分运河形势不同，作《扬州水道记》四卷。尚有《读书随笔》二十卷，《青溪旧屋集》十二卷，俱传世。

6. 汪胡桢旧居

汪胡桢旧居位于浙江省嘉兴市南湖区建设街道梅湾街东区帆落浜，地濒鸳水边。1928年，汪胡桢受聘为太湖水利工程处副总工程师时，在帆落浜东购地4亩，筑小楼奉母养颐。抗日战争时被毁。1948年重建，为西式平屋数椽，名“湖滨小筑”，有花木之胜。现有建筑整体布局呈“工”字形，坐北朝南，占地面积480平方米，砖木结构，屋顶铺设洋瓦。前后两进，北面一进三开间，分别为内书房、外书房和客厅；南面一进四开间，为卧室和卫生间。连接南、北两进的为客厅，其东、西两侧为花园。旧居西南侧有一房屋（俗称高平房）为汪胡桢兄弟的房屋，建于1936年，曾作为日本侵略嘉兴时的司令部。2011年1月，公布为第六批浙江省文物保护单位。

汪胡桢（1897—1989年），浙江省嘉兴县人，中国现代水利专家，中国科学院学部委员，中国科学院院士，原水利部顾问。他是我国现代水利工程技术的开拓者，被水利界誉为“中国连拱坝之父”。汪胡桢十五岁丧父，家境贫寒，中学毕业后，考进南京河海工程专门学校学习水利专业，后留学美国康奈尔大学获土木工程

汪胡桢旧居

汪胡桢旧居外景

硕士学位。他为治理钱塘江海塘，设计建造了中国第一座大型连拱坝——佛子岭水库，还设计建造了黄河三门峡水库等水利工程。1934年，汪胡桢任整理运河讨论会总工程师时，亲自踏勘了从杭州到北京的大运河，仅用一年半的时间，编制完成了《整理运河工程计划》一书，是中国近现代对运河整治有着重大贡献的学者。他著有《水工隧洞的设计理论和计算》《地下洞室的结构计算》。由他组织和主编的《现代工程数学手册》共5卷，约500万字。其发表的《治江大计和三峡蓝图》等20多篇学术论文在国内外产生了很大影响。

7. 李仪祉故居

李仪祉故居位于陕西省洛滨镇富原村李家村中，民国时期建筑，分布面积约2374平方米，建筑占地面积约940平方米。李仪祉故居院落残破过甚，土墙颓败不堪。院落两侧厢房已毁。土窑前后砖砌，后部将塌毁。故居地窖保存尚好，内外砖砌。门窗皆存。故居院落墙脚下还存有原建筑构件柱础石及残石马槽一个，应为清代石刻，上刻有浮雕图案。该故居是中国著名水利专家李仪祉先生童年、少年及成年后回乡居住之地。是蒲城县近现代重要史迹之一。

李仪祉（1882—1938年），原名协，字宜之，陕西蒲城人，我国近代著名水利学家和教育家，中国水利从传统走向现代过渡阶段的关键人物之一，被誉为“中国近现代水利奠基人”。历任南京河海工程专门学校教授、陕西水利局长、华北委员会委员长、黄河水利委员会委员长等职。李仪祉先生在德国留学期间，目睹欧洲各国水利之发达，对我国当时水利的颓废状况十分感慨，立志振兴水利事业、服务国家发展。民国四年（1915年），在学成回国之初，李仪祉先任河海工专教授，专注培养水利人才。民国十一年（1922年），李仪祉任陕西省水利局局长，先后提出建设关中八惠工程计划。民国二十一年（1932年），泾惠渠建成，当年可灌溉农田50万亩，让郑国渠焕发新生，八惠（陕西省八大灌渠的总称。1928年起，陕西连续三年大旱，李

李仪祉故居

李仪祉像

仪祉倡导复兴陕西水利后，较早兴建的泾、洛、渭、梅、沣、黑、汉、褒等八大灌渠，称“陕西八惠”）其他工程此后也陆续实施。李仪祉长期致力于黄河治理研究，他主张治理黄河要上中下游并重，防洪、航运、灌溉和水电兼顾，把我国治理黄河的理论和方略向前推进了一大步，对水利科技发展也做出突出贡献。

1.3.2 名人墓园

1. 绍兴大禹陵

大禹陵古称禹穴，是大禹的葬地。它背靠会稽山，前临禹池，位于浙江省绍兴市越城区东南稽山门外会稽山麓，距绍兴城区3千米。大禹是上古时代的治水英雄、中国第一个王朝——夏朝的开国之君，被后人尊为“立国之祖”。明太祖洪武年间，大禹陵即被钦定为全国该祭的36座王陵之一。禹陵，即大禹葬地，墓在会稽山下，为大禹陵的核心部分，陵区占地面积40余亩，建筑面积2700平方米。大禹陵以山为陵，坐东向西，卯山酉向，背负会稽山，面对亭山，前临禹池。池岸建青石牌坊一座，由通道入内，旧有陵殿，现已废。

大禹陵由禹陵、禹祠、禹庙三部分组成。禹陵在中，禹祠位于禹陵南侧，祠外北侧有“禹穴”碑，祠内有“禹穴辩”碑，大禹陵碑亭北侧，顺碑廊而下即为禹庙。陵区坐东朝西，从大禹陵下，进东辕门，自南而北的建筑依次为照壁、岣嵝碑亭、棂星门、午门、祭厅、大殿。高低错落，山环水绕。

禹祠为姒氏之宗祠，位于大禹陵南侧。坐东朝西，由前殿、后殿、曲廊组成，中有天井分隔。入口为垂花门，后殿置有前后廊。祠内有“禹穴辩”碑，以及前殿、后殿、放生池、曲廊和禹井亭等建筑，是禹的第六代子孙无余所建。后来作为供奉、祭祀大禹及其后代的宗祠。几经兴废，现存的禹祠是1986年在原址上重建

大禹陵

的。内有一尊大禹塑像，两边陈列着与大禹治水传说相关的文物图片、历史资料及绍兴姒氏宗谱。

禹庙位于禹陵北侧，为历代帝王、官府和百姓祭祀大禹的地方。禹王庙坐北朝南，周以丹墙。是一组宫殿式建筑群，总体布局沿南北轴线展开，前低后高，左右对称，主要建筑物自南而北，依次为照壁、岣嵝碑亭、棂星门、午门、拜厅、正殿，依山势逐渐上升。禹王庙之照壁与南墙相连，顺山势逐步升高，殿前铺设石阶，配以窆石亭、宰牲房、菲饮泉等景点（史籍记载，夏启和少康都曾建立禹庙，但已难考）。今庙始建于南朝梁武帝大同十一年（545年），历代屡建屡毁。现存大殿建筑系民国二十二年（1933年）重建，其余部分为清代重建。

享殿是古代帝王陵墓地面建筑的主体部分，明代嘉靖初年，绍兴知府南大吉邀请学者对大禹陵的位置进行了考证，立“大禹陵”碑，并在碑后建享殿三间，至清代光绪年间倾圮。2007年11月绍兴市文物局对大禹陵享殿复建，重建后的享殿与现存禹庙大殿的建筑风格一致，同为清代官式，钢筋混凝土结构，五开间，重檐歇山顶。正殿设神龛，供奉“华夏圣祖大禹之神位”。神位正前方按“太牢”之礼，陈设了43件祭器。两侧墙面配以大禹“治水”“立国”的大型彩绘，浓缩体现了大禹一生的丰功伟绩。另有配殿2座，主要陈列历代的告祭碑文和重建大禹陵享殿碑记。

大禹陵碑是明嘉靖十九年（1540年）绍兴知府南大吉所立，选址依据是闽人郑善夫考证禹穴之所在，在庙南可数十步许。整块碑高4.05米，宽1.9米。“大禹陵”三个大字由南大吉题写。1956年秋，碑石因大台风折成两段，1961年10月重立此碑时，在“禹”

禹祠

禹庙

享殿

大禹陵碑

字之下“陵”字之上断裂处，用钢筋和砂浆连接。在碑上建有一亭，是1979年根据明代的原貌而重建，飞檐翘角，气宇轩昂，亭南有“禹穴辩”碑和“禹穴”碑，系前人考辨夏禹墓穴所在而立。《禹穴辩》一文为清代“浙派”篆刻创始人、“西泠八家”之一的丁敬所作。

龙杠是入口处的大禹陵牌坊前一横卧的青铜柱子。龙杠两侧各有一柱，名拴马桩。凡进入陵区拜谒者，上至皇帝，下至百姓，须在此下马、下轿，步行入内，以示对大禹的尊崇。龙杠上有“宿禹之域，礼禹之区”的铭文。

龙杠

咸若古亭建于宋隆兴二年（1164年），“咸若”二字，出自《尚书·皋陶谟》，咸若古亭乃石构建筑，为八角重檐石亭，上刻“咸若古亭”四字，距今已有800多年历史了。又称奏乐亭、奏乐亭，是古时候祭祀大禹时乐师奏乐的地方。

碑廊位于咸若古亭右前方，最高大的碑叫“会稽刻石”，又称为“李斯碑”，篆刻于秦代。据记载秦始皇三十七年（公元前210年）十一月，秦始皇东巡狩，上会稽，祭大禹，登秦望山，眺南海，感叹之余，命宰相李斯撰文刻于石上以歌颂秦始皇嬴政，故又名“李斯碑”。碑文字属秦小篆，是秦统一六国后颁行的文字，字体清秀贺润，在中国书法史上也是极其重要的地位。原碑已毁，现碑为清乾隆绍兴知府李亨特根据早期的拓本命高手摹刻。还有明成化年间所镌刻的“山会水则碑”“戴琥水利碑”等，均弥足珍贵。“水利碑”，据说是最早的一块治水的图。

碑廊

禹井亭

在禹祠的左侧有一井，名曰“禹井”，相传为大禹所凿。有亭名“禹井亭”，其楹联系孙其峰先生补书，联云：“德泽被万方，轨范昭百代”，意为中华大地的人民都得到了大禹的恩惠，他为民忘私，不屈不挠的种种美好品德是人们的楷模，光照后世。

大禹的葬处被称为“禹穴”。在大禹陵有两处“禹穴”：一处为大禹陵碑后侧；一处为窆石所在地。“禹穴”从窆石所在地改为大禹陵碑后侧是明嘉靖三年（1524年）。廊下壁间嵌有清代毛奇龄《禹穴辩》和昝尉林所书“禹穴”碑。在绍兴也有“禹穴”两处，一在宛委山，传为大禹得黄帝书处，一即于此，乃禹葬处，即今大禹陵碑后侧。

大禹的忘我精神，成为中华民族优秀传统美德的一个重要组成部分。至今，在中国许多地方，都留下了关于大禹的遗址。河南开封有“禹王台”，传说他曾在治水时住过这里；禹县有“禹王锁蛟井”，相传禹曾在此降服兴风作浪的蛟龙。浙江绍兴有“禹庙”和“大禹陵”，传说他晚年在此大会诸侯，死在这里。此外，山西省的河津县还有“禹门口”、夏县有“禹王城”等，相传禹曾在这些地方凿山治水等。这些遗址，都说明了人们对这位上古时期治水英雄的怀念和尊敬。大禹与绍兴有着十分紧密的关系。

（1）大禹重要活动地在绍兴。史书上记载，大禹有五件事都发生在绍兴。一是禹禅会稽。绍兴前人惯称会稽。会稽之名出自大禹，其首义不是会计，而是会祭。《史记·封禅书》记载：“禹封泰山，禅会稽。”这是会稽山得以成名且列为中华九山之首的重要历史事件。这是大禹的一项天才的政治发明，其目的在于通过召集诸侯共同祭祀会稽山，从而建立统一的国家政权。这种政治结盟的形式，后世叫作“宗庙会同”，实为春秋战国时代“诸侯会盟”之先河。二是禹疏了溪。大禹改堵为疏，“三过家门而不入”，终于治水成功。“禹疏了溪”。了溪，后称剡溪，为今天曹娥江的上游。相传为禹治水毕功后所弃馒头所变，当地百姓呼作“石馒头”。三是禹会会稽。大禹在会稽山会诸侯，祭诸神，明君位，示一体，创建中国第一王朝。四是禹娶会稽。大禹与涂山氏的结合，应是在禹“禅会稽”之时之地。五是禹葬会稽。大禹死后葬在会稽。

（2）绍兴有众多的大禹遗迹。首先是绍兴的“大禹陵”，大禹陵景区内许多历史遗迹、人文景致，如大禹陵庙、禹祠、窆石以及碑方题刻。此外，绍兴还有不少地名与大禹有关，比如夏履桥，相传大禹治水经过这里，他的一只履被洪水冲走，老百姓为了纪念大禹治水的功绩，在他失履的地方造了一座桥，名曰“夏履桥”，又如，当前绍兴市湖塘镇的刑塘，相传为大禹斩杀防风氏处。

（3）大禹姒姓后裔主要在绍兴。大禹陵的守陵村（禹陵村）有200多名姓姒的村民，而全国姒姓后裔不过几千人。

2. 荆州孙叔敖墓

孙叔敖墓位于荆州市中山公园东北角江津湖畔、春秋阁旁。其墓碑为清乾隆二十年（1755年）所立，上刻“楚令尹孙叔敖之墓”。墓封土高2米，墓径3余米。清乾隆二十二年（1757年）荆宜施道观察使来谦鸣在此立碑、建亭。石碑题为：“楚令尹孙叔敖之墓”。原碑亭已毁，现有碑高2米，系1980年重建。墓地环境优雅，西连蜈蚣岭，东濒便河。

孙叔敖（约公元前630年—前593年），芈姓，蔿氏，名敖，字孙叔，楚国期思邑（今河南信阳市淮滨县）人。春秋时期楚国令尹，历史治水名人。

距今2600多年前，淮河洪灾频发，孙叔敖主持治水，倾尽家资。历时三载，终于修筑了中国历史上第一座水利工程——芍陂，借淮河古道泄洪，筑陂塘灌溉农桑，造福淮河黎民。后来又修建了安丰塘等大量水利工程，2600年过去，仍在发挥着作用。孙叔敖受楚庄王赏识，开始辅佐庄王治理国家。教其施教导民，宽刑缓政，发展经济，政绩赫然，主张以民为本，止戈休武，休养生息，使农商并举，文化繁荣，翘楚中华。因出色的治水、治国、军事才能，孙叔敖后官拜令尹（宰相），辅佐庄王独霸南方，使楚庄王成为春秋五霸之一。后因积劳成疾，孙叔敖病逝他乡，年仅38岁。

芍陂位于寿县城南35千米处，号称“天下第一塘”，由孙叔敖亲自主持兴修。芍陂原是位于淠河以东、瓦埠湖以西的长方形低洼地带，南高北低，孙叔敖经过实地认真勘察，就其地形合理布置工程，组织数十万民力，大规模围堤造陂，修筑堤堰连接东西的山岭，开凿水渠，上引龙穴山、淠河之水源，造出一个人工大湖（周长120里许），下控1300多平方千米之淠东平原。因当时陂中有一白芍亭，故名“芍陂”。它是古代淮

孙叔敖墓

河流域最著名的水利工程，也是中国最早的大型蓄水灌溉工程，位居中国四大古代水利工程（芍陂、都江堰、漳河渠、郑国渠）之首，比著名的都江堰工程还早300多年，曾被誉为“水利之冠”。

芍陂之名，史籍记载最早见于《汉书 · 地理志》：“庐江郡……沘水所出，北至寿春入芍陂。”东晋在其附近设安丰县后，至唐代始有安丰塘之称。《唐书 · 地理志》记载：“寿州……安丰……县界有芍陂，灌田万项，号安丰塘。”但明代以前通常仍称芍陂，明代以后安丰塘名称才流传开来。2600多年来，屡经兴废，历尽沧桑。新中国成立后，安丰塘经多次整修续建，周长24.6千米，面积34平方千米，蓄水量最高达1亿立方米，灌溉面积63万亩。其悠久的历史被写入国家历史教科书。现为全国重点文物保护单位，世界灌溉工程遗产和中国重要农业文化遗产。

孙叔敖虽为令尹，功勋盖世，但一生清廉简朴，多次坚辞楚王赏赐，家无积蓄，临终时连棺椁也没有。他过世后，其子穷困仍靠打柴度日。孙叔敖的高尚品格，备受后人赞誉。《孟子 · 告子下》生死之论文中载，“舜发于畎亩之中，傅说举于版筑之间，胶鬲举于鱼盐之中，管夷吾举于士，孙叔敖举于海……然后知生于忧患而死于安乐也”；司马迁《史记 · 循吏列传》列其为第一人。历代文人墨客瞻仰孙叔敖墓，写下了不少咏赞的诗篇。

3. 绍兴马臻墓

马臻墓在绍兴城偏门，位于亭山乡东跨湖桥畔，为省级文物保护单位。据唐代《修汉太守马君庙记》载，唐元和九年（814年）前已建墓。墓坐北朝南，前临沃野，仰对亭山，墓前立四柱三间石碑坊，明间中坊上刻“利济王墓”四字。墓圈前方后圆，封土四周条石砌筑，高约2米，墓前正中横置墓碑，上刻有“敕封利济王东汉会稽太守马公之墓”，为清康熙五十六年（1717年）知府俞卿所立。墓旁建太守庙，始建于唐开元年间（713—741年），宋代以后屡经修建。今存前殿、大殿及左右看楼，为清初建筑。碑前立四柱三间青石牌坊，明间额坊上刻北宋嘉，初仁宗所赐封号“利济王墓”四字。墓前设祭桌。旁有马太守庙。1982年修葺。

马臻（88—141年），字叔荐，扶风茂陵（今陕西兴平）人，一说是会稽山阴（今浙江绍兴）人。马稜之子，过继给从兄马毅。东汉水利专家。汉和帝（公元89—105年）在位时最后一位会稽太守，也是一位治水名人。

东汉永和五年（140年），马臻为会稽太守。到任之初，即详考农田水利，发动民众，开凿三百里镜湖。堤长127里，湖周长358里，上蓄洪水，下拒咸潮，旱则泄湖溉田，使山会平原9000余顷良田得以旱涝保收。

马臻墓1

马臻墓2

但因创湖之始，多淹冢宅，为豪强所诬，马臻被刑。越人思其功，将遗骸由洛阳迁回山阴，安葬于镜湖，并立庙纪念。

4. 伊川范仲淹墓

范仲淹墓，全国重点文物保护单位。位于洛阳城东南15千米处伊川县彭婆镇许营村万安山南侧。分前后两域，前为范仲淹及其母秦国太夫人、长子监溥公范纯祐墓，中央祭庙一所，内有殿房。殿中悬光绪皇帝御笔“以道自任”匾额；宋仁宗篆额的“褒贤之碑”，高4.08米，宽1.41米，厚0.48米，碑文字迹大体清晰，另有翁仲、石羊、石狮等。后域为次子范纯仁、三子范纯礼、四子范纯粹及后代之墓。墓园占地60余亩，植有古柏千余株，其规模之宏大为历史所罕见。

墓园的七八通石碑是保存较为完整的艺术珍品，其中尤以“神道碑”最为珍贵。“神道碑”位于范仲淹墓冢前面20米处的祠堂西侧，全称“资政殿学士户部侍郎文正范公神道碑铭”，碑文记载了范仲淹一生的事迹。碑高4米

范仲淹墓

范仲淹墓园

有余，宽近1.5米，比平常看到的石碑高大许多。碑额正中是宋仁宗皇帝亲撰的“褒贤之碑”四个字，据史书记载，当年宋仁宗听说范仲淹病逝的消息后，非常难过，命令辍朝一日，以示哀悼，并追封范仲淹为兵部尚书，为“神道碑”题额。

“神道碑”的碑文由欧阳修撰写，据后人评价，文章“叙事精简，词语精练，过渡自然，详略得当。描写之生动、评论之中肯、说明之详尽、抒情之热烈，莫不浑然天成”。碑文刻字为隶书，纤细中透着浑厚，飘逸中兼容凝重，文精字美，相得益彰。碑文如下：

【资政殿学士户部侍郎文正范公神道碑铭（至和元年）】

皇祐四年五月甲子，资政殿学士、尚书户部侍郎汝南文正公薨于徐州，以其年十有二月壬申，葬于河南尹樊里之万安山下。

公讳仲淹，字希文。五代之际，世家苏州，事吴越。太宗皇帝时，吴越献其地，公之皇考从钱俶朝京师，后为武宁军掌书记以卒。公生二岁而孤，母夫人贫无依，再适长山朱氏。既长，知其世家，感泣，去之南都。入学舍，扫一室，昼夜讲诵，其起居饮食，人所不堪，而公自刻益苦。居五年，大通六经之旨，为文章论说必本于仁义。祥符八年举进士，礼部选第一，遂中乙科，为广德军司理参军，始归迎其母以养。及公既贵，天子赠公曾祖苏州粮料判官讳梦龄为太保，祖秘书监讳赞时为太傅，考讳墉为太师，妣谢氏为吴国夫人。

公少有大节，于富贵、贫贱、毁誉、欢戚不一动其心，而慨然有志于天下。常自诵曰：“士当先天下之忧而忧，后天下之乐而乐也。”其事上遇人，一以自信，不择利害为趋舍。其所有为，必尽其方，曰：“为之自我者当如是，其成与否，有不在我者。虽圣贤不能必，吾岂苟哉！”

天圣中，晏丞相荐公文学，以大理寺丞为秘阁校理。以言事忤章献太后旨，通判河中府、陈州。久之，上记其忠，召拜右司谏。当太后临朝听政时，以至日大会前殿，上将率百官为寿。有司已具，公上疏言天子无北面，且开后世弱人主以强母后之渐，其事遂已。又上书请还政天子，不报。及太后崩，言事者希旨，多求太后时事，欲深治之。公独以谓太后受托先帝，保佑圣躬，始终十年，未见过失，宜掩其小故以全大德。初，太后有遗命，立杨太妃代为太后。公谏曰：“太后，母号也，自古无代立者。”由是罢其册命。

是岁，大旱蝗，奉使安抚东南。使还，会郭皇后废，率谏官、御史伏阁争，不能得，贬知睦州，又徙苏州。岁余，即拜礼部员外郎、天章阁待制，召还，益论时政阙失，而大臣权幸多忌恶之。居数月，以公知开封府。开封素号难治，公治有声，事日益简。暇则益取古今治乱安危为上开说，又为《百官图》以献，曰：“任人各以其材而百职修，尧、舜之治不过此也。”因指其迁进迟速次序曰：“如此而可以为公，可以为私，亦不可以不察。”由是吕丞相怒，至交论上前。公求对辨，语切，坐落职，知饶州。明年，吕公亦罢。公徙润州，又徙越州。而赵元昊反河西，上复召相吕公。乃以公为陕西经略安抚副使，迁龙图阁直学士。

是时新失大将，延州危。公请自守鄜延捍贼，乃知延州。元昊遣人遗书以求和，公以谓无事请和，难信，且书有僭号，不可以闻，乃自为书，告以逆顺成败之说，甚辩。坐擅复书，夺一官，知耀州。未逾月，徙知庆州。既而四路置帅，以公为环庆路经略安抚招讨使、兵马都部署，累迁谏议大夫、枢密直学士。

公为将，务持重，不急近功小利。于延州筑青涧城，垦营田，复承平、永平废寨，熟羌归业者数万户。于庆州城大顺以据要害，又城细腰胡芦，于是明珠、灭臧等大族皆去贼为中国用。自边制久隳，至兵与将常不相识。公始分延州兵为六将，训练齐整，诸路皆用以为法。公之所在，贼不敢犯。人或疑公见敌应变为如何？至其城大顺也，一旦引兵出，诸将不知所向，军至柔远，始号令告其地处，使往筑城。至于版筑之用，大小毕具，而军中初不知。贼以骑三万来争，公戒诸将："战而贼走，追勿过河。"已而贼果走，追者不渡，而河外果有伏。贼失计，乃引去。于是诸将皆服公为不可及。

公待将吏，必使畏法而爱己。所得赐赉，皆以上意分赐诸将，使自为谢。诸蕃质子，纵其出入，无一人逃者。蕃酋来见，召之卧内，屏人彻卫，与语不疑。公居三岁，士勇边实，恩信大洽，乃决策谋取横山，复灵武，而元昊数遣使称臣请和，上亦召公归矣。

初，西人籍为乡兵者十数万，既而黥以为军，惟公所部，但刺其手，公去兵罢，独得复为民。其于两路，既得熟羌为用，使以守边，因徙屯兵就食内地，而纾西人馈挽之劳。其所设施，去而人德之与守其法不敢变者，至今尤多。

自公坐吕公贬，群士大夫各持二公曲直。吕公患之，凡直公者，皆指为党，或坐窜逐。及吕公复相，公亦再起被用，于是二公欢然相约戮力平贼。天下之士皆以此多二公，然朋党之论遂起而不能止。上既贤公可大用，故卒置群议而用之。

庆历三年春，召为枢密副使，五让不许，乃就道。既至数月，以为参知政事，每进见，必以太平责之。公叹曰："上之用我者至矣，然事有先后，而革弊于久安，非朝夕可也。"既而上再赐手诏，趣使条天下事。又开天章阁，召见赐坐，授以纸笔，使疏于前。公惶恐避席，始退而条列时所宜先者十数事上之。其诏天下兴学，取士先德行不专文辞，革磨勘例迁以别能否，减任子之数而除滥官，用农桑、考课、守宰等事，方施行，而磨勘、任子之法，侥幸之人皆不便，因相与腾口。而嫉公者亦幸外有言，喜为之佐佑。会边奏有警，公即请行，乃以公为河东、陕西宣抚使。至则上书愿复守边，即拜资政殿学士、知邠州，兼陕西四路安抚使。

其知政事，才一岁而罢，有司悉奏罢公前所施行而复其故。言者遂以危事中之，赖上察其忠，不听。是时，夏人已称臣，公因以疾请邓州。守邓三岁，求知杭州，又徙青州。公益病，又求知颍州，肩舁至徐，遂不起，享年六十有四。方公之病，上赐药存问。既薨，辍朝一日，以其遗表无所请，使就问其家所欲，赠以兵部尚书，所以哀恤之甚厚。

公为人外和内刚，乐善泛爱。丧其母时尚贫，终身非宾客食不重肉，临财好施，意豁如也。及退而视其私，妻子仅给衣食。其为政，所至民多立祠画像。其行己临事，自山林处士、里闾田野之人，外至夷狄，莫不知其名字，而乐道其事者甚众。及其世次、官爵，志于墓、谱于家、藏于有司者，皆不论著，著其系天下国家之大者，亦公之志也欤！

铭曰：范于吴越，世实陪臣。敢纳山川，及其士民。范始来北，中间几息。公奋自躬，与时偕逢。事有罪功，言有违从。岂公必能，天子用公。其艰其劳，一其初终。夏童跳边，乘吏怠安。帝命公往，问彼骄顽。有不听顺，锄其穴根。公居三年，怯勇隳完。儿怜兽扰，卒俾来臣。夏人在廷，其事方议。帝趣公来，以就予治。公拜稽首，兹惟难哉!初匪其难，在其终之。群言营营，卒坏于成。匪恶其成，惟公是倾。不倾不危，天子之明。存有显荣，殁有赠谥。藏其子孙，宠及后世。惟百有位，可劝无怠。

范仲淹（989—1052年），字希文。祖籍邠州，后移居苏州吴县。北宋时期杰出的政治家、文学家。范仲淹幼年丧父，母亲改嫁长山朱氏，遂更名朱说。大中祥符八年（1015年），范仲淹苦读及第，授广德军司理参军。后历任兴化县令、秘阁校理、陈州通判、苏州知州、权知开封府等职，因秉公直言而屡遭贬斥。宋夏战争爆发后，康定元年（1040年），与韩琦共任陕西经略安抚招讨副使，采取“屯田久守”的方针，巩固西北边防，对宋夏议和起到促进作用。西北边事稍宁后，仁宗召范仲淹回朝，授枢密副使。后拜参知政事，上《答手诏条陈十事》，发起“庆历新政”，推行改革。不久后新政受挫，范仲淹自请出京，历知邠州、邓州、杭州、青州。皇祐四年（1052年），改知颍州，在扶疾上任的途中逝世，年六十四。宋仁宗亲书其碑额为“褒贤”。累赠太师、中书令兼尚书令、魏国公，谥号“文正”，世称范文正公。至清代以后，相继从祀于孔庙及历代帝王庙。范仲淹在地方治政、守边上皆有成绩。其文学成就突出，他倡导的“先天下之忧而忧，后天下之乐而乐”思想和仁人志士节操，对后世影响深远，有《范文正公文集》传世。

范仲淹像

在治理太湖时期，范仲淹结合自己的治水实践，提出“浚河、修圩、置闸”三者并重的治水方针，较妥善地解决了蓄与泄、挡与排、水与田之间的矛盾，至今仍具有一定的指导意义。

5. 郏县三苏坟

三苏坟是北宋大文学家苏洵、苏轼和苏辙的墓冢，位于河南省郏县茨芭镇苏坟村东南隅，背依嵩岳余脉莲花山，面对汝水旷川，黄帝钧天台在其前，左右两小岭逶迤而下，宛若峨眉，山明水秀，景色宜人。北宋大文学家苏轼、苏辙与其父苏洵衣冠葬此，有近900年的历史。三苏坟为历代文人墨客所景仰，留有许多珍贵的诗文碑刻。1956年被评为河南省重点文物保护单位，2006年被评为国家级重点文物保护单位。

三苏坟由三苏陵园、广庆寺、三苏祠组成。三苏陵园，总面积14800平方米，坐北向南。步入神道，古柏相映。甬道两侧有石柱、石马、石羊、石虎、石狗、石人相对排列，仪仗严整。陵园门两侧蹲一对石雕雄狮。进入红漆大门，迎面是一座高5米、宽3米的红石牌坊，横眉镌刻“青山玉瘞”4个苍劲有力的大字，背面是明代进士、浙江右布政使王尚炯的《祭三苏先生文》。过石坊，东边有斋房5间，是过去官宦、名流祭祀三苏吃素沐浴之处。正中为飨堂，系清康熙四十七年（1708年）重建。堂内立有各代碑刻，四壁嵌有众多石碣。堂后为祭坛，坛后三冢隆起，中为苏洵衣冠冢，东为苏轼墓，西为苏辙墓。三墓西南一字排列6个墓冢，为苏氏六公子墓。园内有古柏588株，多为明、清时所植，枝繁叶茂，苍翠挺拔。

三苏坟1

三苏坟2

广庆寺的三苏祠坐落在陵园西南300米处，前寺后祠，占地6903平方米。广庆寺大门名为南天门，入大门是天王殿、大雄宝殿，三苏祠殿在最后。三苏殿建于元代至正年间，内有三苏彩色塑像，苏洵居中，苏轼、苏辙左右分侍。殿内外有金、元、明、清石碑，清代的“三苏先生佳城图”碑尤为突出。出广庆寺东便门，可至小峨眉山头，上有高4.2米的苏轼中年布衣持卷雕像。

三苏原籍四川眉山，在文学上成就卓著，又是宋朝命官，走南闯北，作古后为何安葬于河南郏县？追溯其中缘由，归于苏轼。苏辙于宋绍圣元年（1094年）出知汝州，期间，苏轼由定州南迁英州，便道于汝，与弟相会。苏辙领兄游观汝州名胜。郏城县属汝州，自古就有龙凤宝地之美称，黄帝钧天台更是有名。兄弟二人登临钧天台，北望莲花山，见莲花山余脉下延，“状若列眉”，酷似家乡眉山，就议定以此作为归宿地。宋建中靖国元年（1101年），苏轼卒于常州，留下遗嘱葬汝州郏城县钧台乡上瑞里。次年，其子苏过遵嘱将父亲灵柩运至郏城县安葬。宋政和二年（1112年），苏辙卒于颍昌，其子将之与苏轼葬于一处，称“二苏坟”。苏洵本葬于眉州眉山故里。元至正十年（1350年）冬，郏城县尹杨允到苏坟拜谒，谓“两公之学实出其父老泉先生教也，虽眉汝之墓相望数千里，而其精灵之往来，必陟降左右”。遂置苏洵衣冠冢于两公冢右。这样，原来的二苏坟就成了三苏坟。

苏洵、苏轼、苏辙，同列“唐宋八大家”，世称“三苏”。特别是号称全能大家的苏轼，道德文章堪称天下一绝，留下许多传世之作。

三苏像

6. 太仓郏亶墓

郏亶墓在今江苏省太仓市弇山园内。据《太仓州志》载："郏亶墓始筑于宋代，有墓道、墓门，两侧有石马一对，并有专祠一所，后废。"清同治七年（1868年）知州蒯德模厘正墓道，修筑墓门，重建郏司农寺祠墓，后又废，现墓侧的土墩即为原墓所在地，其上的封树有榉树、黄杨、冬青、老槐、剑麻、枣树等，长得郁郁葱葱。土墩边上的郏亶墓于1993年8月建造，四周杂树蔽荫，松柏环抱，幽静而肃穆。墓前有一石亭，亭内的重建郏司农祠记碑，乃清同治七年（1868年）修筑墓门时所立。是太仓市文物保护单位。

郏亶（1038—1103年），字正夫，平江府昆山县（今属江苏太仓）人，北宋官吏、水利学家。北宋嘉祐二年（1057年）进士，历任睦州团练推官、广东安抚司机宜，宋熙宁三年（1070年）上书条陈苏州水利，为王安石所称善，宋熙宁五年（1072年），除司农寺丞，历江东转运判官、太府寺丞、温州知府。著有《吴门水利书》。元祐初，郏亶授太府寺丞，并出任温州知州，后授比部郎中职务。未至，病死于温州任所。

郏亶墓

7. 湖州潘季驯墓

潘季驯逝世后归葬故里，墓在升山三墩村。俗称"潘尚书坟"，又名"潘公坟"。泰昌元年（1620年），明光宗下诏命人重修墓。墓坐东朝西，南圆形墓冢与内外两道太师椅式墓圈拱卫而成。东南西北各设石祭台，正面墓道两侧立有石翁仲、石兽。四周松柏、翠竹相掩。墓在"文革"中被炸毁，石翁石兽被推入河中，墓道部分石板用于修小桥、机埠。现仅存双孔墓穴，宽约3米、长约5米。

潘季驯墓

潘季驯像

潘季驯（1521—1595年），初字子良，又字惟良，后改字时良，号印川。湖州府乌程县（今浙江湖州吴兴）人。明朝中期官员、水利学家。明嘉靖二十九年（1550年），潘季驯登进士第，曾于江西、广东等地任职，行均平里甲法。从明嘉靖四十四年（1565年）开始，到明万历二十年（1592年）止，他奉三朝简命，先后四次出任总理河道都御史，主持治理黄河和运河，前后持续二十七年，为明代治河诸臣在官最长者，以功累官至太子太保、工部尚书兼右都御史。明万历二十三年（1595年），潘季驯逝世，年七十五。著有《河防一览》《两河管见》《宸断大工录》《留余堂集》等。

潘季驯在长期的治河实践中，总结并提出了“筑堤束水，以水攻沙”的治黄方略和“蓄清（淮河）刷浑（黄河）”以保漕运的治运方略，发明“束水冲沙法”。其治黄通运的方略和“筑近堤（缕堤）以束河流，筑遥堤以防溃决”的治河工程思路及其相应的堤防体系和严格的修守制度，成为其后直至清末治河的主导思想，为中国古代的治河事业做出了重大贡献。

现每年清明节与农历九月二十六日，海内外潘氏后裔及学者都会前往祭奠。

8. 保定靳辅家族墓

清初著名的水利专家、河道总督靳辅的父母靳应选夫妇墓志2007年出土于河北省满城县。

靳辅家族墓地位于河北保定市满城县城西北15千米的东于河村。因该墓群处于南水北调工程满城段水渠中心位置，原地保护已不可能，2007年1月，经报省文物局批准，由河北省文物研究所、保定市文物管理所、河北大学博物馆、满城县文物管理所联合组成考古发掘队，对该家族墓地进行了抢救性清理发掘。此次发掘共清理墓葬15座，其中规格最高、形制最为特殊的是位于最东部的一座夫妇合葬墓。该墓墓顶上用青白瓷碗、酱釉瓷碗盛满白灰覆盖，以起到防渗作用，墓底没有铺砖，平铺白灰，并且散布着5枚一组的铜钱，由于在“文革”期间遭到破坏，内部曾被火焚，仅出土一些铜钱、玛瑙饰件及墓志两合。两合墓志尺寸相同，皆纵88厘米，横94厘米。一方志盖题为“皇清诰封光禄大夫工部营缮司员外郎前通政使司右参议魁吾靳公墓志铭”，另一方志盖题为“皇清诰赠一品太夫人靳母纳喇太君墓志铭”，皆篆书大字。据两志文记载，这对夫妇是清初著名的水利专家、河道总督靳辅的父母（以下将两墓志分别简称为靳父墓志铭、靳母墓志铭）。靳父墓志铭，楷书，48行，满行60字，共2470字；靳母墓志铭，楷书，42行，满行54字，共1893字。两合墓志四石的四边均为祥云、仙鹤图案。

靳辅（1633—1692年），字紫垣，生于后金天聪七年（1633年），9岁丧母，13岁随父入关，17岁任笔帖式，两年后由官学生考授国史院编修，清顺治十五年（1658年）改任内阁中书，不久升兵部员外郎。清康熙元年（1662年）升任兵部职方司郎中，清康熙七年（1668年）晋通政使司右通政，第二年升国史院学士，充任纂修《世祖实录》的副总裁官，清康熙九年（1670年）十月改任武英殿学士兼礼部侍郎。清康熙十年（1671年）出任安徽巡抚，在职6年，在查清虚报垦田奏准蠲免田粮、参加平定三藩之乱维护地方安定、减轻驿递繁苦、节省驿站糜费等方面颇有政绩。清康熙十六年（1677年）三月升任总督河道提督军务兵部尚书兼都察院右副都御史，此后十数年奔走于黄淮间，精力独瘁于河工。当时苏北地区黄、淮、运河决口百余处，海口淤塞，运河断航，他继承和运用前人“束水攻沙”的经验，又得到幕僚陈潢的帮助，征发民工，塞决口，筑堤坝，使河水仍归故道。在修筑护堤工程中，又建减水坝以备汛涨时泄洪，在堤的临水面修坦坡以缓冲水势，效果都很好。他奏准在宿迁、清河（今江苏淮阴）间凿渠，名曰“中河”，确保了漕运畅通，尤为国家百世之利，因而深得康熙帝的宠爱，是清朝最有影响的治水名臣。

靳辅家族墓

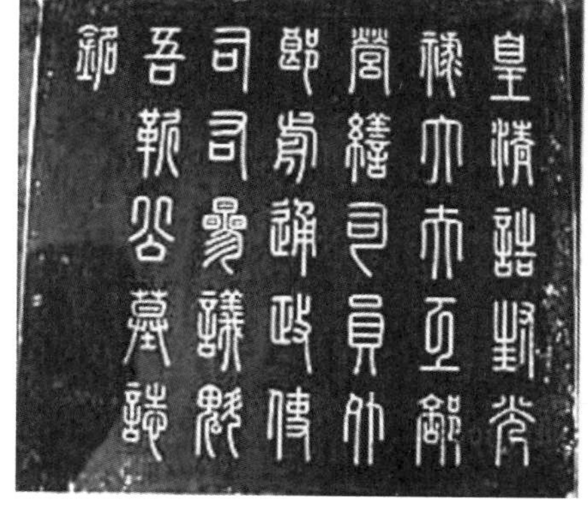
靳辅父母墓志铭

9. 浑源栗毓美墓

栗毓美墓位于山西省浑源县城东门外，是清道光年间河东河道总督栗毓美之墓。为表彰他的治河之功，清道光皇帝在他死后追赠其太子太保衔，敕建坟墓。陵墓占地99324平方米。大门外两侧，立着两通高达5米的汉白玉巨碑，坟高一丈六尺，台高二尺五寸。全部用汉白玉围砌。“栗氏佳域”这就是陵园的大门——南启门。门前东西两侧，矗立着两座碑亭，亭内高达5米多的汉白玉巨碑十分引人注目：碑头盖双龙帽，雕工精妙；碑基刻江海浪，随风汹涌；底座是两个赑屃负碑卧波，昂首南天，别有情趣；左碑刻神道，右碑勒圣旨，两碑书法，笔力雄健，刀工精湛。穿过南启门进入前院，迎面是一座冰清玉洁的汉白玉雕栏石桥，名“延泽桥”。桥畔，松柏斗翠，群芳争艳。步过延泽桥，巍峨壮观的汉白玉牌坊使人肃然起敬。麒麟兽栩栩如生，石敦鼓雕花逼真。石坊三门，左门上书“崇祀名宦”，右门上书“崇祀乡贤”，中门顶端有一小碑亭，上书“谕赐祭奠”，亭下横额上雕“宫太保河东道河总督栗恭勤公茔”，左右石楹刻对联一副：伟绩著宣防传列名臣，瑶阙星辉分昂毕，巍阶尊保傅神安永宅，玉华云气护松楸。这副挽联表达了皇帝朝臣对栗公的尊崇和缅怀。

南启门

栗毓美墓

延泽桥

牌坊南，华表亭亭，玉立左右；牌坊北，左建溢法碑，右建谕祭碑，碑亭庄重肃穆；紧靠东西围墙，各有五间配房，为祭祀者休息洗濯之所，幽雅清静。前院与后园，以一辅墙相融。墙张两翼，上开三门：两侧垂花角门，石径通幽；中间是森严的二门过殿，面宽三间，进深两间，一对雄狮威武守立。朱门双开，是一条砖铺的宽阔甬道，对称道旁分列着石羊、石虎、石马各一对，石刻文武人像各两对，纹褶分明，肌骨匀称，形体巨大，情态逼真。特别是石马，昂首前视，气势磅礴，灵动威武。甬道尽头，是一座三室三阶的祭亭，名“永怀亭”，全部用汉白玉砌筑，连亭内的供桌椅凳之类也不例外，冰雕玉砌，银装素裹，香烟缭绕，望之肃然。

永怀亭北面约20米，就是巨大的墓丘。按照当时清王朝的规定，台高二尺五寸，左右两阶，阶五级，坟高一丈六尺，全部用汉白玉围砌。墓顶寸草青青，墓前松柏森森。墓内有室，室内有碑，碑上志铭为著名民族英雄、当时两广总督林则徐撰写。林

永怀亭

墓丘

则徐与栗毓美素有交往，志同道合，十分敬重栗的品德，他在2000多字的墓志中，对栗毓美的生平业绩详加介绍，由衷赞叹，寄托了对这位贤达的无限哀思。墓旁稍北，左右距墓台各15米，分立两块石碑；左为后土，右刻阡记。右碑图文并茂，备载陵墓建设、缘由、结构布局及其墓葬规则，是研究清代墓葬和清陵建筑的珍贵资料，有很高的实用价值和保存价值。以上规模是陵园的主体部分，呈南北长方形，面积约7200平方米，像“品”字下面的两个“口”字。“品”顶之口自然是护陵小院了。前院的西北角有一个小门通往护院。这个小院仍是南北长方形，面积约540平方米，内有正房五间、东西房各三间、水井一口，是守茔护陵者的住所。

栗毓美（1778—1840年），字含辉，号朴园，浑源城人。清嘉庆二十年（1815年）以举人出仕，历任河南宁陵知县、开封府知府、湖北按察使、河南布政使等职。清道光年间他以治理黄河有经验调升至河东河道总督，专职治理黄河。由于他清正廉明，勇于执法，以致触犯权贵，遭到陷害，后来积郁成疾，卒于河道总督任上，以身殉国，享年63岁。他逝世以后，上至朝廷大臣，下至黎民百姓对他非常怀念。当地百姓为他修了庙宇，每逢水患，便去祭祀。清朝道光皇帝特地为他在浑源州城东南二里处修建了一座陵墓，晋赠太子太保，谥号恭勤，道光皇帝和栗毓美生前好友林则徐都为他写了祭文。如今，两篇祭文碑刻俱保存良好。

道光皇帝御赐祭文：

朕维河流顺轨，皇防重匡济之才，海若安澜，疏沦仰怀柔之绩，既殊勋庸。栗毓美秉资明干，植品端方，始小试于中州，垒膺荐剡，爰剖符于南豫，屡著循声，符丹纶紫悖之重申，历翠板红薇而叠晋宏，材茂焕久，邀特达之知水利，夙谙聿重修防之任，娴泄滞通渠之法，安流策导源陂之功，九州底绩风清竹箭，消雪浪于荡平地，固沧桑速云舻之转运，嘉，睿川之力，倚任维殷。兹考绩三年，殊恩载沛方冀永资，夫臂画岂意遂？悼夫论徂类已胥蠲，恤典籍褒夫盖。封彩霞、吴氏为一品夫人。特赐官衔，灵其不昧尚克钦承。

道光皇帝御赐祭文

林则徐祭文：

公终日立泥淖中，砖甫出水势尚动摇，即率先屹立坝头，随时与厅员营弁请求治策，于二三将生未生，无不预谋抵御，然其深意，不惟节省经费己也，将以埽二所节之费，移而培大堤固，则漫溢之患可永除。宣房万福所以，为国家计者，甚至奈何？未竟其施，而殉也。河标黄运，兵专事椿损，城守兵虽习弱，技艺时势亦非所闲，公惟济宁地县，曹衮宵小时窥发，操防末可忽，田增演，三才速战诸阵势，躬自教练。文设义学五所，令兵丁子弟读书。二月十七日巡工至郑州胡家屯多食，感奇疾旬厥，卒年六十有三。闽海林则徐顿首拜撰。

林则徐祭文

栗毓美一生勤奋，事必躬亲，严于律己，廉洁奉公，深得皇帝的厚爱和群众的尊敬。后积劳成疾，死于任上，当他的灵柩从河南北上运往山西时，沿途群众挥泪相送，千里不绝。许多官吏“亦皆闻之流涕”。他去世后，甚获殊荣。皇帝追封为太子太保，赐“恭勤”。

栗毓美一生最大的功绩是治理黄河。清道光年间，黄河流经河南境内泛滥成灾，引起朝廷重视。栗毓美被委任河东河道总督，主持治理黄河事宜。在治黄当中，栗毓美注重调查研究，经常乘小船沿河道巡视、考察，并深入群众了解治黄的症结及经验。后来他在实践中因地制宜，创造了“以砖代埽”的治黄经验。以往河南一带堤坝一直沿用“埽”（即用杂草和沙子装入麻袋筑坝），栗毓美经过探索发现用砖筑坝“排远溜势，水维顿缓”，效果比埽要好，且可节省大量资金。于是用两年时间，先后抛筑砖坝60余道。此办法起初引起了朝廷大臣的非议，他据理力争，并详细陈述了砖代埽的利弊。

勇于革新、劳心劳力治水的栗毓美，为我国古代水利事业做出了重要贡献。被当地人民亲切地称呼为栗大人，他的陵墓被称为“栗家坟”；每逢清明时节，前往祭祀的游人甚多。

10. 福州林则徐墓

林则徐墓，位于今福州市省军区内，交马鞍村金狮山麓，坐北向南偏东南，面向五凤山。平面呈如意形，其墓为三合土夯筑，五层墓埕，面宽14.6米，纵深37米。封土隆起，形如覆釜。该墓封土后护坡正中饰一圆形的“寿”字，直径0.82米；封土前竖立一块高1.08米、宽2.55米、厚0.16米的墓碑，一是御赐祭文，二是御赐碑文。1988年国务院公布林则徐墓为第三批全国重点文物保护单位。

林则徐墓为清咸丰元年（1851年）朝廷派官致祭时所立。1961年福建省人民政府重修，并列为福建省级文物保护单位，1981年又扩展墓园，前砌护坡，后植松竹。该墓实行封闭式保护。

林则徐（1785—1850年），字少穆，又字元抚，侯官县（今福建福州）人，以严禁鸦片、坚决抵抗英军侵略闻名于世。林则徐为唐朝莆田望族九牧林后裔，他于清道光七年（1827年）所撰的《先考行状》中记述：“府君讳宾日，号阳谷，系出莆田九牧林氏，先世由莆田徙居福清之杞店乡（今海口镇岑兜村），国（清）初再徙省治（福州）。”林则徐是中国近代“睁眼看世界的第一人”，伟大的爱国主义者。他于清道

林则徐墓

光二十年（1840年）受命钦差大臣赴广东禁烟。雷厉风行，严禁鸦片，在虎门公众销毁没收的鸦片烟237万斤，取得禁烟运动的胜利，名震中外。后又在发配新疆途中在开封堵黄河缺口，在新疆推广坎儿井。

1958年，著名诗人、历史学家郭沫若亲临林则徐墓进行历史考证，对能在军事要地中如此完整无损地保存林公陵墓，给予了充分肯定。目前，林则徐墓的保护不仅受到了省市文物部门的高度重视，而且得到了福建省军区官兵们的守护，并成为部队开展爱国主义教育的重要基地。林则徐“苟利国家生死以，岂因祸福避趋之”的豪言壮语，激励了一代又一代人民子弟兵。每年，林家后裔都会前往林则徐墓举行祭拜活动。

11. 南通张謇墓

张謇墓位于江苏省南通市啬园内，这是张謇的长眠之处。是全国文物重点保护单位。张謇葬在生前自择的袁保圩，其地与陆洪闸、狼山各距三里。墓圹面南，正对着剑山，剑山顶之文殊台如香炉，狼山的支云塔和军山的气象台分列两侧，似为烛台，葬此圹者可永享青山之供奉。按张謇的吩咐，陆洪闸之墓道与墓前各设一传统之石坊，其余悉用新式。1930年4月，墓前增立张謇身着西服大衣、手持文卷的青铜立像，铜像两目凝视前方，似有无限事业待他从头做起。张謇逝世后，他的学生在墓地人植一树，时称弟子林，而今地占10000余平方米，墓园绿树成荫，名木参天。

张謇墓

张謇，字季直，号啬庵。清咸丰三年（1853年）出生于江苏海门长乐镇，清同治八年（1869年）考中秀才，清光绪十一年（1885年）顺天府乡试考中举人，清光绪二十年（1894年）慈禧太后六十大寿辰设恩科会试，考中状元，授翰林院修撰。清光绪三十年（1904年），清政府授予他三品官衔。清宣统三年（1911年）任中央教育会长，江苏议会临时议会长，江苏两淮盐总理。1912年南京政府成立，任实业总长，民国元年（1912年）任北洋政府农商总长兼全国水利总长，后因目睹列强入侵，国事日非，毅然弃官，走上实业教育救国之路。他在实业、教育、农垦、交通、水利诸方面都有全国领先的实绩，正所谓“丰功伟业著新通”（今人朱漱梅《夜梦张啬公有感》）。

12. 泾阳李仪祉墓园

李仪祉墓园位于咸阳城北30千米处泾阳县王桥乡寺背后村。墓坐北朝南，占地面积约1.3公顷。底部周长36米，高2米。陵园苍柏葱郁，现存门房6间，居室3间，被列为陕西省重点文物保护单位。

民国二十七年（1938年），李仪祉先生病逝后，在西安参加追悼会的群众达万人之多，当灵柩运到泾阳陵园时，当地百姓有5000多人自发前来送葬。国民政府特地发了褒扬令，高度赞扬称他对我国水利事业做出重大贡献：“德器深纯，精研水利，早岁倡办河海工程学校，成材甚众。近来开渠、浚河、导运等工事，尤瘁心力，绩效懋著。”《大公报》发表短评，称：“李先生不但是水利专家，而且是人格高洁的模范学者，一生勤学治事，燃烧着爱国爱民的热情，有公无私，有人无我。”墓园大门两侧题写着于右任为李仪祉手书的挽联：“殊功早入河渠志，遗宅仍规水竹居。”整座陵园苍柏葱郁，肃穆幽静。1992年李仪祉诞生110周年之际，中国水利学会等各方单位和人士集资修建了李仪祉雕像，矗立于墓园正中。虽然已经许多年过去了，但关中的老百姓没有忘记这位为人民呕心沥血、无私奉献的水利大师，每逢清明节和李仪祉诞辰日，都会有大批民众前来仪祉墓园进行祭奠。

（1）李仪祉先生墓碑。此碑立于民国三十年（1941年），是为隆重纪念李仪祉先生逝世3周年之期所立，立于先生的灵寝墓冢前。碑石正面碑头镌刻着“永垂不朽”，碑身镌刻着“李仪祉先生之墓”，由陕西省政府主席蒋鼎文题。碑首为二龙戏珠，有圭片，上书“永垂不朽”四字，高0.94米。原高2.95米，隶书“李仪祉先生之墓”。座高0.45米，宽1.09米，长1.72米，厚0.32米，阴刻国民政府命令，楷书。

（2）国民政府命令（褒扬令）碑。此碑立于民国三十年（1941年），是“李仪祉先生墓碑”碑阴。上面记载着“国民政府命令（褒扬令），陕西省政府委员兼建设厅厅长孙绍宗敬录”。书石人未留名，后经陕西省书法协会负责同志刘自椟认定、蒲城县文史资料证实，书石人是已故陕西著名书法家寇遐手笔。碑文内容如下：

陕西省水利局局长、前黄河水利委员长李仪祉，德器深纯，精研水利。早岁倡办河海工程学校，成材甚众。近年于开渠濬河、导淮治运等工事，尤瘁心力，绩效懋著。方期益展所长，弼成国家建设大计，永资倚畀。遽闻溘逝，悼惜良深。李仪祉应予特令褒扬。着行政院转饬陕西省政府举行公葬。考试院转饬铨叙部从优议卹，并将生平事迹存备宣付史馆，以彰邃学，而资矜式，此令。

陕西省政府委员兼建设厅厅长孙绍宗敬录

李仪祉墓园

李仪祉先生墓碑

国民政府命令（褒扬令）碑

（3）李仪祉先生纪念碑。此碑立于民国三十年（1941年），碑立于李仪祉陵园墓之右前方，由中国水利工程学会撰文、敬立。碑首为二龙戏珠，高0.94米，碑高2.95米，宽1.1米，长1.75米，碑厚0.32米。碑文19行，行66字，楷书。碑文记叙了李仪祉先生的葬礼盛况，追述其生平，赞颂其渊博的知识、朴素的生活，以及先生对中国水利事业做出的丰功伟绩，并对先生致力陕西水利乃至全国水利工程的贡献，给予高度的评价。如文中所言："顾以名在九牧，而国人仰之如泰山北斗。"与本碑同时落碑的，还有陕西省水利局等单位和门人弟子敬立的碑石；李先局长仪祉先生墓表、仪师事迹记、仪翁李老夫子德教碑，从诸多方面详尽地记述了仪祉先生的生平事迹和人民对先生深厚的爱戴情。这些碑文充分反映了李仪祉先生热爱祖国、奋发图强、艰苦创业、鞠躬尽瘁的奉献精神和光辉形象，为我们继承和发扬中华民族自强不息、艰苦奋斗的优良传统和作风，提供了生动的典型史料。碑文内容如下：

民国二十七年三月八日，中国水利工程学会会长蒲城李仪祉先生以疾卒于西安，春秋五十有七。耗至，远近惊悼，国民政府褒扬遂学，大其功行，明令公葬于泾阳之社树。泾阳、三原、高陵各县民众会奠者五千人。逾年周祭不期而集者二三万人，后岁岁如之。呜呼！盛矣！

始泾渠肇自秦汉，郑国作始，白公踵之，历代多有修治。清之中叶，渠乃废坏。先生少时既卒叶北京大学，留学德国丹泽工业大学，与郭希仁先生论地方民生疾苦，慨然有规复之志，于是专致力于水功，以民国四年归国，欲遂从事泾渠工程，顾格于事势不果。十三年始成计划，十九年兴工，二十一年夏工成：二十三年又扩充之，以广其利，逾年功成，溉田七千余顷。方渠之成也，值大旱之后，沿渠各县民有菜色，衣不破体，破屋颓垣，触目皆是，见者莫不惴惴然，以为人民元气已伤，虽有此渠亦不易复苏。越二年，则人民熙熙攘攘不绝于途，视其所被衣皆新制，已毁之屋，栉比以完，昔之创痕，不复可辨。询之，皆曰：我逃荒于外者数年，于兹自渠成始复率妻孥春耕，于是冬麦夏棉一岁再稔，不仅衣食足，宿逋且尽偿矣。时陇海铁路已通，渭南车站附近，新厂蔚起，车驶之列车，累累而载者，皆陕西之棉花也。一渠之功，较然若此。今所治关中"八惠”，如洛惠、渭惠、梅惠、黑惠等，并陕北之织女渠，汉中之汉惠渠，已次第成功，其收效之宏，尚可得而计耶！

先生归国二十三年，尝出任河海工程专门学校教授兼教务长，同济大学教授，西北大学校长，华北水利委员会委员长，导淮委员会委员兼总工程师，黄河水利委员会委员长，国民政府救济水灾委员会兼总工程师，扬子江水利委员会顾问工程师。其间一再任陕西省建设厅长、教育厅长及水利局长，盖皆为渠工计也。生平探赜索隐，既邃于工程科学，凡中外治河水利之书，靡不穷搜博览，又复周历勘查，洞悉形势，手订《导淮工程计划》，著《黄河治本计划之探讨》。二十年江淮泛滥，堤防溃溢，下游数省灾情惨剧，哀鸿遍野，先生主持复堤工程，施行工赈。工程数十处，分在各省，同时并作，役者数十万人。不一年，功悉告成，积潦尽除。导淮入江、入海工程，即分途实施，而河则上下游防沙蓄洪，固定河槽，诸端已统治本。然范围广大，工程尤艰巨，不易遂行其志，乃辞归陕西专治渠工。顾以名在九牧，国人仰之如泰山北斗。

近二三十年，凡水工兴作，几于无役不从。主要事者，亦莫不欲得先生一言，以为决定计划之标准。既归陕西犹遨游川鄂，勘查扬子江中上游水利；其于岷江灌溉、川江航运、三峡水电及洞庭湖吐纳功能，多有论著。虽智慧过人而好学不倦，舟车之中，不废卷轴。研讨所及，初不限于水功，举凡数学、天文、气象、地质，旁及史地、文艺、宗教，皆能专精。故其著述亦特富。其行世者有：《水功学》《水力学》《最小二乘式》《实用微积术》《诺谟术》《宇冰学说》及《中国水利史》等书。其水功论文如千卷，则及门诸子所结集也。居恒自奉俭约，食淡衣粗，习以为常。渊静寡言，语时一发，尤见风趣，有萧然出尘之志。间亦好为诗歌笔记以寄意，而心期高远，意志坚定，毕生提倡水利救国，手创中国水利工程学会以为号召，躬任会长者七年。易箦之时遗嘱，切望后起同仁，于江河治导继续致力，以科学方法，逐步探讨；其他防灾航运及水电等，尤应多事研究，次第实施。

呜呼！自井牧沟渠之制度废，生民衣食之源，论弃于蒿莱砂砾之间者何可胜数！世狃于因循苟且之习，委天壤之大利，斯民愁苦哀号，汩没于沮洳斥卤之中，率拱手熟视，不出一议、建一共者多矣！观先生之所设施，讵非蒙蒙之民所延颈待命，傥憬然以悟而知所努力者乎！同仁无似知小谋大，兢兢然以失所钻仰，是惧念文字可以垂于无穷，爰伐贞石，植于茔前以诏来者，且自勖焉。

中国水利工程学会敬立

中华民国三十年三月八日

（4）李先局长仪祉先生墓表碑。此碑立于民国三十年（1941年）三月八日，由嘉陵江水道工程处、汉惠渠工程处、汉南水利管理局、泾惠渠管理局、陕北水利工程处、陕西省水利局及设计测量队同人撰文、敬立。碑立于李仪祉墓右前方，碑首为二龙戏珠，有圭片但无刻字，高1.4米，宽1.04米，厚0.32米。碑身高2.73米，宽0.94米，厚0.26米。座宽1.06米，长1.50米。碑文11行，行65字，楷书。碑文记叙了李仪祉先生任陕西省水利局长时，为陕西省水利事业发展所做的巨大贡献。碑文内容如下：

吾国地大物博，各地出产不同，其生产建设自必有所畸重。际此抗战建国之时，尤宜因势利导，建设各地个别需要，俾发展其个别生产，以期充实资源，则殊途同归，庶克达抗战必胜建国必成之旨。

陕西地属大陆高原，雨量缺少，十年九旱，而土质黄壤，厥田上上，极宜棉麦。历来都人士讲求水利，以济个别需要者为全国冠。而郑白二渠之成绩，尤脍炙人口，其沟洫漕运等工程，亦史不绝书。民国初年，

李仪祉先生纪念碑

年功悉告成績盡除導淮入海入江工程既分途
以名在九牧國人仰之如泰山北斗近二三十年凡
利其於岷江灌溉川江航運三峽水電及洞庭湖吐
蓺宗巖皆能盡精故其著述亦特富其行世者有水
奉儉約食淡衣粗習以為常澹靜寡言語時一發尤
疑名躬任會長者七年易簀之時遺囑切望後起同
民衣食之原淪棄於萬莱砂礫之間者何可勝數世

李仪祉先生纪念碑局部

政府设全国水利局于北京，设分局于各者，陕西实开其先。十一年以后，先局长计划引泾，已创全国水利之先声。迨北伐告成，为副政府求治热心及慰人民渴望，属在灌溉事业进行不遗余力，而防灾航运及水力等工程，亦逐步推进，至水文气象观测研究又无不树立基础。“关中八惠渠”工程，为先局长所手订，就中泾惠、渭惠两大渠式乃身完成。而陕北、汉南各惠渠均筹划及之，约计五百万亩之水地可免荒草。梅惠及织女二渠相继完工。以上已成各渠，均设局管理，力求扩充灌溉面积。洛、黑、汉、褒四惠渠正在努力建筑中，本年可完成其三。至关中之沣、汧、耀三惠渠，汉南之湑、牧二惠渠，陕北之定、榆、云、绥四惠渠，均设计完成，或已兴工或经筹备外，此各渠已经设计者口多，而急待勘测计划者仍方兴未艾。此皆继述先局长之志事，而不敢稍懈者也。

以成之旨陝西地屬大陸高原雨量缺少十
口甚溝洫漕運等工程亦史不絕書民國初
伐告成為副政府求治熱心及慰人民渴望
惠渠工程為先局長所手訂就中涇惠渭
已成各渠均設局管理力求擴充灌溉面積
渠均設計完成或已興工或經籌備外此各
涇惠渠完工以來成績已著本年灌溉面積

李仪祉先生墓表碑局部

先局长自二十一年泾惠渠完工以来成绩已著，本年灌溉面积增至七十三万余亩，农产约值八千万元，而每亩地价自一、二元增至四、五百元。渭惠渠将来可与之相等，均可深刻民人之印象，而固定其信仰心，吸引中央及地方之投资足为之保证券。若长安、咸阳之灞、浐、沣各河，商县之丹江，华阴县之太平沟峪，柳叶长涧石堤，方山各河之防洪，嘉陵江、汉江航线之整理，与泾、渭、梅诸渠各跌水之水力等工程，均强半完工，余亦在查勘设计之中。近中央贷款一千万元，已与银行团签订合同，望能源源供给陕省个别需要水利之建设。本局同人，经先局长二十年来之涵育熏陶，自应遵循遗教，体念时艰，日思兼程猛进，俾此西北、西南为复兴民族之半壁河山，均沾陕西水利之惠，实皆先局长之赐也。

兹届先局长逝世三年，同人追思先贤，勉赴事功，共树此碑，用资纪念。先局长名协、字仪祉，陕西蒲城县人，以字行全国。其行实国史自有传，兹不具著，其有关陕西生产建设之尤者。

时中华民国三十年三月八日

嘉陵江水道工程处　汉惠渠工程处　汉南水利管理局

泾惠渠管理局　陕北水利工程处

陕西省水利局及设计测量队同人敬立

（5）仪师事迹记碑。此碑立于民国三十年（1941年）三月八日，由河海工程专门学校撰文，李静庵书丹。碑立于仪祉陵园墓之西南方。立碑人系河海工程专门学校毕业生张朝路、胡步川、刘钟瑞、孙绍宗等14人。碑首为二龙戏珠，高1米，宽1.07米。碑高2.42米，宽0.97米，厚0.26米。碑文24行，行74字，本县人李静书。碑文详细记叙了李仪祉先生一生的经历：包括学历及学术成就，所任的主要职务，对中国特别是陕西水利工程的重大贡献，先生的高尚品格与为人处世之道等，先生重病时的情形，以及逝世后的葬仪情况。均作了详细叙述。碑文内容如下：

师讳协，姓李氏，字宜之，后称仪祉，陕西蒲城人，幼有异禀，孝友性成，又渊源家学，耽于经史。清光绪十六年，师年九岁，从刘时轩先生学。二十四年，以岁试冠军，补博士弟子员拔入崇实及宏道书院肄业，专攻实学，不悄事举子业，深得师傅器重。三十年，考入京师大学堂，以实学原理来自欧美，潜心英、德、日文。三十四年，预科毕业。宣统元年，由西潼铁路局派赴德国留学，入柏林丹泽工业大学习铁路及水利。

民国元年，闻武汉起义回国，二年，与郭希仁先生遍游欧洲考察水利，商继郑白事业，复返德国庚续，专供水利，四年学成归国。时张季直先生创办河海工程专门学校于南京，师参与焉。计自是年春至十一年夏，任该校教授及教务长，并兼同济大学、南京高师等校教授。十一年秋回陕，任陕西省水利局局长兼渭北水利工程局总工程师，筹划引泾。十二年春兼任陕西省教育厅厅长，创办水利道路专门学校，嗣改国立西北大学工科。十三年，兼任西北大学校长，冬渭北水利工程设计完竣。十四年冬，赴平、津、京、滬等处，筹措引泾工款及扩充西北大学经费。十五年，因事变未能返陕，任北京大学教授。年终归来，当道任为陕西省政府建设厅厅长，坚辞，仍就水利局局长职。十六年春，赴榆林考察无定河等水利，秋任南京第四中山大学教授。嗣赴四川任重庆市政府总工程师，修筑市区及成渝公路等工程。十七年秋，任华北水利委员会主席，规定华北水利建设区域，筹划白河、黄河及华北水利各事宜。十八年春，兼任北方大港筹备处主任，筹备开闢港埠事宜，又任整理海河委员会委员，倡议理事各项工程。夏任导淮委员会委员兼公务处长及总工程师，拟定总工程师，拟定《导淮计划》。并任浙江省建设厅工程顾问，设计杭州湾新式海塘，今仍奉为良规。十九年冬返陕，任陕西省政府委员兼建设厅长，实施引泾工程及进行秦中各项新建设。二十年，兼任国民政府救济水灾委员会兼总工程师，主办江淮河汉复堤工程，组织中国水利工程学会，被选为会长，又任葫芦岛筑港工程顾问。二十一年夏，泾渠第一期工竣，辞陕建设厅长职，复任水利局长。赴汉南考察水利，秋大病及愈，筹划洛惠渠工程兼陕西高级中学校长，感于水利人才之缺乏，中设水利专修班，后归国立西北农林专科学校水利组，复为西北农学院水利系，并任内政部水利专门委员会委员，研究全国水利问题。二十二年秋，任黄河水利委员会委员长兼总工程师，筹划并实施黄河治本治标工程，亲赴黄河上游查勘，兼筹办渭惠渠工程。创设中国第一水工试验所于天津，为国内或东亚以型模试验解决水工之第一机关。组织整理运河讨论会，厘定整理运河全体计划。二十三年春，洛渠兴工。二十四年春，渭渠兴工，兼任全国经济委员会水利委员会常务委员。夏泾渠第二期工竣。冬辞黄河水利委员会委员长职，专任陕西水利局局长，筹划梅惠渠工程。二十五年，创立中国土木工程师学会，被推为董事，冬兼任扬子江水利委员会顾问工程师。时渭惠渠第一期工竣。二十六年春，亲赴扬子江中上游查勘，并赴江北一带调查导淮入海工程。秋参与庐山谈话会，对于国事，多所贡献。嗣经国府聘为国立中央研究会评议会评议员。冬渭惠渠第二期工竣。

综师生平事迹，计从事水利工程教育凡十年，门人遍国中，均有相当成绩。从事潇洒治导工程凡九年，泽被十七省。救济灾民无算。从事灌溉工程凡十五年，成就灌溉区域三万顷，惠遍三秦。任全国经济委员会水利委员时，建议水利行政统一与水利建设规划，已蒙政府采纳实施。连任中国水利工程学会会长七年，出版《水

仪师事迹记碑

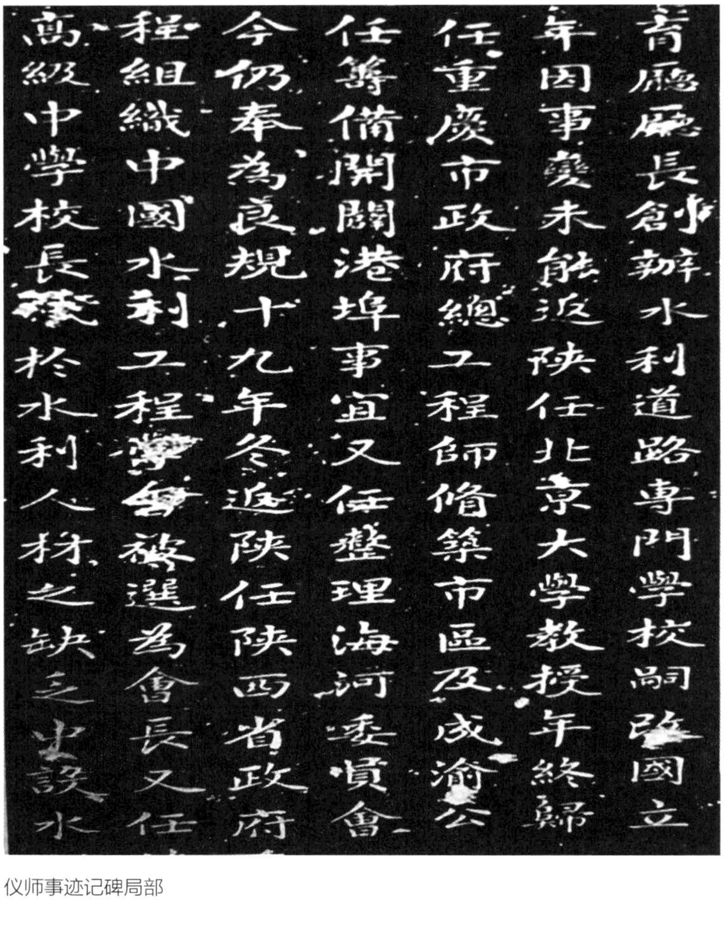

仪师事迹记碑局部

利杂志》。掌教河海工校时，主办《河海月刊》凡七、八年。所著论说及翻译等文，沟通世界水利学术。其散见于《科学杂志》《华北水利月刊》《黄河水利月刊》及《陕西水利月刊》等，均足为水利界及其他各界圭臬。至立身廉政，治事谨严，好学不倦，推诚接物，数十年始一日，尤为当世所共仰。自卢沟桥事变后，由京返陕，以羸弱之躯，加入陕西抗敌后援会，每开会凡他人所顾忌，不敢言而不能言者，师则侃侃而言之。复常至西安广播电台大声疾呼，陈述抗战利害，警惕国人。又西京市防空工程之建筑，秦中禁烟种麦之提倡，伤兵难民灾音之养护，救国公债之募集及战时一切经济建设，多仗大力推进。屡撰抗战宣传文字，寄登国内报章，伸张正义。及大病之前夕，亲草战时经济建设提案，以工程师学会名义，电经济部，纲举目张，为师最后之呼声。

二十七年二月十九日偶得腹疾，医断为胃瘤不治之症，至三月七日夜病益剧，惟神志甚清明，能口述遗嘱及后事颇详。迨八日正午竟与世长辞矣。哀哉！当师弥留之际，大雪纷纷，天地一白，如张素幕，似为表哀。及灵柩出长安城，西京各界，晨祭于西关，极为伤悼。至泾阳两仪闸畔安葬时，泾阳、三原、高陵各县民众远道奔丧，不期而会者五千人。

且噩耗付出，全国震惊，唁电交驰。国府褒扬邃学，以生平事迹宣会国史馆立传，并予公葬。噫！可谓生荣死哀，备极其盛矣！门人等在陕多年，亲炙日久见闻较多，谨识师生平事略，勒诸贞珉用垂永久。

中华民国三十年三月八日

河海工程专门学校门人　鞠躬

同研弟泾干李静庵　敬书

张朝璐　刘秉璜　张思奎

胡步川　郑耀西□□□

门人刘钟瑞　刘文虎　张光□　敬立　孙绍宗　沙玉清　陈□奇

宋文田　李心锦　房宝德

（6）仪翁李老夫子德教碑。此碑立于民国三十年（1941年），由杨炳坤撰文，杨风晴书丹。碑立于李仪祉墓东南。碑为四棱柱体，每面各宽0.44米，碑高2.15米。碑南侧楷书碑名“仪翁李老夫子德教碑”。旁刻立碑时间“中华民国三十年三月”。碑西为之正文。碑文10行，行58字，楷书。记叙了李仪祉先生1922年从南京回陕西创办水利道路工程专门学校和西北大学，尽力培养水利人才等情况。碑东为“跋”。赵玉玺撰，碑文7行，行10字，楷书。碑文内容如下：

仪师逝世之三年，心丧虽阕，追悼无已。同学勒石纪念，属堃为文，堃谫陋少学，且吾师之功业、道德、文章，自有国史立传以纪其实，而当代贤达类多鸿文称颂，不啻百千，此亦足以彪炳不朽矣。固无俟小子赘言，有涉阿好。兹谨述我同学这所受教于师者，以志不忘可也。

师于民国十一年夏由南京回陕，视吾陕水利人才缺乏，遂于水利局附设水利道路工程专门学校，招收学子肄业，后并入西北大学为工科，此我同学从师受学之始。时师长陕西水利局，嗣又兼长教育厅及西北大学，公务繁颐，日无暇晷。至授本科学课，必躬亲讲授，曾未少缺。其他各师，又多师之叒人门人，亦均能仰体师意，授课不倦。故同学等即不敢不勤奋受教。业既竟，师足迹所至，或本省或外省，并多追随左右，如家人父子恩义兼挚，先后达十余年。方冀禀承有赖，业务日增。乃以倭患遽兴，神州震荡，吾师即慨然以捐资募债救国纾难为己任，卒至忧愤成疾。二竖为灾，天不憗遗，赍志以殁，悲夫！

所幸三年以来，各同学均能于水利道路事业贡献国家，惟每遇疑难不决之问题无由请质，辄惘惘然若有所失，益令人追念不置。今后自当谨遵遗教，永矢弗渝，力求继述，以慰吾师在天之灵，则此石之立为不虚已！感怀书此并系以词。词曰：

于维仪师，赋质特奇，情深胞与，志切溺饥。郑白事迹，待人而为，水工设教，克树厥基。维余小子，适会其时，担簦负笈，競起追随。稟承训诲，相向箴规，佐师大业，力戒功亏。孰意中道，师与世辞，八惠渠利，未竟设施。我师已往，责任伊维，继述志事，敢负所期。今兹纪念，伐石勒碑，报师之德，永世靡遗。

王冀纯　杨纯　杨炳坤　李应泰　常均　张嘉瑞
受业陈靖等同立石

周克容　陈增荣　傅健　员铭新　贾盛义　□□

（7）仪翁李老夫子德教碑跋碑（前碑的碑阴）。此碑立于民国二十年（1941年），由赵玉玺撰文，杨风晴书丹。碑文内容如下：

鸣呼！此诸生为仪祉李公所立德教碑也。昔人云：“莫为之前，虽美弗彰；莫为之后，虽盛弗传。”公为事业可谓前后皆有为之者，其彰也有自，其付也将无穷矣。陕西有水利局，在民国六年，希仁郭公实开其先，余曾与同事，中经六年之部署，购仪器筹引泾，盖创计而未定也。希仁病笃，特召公自南京回陕，余又为之代交局事。公任余如郭公，踵其前事，定计引泾。又念如此巨工，非有大量专材，不足以资驱遣，遂即本局内附设专科学校，以教学者。其时公长校事，余督学兼教国文，其专科各教师如胡君竹铭、须君君悌、顾君子濂、

仪翁李老夫子德教碑

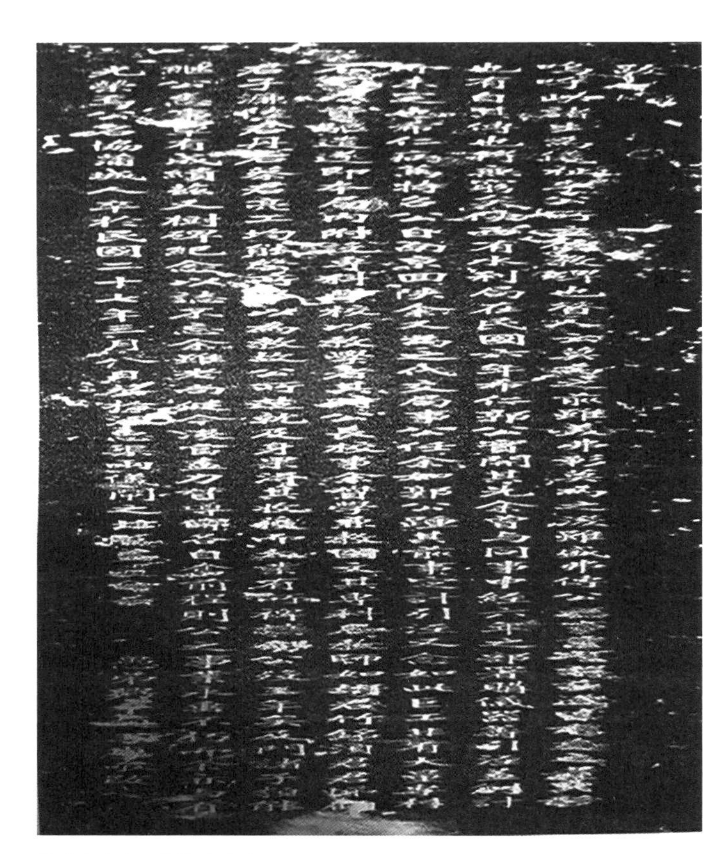

仪翁李老夫子德教碑跋碑

陆君丹右、蔡君亮工均能罄所学以为教。故公所造就及身，果得其收获，而大业有所裨补。今公殁三年矣，及门诸子类能继公志事，早有成绩。兹又树碑纪念，以志不忘。余虽老尚健，今后当尽力督导，俾各自奋前程，则公之事业永垂不朽，而余亦与有光荣焉。公名协，蒲城人，卒于民国二十七年三月八日，葬于泾惠渠两仪闸之北畔。盖遗命云。

（8）泾惠渠颂并序碑。此碑始作于民国二十四年（1935年）十二月，至二十六年（1937年）三月落成。由杨虎城将军撰《泾惠渠颂并序》，刊于碑正面。李仪祉撰跋，刊于碑阴。长安宋联奎书丹。碑现立于仪祉陵园，高1.90米，宽0.74米，厚0.19米。方座，为上下两层。正文略叙引泾灌溉的悠久历史，详叙了泾惠渠创修起因、修挖过程及竣工后等情况。跋叙着重记载了泾惠渠兴建的艰难历程，用费之巨及放水后水费管理情况，并歌颂了泾惠渠建成后的灌溉效益和灌区的繁荣景象。泾惠渠的兴建是郑国渠以来历代引泾灌溉工程的继续和发展。它是我国近代水利大师李仪祉先生亲自主持、采用现代科学技术，创建的大型农田水利工程。全部工程分两期实施：自1930年12月开工至1932年6月第一期告竣。经陕西省府政务会议决定命名为“泾惠渠”；自1933年至1934年第二期工程完成。实现了恢复郑白业绩的宏愿。工程建设和灌溉管理都发生了历史性的变化：渠首引水流量十六立方米每秒，灌溉礼泉、泾阳、三原、高陵、临潼5县农田64万亩，粮棉产量成倍增加，灌区工农业蓬勃发展，为陕西农田水利事业奠定了基础，成为我国北方半干旱地区以多沙河流为水源灌溉的典型灌区。1934—1937年基本修成了洛惠渠主体工程。梅惠渠于1936年开工，1938年完成。碑文内容如下：

泾惠渠颂并序碑（源自范天平编注《豫西水碑钩沉》，陕西人民出版社2001年版，第296页）

陕西为天府之国，号称陆海；顾地势高燥，雨泽不均。自秦用郑国开渠，西起谷口，循北山绝冶、清、漆、沮诸水，东注洛，灌田四万五千顷，关中始无凶岁，是为引泾利民鼻祖。汉太始初，赵中大夫白公以堰毁渠废，上移渠口，引渠东行，由栎阳入渭，改名白公渠，溉田四千五百顷。以今考之，郑多而夸，白少而实。自汉迄明，代有修改，皆以堰口毁坏而上移。清乾隆二年，以泾水毁堤淤渠，于大龙山洞中筑壩，拒泾引泉，改称龙洞渠，灌田减至七百余顷。清末，渠身罅漏淤塞，溉田仅二百余顷，弃利于地，殊可惜也。

民国初建，临潼郭希仁与薄城李仪祉，屡谋续郑白功。九年，渭北大旱，富平胡笠僧等复建议引泾，设立渭北水利工程局。十一年夏，仪祉回陕，长水利局兼渭北水利工程局总工程师。命其门人刘钟瑞、胡步川组织测量队，测量泾河及渭北平原；继命须恺等设甲乙两种计划，并议借振款施工，既以兵祸中止。十七年后，陕复大饥，死亡无算。陕当道宋哲元与北平华洋义振总会，义举引泾天工，卒未果。

迨虎城主陕席，复邀仪祉回陕，襄陕政，兼长建设厅。由陕政府筹款四十万元，华洋振总会筹四十万元，为引泾工费。复得檀香山华侨捐款十五万元，朱子桥先生捐水泥两万袋，中央政府拨助十万元合开工，议遂定。于是义振总会担任上部筑堰、凿洞、扩渠引水等工程，美人塔德任总工程师，脑威（挪威）人安立森副之，陕政府担任下部开渠、设斗、建筑桥闸、跌水等分水工程，仪祉任总工程师，门人孙绍宗副之。自十九年冬至二十一年夏工始讫，即于是年六月中旬举行放水典礼，邀请海内外名流参观，颇极一时之盛。而渭北荒废之区，得以重沾膏润，人民欢呼，是为第一期工程。其后三年内复赖北平华洋义振总会与上海华洋义振会及全国经济委员会资助，由泾惠渠管理局完成第二期工程。召刘钟瑞来陕襄工事，如修补拦河大堰，建筑引水退水闸，挖掘支渠，修理干渠，俾引水、分水工程臻于美善。管理方面，如保护渠道，改良用水及灌输农民灌溉常识，亦次第进行。至本年夏至，灌田已增至六千余顷，将来计定蓄水方法，人民用水得当，犹可浸润扩充。虽郑国陈迹不可复寻，而白公之泽，则已恢复而光大之矣。

颂曰：秦用郑国，开渠渭阳，关中以富。秦赖以强。越四百年，渠毁待修，汉白公起，媲美千秋。历宋元明，代有改筑，渠口上移，入于深谷。有清一代，利用山泉，改名龙洞，仅溉低田。鼎革以还，渠更淤漏，饥馑连年，莫之知救。追怀前迹，思继古人，郭胡倡始，李主维新。涉水登山，远逾谷口，计熟图详，丝毫不苟。筹借振款，即待兴工，胡天不吊，适降兵凶。扰扰数年，庶政俱废，救死不暇，遑论灌溉。天心厌乱，寓振于工，华洋集款，得竟全功。二十一年，六月中旬，放水盛典，中外观钦。自后三年，设管理局，渠道修护，朝夕督促。民享乐利，实泾之惠，肇始嘉名，芳流百世。洛渭继起，八惠待兴，关中膏沃，资台于泾。秦人望云，而今始遂，年书大有，麦结雨种。忆昔秦人，谋食四方，今各归里，邑无流亡。忆昔士女，饥寒交迫，今渐庶富，有布有麦。秦俗好强，民族肇始，既富方谷，人知廉耻。登高自卑，行远自迩，复兴农村，此其嚆矢。

陕西绥靖主任前省政府主席杨虎城撰

长安宋联奎书

关中白廷锡刻字

中华民国二十四年十二月

（9）泾惠渠碑跋碑（前碑的碑阴）。此碑立于民国二十六年（1937年），由李仪祉撰文，赵玉玺书丹。碑文主要阐述了兴修泾惠渠的艰难，对杨虎城将军以及多方有识之士救民于水火的义举大加赞赏，同时也告诫后继之人不要忘记创业的艰难。碑文内容如下：

甚矣！成事之难也。引泾之事，自希仁、笠僧始，继之者迭有人，然十余年未能实施。至丁民十七暨十九数年，大旱饥馑，流亡载道，而莫之救。

迨虎城主席，乃毅然为之。时余任导淮要职，亦决然舍弃归而相助，诚以救民水火之举不容漠视之也。既蒙多方之义举，亦望庶民之子来经营之。始由泾、原、高、醴、临五县，组织

泾惠渠碑跋碑（前碑的碑阴）（源自张发民、刘璇编《引泾记之碑文篇》，黄河水利出版社2016年版，第186页）

“引泾水利进会”，冀人民有财者输财，无财者输力。乃进行五阅月，“协进会”一无所展，旋以省令撤之。时大饥之余，全陕各县之困苦，有十倍于五县者，各县人民，含痛茹辛，省府同仁，刻苦奋励，以竭蹶所得之资，不惜费之于引泾一事。第一期工费合计为款一百二十万四千余元；其后又继之四十二万一千余元，总计全工共縻款一百六十二万五千余元。一不出于受惠诸县。工程进行之中，每以小故而生阻碍；功成之后，食其利者，又每以水费输纳为争持。此岂重念公益者所应有哉？且水利负担，无论政府管理与人民自管，皆莫能省免。套宁之“黄河渠”，每亩负担五角至七角；甘肃之水输灌溉，开办每亩摊至三十元，修理费每年每亩亦三、四角。今泾惠渠水费，多者每年每亩五角，少至一角，其有特殊情事，尚可请核减免。政府体念民生，不可谓有不至，而仍有未谅解者。庸讵知全省应兴之水利尚有许多，为人民谋安阜，国家谋富庶，皆不能不以次举办，使政府年年耗巨款而无所补益，其将何以为继哉！读杨公虎城之文，不禁感慨系之。

會安橋

2
水利碑刻

中国的治水石刻，相传始于大禹所树南岳衡山岣嵝刻石。先秦以后，历代的水事石刻，可谓洋洋大观，既有治河防灾的纪事碑，也有兴修水利、架桥铺路的功德碑。这些治水碑刻作为中国特有的文化符号，具有显著的传播、教化、资治与存史功能，尤其是宣扬政府水利政令与记载洪水灾害的碑碣，是中国水利管理的重要实物见证，也是中华民族宝贵的活历史、活文物。以水利图碑为例，它作为一种特殊的水利文献形态，总体数量虽然不多，但空间分布却比较广泛，可被视为某一地域社会整体开发历史进程的缩影。尤其在水资源紧缺的地区，它既是水权意识的集中表现，又反映了人们对待水资源的态度，是人们在水资源紧张条件下协商、谈判、冲突的结果。就年代而言，水利图碑最早在宋代就已出现，更多地集中出现于明清和民国时期。这些水利图碑直观形象，图文并茂，一些图碑上不仅有图，还有与之相关的水利契约，官方对水案的审理结果，以及民间用水者相互之间达成的用水协议、合同等，内容相当丰富。水利图碑与文字水利碑一样，可以反映出我国古代水资源开发与管理的历史，弥足珍贵。下文就以碑刻为线索，进一步挖掘与水利碑刻相关的人物和事件，不仅可以在既有的水利社会历史研究基础上继续深化和拓展，更有助于深入地认识水资源在中国社会历史变迁过程中所发挥的作用和影响。

2.1 摩崖石刻

2.1.1 长江洪水题刻

在长江上游和三峡地区遗留了大量古代洪水题刻，大多刻画在洪水漫过的山崖、山坡地、柱础、石桥、城门口等处，描绘出历史上一次次大洪水的具体情形与准确水位，成为我们今天认识古代长江水情最直接、最珍贵的物证。

1. 南宋史二道士祖孙的洪水题刻

目前已经发现的记录三峡洪水的第一例石刻文字是南宋绍兴二十三年（1153年）重庆忠县一位姓史的道士所作的题记：

绍兴二十三癸酉六月二十六日，江水泛涨去耳。史二道士，吹篪书刻，以记岁月云耳。

该碑透露出这次洪水主要来源于沱江上、中游和嘉陵江水系的涪江流域，这一地区属四川盆地龙门山暴雨区范围。嘉陵江洪水到达重庆后，与长江、沱江洪水汇合，酿成特大洪水灾害。根据该题刻所处位置的测定，这次洪水将江面抬高至海拔158.47米，是长江上游干流历史上的第三大特大洪水。

南宋宝庆三年（1227年），在史二道士题记的边上，史二道士的孙子史袭明道士又刻了一则洪水题记：

宝庆三年丁亥，去癸酉七十五年，水复旧痕，高三尺许。六月初十日，嗣孙道士史袭明书记。

这次洪峰水位比南宋绍兴二十三年（1153年）的洪水还要“高三尺许”，据测算，此次洪水的海拔高程为159.55米，仅次于清同治九年（1870年）的大洪水。祖孙二人的记录，将洪水历史演变的轨迹保留了下来。

2. 清代乾隆五十三年的洪水题刻

清乾隆五十三年（1788年）六七月间，岷江、沱江、嘉陵江流域暴雨集中，洪水猛涨，重庆至宜昌河段又遭暴雨袭击，由此形成长江流域性洪灾，致使荆州城被淹。重庆唐家沱洪水题刻写道：“大河水，乾隆

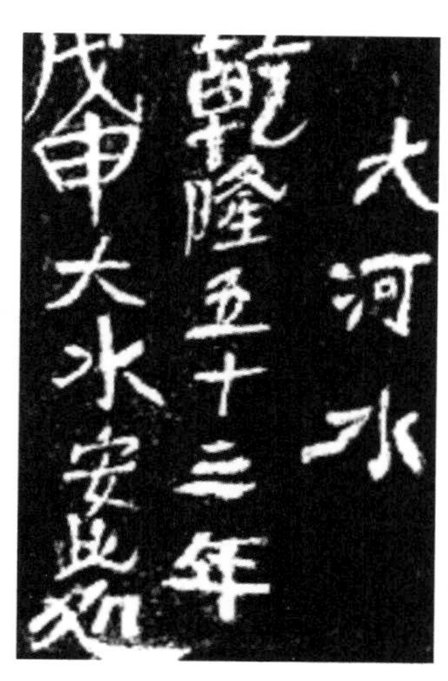

南宋史二道士祖孙的洪水题刻（源自黄晓东《三峡洪水题刻：大水肆虐的证据》，《中国三峡》2011年11月15日刊）

清乾隆五十三年（1788年）的洪水题刻（源自黄晓东《三峡洪水题刻：大水肆虐的证据》，《中国三峡》2011年11月15日刊）

五十三年戊申，大水安此处。”今天，重庆人仍将“淹”字说成“安”音。这些题刻亦可作为方言形成与演变的一个旁证。

3. 清代同治九年的特大洪水题刻

清同治九年（1870年），重庆忠县遭遇了历史上最大的洪水袭击，在城内顺河街土地庙，有“同治庚午六月中，大水至此”的题刻。据测算，题刻的海拔高度为162.16米。也就是说，这次洪水将长江水面抬升到海拔162米左右的高度。

这场特大洪水，波及地域最广，破坏最烈，受关注程度最高。记录的题刻有近200条，分布在合川、江北、巴县、涪陵、丰都、石柱、忠县、万县（今万州）、云阳、奉节、宜昌等处，将这些题刻联系起来，更能形象地理解这次洪水的汹涌澎湃。题刻准确记录了洪水涨退的具体时间，并由此推断，这次洪水是双峰型洪水。如涪陵龙兴场洪水题刻：

水涨大江贯（灌）小溪，戊申曾涨与滩齐，迄今八十单三载，涨过旧痕十尺梯。观涨人题，庚午年六月廿日，水涨至此。

奉节县沿江居民每遇低水位或大涨水的年份时，便在江中的岩石上一次次凿刻文字，记录江水的变化。《大清历朝实录·穆宗》记：“同治九年六月间，川东大雨，江水陡涨数十丈……万县、云阳、奉节、巫山等州县，城垣、衙署、营汛、民田、庐舍多被冲淹……”“奉节城垣、民舍淹没大半，仅存城北一隅”。奉节白帝城隋朝龙山公墓志附刻、鲍超府水文碑、安坪水文碑、涂家滩水文石刻，准确记录了奉节县清同治九年（1870年）的大洪水水位及持续时间，对长江开发和水文历史研究具有重要价值。

（1）白帝城隋朝龙山公墓志附刻。白帝城隋朝龙山公墓志碑，高95厘米，宽43厘米，为隋开皇二十年（600年）刻，是国家一级文物，现存奉节县白帝庙西碑林。清咸丰九年（1859年）在奉节城西修炮台时出土。此碑右上角边沿的观款中，记有“同治九年六月十九日大水为灾，高于城五丈，此碑被淹”，是非常珍贵的水文历史资料。

（2）鲍超府水文碑。此碑原位于奉节县旧城永安镇鲍超府旧址，内容为：“同治九年季夏月，洪水至此。光绪九年仲秋月立。”长江水利委员会（原长江流域规划办公室）历史洪水调查时测定，原址石碑高程为146.50米（吴淞高程），因三峡水库蓄水淹没，现搬迁并保存在奉节县夔州博物馆内。

（3）安坪水文碑。此碑位于长江右岸原安坪乡粮管所旁，村民罗开满门口的承包田坎子上，因年久失修已破成4大块，上半部分已残缺不全。碑残长1.7米，宽0.6米，厚0.15米。下半部分清晰可见“同治九年庚午岁六月二十日，水至此”。长江水利委员会（原长江流域规划办公室）于历史洪水调查时测定，石碑高程为147.24米（吴淞高程）。《奉节县志》1995年版命此碑为“安坪水文碑”，因三峡水库蓄水淹没，现搬迁并保存在奉节县夔州博物馆内。

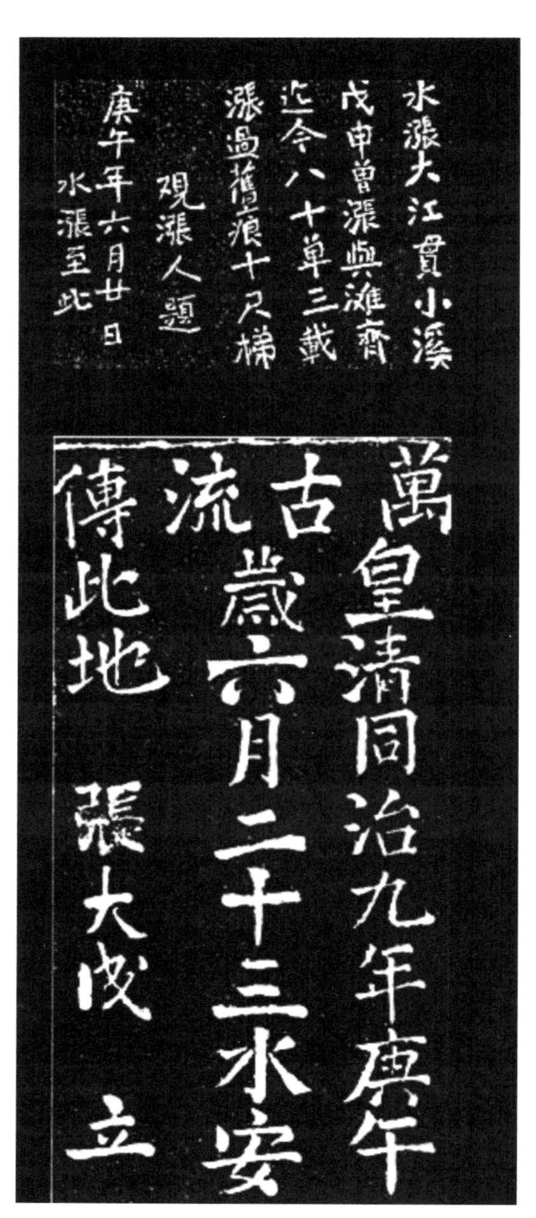

清同治九年的特大洪水题刻（源自黄晓东《三峡洪水题刻：大水肆虐的证据》，《中国三峡》2011年11月15日刊）

隋朝龙山公墓志附刻

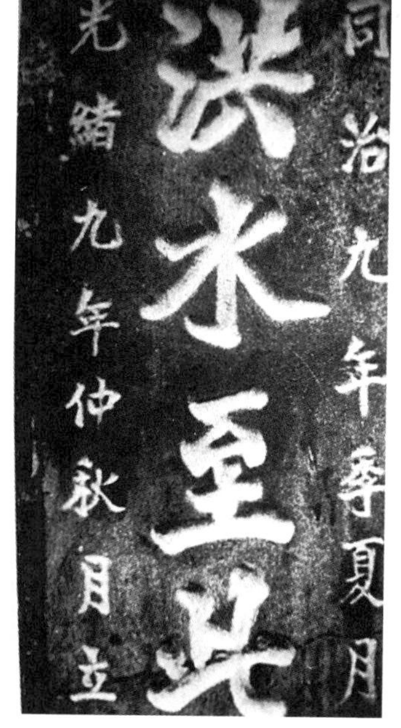

鲍超府水文碑

安坪水文碑

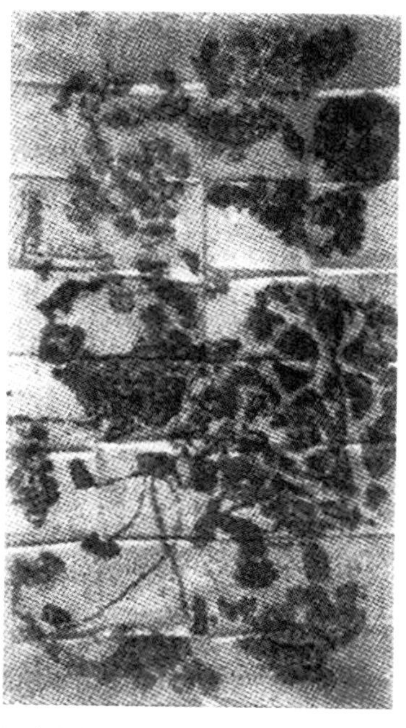

河南省卢氏县山河口石刻（源自范天平编注《豫西水碑钩沉》，陕西人民出版社2001年版，第10页）

（4）涂家滩水文石刻。石刻位于奉节县长江右岸原安坪乡江边。石刻成于清同治九年（1870年），表面积0.5平方米，内容为“同治九年水漾涂家滩七天七夜才退出屋基来”。长江水利委员会（原长江流域规划办公室）于历史洪水调查时测定，石刻处海拔为146.52米（吴淞高程）。涂家滩水文石刻，经重庆市文物局2003年实施保护措施后被就地淹没在水下。

2.1.2 黄河洪水题刻

黄河流域洪水灾害频繁，黄河干支流沿岸的碑刻文字中有很多关于暴雨洪水的记述。这些碑刻题字有的指出了最高洪水水位，有的记载了涨水时间，有的反映了大洪水所造成的灾害；有时一块碑记全面地记述了上述几个方面的内容，是研究黄河水文历史的重要资料。

1. 河南省卢氏县山河口石刻

此处的“雒”字为今“洛”字古写，传为大禹所刻。

（导洛至熊耳）

雒

2. 明成化十八年沁河洪水刻字

沁河系黄河三门峡——花园口区间左岸支流，于明成化十八年（1482年）发生了一场异常大洪水。20世纪50年代初曾调查到记述该洪水的碑记和摩崖石刻共有四处。一是阳城县河头村沁河渡口指水碑“大明成化十八年大水至

明成化十八年（1482年）沁河洪水刻字（源自史辅成《黄河碑刻题记与暴雨洪水》，《人民黄河》1993年第11期）

此”；二是阳城县上伏村摩崖石刻：“成化壬寅沁水泛涨淹没古迹”；三是阳城县瓜底村（支流）摩崖石刻：“成化十八年大水过崖头”；四是阳城县九女台摩崖石刻：“成化十八年河水至此。”

3. 明万历二年河南府沔池县伍中里伍村门楼石刻

此石刻的年代是明万历二年（1574年），现镶嵌在河南省渑池县南村今任村北寨门的上方。“沔”音“渑”，沔池即渑池。伍村即今任村。石刻高33厘米，宽60厘米，竖写。“澄清”二字，指的是农历二月黄河水变清。石刻内容如下：

河南府沔池县伍中里伍村男善人诚心起立

澄

大明万历二年岁次甲戌仲春二月吉旦立

清

山西平阳府进曰里石匠高延贵券立

4. 清道光二十三年洪水刻记碑

此碑宽33厘米，高24厘米，厚17厘米。清咸丰二年（1852年），河南省渑池县东柳窝村村民刻制，现收藏于黄河博物馆。记载了清道光二十三年（1843年）黄河涨水情况：黄河北干流与渭河流域连降大雨，河水骤涨，淹没冲毁农田房舍无数。根据历史资料和洪水痕迹推算，这次洪水是黄河历史上流量最大、水位最高的一次特大洪水。陕县洪水流量最大洪峰达36000立方米每秒。这块刻石是推算当年洪水流量的重要依据之一。

这场洪水除在陕县、平陆、垣曲等县志中多有记载外，在渑池县东柳窝村和济源县八里胡同河段发现了数块题刻碑记，对该年洪水也有许多记载。东柳窝村的一块在村内小路边上，碑石长约40厘米，高约30厘米，

明万历二年河南府沔池县伍中里伍村门楼石刻（源自范天平编注《豫西水碑钩沉》，陕西人民出版社2001年版，第64页）

清道光二十三年（1843年）洪水刻记碑1

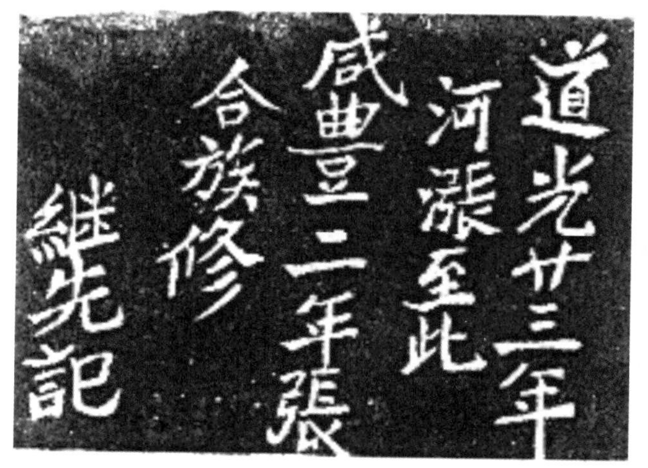

（1）

（2）

清道光二十三年（1843年）洪水刻记碑2（1）（2）（源自史辅成《黄河碑刻题记与暴雨洪水》，《人民黄河》1993年第11期）

上书“道光二十三年河涨至此，咸丰二年张合族修，继先记”。经访问，张继先的后代说：“其曾祖父为使后人了解黄河最高洪水位能涨到何处，警告在最高洪水位以下不可建房，故立此碑。”另一块系镶在村内泉神庙的侧墙壁上，除记有道光十七年蝗灾外，还记有“道光二十三年又七月十四日河涨高数丈，水与庙檐齐，村下房屋尽坏……”。

5. 清咸丰三年黄河水位碑

此碑刻在河南省渑池县段村乡东柳窝张树引门前崖下石壁上。碑高26厘米，宽20厘米。楷书5行21个字。碑刻所记是黄河中下游清道光二十三年（1843年）的特大洪水，是非常珍贵的黄河水文痕迹资料。碑文内容如下：

道光二十三年河涨至此。

咸丰二年张合族修

继先记

清咸丰三年黄河水位碑（源自范天平编注《豫西水碑钩沉》，陕西人民出版社2001年版，第205页）

6. 清道光二十九年观禹迹题刻

此题刻刻于清道光二十九年（1849年）。题刻内容如下：

大清道光己酉仲冬，偕鲍茂才茂南、刘茂才乾元泛舟于洛，东行北折入山河口，至高庙旁，拜瞻禹字时，方架木榷，拓得数纸本，视嘉庆间方、谢二公摹勒石刻，公得仿佛。其时定为洛字必有所据。崖次又有石斜出，亦具刀划痕，其形弗敢臆断，并拓出，以俟海内好古而精者考定焉。方谢二公摹石旧藏邑署，待钩出附镌于崖口，而敬识之。知卢氏县事古闽刘应元书。

清道光二十九年（1849年）观禹迹题刻（源自范天平编注《豫西水碑钩沉》，陕西人民出版社2001年版，第12页）

2.1.3 涪陵白鹤梁枯水题刻

白鹤梁建于唐代，是我国保存较为完整的古代水文监测遗址，位于重庆市涪陵区城北长江江心西侧，是一段天然石梁，长1600米、宽15米左右，以15度斜角倾向江心北岸。由于白鹤梁的梁脊仅比长江常年最低水位高出2~3米，几乎常年没于水中，只在每年冬春之交水位较低时才部分露出水面，故古人常根据白鹤梁露出水面的高度位置来确定长江的枯水水位。从唐代起，古人便在白鹤梁上以“刻石记事”的方式记录长江的枯水水位，并刻“石鱼”作为水文标志。白鹤梁石鱼题刻记载了自764年后72个年份的枯水记录，共镌刻163则古代石刻题记，被被誉为“世界上最早的古代水文站”“世界水文史上的奇迹”，见证了我国古代水文治理的历史成就。

白鹤梁石鱼题刻位于涪陵城北长江南岸大港之中，总长约160厘米，自西向东延伸与江流平行，形成一道天然挡冲防护堤。白鹤梁上镌刻的石鱼水标及题刻文字，由于常年有过半时间没入水中，于保护有利，故得以长存。现存题刻文字163段，其中宋代约100段，余为元、明、清代。明代以前题刻多在石鱼水标附近，清代以后则因石鱼周围已无空隙，逐渐向石梁上端与左右发展。白鹤梁题刻文字经历漫长时间的风化冲蚀，有些字迹已模糊和残缺。石梁凸起部分因下部被掏空而部分倒塌，致使题刻文字遭破坏，至今在漏水与浅水之中尚可见到部分题刻残迹。

白鹤梁“刻石记事”

涪陵白鹤梁枯水题刻

2.1.4 山河堰碑摩崖石刻

山河堰相传为汉初萧何开创，曹参落成。宋代阎苍舒《重修山河堰记》载："父老相传，此堰曹相国作。"宋杨绛《重修山河堰记》载："境内灌溉之原，其大者无如汉相国曹公山河堰，导褒水，限以石，顺流而疏之，自北而西者，注于褒城之野；行于东南者，悉归南郑之区；其下支分派别，各遂地势，周溉田畴之渠，百姓飨其利，惟时二邑久矣。"据雍正《陕西通志》载：山河堰"巨石为主，锁石为辅，横以大木，植以长桩"，然截流引水构筑，难以抵御洪水冲袭。故历代地方官吏与驻军将领，如三国诸葛亮，五代后蜀武漳，北宋许逖、赵从俨，南宋吴玠、吴璘、杨政、吴拱，元代赛因普化，明代张良知，清代余正焕、严如熤等，多次组织民众和军士整修。1942年，陕西水利主管和水利专家李仪祉主张以原山河堰为基础，建修褒惠渠，山河诸堰纳入褒惠渠灌区。建国以后，山河堰发生了巨大的变化。1970年，褒河石门水库建成后，政府重建褒河引水灌溉渠系，即东、西干渠。1975年建成了以灌溉为主的石门水库，使这一古老的水利工程重新焕发了生机。

宋朝时期，山河堰有六堰。《宋史·杨政传》载："（杨）政守汉中十八年，六堰久坏，失灌溉之利，政为修复。"《宋史·河渠志》载："兴元府褒斜谷口，古有六堰，浇溉民田顷亩浩瀚。每岁首，随食水户田亩多寡，均出夫力修葺。后经靖康之乱，民力不足，夏月暴水，冲损堰身。""兴元府山河堰灌溉甚广，世传为汉萧何所作。嘉祐中，提举常平史昭奏上堰法，获降敕书，刻石堰上。中兴以来，户口凋疏，堰事荒废，累曾修葺，旋即决壞。乾道七年，遂委御前诸军统制吴拱经理，发卒万人助役，尽修六堰，浚大小渠六十五，复见古迹，并用水工准法修定。凡溉南郑、褒城田二十三万余亩。昔之瘠薄，今为膏腴。四川宣抚王炎，表称（吴）拱宣力最多，诏书褒美焉。"宋晏袤《山河堰落成记》摩崖石刻载："绍熙四年（1193年）夏，大水，六堰尽决。""五年，山河堰落成。"经元、明至清嘉庆十八年（1813年），"山河堰有三堰，实存第二、三堰，灌田52822亩"。

山河堰管理制度宋代已有记载，明清有较详细的规定并留传沿用。当年二堰之下一百多里长的干渠分上下二坝轮灌。海轮10天，上坝4天，下坝6天，有专人负责启闭闸板；各支流闸门也有固定的宽度和深度，放水时间多用燃香衡量。每年维修按亩摊派。灌区设立独立的管理机构。全堰有总理，支渠有首士，各堰有堰长，田间渠道还有小甲，各司其职。违反堰规则按有关条款予以惩处。

下图为《山河堰落成记》摩崖石刻拓片。石刻刻于宋绍熙五年（1194年）。记叙了宋绍熙四年（1193年）夏水患严重，冲坏了山河堰，官民共同修筑，所使用的物料、工役、费用及主持修筑等情况，但未注明撰者姓名。据其书迹考证，当为晏袤所书。晏袤（生卒年不详），字于德，北宋政治家、文学家、词人晏殊四世孙。南宋光宗绍熙年间（1190—1194年），晏袤曾任南郑（治今汉台区）县令。清欧阳辅《集古求真》赞："宋人隶书，当以晏袤为第一。"

《山河堰落成记》摩崖石刻拓片

2.1.5 石门摩崖石刻

石门洞内东西两壁和洞外南北数里的险坡、断崖以及褒河水中、沙滩大石上，多有由汉及宋的摩崖石刻，有的是历代开通、修复褒斜道、石门和山河堰工程情况的记载，有的是参观、游览的留念题记，清代有人统计，约40种。而其中的"汉魏十三品"，唐宋时期即负盛名，誉满全国。石门是褒斜栈道南端的一段隧道，系东汉永平年间所开，并将隧道开通的过程以文字的形式刻于山崖之上。石门是世界上人工开凿的第一座隧道。东汉永平六年（公元63年）用火焚水激法修成。在我国古代交通史上占有重要地位。石门的开通和摩崖先例，激发了过往文人和士民题刻的情怀，在东西两壁及褒河两岸悬崖上，凿有汉魏以来大量题咏和记事。仅石门内壁就留石刻34件。连同石门南北山崖和河石上的石刻，总数达104件。石门这些石刻，是珍贵的石头书，特别是汉魏石刻，属国内珍稀之物。正因如此，褒斜道石门及其摩崖石刻，于1961年被确定为全国第一批重点文物保护单位。

北魏《石门铭》，又称《泰山羊祉开复石门铭》。于北魏宣武帝元恪永平二年（509年）刻，是"石门十三品"之一，原刻在陕西省褒城县（今汉中市褒河区）东北褒斜谷之石门洞内东壁上，1967年因在石门地区修建大型水库，乃将原刻石从崖壁上凿出。1971年迁至汉中市博物馆，保存至今。此铭原刻高180厘米，宽225厘米。共26行，行约20字。铭文由北魏时任梁秦州典签的太原郡人王远书写，河南郡洛阳县人石匠武阿仁刻字。

书写者王远在书史上并不见记载，故生卒年亦不详。全文叙述了自东汉开凿石门后，随着东晋的南迁，褒斜道废弃不用，石门因而闭塞。至北魏正始元年（504年），南梁梁州刺史夏侯道迁以汉中叛降北魏。正始三年（506年），梁秦二州刺史羊祉奏请修复褒斜道，重开石门，魏廷派遣左校令贾三德率领工徒一万人，石匠百名，进行修复。工程至永平二年（509年）竣工，由梁秦州典签王远写了这篇歌颂羊、贾二人功绩的铭文。近人张祖翼跋此刻云："文亦舒卷自如，不事雕琢，可称二美。"铭文内容如下：

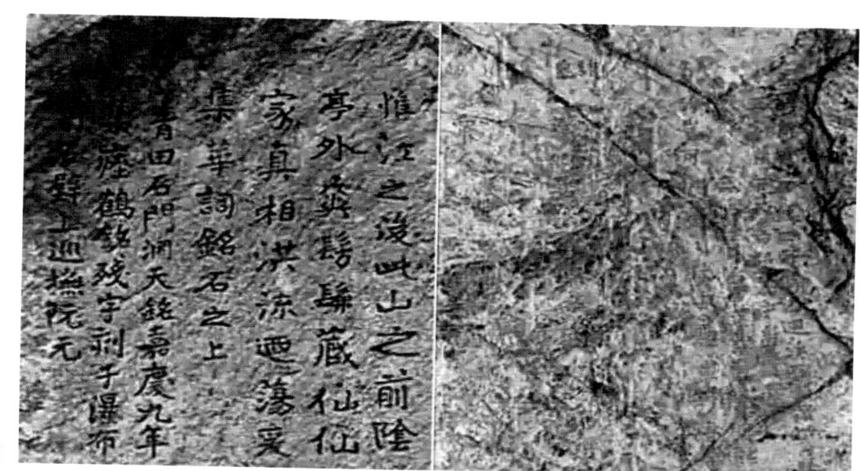
石门摩崖石刻

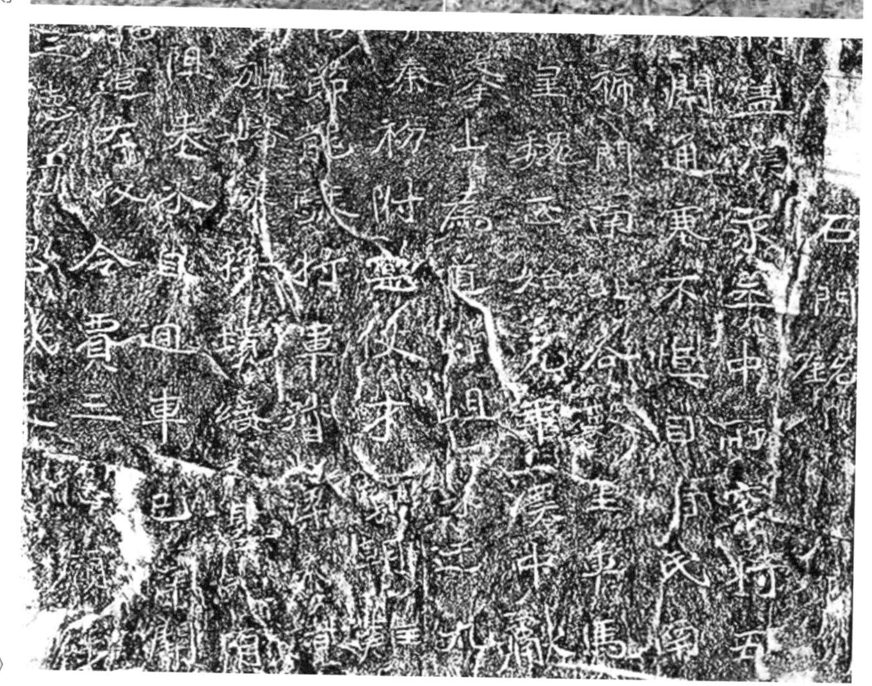
《石门铭》

（此）门盖汉永平中所穿，将五百载。世代绵迥，屯夷递（递）作，乍开乍闭，通塞不恒。自晋氏南迁，斯路废矣！其崖岸崩沦，硐（涧）阁堙褫，门南北各数里，车马不通者久之。攀萝扪葛，然后可至。皇魏正始元年，汉中献地，褒斜始开。至于门北一里西上凿山为道，峭岨槃迂，九折无以加，经途巨碍，行者苦之。梁秦初附，寔（实）仗才贤，朝难其人，褒蕳（简）良牧。三年，诏假节龙骧将军、督梁秦诸军事、梁秦二州剌（刺）史泰山羊祉，建旗嶓漾，抚境绥边，盖有叔子之风焉。以天崄难升，转输难阻，表求自回车已南开创旧路，释负担之劳，就方轨之逸。诏遣左校令贾三德，领（徒一万人，石师百）人，共成其事。三德巧思机发，精解冥会，虽元凯之梁河，德衡之损蹑，未足偶其奇。起四年十月十日，讫永平二年正月毕功。阁广四丈，路广六丈，皆填溪栈壑，砰崄梁危，自回车至谷口二百余里，连辀骈辔而进，往哲所不工，前贤所辍思，莫不夷通焉。王生履之，可无临深之叹；葛氏若存，幸息木牛之劳。扵（于）是畜产盐铁之利，纨锦罽毲之饶，充牣川内，四民富实，百牲（姓）息肩，壮矣！自非思埒班尔，筹等张蔡，忠公忘私，何能成其事哉？乃作铭曰：龙门斯凿，大禹所彰。兹岩迺穴，肇自汉皇。导此中国，以宣四方。其功伊何，既逸且康。去深去阻，匪阁匪梁。西带汧陇，东控樊襄。河山虽崄，汉德是强。昔惟畿甸，今则关壃（疆）。永怀（古烈，迹）在人亡。不逢殊绩，何用再光。水眺悠皛，林望幽长。夕凝晓露，昼含曙霜。秋风夏起，寒鸟春伤。穹隆高阁，有车辚鏻。咸夷石道，驷牡其驷。千载绝轨，百两（辆）更新。敢刊岩曲，以纪鸿尘。魏永平二年太岁己丑正月己卯朔卅日戊申，梁秦典签太原郡王远书，石师河南郡洛阳县武阿仁凿字。

2.2 碑碣石刻

2.2.1 工程治理碑碣

1. 都江堰治水法则

都江堰在水利管理、工程管理、水工技术管理诸方面都颇具特色，并制定了相关法则，这就是“六字诀”“八字格言”“三字经”。这些治水法则是古代都江堰工程管理、水工技术管理的最高准则，从某种意义上说，也是最重要的规章制度。这些法则皆刻石立于二王庙内，言简意赅，非常便于记忆与推广施策。

都江堰治水法则“六字诀”

都江堰治水法则“八字格言”1

都江堰治水法则“八字格言”2

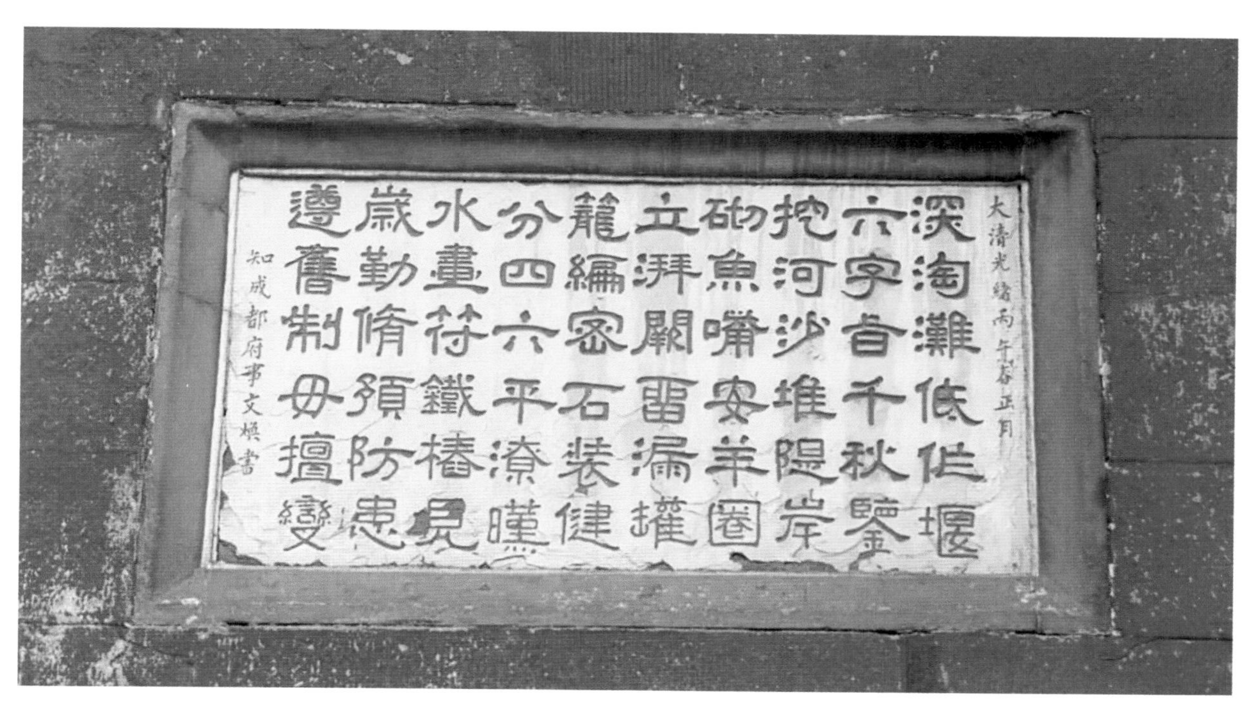

都江堰治水法则“三字经”

2. 九成宫醴泉铭碑

《九成宫醴泉铭》是唐贞观六年（632年）由魏征撰文、书法家欧阳询书丹而成的楷书书法作品（碑刻者不可考）。现存于陕西麟游县碑亭景区。

九成宫，原是隋文帝仁寿宫，为开皇十三年杨素建于岐山。唐贞观五年（631年），太宗命令修复隋文帝之仁寿宫，后改名为九成宫，永徽中又改为万年宫。贞观六年（632年），太宗来到九成宫避暑，在游览宫中台观之时，偶然发现了一泓清泉，大为欣喜，就下旨由魏徵撰文，欧阳询书写，勒石为志。魏徵作《九成宫醴泉铭》，有箴规太宗以隋为戒之意，故文章末尾写道：“居高思坠，持满戒溢。”

九成宫醴泉铭1

九成宫醴泉铭2

3. 丰利渠开渠记略碑

碑文由宋徽宗时监察御史、资政殿学士侯蒙所撰，约立于北宋大观四年（1110年）。本碑早已湮灭无存。碑文引自元代李好文所撰《长安志图》。其文概述了自北宋熙宁七年到大观二年（1074—1108年），三十余年的时间里，渠道毁坏荒废已久，经过这次大整修之后，终于能够顺利引水灌溉，令百姓大为受益，受到了当朝皇帝的褒扬并赐名“丰利渠”。碑文内容如下：

大观元年闰十月，主管员外郎穆京奉使陕西。既复命，以白渠岁罢，民堰水起十月，尽次年四月，期间水啮堰与堤防圮坏，溉田之利，名存而实废者居八九。得献说者宣德郎范镐，鄜州观察推官穆卞以谓：“熙宁间，尝命殿中丞侯可自仲山旁凿石渠，引泾水东南与小郑渠会。下流合白渠，鸠工自熙宁七年秋至次年春，渠之已凿者十之三。当时以岁歉弛役，今其迹可考。案旧迹而导建渠，鸠工自熙宁七年秋至次年春，渠之已凿者十之三。当时以岁歉弛役，今其迹可考。案旧迹而导建瓴之势，因民心而兴万世之利，易若反掌。”乃诏本路提举常平使者赵佺与献说者相地计工。二年七月诏可，俾佺董其事。

宋代丰利渠

经始以是年九月越明年四月，土渠成。下广一丈有八尺，上广五丈；深视地形之高下；袤四千一百二十尺；南与故渠合，计工六十一万七百有奇。越明年闰八月，石渠成。下广一丈有二尺，上广一丈有四尺；深视地形之高下；袤三千一百四十有一尺；南与土渠接。又度渠之北，视其势高峻，留石仅三丈，裁通窦以防涨水，计工四十九万八千有奇。

九月甲寅，疏泾水入渠者五尺，汪洋湍駃，不舍昼夜。稚耄欢呼，所未尝见。凡溉泾阳、礼泉、高陵、栎阳、云阳、三原、富平七邑之田，总三万五千九十有三顷。异时白渠所溉不过二千七百余顷，岁以八月，属民治堰，土木一取于民，费以亿计。夹渠之民，终岁闵闵，然望水之至不可得，而输赋如平时，民以是重困。是役也，费不烦民，因民之利，工垂成。臣穆京适帅秦凤，上遣京视役，且抚问官属，给赐工师缗钱，远方知上之德意，明见万里，鼓舞。

趣役，不日而成，凿山堙堑，民不告劳。既奏功，上嘉之，诏赐名曰丰利渠。

4. 开修洪口石渠题名记碑

碑文引自元代李好文所撰《长安志图》，其文由蔡溥作于宋徽宗大观四年（1110年）。从文中能大致了解丰利渠的建设过程、工程规模和灌溉效益。李好文在该志中加有小注说明："石多阙字，节略其文。"故所录文字是经编者加以整理的。本文属工程竣工报告性质，情况翔实。文中对各工程项目、所用劳力都有较为详尽的记录，且对引水枢纽的布局、设防等设施也务求尽善。从中可窥出宋代水工建筑进步之一端，成为现代人研究丰利渠的宝贵文献。碑文内容如下：

永兴军耀州六县民田，旧资白渠灌溉之利，泾流浸低，渠势高仰，不能取水。乃岁八月，六县令率伕数千，集良材，起巨堰，堰水入渠，至明年四月去堰，所溉田财二千顷。然堰成辄坏或数月坏，故兴修之功，要为文具，而民无实利。大观元年，令秦凤路经略使穆公侍郎京，以太府少卿出使陕西，宣德郎范镐、承直郎穆卞，因言开修洪口石渠之利，穆公具闻于朝，提举永兴军等路常平等事赵公佺，被旨相视，具陈可成之策，朝廷从之，遂命赵公总按渠事。初议凿石泾水适平，然后立堰以取水。赵公谓：立堰当为远计，乃使渠深下水面五尺，则无修堰之弊，而利博且久。

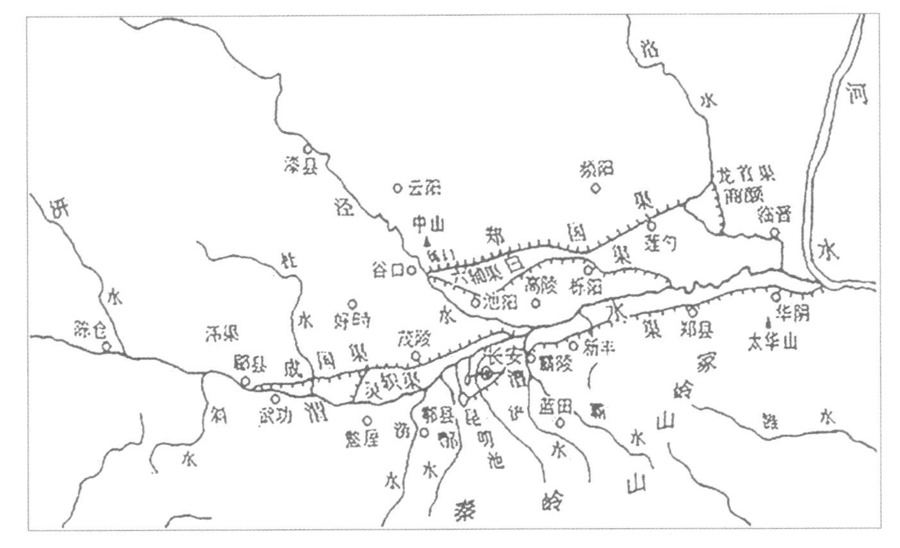

开修洪口石渠

既终功，凡石土渠共七千一百一十九尺。石渠北自泾水上流凿山尾，南与土渠接，初料一千四百二十五尺，其后土石接处发土见石，乃展一千七百一十六尺，通计三千一百四十一尺。上广十有四尺，下广十有二尺，浅深随山势，其最深者三十八尺。分隶六县，会工四十六万二千九百一十三。料工之始，视石之坚柔，定以尺寸为工。其下石顽，攻不中程，乃增工二万七千九百五十三，凡石渠之工总四十九万八百六十六。一年九月工兴，四年九月毕。

土渠北自石渠东南与故渠接，初计六千四百五十九尺。而所展石渠既已省一千七百一十六尺，其后接故渠处，土杂沙石，随治随坏，度不可持久，乃即其右开横渠二百尺，与故渠合，地脉坚实，工简而径又省。旧所治渠九百六十五尺，实计土渠三千九百七十八尺。上广五十尺，下广十有八尺，浅深随地形，其最深者七十五尺。分隶六县，会工二十一万一千八百一十六，内泾阳、三原、高陵所隶，有石棚隐土下，厚或一丈或七尺、八尺，乃损土工一万一千八百一十一，而增推凿之工四万七千九百七十九，凡土渠之土，总二十六万七千九百八十四。二年九月工兴，四年五月毕，渠成。

惟石渠依泾之东岸，不当水冲，乃即渠口而工，入水凿二渠，各开一丈，南渠百尺，北渠百五十尺，使水势顺流而下。又泾水涨溢不常，乃即火烧岭之北及岭下，因石为二洞：曰“回澜”，曰“澄波”，限以七尺。又其南为二闸：曰“静浪”，曰“平流”，限以六尺，以节湍激。渠之东岸有三沟：曰“大王沟、小王沟”，又其南曰“透槽沟”。夏雨则溪谷水集，每与大石俱下，壅遏渠水，乃各即其处凿地陷木为柱，密佈如棂，贯大木于其上，横当沟之冲。暑雨暴至，则水注而下，大石尽格透槽之口，与石棚接，如此已无患。余二沟则凿渠两岸，比大木覆其上，沟水入于泾。又其东且十里曰“樊坑”，当白渠之南岸，其北直大沟，沟水暴则岸坏，与渠流俱溃，壅之则渠不能容，而下流为田患，乃叠石为渠岸，东西四十尺，北高八尺，上阔十有七尺，其南石尾相衔而下四十尺，沟水至，则渠之所受，满其堤而止，其上泄余水，以注坑中与泾合。土石之工毕，于是乎导泾水深五尺，下泄三白故渠，增溉七县之田，一昼一夜所溉田六十顷，週一岁可二万顷。

大观四年九月，朝散大夫专管勾永兴军耀州三白渠公事都大提举开修石渠飞骑尉蔡溥记。

5. 瓜洲马头新建石堤记碑

此碑额残高60厘米、宽106厘米、厚17厘米，碑身残高约60厘米，立于明英宗天顺八年（1464年），现藏于镇江博物馆。碑额上书“瓜洲马头新建石堤记”。碑文部分残缺较多，从现存文字大致可以推知，这是对镇江府同知张春和一名通判主持新修瓜洲码头石堤一事始末的记载。瓜洲位于京杭大运河与长江交汇处，是京杭大运河入长江的重要通道之一，为南北扼要之地，“瞰京口、接建康、际沧海、襟大江，每岁漕船数百万，浮江而至，百州贸易迁徙之人，往还络绎，必停泊于是，其为南北之利”。瓜洲为长江中流沙冲积而成的水下暗沙，随江潮涨落时隐时现，出现于汉朝以后，因形状如瓜而得名，又称瓜步或瓜埠。晋朝露出水面，成为长江中四面环水的沙洲，岛上逐渐形成渔村、集镇。北宋王安石著名的《泊船瓜洲》：“京口瓜洲一水间，钟山只隔数重山。春风又绿江南岸，明月何时照我还。”说的就是这里。历史上的瓜洲码头位于瓜洲古渡口，但由于长江河道的北移，如今已经淹没于江中，不复可见。碑文内容如下：

瓜洲马头新建石堤记碑局部

……心翕然……砌一十八……奇甃石三百二十……过郡，目觌其事，其郡□……方悦，一境悦而颂声作，多方……令……抚与郡守二公之谓欤。是宜郡……年……

天顺……甲申春正月上吉，镇江府同知张春，通……

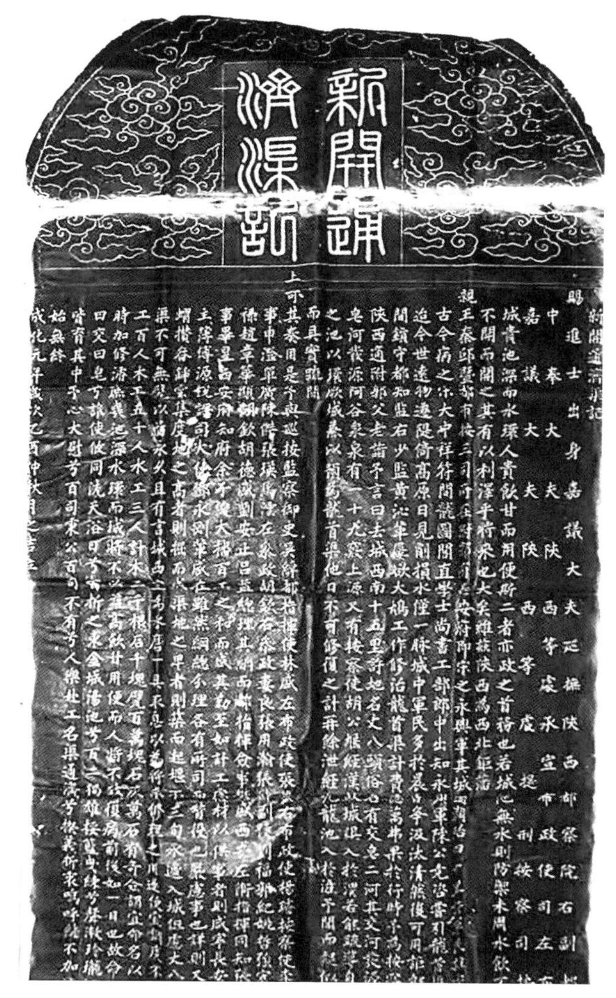
新开通济渠记碑

6. 新开通济渠记碑

明成化元年（1465年）八月刻石。项忠撰，张莹书，李俊篆额，秦旺刻石。碑圆首方趺，高230厘米，宽81厘米，厚16厘米。刻文27行，行52字，楷书。明成化初年，西安水泉因盐卤不可饮用，于是知府余子俊、副都御使项忠组织军民，修治龙首渠和皂河，饮水入城，解决了城市用水问题。碑阴详述了渠道起讫经过、区段管理划分和为便利军民而发布的告示，也记载了参与开渠的各界人士的姓名和功绩以及工程用料等情况，是研究西安城市地理的宝贵史料。

7. 新开广惠渠记碑

此碑由陕西巡抚项忠撰文，张莹书丹，立于明成化五年（1469年）。这是泾惠渠首碑亭现存最早的古碑，书写精美，镌刻细致，有较高的文物书法价值。碑阴载有“历代因革画图”和“广惠渠工程记录”，是考评泾渠各引水口位置的重要历史资料。

项忠（1421—1502年），字荩臣，号乔松，浙江嘉兴人。明正统七年（1442年）进士，授刑部主事，进员外郎。项忠是广惠渠的创修者，曾任陕西按察使（臬台），续修过长安浐河龙首渠，开凿过鄠县皂河广济渠。本碑文记述了他修建广惠渠的经过。后随明英宗北征瓦剌，被俘后逃回。景泰中，项忠由郎中提升为广东副使。明天顺初年（1457年），任陕西巡察使。不久因母丧辞官回家服丧，陕籍军民纷纷到朝廷请求留任，得到了英宗同意。明天顺七年（1463年）因陕西连年遭灾，项忠命令开仓，以180万石粮食救济灾民，并奏请免陕西税粮91万石。明天顺七年（1463年）十一月，朝廷以大理卿召项忠赴京，陕西父老又一

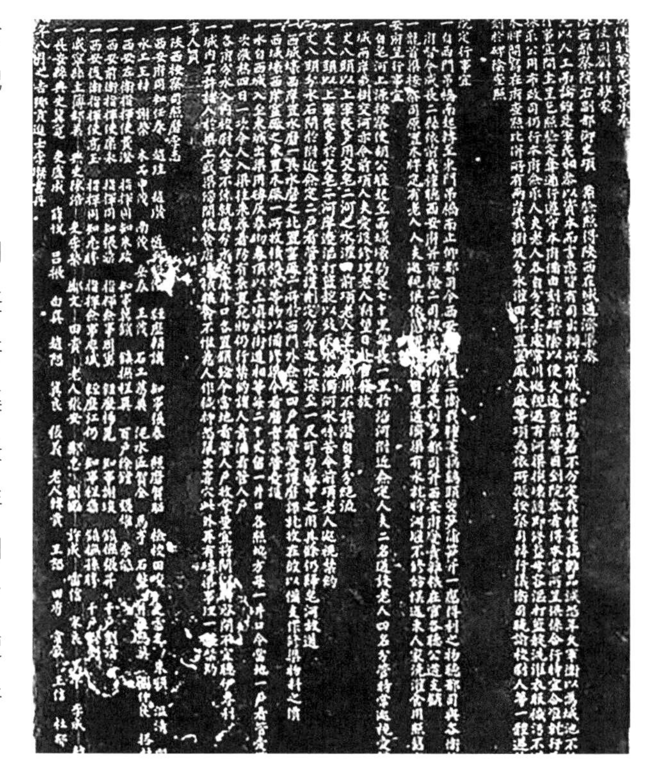

新开通济渠记碑阴

次要求朝廷挽留项忠，英宗将项忠提升为右副都御史，巡抚陕西。当时西安水质多碱不能饮用，项忠组织人力开龙首渠及皂河，引水进城。又疏浚泾阳郑、白二渠，灌溉泾阳、三原、礼泉、高陵、临潼五县田地七万多顷。后进左都御史。明成化十年（1474年），升刑部尚书，不久任兵部尚书。明弘治十五年（1502年）去世，享年82岁，授太子太保，谥号襄毅。

碑文内容如下：

赐进士出身嘉议大夫陕西巡抚都察院右副都御史　嘉兴　项忠撰

赐进士中奉大夫陕西等处承宣布政使司左布政侃　云间　张莹书

赐进士中奉大夫陕西等和承宣布政使司右布政使　咸平　娄良篆

《书》载六府，而水为先，渠堰之修，所以兴夫水府之利，以足佚发食也。自古为治率不免用心于此焉。如有虞沟浍开导，潴蓄井汲，以致夫水府之修者是已。然前人已成之绩，未免年久而坏，故予于郑、白渠不得不因其坏而谋众重修，加意开广之也。

按志书：郑、白渠在今泾阳县西北七十里仲下，原有古迹洪堰一所，分闸泾水，以溉田亩，是其所由来而利民者远。自秦而下，历代凿之者不一，故渠亦因之而变名有六，惟郑、白名渠独加显焉。其曰“郑国渠”者：盖六国时韩苦秦害，乃使水工郑国，说秦凿泾水溉田以为间，故名也。曰“白公渠”者，盖汉泾河底被水冲低，水不能入渠，太始二年，赵中大夫白公，于上流接开石渠，引使通流，故名也。谓之“六辅渠”者：汉兒宽为左内史，请凿六辅渠以溉田，故遂名焉。谓之“丰利渠”者：宋大观中诏开石渠，疏泾水入渠者五尺，下与白公相会，工毕而赐名焉。迨元至大元年，泾河又低，水不能入渠，陕西诸道行御史台监察御史王琚，又于上流接开石渠，故今名为“王御史渠”又曰“新渠”焉。然此六渠也，历代浇灌醴泉、泾阳、三原、高

陵、临潼、栎阳、云阳、富平八邑田土，多寡不一。郑国四万余顷，每亩收一钟；汉白二千七百余顷；宋则二万五千七十有三顷；至新渠莫详其数，而世以为利者若此。元后至于今，河底低深，渠道高仰，水不通流，废弛湮塞，几百年矣。

予昔忝臬司之长，今叨巡抚寄，历官久此，窃思兹渠，能仍旧迹而疏通之，则前人之功庶保其复绩，而今之为利，得不同于昔耶？遂询谋佥同，而具实以闻，上可其奏。命下之日，予檄醴泉、泾阳、三原、高陵、临潼、富一六邑，蒙水利人户，于彼就役之。前所谓栎阳、云阳者，今已革去，先以布政司右布政使杨公董其事，未克成就，而升任去。复以右布政使娄公良，右参政张公用瀚，余公子俊，按察司副使郭公纪，左参议李公奎继之，务毕其工，有底于成。其各受委也，书夜不遑，恪恭乃事，大播民和。分工命役，于平土也，则度势高卑而通渠；于山石也，则聚火熔铄而穿窦。又必期之以岁月，缓其力而不急其功，然后渠成水行，厥功始克就绪矣。

考地之疆界，不异于昔，计今溉田，有司则八千二十二顷余亩，西安左前后三卫屯田，则二百八十九顷五十余亩，每亩收谷三、四钟。比旧田亩，盖减其数；谷视昔有加者，得非民有欺隐，亩有阔狭；抑古今水有消长，或因兵燹、坑阜之不齐与？是皆未可知也。急则虑军民弗堪，在继政者赋不加增，徐加考焉。

今渠成，二司诸公，属予取名为文以记其实。予亦嘉二司诸公之殚厥一心，以成斯渠，故喜而言曰："民以食为天，水者食之原也。然所以为利，亦所以为害，在善导之而已。禹平水土，犹己溺之；稷播百谷，犹己饥之。万世允赖！今二司修复斯渠，用导斯水，虽不敢企禹稷之万一，但使军民得沾厥利，功亦不可泯也。"抑当闻前人相视斯渠，其说有三：一曰尽修渠堰之利，二曰复置板闸之防，三曰开通出土之便。今渠堰尽修矣，出土开通矣；但板闸之防，不可不加意焉。盖骆驼湾西百余步，渠身两壁，开凿切口二道。当时设此，恐遇泾水暴涨及洪堰倒塌之时，即下此闸，以备浊水淤澱渠道；平流一闸，在退水槽近下十步，渠身两壁开凿切口四道，盖住罢浇口之后，水既无用，遂开此闸，乃退此水，由槽还河。又当河涨之时，或汹涌之浪不能猝下，或已下而散漫，用防不虞。此皆古人良法，不可废而不行。今二司诸公，又将各闸移修，以时开闭，则浊

新开广惠渠记碑（源自张发民、刘璇编《引泾记之碑文篇》，黄河水利出版社2016年版，第22页）

新开广惠渠记碑局部（源自张发民、刘璇编《引泾记之碑文篇》，黄河水利出版社2016年版，第22页）

新开广惠渠记碑头

泥不得入渠，疏导之功可以减半。迨今而后，虽天不雨，而有蒙雨之休，虽地不利，而有得利之美，随所意用而用，自无不足。溉厥田，灌厥园，泽彼桑麻，润彼禾黍，岁获丰登，年无荒歉；而畎亩获收，加于常年之位蓰则吾军民之仰赖，何可既耶！故取渠名曰“广惠”，佥以为然。再尝闻元之王御史，建修此渠三十余年，而工尚未克成，备载泾志。今渠不五年而成者，盖百工之咸集，资给之不吝，又委任之得人故也。若后之继政者，时加修葺，可保悠久，否则予不敢知也。然今之渠道，有仍旧而增者，有脱离而创者，以及佚工用之费，助成人之姓氏，并历代因革画图，悉刻诸碑荫，用示后之人云。记既成，再为之词曰：

俯怀郑白兮古之人，创修泾渠兮水势分；灌溉畎亩兮民欣欣，历汉涉宋兮继厥勋。粤胜国兮侍御史，疏上流兮民仰止；几百年兮水弗流，民不获兮劳厥耜。今鸠工兮民孔劳，予劳民兮民心集；岂予欲兮弗民性，汝讵知兮为汝曹。工既毕兮民安佚，田土沃兮国之实，名广惠兮利无极，惟帝力兮臣之职。

大明成化五年岁次己丑二月立石

同议协成巡按陕西监察御史高宗本　布按二司按察使刘福　左参政胡钦　右参政殷谦朱英　右参议砀壁　严宪　副使宋有文　佥事李玘叶禄赵章胡钦　胡德胜　西安府孙仁　管水利同知阎玘　咸宁县儒学教　喻孙丞录

凤鸣秦旺镌

8. 广惠渠工程记录碑

此碑立于明成化五年（1469年），由项忠撰文，张莹书丹。碑文对广惠渠的工程用料、工役、耗资，以及借事（管理人员）等进行了详细记录。内容如下：

工程：

龙山洞北至新开广惠渠口，长五十四丈二尺，上广阔一丈，下广阔八尺，计积工一十八万五千三百六十四工，每一尺为一工。

龙山洞长三十一丈六尺，洞高九尺，广阔八尺，计积工二万二千七百五十二工。

龙山洞南至王御史接水渠口，长一百九十二丈四尺，随其山势高低不等，上广阔一丈，下广阔八尺，计积工六十五万八千八工。

通共积八十六万六千一百二十上工。南北通共长一里五分四厘五毫，夫匠通共一千八百六十八名。

石匠六百八十六名，铁匠一百二十五名，木工三十九名，正夫六百四十八名，杂夫二百一十二名，火头一百五十八名。

买办用过银两：

铜一万九千三百四十九斤一十两，木炭一百九十三万九千信百七十九斤，石炭二千六百七十三石四斗五升，施汤米二百五十石。石灰一千九石二斗，麻二千一百斤，酒米□□……清油四千九十斤。赏匠银四百四十两二钱。

共支银一千九百四十四两四钱九分二厘九毫。

夫匠口粮：一万四千七百二十六石二斗。

官仓粮六千三百八十三石七斗：泾阳县□□……三原县□□……高陵县一百二十一石五斗，礼泉县一百五十六石一斗五升，临潼县二百八十二石一斗五升。利户粮八千三百四十二石五斗：泾阳县三千六百四石九斗五升，三原县四千七百三十七石六斗。

广惠渠工程记录碑（源自张发民、刘璇编《引泾记之碑文篇》，黄河水利出版社2016年版，第33页）

供事：

陕西布政司照磨阎文义

陕西按察司照磨李　志

西安府同知赵桂，管工径磨赖让，知事潭深，照磨贺昭，检校田俊

泾阳知县庞辅，管工主簿杨昱，吏刘广，老人王彪、何宽、宋玘、魏显宗、阴阳生王震，医生洛昭，书算生张昭、袁真。

高陵县知县马政，老人成端，医生张杲。临潼县知县高恒，老人田刚，医生王刚。兴平县知县宋□，鄠县知县史侃，阴阳生马记。盩厔县知县马□，阴阳生辛怀。耀州知府白福，医生孙玉。三原县丞张宣，吏刘清，医生王琏。富平县主簿刘祯，医生段伯通。同官县知县孟浚。

同州知州安□，阴阳生杨□，白水县知县王旭。

乾州知州许琪，医生严□，礼泉县知县□浚，医生张爱，武功县知县孟□，永寿知县胡□。

邠州知州王鉴。淳化县知县范锦。

华卅蒲城县知县□□。

9. 记事之碑

此碑立于明成化五年（1469年），由项忠撰文，严宪书丹。本碑与前碑《新开广惠渠记》同时撰文立石，乃是项忠对前文的补充说明，主要记述了广惠渠工程施工的曲折历程。广惠渠正式施工，始于明天顺八年（1464年），第三年，也就是成化三年（1467年），项奉召离任，接替巡抚职务的是陈价，但他却并不热心此事，致使工程停顿。第四年，项忠奉命西征过陕，只得重新部署，遂责成西安府管水同知（分管水利的副知府）阎玘执理复工。当第五年项忠西征归来时，阎玘为了邀功，便谎报工程已经竣工，于是项忠才作有这样前后两篇碑文。关于碑阴所记“历代修渠界牌”是他们对古代渠道引水口位置的标志，可惜那些界碑早已湮灭不存。仅有《新开广惠渠记》碑阴的“历代因革书图”尚基本清晰，可供参考。碑文内容如下：

赐进士嘉议大夫钦差总督军务都察院右副都御史　嘉兴　项忠撰文

赐士朝列大夫陕西等处承宣布政司右参议严宪书篆

嗟夫！天一事有率然而成者，有屡挫而成者，有终莫能成者。将委诸定数欤？仰归诸人事欤？或听其自然欤？盖听其自然，则皆弃人事而不修。要当尽夫人事，至如得失成败，至如得失成败，一委诸定数然后可也。

记事之碑（源自张发民、刘璇编《引泾记之碑文篇》，黄河水利出版社2016年版，第39页）

余旧任陕西按察使，愧无德政加于民；继升都御史，巡抚陕右，适三边胡孽侵扰，多理边务，无暇整民事。见陕西在城卤斥之地，民窘于水，旧有“龙首渠”导水入城，以资民用，岁久渠堤颓损，水恒不接；虽屡督人工修理，然已不久而颓，工力浩大，终莫能成。继而出巡鄠县，见皂水泛溢，谋诸三司，鸠工开“广济渠”，不一载率然而成。城市咸得用水，城堑又得回护。已而往泾阳，询泾水自秦汉以来，穿渠以溉民田，计亿万顷，岁还堙塞不通。

乃于天顺八年甲申十二月内，檄召郡县，大聚人工，数命三司督理。时遇边警，少得以专其工力。至成化三年丁亥春，工将成，适皇上诏赴院管事，凡工匠熟悉怠其事。随有继余巡抚者陈公价，意谓事非己创，遂挫挠其事。岁戊子，因平凉固原士达满四等谋为不轨，不浃旬，啸聚男妇二万余，占据石城，陈公同陕西镇守等官出师，两被其挫，坐谪。皇上命忠总督军务，同总兵官刘玉，提兵四万往正其罪。秋仞余过陕，命布政使参议严公宪董督其事，肯殚厥心。偕本府管水同知阎玘、泾了知县庞辅、管工主簿杨昱、临潼县丞傅源复鸠工。毋间昼夜，庶就厥工，类乎屢挫而成者。至冬十二月，余凯旋，适阎玘差人报工成，余遂亲诣渠，祭告山水之神，并立前人姓氏界牌与夫新凿功程，镌诸碑阴，立石于庙。并告来者，莫以事不由己创而不加修葺焉！

大明成化五年岁次己丑春二月十六日立石泾庠生韩纲镌

（1）告文碑（记事之碑的碑阴）。此碑立于明成化五年（1469年），由项忠撰文，严宪书丹。碑文内容如下：

维在化四年，岁次戊子十二月，丁亥朔，越十八日甲辰。钦差总督军务，都察院右副都御史项忠等谨以牲醴之奠，告祭于仲山之神、泾河之神曰：渠通泾水，爰自前世。历载既久，渐至壅滞。堤堰未修，烝民失利。予旧巡抚，专任修治。凿山疏导，溉田万亿。厥功将成，名渠广惠。既予赴京，留院管事，代予之人，罔肯相继。遂延逮今，几致几废。

忠近者奉命西征，首惟举议。复委僚属，工鑱就绪。今予凯还，特伸告祭。神其鉴之，阴祐弗替。尚享！

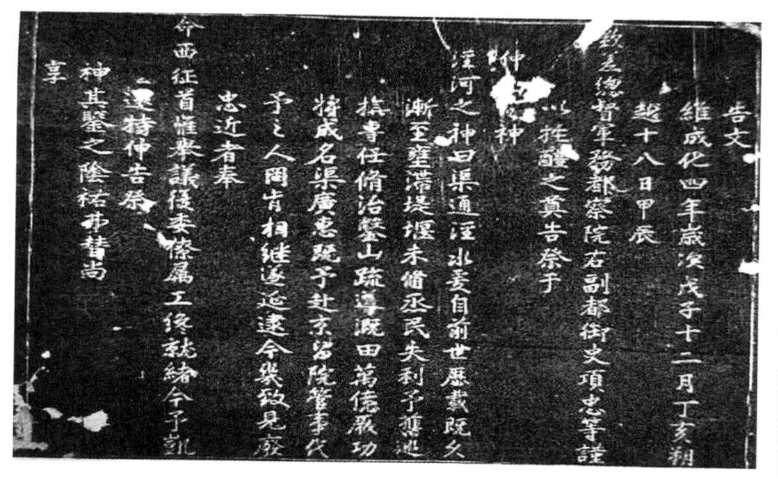

告文碑（记事之碑的碑阴）（源自张发民、刘璇编《引泾记之碑文篇》，黄河水利出版社2016年版，第45页）

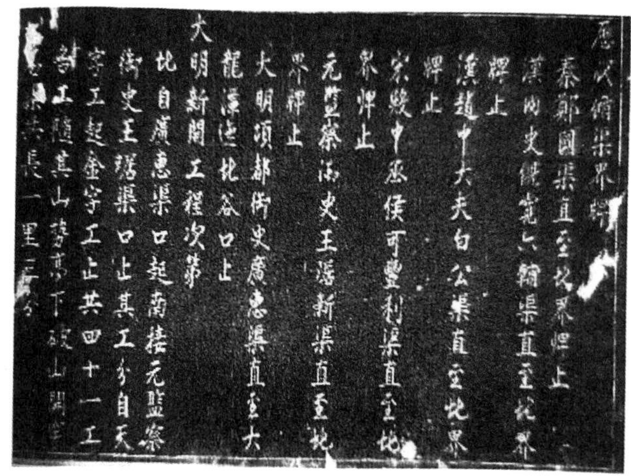

历代修渠界牌碑（源自张发民、刘璇编《引泾记之碑文篇》，黄河水利出版社2016年版，第48页）

（2）历代修渠界牌碑（记事之碑的碑阴）。此碑立于明成化五年（1469年），由项忠撰文，严宪书丹。碑文内容如下：

秦郑国渠直至北界牌止；汉内史兒宽六辅渠直至北界牌止；宋殿中丞侯可丰利渠直至北办牌止；元监察御史王琚新渠直至北界牌止；大明项都御史广惠渠直至大龙潭迤北谷口止。

大明新开工程次第：

北广惠渠口起，南接元监察御史王琚渠口止。其工分自“天”字工起，“金”字工止，共四十一工。各工随其山势，下破山开穿石渠共长一里三分。

10. 重修白公堤碑

此碑高191厘米、宽108厘米，立于明万历三十九年（1611年），现存于苏州市姑苏区阊门外山塘街775号的五人墓旁。1982年10月被列为第二批苏州市文物保护单位。白公堤即山塘街，自阊门至虎丘，傍山塘河，长约3.5千米，号称七里山塘，为唐代诗人白居易出任苏州刺史时所筑。后人为纪念白居易，遂又称山塘街为白公堤。明万历三十八年（1610年），白公堤因年久失修多处被水冲塌，木铃和尚发愿募化修堤，精诚所至，苏州官绅士商千余人捐资助修。大功告成后，范允临、王稚登各写了一篇《重修白公堤记》，分别勒石立于青山、绿水两桥之间，前者为碑，后者为幢。时隔几个世纪，如今碑已下落不明，幢则于1981年文物调查中在甘露律院遗址被重新发现，1983年迁移到五人墓旁建方亭加以保护。此碑由碑额、碑身、须弥座3部组成。碑额上书“重筑白公堤记”。

碑身正面为《重修白公堤》记，王稚登撰，文从简书。碑文记载了白公堤的由来和明代达贤和尚化缘筹资重修白公堤的事迹。如今字迹大都依稀可辨。碑文有“记”和“铭”两部分，叙述万历三十八年至三十九年（1610—1611年）重修白公堤的经过，赞颂木铃和尚发愿募化修堤的精神和长洲县知县韩原善带头捐俸助修的善举。背面上镌木铃和尚所画线描大势至菩萨像，下刻木铃长跋八行及捐助修堤功德人申时行、张凤翼、文震孟、冯时可、刘弘道等千余人姓名。然字迹漫漶，大部分已难以辨认。左侧面为五百罗汉线描像，题刻“弟子周廷策拜写，木铃衲子勒石”。右侧面镌薛明益所画寒山拾得像，上方有陈元素和薛明益所书寒山子诗。

幢顶中心立雕弥勒佛坐像，四边各坐姿佛像浮雕4尊。基座雕饰须弥山和卷云纹。白公堤石幢造型独特，雕刻精致，内容丰富，撰文、书丹、画像、题诗及捐助修堤者又多为当时吴中名士，因而是珍贵的具有佛教色彩的明代遗迹，更是记载山塘街历史的重要物证。碑文内容如下：

重修白公堤碑（源自南京博物院编《大运河碑刻集（江苏）》，译林出版社2019年版，第16页）

重修白公堤碑

自虎丘而东至阊门凡七里曰白公堤，唐太傅白乐天守郡时筑也，俗皆称为山塘。塘之半为晋寿圣寺地名，半塘当筑堤时居民鲜少，七里之间莫非水光山色也。由唐宋迄今，生齿繁而受廛者众。半塘之东间阎栉比，其西即云霞水竹，亩畮陂池，塔影钏声与茅屋炊烟相映带，宛然碧水丹丘矣。白公而后上下千载，中间圮而修，修而圮，不知凡几度。而当春雨秋潦，百川灌注，白浪高于田畴，岸既善崩，居者、行者咸受其害。盖比丘募缘悉无实行，乾没钱镪供衣钵者十人而九，不能启宰官居士喜舍之心。而吴人性好淫靡，不惜有用之财充无益之费，至若津梁道路、梵宇琳宫，义举胜缘，扣之莫应。郡邑大夫又苦帑藏空乏，征输后期如救头然之急，奚暇恤病涉之民哉。乃有比丘达贤，弃妻舍宅，祝发出家，慨然任修堤之役。结团焦于树下，冬夏一破衲，见酒人、游客、大贾、富人舟车往来，则五体投地，膜拜合掌，乞得斗粟尺布，一铢半两，随手授之匠氏。如燕营巢、蜂酿蜜，聚沙成塔，覆篑为山无以喻其拮据劳苦，以木刻铃，手之不辍，故自号木铃衲子也。长洲令韩公过而吧啃曰：彼髡犹尔，况为民父母，而坐视褰裳濡足之夫，是可忍乎？徒杠舆梁，非王政哉！亟捐月俸六十锾助之。自是，檀施四集，工役相仍，而堤且告成矣。是堤也，白公筑之，韩公修之。古今虽不相及，其利泽等耳。异时，名堤为韩，亦何间然之有。然非木铃之愿力精坚，不惮披星踏月、卧雨号霜之苦，安能集彼众缘成兹胜果哉？乃建亭树碑，索余文以纪韩侯功德，虚其阴，书众善姓名。韩侯，名原善，字继之，卢龙人，丁未进士，平恕精核，宽仁明敏。施政若庖丁奏刀，目无全牛。他不及书，□其修堤一节如此，系之铭曰：

海涌名山，表于江左。箫鼓画船，朝歌夕舞。轮蹄辐辏，任负旁午。夏日寒宵，往来若组。临水亭台，种花园圃。茶市渔村，十十五五。香山太傅，文采风流。分□典郡，驾言出游。筑此芳堤，泽及千秋。山高水长，垂名不休。谁其继者，聿韩侯。割帑捐俸，以助比丘。鸠工庀材，□□□浮。不日告成，载道歌讴。朱轩乡𫐐，兰舟桂楫。行旅纷纷，胡商海客。不阻□□，罔□雨夕。昔涉青泥，今□文石。若非□行，若□□席。韩公在今，白公在昔。筑者修者，同功比德。及彼衲子，行苦愿坚。当食不饱，当寝不眠。沙聚众□，□聚全仁。□□□□，摩顶及肩。白公韩公，无论后先。其功不泯，其名并传。檀越比丘，共此福□。

万历三十九年……文从简……

11. 造堽城石堰记碑

山东省泰安市宁阳县伏山镇堽城坝村北，大汶河南岸禹王庙，现存两通龟趺螭首石碑，立于大殿前东西两庑南面。东碑篆额“造堽城石堰记”，碑首题《堽城堰记》，由淳安商辂撰文，李应祯书丹心，兖州知府钱源于明成化十一年（1475年）立石。此碑石灰岩质，坐东朝西，通高6.5米；碑身宽1.42米，厚0.44米，高3.21米。阴刻楷书，字径4厘米，共1144字。西碑篆额同题“堽城堰记”，由户部尚书兼翰林院学士万安撰文，山东布政使司经历樊辅书丹，宁阳知县王瑀于明成化十三年（1477年）立石。该碑同为记述工部都水司员外郎宜兴张盛（克谦）修治堽城堰事。

《堽城堰记》云:

汶泗二水，齐鲁名川。汶出济南莱芜县，泗出兖州泗水县。二水分流，南北不相通，自古舟楫浮于汶者自兖北而止，浮于泗者自兖南而止。元时，南方贡赋之来，至济宁舍舟，陆行数百里，由卫水入都。至元二十年，始自济宁开渠抵安民山，引舟入济宁，陆行二百里，抵临清入卫。二十六年，复自安民山开渠至临清，乃于兖东筑金口堰，障泗水西南流，由济（洸）河注济宁；兖北筑堽城堰，障汶水南流，由洸河注济宁。汶之下流又筑戴村堰，障之西南流，南抵济宁，北抵临清，而汶泗二水悉归漕渠，于是舟楫往来无阻，因名之曰“会通河”。

我太祖高皇帝定鼎金陵，无事漕运，向之河堰废损殆尽。太宗文皇帝迁都于北，爰命大臣相视旧规，筑堰疏渠，漕运以通。第堰皆土筑，每遇霖潦冲决，水流泄溢，漕渠尽涸，随筑随决，岁以为常，民甚苦之。

成化庚寅，工部员外郎张君克谦奉命治河，历观旧迹，叹曰：“浚泉源，疏漕渠，此岁不可废。至若堰坝以石易土，可一劳永逸，何乃因循弗为经久计乎？”于是督夫采石，首修金口堰，不数月告成。凡应用之需，以一岁椿木等费折纳，沛然有余。曰：“斯堰既修，堽城堰亦不可已。”方度材举事，遽以言者召还。

造堽城石堰记碑

已而巡抚都御史牟公睹其成绩，极加叹赏，腾章奏保，用毕前功。至则以堽城旧址，河阔沙深，艰于用力，乃相西南八里许，其地两岸屹立，根连河中，坚石萦络，比旧址隘三之一，乃谓于此置堰，事半于古，功必倍之。遂择癸巳九月望日兴事，委兖州府同知徐福，阴阳正术杨逵，耆民张纶、许鉴，分领其役，储材聚料，百需咸备。明年春三月，命工淘沙，凿底石如掌平。底之上甃石七级，每级上缩八寸。高十有一尺，中置巨细石，煮秫米为糜，和灰以固之。底广二十五尺，面用石板甃。二层广一十七尺，袤一千二百尺。开甃口七，广各十尺，高十一尺，置木板启闭。遇山水泛涨，启板听从古道西流，水退闭板障水南流，以灌运河。两端为逆水雁翅二，各长四十二尺；顺水雁翅二，各长三十五尺；中为分水五，各广二十三尺，袤一百三十尺，两石际连以铁锭，石上下护以铁拴。甃口上横以巨石，或三或四，各长十余尺。河旧无梁，民颇病涉，堰成遂通车舆。有元旧闸，引沙（汶）入洸，洸淤，汶水不能入。兹堰东置闸为二洞，皆广九尺，高十一尺，中为分水一，旁为雁翅二，亦用板启闭，以候水之消涨，涨则闭板以障黄潦，消则启板以注清流，洞上覆以石，石之两旁仍甃石，高一十有八尺，中实以土与地平，俾水患不致南浸，洸河免于沙淤。闸之南新开河九里，引汶水通洸河，河口逼崖，自颠至麓皆坚，凿石两阅月始通。

肇工于九年九月，讫工于十年十一月。是役所费，较之金口不啻数倍，而民不知劳，似前折纳之外，所增无几。盖处置得宜，区画有方，所以开漕运无穷之利者实在于此。

都宪喜其功之成，命兖郡守钱源征予以记。往岁克谦还自东鲁，语及修堰之役，予心善之。及克谦再行，予实从臾，乃今绩用有成，可靳于言耶？昔白公穿渠，民得其利，歌曰：衣食京师亿万之口。若克谦斯堰之筑，漕河永赖，公私兼济，视白渠之利不亦尤大矣乎？予故备书其事为记。

克谦，名盛，常州宜兴人也。天顺庚辰进士，仕都水员外郎，功名事业，此其发轫云。

成化十一年记。

（碑文载《山东通志》卷三十五，光绪《宁阳县志》卷十八“艺文记”）

12. 重修广惠渠记碑

此碑立于明成化十八年（1482年），碑文由彭华撰写，戴珊书丹。广惠渠由项忠发起，接连有多任陕西巡抚经营，至阮勤继任时才最后竣工，共断续作业十八年（1464—1482年）。据先后碑文看，项忠领导的工程历时五年（1464—1469年），而渠实未通；后余子俊主持施工，由丙申（1476年）开始，到戊戌（1478年）又再度中止；阮勤是由辛丑（1481年）二月兴工，次年秋冬之际告竣。在前后十八年间，工程实际施工时间共八年。由此也能看出，当时广惠渠工程困难而艰巨，不仅进展缓慢，而且经费的筹措和工程质量都曾存在不少问题。阮勤领导施工时，使石渠向上游伸展，并接开小龙山隧洞，同时合引泉水。阮勤能够不再向农民摊派，采取“出帑藏金粟募工市材”方式（即由国家投资），以减轻百姓负担，从而保证了这一旷日持久的工程顺利竣工通水。碑文内容如下：

□□□□□□詹事兼翰林学工经筵讲官同修国史　　安成　彭华　撰文

□□□□□□陕西等处承宣布政使司左参政崞山　　梁璟　篆额

□□□□□□陕西等处提刑按察司副使　　　　　　浮梁　戴珊　书丹

关中古称形胜，富饶甲天下，形胜出于天造，富饶则亦有人力与焉。自秦得韩人郑国，凿引泾水为渠，溉田四万余顷，关中遂为沃野，无凶年。及汉白公复奏穿渠引泾水，起谷口入栎阳注渭，中溉田四千五百余顷，民因歌咏两渠之饶；至有宋时梁鼎、陈尧叟言：“今泾水溉田，不及二千顷，皆因近代改修渠堰，浸隳旧防，郑渠难为兴作。”请复修白渠，既修复之，民获数倍；历金及元，渠堰缺坏，御史王承务请于泾阳洪口，展修石渠，卒以成功，载诸史可考也。

我皇明抚有四海，视关中为重镇，每廷命大臣橅巡之。往者数于王御史渠口，修堰行水，岁久渐圮，堰弗治。今上纪元成化之初，副都御史项公忠，请自旧渠上并石山开凿一里余，就谷口上流引入渠，集泾阳、醴泉、三原、高陵、临潼五县民就役，穿小龙山、大龙山，役者咸篝灯以入，遇石刚顽，辄以火焚水淬或泉滴沥

重修广惠渠记碑（源自张发民、刘璇编《引泾记之碑文篇》，黄河水利出版社2016年版，第50页）

重修广惠渠记碑局部（源自张发民、刘璇编《引泾记之碑文篇》，黄河水利出版社2016年版，第50页）

下，则戴笠披蓑焉！功未就，项召还朝。戊子项复西征过陕，命有司促功责成，及奏凯还，亟以成功纪于石，名其渠曰“广惠”。而渠实未通也。丙申，右都御史余子俊又经略之，于大龙山凿窾五以取明，疏其渠曲折浅狭者。逾年，余以后部尚书召，又弗克就。讫其功者，副部御史阮公勤也。

公下车即询民所利病，图兴革之，唯恐弗及。于是三司诸君，牵连一口，以渠为言；且曩者之费，率征利及之民，今民未获利而复征之，恐不堪命。阮曰然，盍以帑藏金粟募工市材，食役者，功成然后责偿于民可也。众议佥同，乃檄布政鲁君能，参政邓君山督其役。而朝夕躬任程课徕劳者，西安府同知刘端也。用匠几四百人，五县之民，更番供役，役以辛丑二月兴。渠口有石卧渠中钜甚，乃堰水以西，凿石四尺，水得深入；又穷小龙山，架板槽阁泉溜，且凿且疏，深者五尺，浅者至二三尺，广可八尺。六月大雨，河溢坏堤，涌沙石壅渠，俟少间，即筑堤堰水，疏渠凿石，工愈勤。至十月水冰，辍工。明年正月复作，治决去淤塞，遂引泾入渠，渠合中泉水深八尺余，下流入土渠，汪洋如何。又下流至古所谓“三限渠”——曰中限、南限、北限者。中限至彭城闸，又分四渠，溉五县四八千余顷。

初秦汉时泾河平浅，计古沟洫犹有存者，故引河作渠，直易易耳。年久河益深，水势与渠口相悬，益就上流然后能引水。而疏凿非故渠，且多石，故用其力尤难，而成功尤可喜。渠成，远近之民，欢呼扶携，争先快睹，以为前此所未见，咸举手加额曰：“上之人所赐！”而诸方岳咸归功于都宪公，推布政余君洵，按察使左君钰，请于公曰：“盍勒碑纪其成功。”曰：“赖圣明在上边境无虞，凡来莅兹土者，皆究心民事，逾十七年，乃克成兹泽耳，若备纪之，俾后之人知其难勿隳废焉，庶其为泽无穷期也。”

因邓君来京，遂以请于华。窃惟古圣王裁成天地之道，辅助天地之宜，以左右民，若“井田”之制，有沟有洫，有浍有川，岂惟以“经界”乎哉？其所以为民计至深远也。自井田坏，水制隳，裁成辅相之大端缺矣。凡历两千年，以至于今，废隳益甚，国家仰给，全在于东南，中原之利，盖十不及古二三，一遇旱潦，往往填沟壑，散四方者，无怪乎其然也。于戏！安得吏于中原者，皆宅心仁爱、汲汲兴利、泽以济民如公等乎！泽以济民如公等乎！若然，则不独关中之富饶可渐复如古昔也。阮公字必成、勤其名也，华同年友，历官三十载，所至皆可纪云。

大明成化十八年岁在壬寅冬十月吉日立

13. 奉和巡抚余公题重凿广惠渠诗碑

此碑立于明成化十九年（1483年），由鲁能撰文，李澄书丹。碑文内容如下：

导引泾流灌井田，庶民农事乐忻然；柏台宁举无穷利，薇省能悭有限钱。穿洞岂因秦国计，凿渠还接白公泉；关中鼓腹歌谣颂，筹策谁知上相贤。

左布政使　新会　鲁能

古浚泾渠灌溉田，沿流开拓事同然；因民兴利无穷利，为国需钱不计钱。

万古菑畲丰稼穑，千年地脉涌渊泉；缅怀大禹功成浩，七邑人民仰世贤。

右布政使　四明　余洵

泾阳水利

一水云奔万井通，春来闲却桔槔翁；劈开谷口心何苦，分破泾流利无穷。

今代书生谁建策，前朝才子未收工；村醪社鼓家家乐，旱魃徒劳妨岁丰。

右参政　成都　邓山题

题广惠渠

今人不让古人高，凿石分泾肯惮劳；泉水正源声汩汩；波扬平地势滔滔。

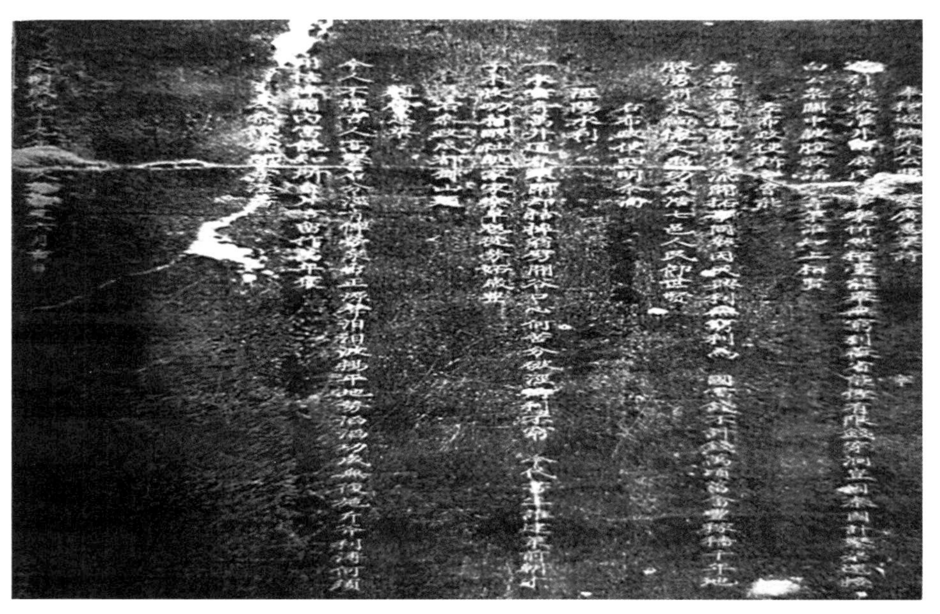

奉和巡抚余公题重凿广惠渠诗碑（源自张发民、刘璇编《引泾记之碑文篇》，黄河水利出版社2016年版，第60页）

功成无复施斤斧，利溥何须用桔槔；关内富饶知所自，片言留作万年褒。

大明成化十九年岁次癸卯夏六月吉日

高陵周凤仪　勒

14. 泾阳县通济渠记碑

此碑立于明正德十二年（1517年），由刘玑撰文，张銮书丹。广惠渠石渠段遗留问题很多，通济渠是第一次大型改善工程。建于明正德十一年（1516年）初夏。施工地段自今泾惠渠首二号隧洞以下起，止于宋丰利渠。是将原王御史渠与丰利渠衔接处所形成的弯曲段改直。广惠渠施工时，在这一段采取沿河砌石筑堤的办法，但堤防不禁泾河汛期洪水冲击，渠道屡垮；且因渠身弯曲，水流不畅，又易淤积，成为多事故段，并且“屡修屡废”。通济渠是对此裁弯取直，依山椎凿，使之成为通堑。现遗迹尚大致清楚，丈量长度为130米，与明制42丈接近。工程仍由时任陕西巡抚萧翀领导。

萧翀（1339—1410年），江西泰和人，字鹏举。少孤，好学，从学于刘子高。洪武十四年以贤良应制，赋《指佞草诗》，称旨。授苏州府同知，历山东盐运副使，以勤俭廉洁著称。

碑文作者刘玑（1457—1532年），湖广咸宁人，字用齐，号近山。成化十七年进士。授曲沃知县，擢户部主事，历九江、衡州知府。丁母忧归，主讲正学书院。正德时，刘瑾以同乡召为太仆寺少卿。三年，迁户部尚书。瑾败，自劾归，家居20余年卒。有《正蒙会稿》。

碑文内容如下：

赐进士第资政大夫户部尚书经筵官赐玉带致仕　咸宁　刘玑撰

泾阳县通济渠记碑（源自张发民、刘璇编《引泾记之碑文篇》，黄河水利出版社2016年版，第63页）

赐进士第刑部左侍郎致仕前都察院右副都御史大理寺卿经延官　咸宁　张銮书

赐进士第前翰林院检讨同修国史经筵官　关中　段炅篆

“通济渠”者，都宪萧公所修渠也。泾阳去会城七十里，其地秦有郑国渠，汉有白公渠，宋有丰利渠，元有新渠。若“广惠渠”，则国朝成化初都宪项公忠所修。自上流傍山凿石，穿小、大龙山，下接新渠，其处石坚难凿，乃沿河砌石为堤，以接上流；遇夏秋水溢，石每崩塌，屡修屡废，至今殆五十年矣。正德丙子春，萧公奉命巡抚兹土，一日叹曰：“水利之兴，不独利民，而于国赋亦有少补，不一劳能永逸乎！”乃议凿山为直渠，上接新渠，直溯广惠，下入丰利。源高则下流愈远，水由山间行则水溢不□（致）坏。于时□（商）及镇守太监临汀廖公銮及藩、臬、佥协；而监察御史常公在复闻于上，御史师公存智继至，益赞成之。乃委参政胡公键、刘公安，副使何公天衢，佥事许公谏往司其事。若西安同知易君谟则专理焉。耀州吏目赵弘复往来其间，督工惟谨。用夫千人，工匠二百人。于石坚处，以火锻之，而沃以醋。为渠广一丈二尺，袤四十二丈，深二丈四尺。民皆乐趋事，工不劝而勤。其匠作所费银米，一出受水之家，而非取诸公帑也。工始于正德丙子夏四月丁巳，迄于次年五月甲辰。取名“通济”者，以此渠一修，则上而广惠，下而丰利，昔所未通者，今胥通矣。其利岂不博、工岂不懋哉！

工既告成，而公适有南台之行，同知易君谟暨知府赵君祐，相与征予为记，以图不朽。予惟“从政贵惠而不费”，而其事则“择可劳而劳之”也。《大学》又谓：“民之所好好之，斯为民之父母。”今公兴是役也，功倍蓰于前人，民不知劳，财不为费，而其成之速若此，岂非“民之所好好之”乎！岂非“惠”，他日可逆知其以“萧”名也必矣。况公巡抚关中政绩，如荐贤无私、造士有方、经理边疆、充实仓廪、缮修城池、巡行郊野、赈恤茕独、划革弊政，形诸人之歌咏者不一而足，又不止兴水利一事也。公名翀，字凌汉，蜀之内江人。与予俱王华榜进士，历官内外岁四十年，将来名位有加无已，敢并记之，以告来世。

正德十有二年龙集丁丑夏五月吉建立

布政司　左布政使王恩　左参政翟敬　参议孟春　施训

右布政使李承勋　右参政王銮　刘景寅　参议苏乾　李元

按察司　按察使杨维康　副使孙修　秦文　郭韶　宁溥　李璋　陈九畴　杨凤　阮吉　吕和

佥事舒表　蔡需　刘举　王忠

西安府同知杨廷　李文敏　推官郭经

高陵　周凤仪勒

15. 新凿通济渠记碑

此碑立于明正德十二年（1517年），由易谟撰文，祝寿书丹。本碑与前碑《泾阳通济渠记》同时立石。碑文由施工负责人易谟撰写。文中提到修通济渠时，广惠渠部分渠段已严重崩塌淤塞，“夏秋泾水涨溢，堤辄崩决，渠道壅塞，农无所利”，再加上“工役岁繁，人多苦之”。易谟在本次施工时曾创修小龙山渠首闸门，“水涨则闭，水平则启”，以控制、防止洪水入渠。但因工程简陋，实际并未奏效。

碑文内容如下：

赐进士第户部员外郎　河南固陵　易谟撰

赐进士第奉议大夫西安府同知　山东历城　祝寿书

赐进士第文林郎知江西乐安县事　邑人　穆世杰篆

正德乙亥，予自绛守转倅西安，郡中水利，悉予职理。常思古人开陂通渠之政，切有志焉。时巡抚、藩、臬胥方安事泾渠，故予专司其工，事委耀州吏目赵弘分理之。

自丙子岁五月经始，至丁丑五月终工讫，予止舍泾水之次者□□月。朝出督视，夕甫就馆。工夫用勤，既不以缓而废事，亦无以亟而懋瘁。凿石为渠凡四十二丈，其广一丈二尺，而□（深）倍广焉。

按《地志》秦有郑国渠，引泾水溉田万顷有余；至汉赵中大夫白公为渠，溉田四千余顷，较秦已不及半矣。盖水性趋下，流潦奔冲，河日下而渠日高。及宋，郑白渠泾水已不能入。侯中丞可者，于仲山傍凿石渠，名曰“丰利”。迨元时河又下，丰利渠口不可引水，于是御史王琚更移上流，开石渠五十丈，达丰利而入郑白渠。成化初，都御史项公忠，复益相上流大、小龙山，凿石一里许。而今凿渠处顽石益坚，椎凿不受，遂沿河起石为堤，逼引以达渠流。然夏秋泾水涨溢，堤辄崩决，渠道壅塞，农无所利，工役岁繁，人多苦之。

今即凿此渠，则甃石之堤不用，而畎亩引溉无他虞矣。其坚石皆烈火以焚，而次沃以水、酣，石质裂碎，然后可加凿闢。于是上自龙山，下及丰利，皆为石渠。而所溉田较之成化初可渐复矣。

予又于龙山上刱闸，水涨则闭，水平则启，使守者能因所定规而岁守之焉。则农夫可以日就田事，无劳沟渠不治之忧也。予于是又重有感焉：夫泾水之利，昔何以饶，而后何以废也？此必当时失于提防疏引，使天地自然之利，前人已成之功，至于今失其七八，已不能用焉！而予职此未久，又既承乏南京肩部员外郎。所存不能自试者迨有之矣。

新凿通济渠记碑（源自张发民、刘漩编《引泾记之碑文篇》，黄河水利出版社2016年版，第70页）

引涇水溉田萬頃有餘至漢趙中大
渠日高及宋鄭白渠涇水已不能入
是御史王琚更移上流開石渠五十
許而今鑿渠處頑石益堅椎鑿不受
利工役歲繁人多苦之今即鑿此渠
質裂碎然後可加鑿闢於是上自龍
漲則閉水平則啓使守者能因所定

新凿通济渠记碑局部（源自张发民、刘漩编《引泾记之碑文篇》，黄河水利出版社2016年版，第71页）

方启行，而代予者至，又疏滞刬隘，润泽未备。灌溉广而田畴辟——予所存者，渐有赖焉。代之者谁？正德戊辰进士山东历城祝君寿也。

正德十有二年岁次丁丑秋九月吉日建

高陵　周凰仪镌

16. 壬辰仲春上洪堰有作碑

此碑立于明嘉靖十一年（1532年），由霍鹏、马理撰文并书丹，碑文内容如下：

凿石通丹穴，开渠引碧流，民田分灌溉，帝力付歌讴。

夜静蛟龙泣，山深虎豹游；穷源直冒险，身拟到瀛州。

西庄　霍鹏

鬼凿重山透，岩根引浊流；施工追禹迹，为雨起民讴。

海立龙难睡，山摇虎怯游；东看何所似，千里是瀛州。

溪田　马理　次韵

泾水遥从碧间来，狂澜欲角万山颓；中流不见蛟龙斗，两岸空闻霹雳回。

壬辰仲春上洪堰有作碑（源自张发民、刘璇编《引泾记之碑文篇》，黄河水利出版社2016年版，第77页）

天险故为三辅限，神工应是五丁开；凭谁力挽怀襄势，拟作甘霖润九垓。

右题泾水涨流　西庄

谷口耕云远市廛，无才不作剧秦篇；江山老去多新主，今古人间自郑泉。

谷口先生种石田，椒房炎日抱云眠；汉朝陵墓纷樵牧，唯见行人指郑泉。

右题郑泉二首　溪田

冬十月望日书石

17. 重修泾川五渠记碑

此碑立于明嘉靖十二年（1533年），由明代著名理学家马理（1472—1556年）撰文并书丹，他是陕西三原县北城人，曾亲赴渠首考察，并访问过参与做工的工匠们。为提高工效，保证工程质量，他曾提出施工革新建议：改摊派役夫修渠旧制为雇工制，组成水利专业人员修渠，但未被采纳实行。碑文书体是马理的独创，集楷、行、草于一体，故本碑亦有较高的书法艺术价值。此碑原立于明嘉靖十一年（1532年），距明正德十一年（1516年）萧翀凿通济渠时隔十五年，渠道已严重淤塞，必须动员“役夫”修葺。明嘉靖十五年（1536年），马理又续写了最后一段。碑文反映了郑国渠、白公渠、通济渠、新渠和广惠渠的变迁过程，是很宝贵的水利文献资料。碑文内容如下：

泾川五渠者何？郑国渠、白公渠、通济渠、新渠、广惠渠也。重修者何？都御史松石刘公也。白、新二渠间有丰利焉，不曰“六渠”者何？丰利废通济代之，施工止五渠耳。

盖七国时，郑国自瓠口凿渠堰水而东，南注郑、北注韩，会冶谷、清谷、浊谷、石川、温泉、洛六河，溉凡所经田者，郑国渠也。其后泾流下，渠首仰不可用；六河亦下甚，渠南北尾俱断不可用。汉赵中大夫白

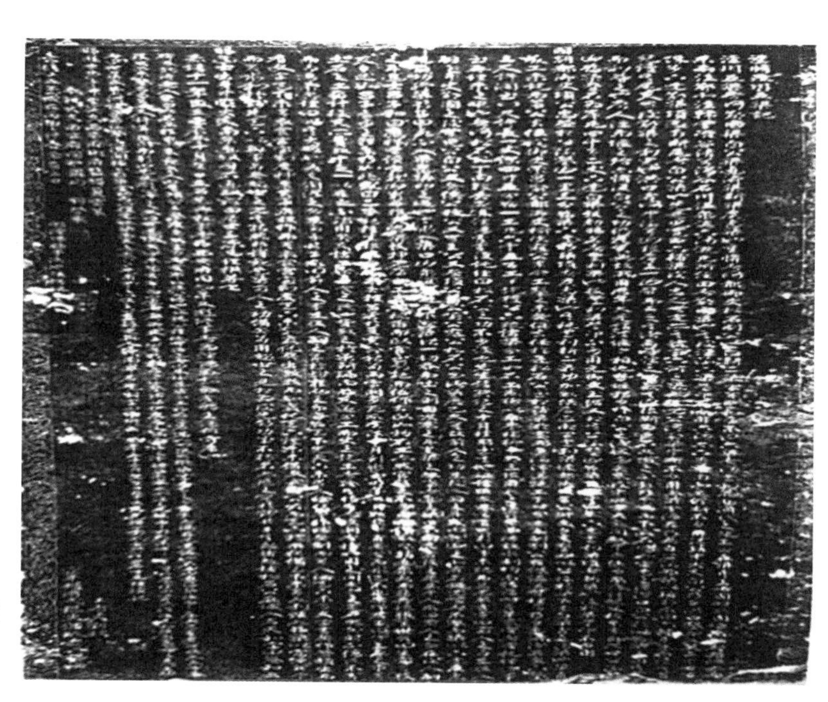

重修泾川五渠记碑（源自张发民、刘璇编《引泾记之碑文篇》，黄河水利出版社2016年版，第81页）

公，乃自洪口凿山及麓二千七百余步，下达郑渠项，迄南断尾者白公渠也。先是，兒宽为六辅渠，后人志之无定所。其诸前六河之渠欤？盖兒公谓郑渠中断，不可用，而所会河存，乃各自上流为渠以辅郑，故曰“六辅”耳。盖白续其首，兒续其尾，夫然后郑渠之利完也。“洪口”者何？中流有山根焉——盖一山劈而二之，其诸禹导泾之功欤？——其山根断为巨石，水撼之不动，乃中啮而下，激石鸣如雷，是之谓“洪口”。白公于此为渠，盖因其势而利导之也。唐人从而堰之，殆亦修复白公之功仍旧贯欤？故所用历年久，是谓“洪堰”。今相地势，堰犹可作。白公之识诚远矣哉！后宋熙宁、大观间，殿中丞侯可、秦凤经略使穆京，累自洪口上流，凿山为渠，叠石为岸，凡

重修泾川五渠记碑局部（源自张发民、刘璇编《引泾记之碑文篇》，黄河水利出版社2016年版，第82页）

四十有二丈，下达白渠，获敕赐名者丰利渠也。后丰利渠首仰不可用，元御史王琚又相其上流，凿山为渠，凡五十一丈，下达丰利渠项者新渠也。后新渠首仰不可用，国朝都御史项公忠，益相上流，凿山一里三分为渠，下达新渠项者广惠渠也。其视丰利、新二渠功加数倍焉。

正德间，丰利渠坏，都御史萧公翀，更自裹凿山，以上接新渠、下达白渠者通济渠也。渠甫成，工未讫，而萧公去任，后御史荣昌喻公，都御史榆次寇公，累命工凿之，未几俱去任。于是松石公至，相诸渠淤塞而通济浅，议施工。于时分巡宪副刘公雍谋协，遂督理焉。乃自通济浅所，更下凿三尺许，阔至八尺许，长一丈，深四寸五分为一工，凡六千五百工。工讫，复上下疏诸渠，分工如右。工悉树以桑、枣、榆、柳，申明三限用水之法，严禁曲防。故水利均而博焉。

时有单贰守者，尝托理纪事至再，理未之暇也。无何，松石公丁内艰去。岁余，泾阳霍宰复托理曰：松石公之功不可没也，先生请终记之。

十月，理躬至其地，视诸渠咸塞焉。喟然叹曰：“事未记而若是耶？”霍宰曰：“前人之事在后人嗣之耳，使郑国之后，无兒公、白公，又无侯公、穆公，又无王公，又无项公、萧公、喻公、寇公、松石公，则诸渠废已久矣！故前人之功在后人嗣之耳。”或曰龙山之北有名“铫儿嘴”者，不凿而渠，以下达广惠，恐前功终隳。君子曰：“水不入渠者是渠仰之过也。今水入渠口，山泉复多道而口（倾）泻，渠皆一切吞而吐之，则咽喉塞之耳，岂渠之咎？塞者通之，渠口石囤废者设之，是在乎人。”故曰：前人之事在后人嗣人之耳。进士吕子和曰：“应祥尝读书龙山岩，每役夫修渠，获狎见焉；分工者咸枕锸而卧，官至斯起而伪作，去卧如初；石工亦然。官监之不易周也。俟数月稍通泉水而罢。”吾徒张生世台曰，生家有役夫自述如吕子言。事之难集乃如此。徒张生世台曰，生家有役夫自述如吕子言。事之难集乃如此。

或曰二麦秋种，生根在冬；禾黍春种，苗秀于夏，实于秋。苟雨雪阙，多死。故旧法十月引水，至明年七月始罢。今甫暑令，而水已不通，奈何？君子曰：闻三原之市有土石之工焉，计役夫所费取十分之一以雇之，不胜用矣。夫诸工者，游食之民也。货取之于渠，所编而为夫，遂分工而使之，讫工者给其值，否者役，阙者补：如周之“闲民”，今之“奤户”然，则财不伤、民不害，而事易举矣。理曰：此其大略也，若夫阔泽之，则在当事君子，故曰“前人之事在后人嗣之耳”。

于戏！雍州之事每为天下先。天下未有人伦，伏羲作嫁妄制而有衣食宫室制度，天下未知教化，契出敷教而知教化；天下礼乐未备，文武周公出而天下礼乐始备；天下未有水利，泾水为渠以富饶关中而有水利。于戏！先天下以兴事，苟无超世之见，其能然耶？详观是渠，前人之功备矣。苟用超世之见相为后先，斯功成不朽，各亦随之矣。于戏！君子其勉诸勉诸！松石公麻城人，名天和，字曰养和云。

赐进士出身中顺大夫　南京通政司右通政溪田居士　三原马理撰并书。

嘉靖十一年岁在壬辰冬十月望日立石（先与执事者为西安府同知单父彪，终事者为泾阳县知县霍鹏、主簿何守庸也。）

碑成，骆驼湾老人暨白水石工程甲来观，老人曰：昔项公主凿广惠，然宣力者实布政杨公璇也。后杨公擢他方，语送者曰："余疏是渠，分工初，各留石隔，如门限。然拟渠成而去之，今吾去而隔存，是遗憾也。"石工曰："通济渠役，甲原与焉，董者惧役久，爰告底续，然所未凿石，尚有四尺许耳。"理闻而叹曰：是使刘公闻之，又得无遗憾矣乎！未几，霍宰白曰：迩者都御史王公有新教焉：今疏凿诸渠，伊广惠之隔、通济之浅、诸渠淤塞，咸令治之；又复申明水法，俾有司行焉。理曰：此其谓后先相续、用夫超世之见以立功者乎？他日渠成，并六河诸渠，各疏凿之，以溉关辅，则郑渠全功可以复见，他渠尚足言哉，尚足言哉！是用笔之以俟。王公直隶定兴人，号南皋，名尧封，字曰佰圻云。

是年冬十二月既望日亚中大夫光禄卿前右通政溪田居士马理续记。

赐进士出身中宪大夫　西安府知府盐城　夏雷篆

奉政大夫　西安府同知罗山　刘启东

嘉靖十五年岁在丙申仲春念有二日　泾阳县知事沔池　张朝锍 立

工房吏　刘钦

富平　赵济民镌　吏潘钺　老人杨稔

18. 疏凿吕梁洪记碑

此碑高245厘米、宽105厘米，现存于江苏省徐州市凤冠山，立于明嘉靖二十四年（1545年）。记文由时任吏部右侍郎、国子监祭酒徐阶撰文，时任刑部右侍郎、河道部督韩邦奇篆额，翰林院待诏文徵明书丹。碑额上书"疏凿吕梁洪记"，是为明朝政府疏凿吕梁洪而立的记事碑，文中记载了吕梁洪的险恶和军民凿去河中怪石的过程。明代在吕梁洪建闸，设立工部分司署，组织纤站和纤夫以保证漕船的顺利通行，历任徐州吕梁洪工部分司署主事都要疏浚河道或是加固堤岸。这通《凿疏吕梁洪记》碑，就是明嘉靖二十三年（1544年）管河主事陈洪范（浙江杭州人）疏河事迹的记事碑，对他率领军民凿去河中怪石的具体过程做了详细介绍。这通石碑是大运河沿线现存古碑中的珍品之一，它为我们研究明代徐州交通和经济状况提供了可贵的史料。同时，这通石碑还为我们提供了明代著名书法家文徵明的真迹，具有较高的历史和艺术价值。碑文内容如下：

疏凿吕梁洪记

君子之为政也，其必本诸万物一体之学乎？万物生而同出于天，其始也本一体也。惟夫自为之私胜，而又

疏凿吕梁洪记碑

疏凿吕梁洪记碑局部

不知学以求之，于是其情日疏，其势日隔，忧喜好恶，漠乎不相关，而善政始日以废。

盖昔颜子问“仁”，孔子告之“克己复礼”；及问“为邦”，孔子告之以“四代之礼乐”。说者曰：“克己复礼，学也；四代之礼乐，政了。”呜呼！政与学析而为二，则亦不知君子之所以为政者乎。

今夫语治，至于虞、夏、商、周，语人，至于舜、禹、汤、武，其亦无以加矣！然而，孔子冒非圣之嫌，弃反古之感，举其所谓礼乐者却取之，而不顾里巷之浮言，其在士大夫之身曾不足为损益。而世之君子恒至于畏且忌，而遂罢其所当为，何孔子之勇而世之君子其怯甚也？孔子之学以万物为一体，视天下之政有一不宜于民，不啻疾痛在己，惕然惟去之之为快。

故虽前圣之制作不得而徇，世之君子莫不有自为之私焉。故虽里巷之浮言，惟恐其足以为吾累，而不肯以易天下之安。夫其自为之私，是则所谓己也。己克而礼复，则能以万物为一体，而行四代之礼乐。四代之礼乐行，则化理洽而天下归其仁。是则孔子所以告颜子之旨，而政与学未尝二者也。呜呼！其义晦而天下无善政矣。

我国家漕东南之粟，贮之京庾，为石至四百万。其道涉江乱淮，溯二洪而北，又沿卫以入白，然后达于京师。为里数百而遥，而莫险于二洪。二洪之石其狞且利，如倒塌之相向，虎豹象狮子之相攫，犬牙交而蛇蚓蟠，舟不戒辄败，而莫甚于吕梁。吏或议凿之，其旁之人曰：“是鬼神之所护也。”则逡巡而敢。

嘉靖甲辰，都水主事陈君，往莅洪事，恻然曰：“古之君子，苟利于民则捐其身为之，矧里巷之浮言其不足听。盖审而以罢吾所当为，是厚自为而为民薄也。”遂以二月二十六日率其徒凿焉。众亦闻君言，以为仁也，咸忭以奋。阅三日，怪石尽去，舟之行者如出坦途。于是洪之士民来请余记。

始君为诸生，余幸识之。尝与言万物一体之学，君欣然受焉，不意其果能行之也。今天下之政，不宜于民者多矣，然而论者如求之政，而不知求之学，往往以自为之私为之，故其说愈长，而善政卒不可见。其甚也，谓学不可以施诸政，而学校之设，六经之教，亦且为具文。夫孰有知孔颜之受授者乎？余故因君推本而记之石。君名洪范，字锡卿，辛丑进士，浙之仁和人。

嘉靖二十四年，岁次乙巳，四月吉旦。

赐进士及第、通议大夫、吏部右侍郎、前国子监祭酒、经筵讲官、华亭徐阶记。

赐进士出身、通议大夫、刑部右侍郎、前奉敕总理河道、都察院右副都御史、朝邑韩邦奇篆。

前翰林院待诏、将仕佐郎兼修国史、长洲文徵明书。

19. 新筑草子河堤碑

此碑残高190厘米、宽122厘米，立于明万历二十二年（1594年）。现存于江苏省洪泽湖水利工程管理处（原三河闸管理处）。碑文中除了写明草子河修筑的准确时间、工程规模及耗资银两等情况，还展示了在管理方面采取的特色措施，“谕沿堤一带居民，分界看守”，也就是划分责任区域；还“令山阳、宝应二县管河主簿及高堰大使画地巡视，遇坍旋修”，主管官员定期巡视，遇到问题现场处理，提高效率。此外，还提出在堤外栽柳三层、以拥水浪的防护方法，并且明确了责任人，采取了立碑明示的做法。这些管理要求无疑颇具实用性与可操作性。草子河，原名竹子泾，开凿于唐代后期。明代初期，作为“分黄导淮”三大工程之一——周桥导淮工程的一部分，建周桥闸，导淮水经草子河入宝应湖，为洪泽湖泄洪道之一。

碑文内容如下：

新筑草子河堤碑记

直隶淮安府为堤工告成，民田有赖，申明修守，以垂永安事。照得府城之西山阳县淮阴南、北、大义三乡，地方四百……堰。越城迤南，循周家桥灌入草子河，达黄荡诸湖，沛然而下，沿河一带素缺堤防，横浸旁溢，田舍荡然，民死十九。万历二十……漕抚军门尚书李，批允乡民潘天佑等所告。继蒙按院牛，巡历兹土，目击颠危，特檄，徐道曹、监军道江，会同南河郎中詹，俱转行本府，牒行。同知冯，通判王，督……后勘议。自越城牌坊南起至黄荡湖止，筑堤长八千八百九十丈零五尺，底阔三丈，顶阔一丈，高七尺。计工料银七千八百一……分五厘。详蒙本部院并总河军门舒、按院牛、监院綦，允将院道并本府赎谷，同赈济备荒米石凑支，合用人夫，就于被灾乡民招募□……以完工。专委通判王，督率官夫，经始于二十二年二月二十日，至六月十一日告成。内瞿英家后一段，逼近湖水，虑风浪冲刷……护桩笆二百丈，并谕沿堤一带居民，分界看守，就令山阳、宝应二县管河主簿，及高堰大使画地巡视，遇坍旋修。今岁水溢，竟获……本部院□辟新筑之堤，基尚未固，若不随时经理，必致崩缺，合行申严修守。若工大，民难自为者，呈官酌处，堤外栽柳三层，岁伐□……修□□□层，以拥水浪等因到府。看得前项堤工，障洪流，护民田，地方实所利赖，傥继之者不行修筑，一隙冲开，长堤尽废矣，为此……以□永为遵守云尔。

督抚李公筑草子河堤成，令砻碑刻记，勿得归美，但列前后文移，谨述其梗概如前。公名戴，河南延津人；舒公，名应龙，广西全州人；……应元，陕西泾阳人；前监院綦公，名才，山东掖县人；今吴公，名崇

新筑草子河堤碑[源自南京博物院编《大运河碑刻集（江苏）》，译林出版社2019年版，第14页]

礼，山东宁阳人；詹公，名在泮，浙江常山人；前徐道曹公，名时聘，直隶……今徐公，名成位，湖广景陵人；江公，名铎，浙江仁和人。

万历二十二年冬十一月之吉

直隶淮安府知府马化龙，运同赵垌，同知梁大政、冯学易，通判王愚，推官曹于汴，经历卢仲学，知事朱天禄，照磨胡献球，检校陈汝为，山阳知县何际可，县丞李如庄，主簿张惟能、杨焕，典史徐士节。

委官□使俞□□、□□李□□……

20. 重修洪堰众民颂德碑记碑

此碑立于明万历二十八年（1600年），由陈葵撰文，王立勳书丹。本碑记述了民众对重修洪堰工程的称颂。文中对具体工段、工程数据以及工作方法都说得很清楚实在。撰写者是三原县一位退居的州治通判官陈葵。本次大修工程作于明万历二十八年（1600年），上距嘉闰年间各次掏修已六十余年。渠道已严重荒废。本次工程自上而下共分六个施工段：（1）“铁洞”淘淤；（2）王御史渠口段石堤加固；（3）火烧桥（即今火烧沟口之渡洪桥，古今均置有渡洪桥）加宽；（4）小王桥（今小王沟渡洪桥）翻修和回调；（5）赵家桥段（今赵家桥一带）土渠清淤；（6）赵家桥以下五里土渠加大断面。这六个工段古今均为关键地段，也是险段。可见这次施工相当切实。施工负责人是泾阳县丞王国政，由县令王之钥推荐担任。王国政作风扎实，“起居包含与夫役共甘苦”，并且自己出钱犒劳做工的民夫。在施工取石中，他创造了“绳索前后援”办法，似为简单的缆道运送法，安全又省工；砌石创大连环串合砌法。由于指挥者精明而认真，工作效率很高，起于本年正月初七日，四月二十四日即告竣工，可谓费省效宏，所以得到民众的称颂。碑文内容如下：

洪堰左山泉、右泾水，秦凿渠引泾灌田，至国朝成化初犹沃六邑，灌田八千二百二十顷。时项公修广惠渠，继萧公修通济渠，所导利于民者甚溥。泾流寻低，渠高不能引，无论至夏秋暴雨冲崩堤岸，泉水亦不能疏通。盖今受水者止四邑：曰泾阳、三原、醴泉、高陵云。

彼渠岁时修筑，而旋修塞，利弗能兴。达岁云汉频仍，即受水之田，室常悬罄，所为恤民瘼者忧焉！于是众民泣诉四县，高陵侯李公、三原侯张公、泾阳侯王公会议修渠。建白抚台，檄四邑夫大浚疏之。委泾阳丞阳君王公谋其务——堰利属四邑，而地方专属泾阳，以故柄事多泾阳公。公先以丞君王带管水利，有调停才，以今特申委之。

丞君受委以来，起居饮食与夫役同甘苦，捐俸以犒群夫，躬率省祭官陈言等，与夫长黄梦麒、张时凤时等辈督众兴作，日夜劳六瘁。

铁洞原深二十丈许——三里许内二十丈——称“暗洞”，沙石湮（堙）塞，人不能视。往督修者任其夫役报工，未尝亲诣其境。公以绳系下至洞，以火烛之，而穿洞一空。泾流至王御史口，泾水所冲，势极汹涌，堤筑难固。是用大石连环，串合成块，崇厚平妥而久延。一至火烧桥，流沙滚起，渠乃阻塞。今修宽二丈许，沙不能壅。小王桥旧低五尺，水溢桥流，兹修高与阔悉增其半。赵家桥以上，以连山石填塞，水不下流，乃凿开砂石三丈许。顺流通浚土渠五里，相高卑乎治之，较前宽一丈五尺、深七尺。至于夫役取石于山，往往峻石滚，侵伤者不免。兹用前后绳援，搬运有法，鲜有受其害者。是皆丞君谋度之能，我王侯知人善任力也。是工也，真乃诚万代忧国忧民意哉！工始于万历庚子正月初七日，成于夏四月二十四日。计费金比往时不多，而功不啻数倍，成且如此之速，于是利归士庶，众民欢然颂曰：

慨彼洪泉，源深流远。堤防不固，众无沃田。赖有三公，轸恤民艰。建白开府，修筑惟先。丞君董之，功成乃坚。其流涌涌，其泽绵绵。宜同萧项，名忆万年！

万历廿八年五月吉日　原任岳州府通判　池阳对溪陈葵拜撰　布政司吏　王立勋谨书

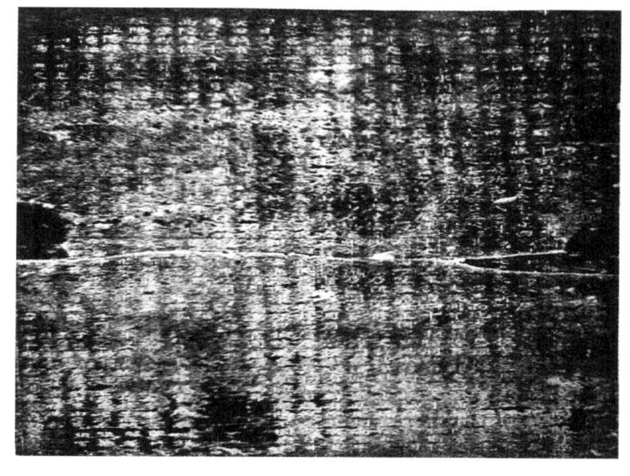
重修洪堰众民颂德碑记碑（源自张发民、刘璇编《引泾记之碑文篇》，黄河水利出版社2016年版，第94页）

重修洪堰众民颂德碑记碑局部（源自张发民、刘璇编《引泾记之碑文篇》，黄河水利出版社2016年版，第95页）

高陵县侯讳李承颜曲沃人　省祭任如玉　高陵黄梦琪　马世显

三原县侯讳张应征猗氏人　省祭任养浩　督工夫长　泾阳陈遇德 张时凤　魏邦贞

泾阳县侯讳王之钥洛阳人　致仕官陈言　张宗周康进表郑应兴

泾阳县丞讳王国政金溪人　致仕姚汝桂

泾阳县主簿花池新安人　上中下三渠老人田应其　白仲金　王世宠　渠长　屈朝选　张世太　邢守一

高陵县典史贺芳邯郸人

泾阳县典史诸应举曲沃人　石匠　富平高守己　泾阳李登口　勒石

21. 赵侯祭唐刘令文碑

此碑立于明天启元年（1621年），由赵天赐撰文，程应弟书丹。该碑是明天启元年高陵县知县赵天赐倡导重修刘公（刘仁师）庙后所撰的祭文。碑石呈方形，长宽各1米，厚12厘米，篆刻有“赵侯祭唐刘公令文”字样。此碑原存于泾阳县永乐镇磨子桥村刘公祠内，刘公祠民国初年犹存，约在1930年后祠庙被拆，所幸此碑未佚失，但已断裂。现存于泾惠渠首碑亭。

赵天赐，字受之，山西省孝义县人。举人，有文才。泰昌元年（1620年），任高陵知县，多惠政，修渠之功尤著。明广惠渠，渠首窄狭，泾水泥沙滚滚，加之上游群众常放牧牛羊，毁坏堤岸，淤塞渠道，水不及下。天启二年（1622年），兼任泾阳县事，除动员泾阳、高陵两县受水利户岁时维修外，并出示文告，刻之于石，晓之于民。文告称：“兵巡关内道沈示，仰渠旁居民及水手知悉，如有牛羊作践渠岸，致土落渠内者，牛一头，羊十只以下，各水手径自栓留宰杀勿论，原主姑免究；牛二头，羊十只以上，一面将牛羊圈栓水利司，一面报官锁拿原主，枷号重责，牛羊尽数辩（变）价，一半赏水手，一半留为修渠之用。特示。高陵县知县兼泾阳县事奉文引取赵天赐。”渠下一时形成制度，免除了淤塞之患。碑文内容如下：

天启元年岁次辛酉七月丙申朔越十九日戊午，敕授文林郎高陵县知县、后学晋孝义赵天赐，率众重修唐高陵令累迁检校屯田水部郎兼侍御史刘公庙。落成。谨具牲醴庶品之仪，致祭曰：

赵侯祭唐刘令文碑（源自张发民、刘璇编《引泾记之碑文篇》，黄河水利出版社2016年版，第103页）

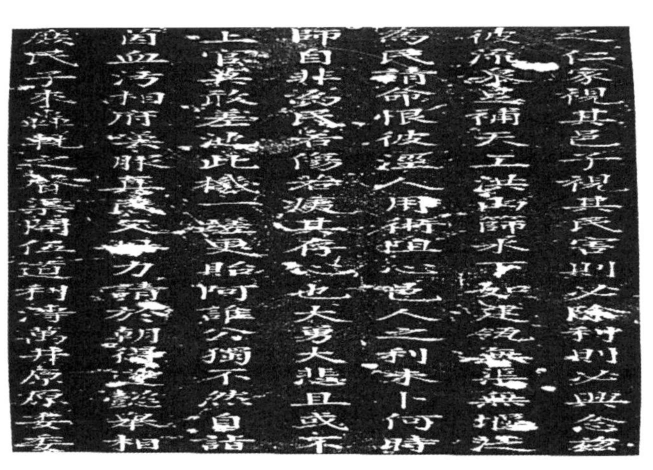

赵侯祭唐刘令文碑局部（源自张发民、刘璇编《引泾记之碑文篇》，黄河水利出版社2016年版，第103页）

嗟乎！俯仰古今，盱衡吏治，传舍营迁，秦肥越瘠，视阴而可，得代以去，名湮泽泯，邑乘不记。如刘公者，古其有几！阀阅名胤，刍牧阳陵。寒潭之清，乳哺之仁；家视其邑，子视其民；害则必除，利则必兴，念兹雨泽，薄跷亦丰，惟彼流泉，足补天工。洪山筛水，下如建瓴。无渠无堰，泛滥归泾，公稔其故，为民请命。恨彼泾人，用术阻心，邑人之利，未卜何时；舆人之谤，且挠我师。自非为民，若伤若痍；其存心也，大勇大悲。且或不断，行止狐疑，鼻息上官，莫敢差池。此机一蹉，更贻阿谁？公独不然，自诣相府，抗众忤权；车茵血污！相府叹服；真民父母。力请于朝，得遂懿举。相山凿水，河渠以兴，庶民子来，轰轧之声，渠开伍道，利溥万井！原原委委，历塍环城。禾黍如云，穲稏如绳。常施溉灌，不问阴晴。柽杨夹道，讴吟倾听。民利其利，报刘恩深，请旨立庙，生子刘名。邑桑楚，伏腊村翁，庙貌肖然，夫谁之功？昔日窦琰，导浯堰荆；秦有郑国，惟泾是从，祠其如何？问之民风，公之劝民，活追忆万口，公之留芳，垂亿万人。公祠公渠，辉映前后，公之子民，云仍相守。距今千载，庙貌存否。碧瓦风飘，苍鼠昼走，丹青渝落，空增培塿。今顺民心，损俸倡首，既新公宇，又肖公像。落成不日，舆情始畅。

以公并禹，明德馨香，以余并公，愧焉增怅。桂醑山芹，惟公郁鬯。造福遗黎，塍走群□，神其鉴之，永佑我民。雨旸时若，渠衍长虹。千载以还，鹿苑常登，京坻庾廪，妇子攸宁。万有千岁，报赛维新。尚飨！

22. 兵巡关内道沈示碑

此碑立于明天启二年（1622年），由赵天赐撰文。本碑原立于泾阳县汉堤洞村泾惠渠干渠旁，也就是古白渠三限闸附近。这是明天启（1621—1627年）年间关内道道尹为保护渠道而发的告示。正因为有了如此严格的渠道管护条例，才使渠道免于淤塞，而保持畅通。碑文内容如下：

兵巡关内道沈示：

仰渠旁居民及水手知悉：如有牛羊作践渠岸，致土落渠内者，牛一头、羊十只以下，各水手径自栓留，宰杀勿论，原主姑免究；牛二头、羊十只以上，一面将牛羊圈栓水利司，一面报官锁拿原主，枷号重责，牛羊尽数辨价，一半赏水手，一半留为修渠之用。特示。

天启二年正月二十五日　立

上中渠附马东斗　附马西斗

圣女大斗　圣女小斗

至广斗　十劫斗

七劫斗　白功斗

成村斗　染渠斗

高陵县知县兼泾阳县事奉文行取赵天赐

富平县作头赵良才勒

石匠王允

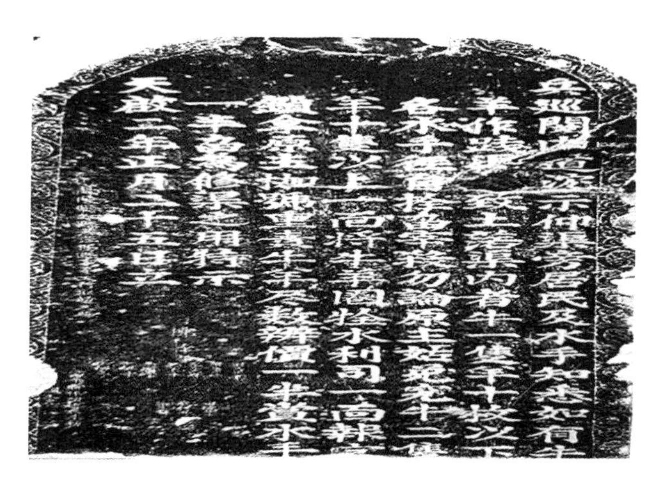

兵巡关内道沈示碑（源自张发民、刘璇编《引泾记之碑文篇》，黄河水利出版社2016年版，第111页）

23. 抚院明文碑

此碑立于明天启四年（1624年），由孙口撰文。是明天启年间陕西巡抚核准按察司所呈建议而明令颁行的通告。碑文明确了增加管水工人员编制、管水工工资、工资来源以及管水人员的职责等。碑文中也揭示了当时广惠渠的实有灌溉面积以及各县所占面积，是考评广惠渠灌溉面积的重要资料。碑文内容如下：

钦差巡抚陕西等处地方督理军务都察院副都御史孙，为勒碑杜禁以垂永利事：

水利为民生第一，开浚乃地方首务，自非念切牧民，鲜不委之故事，据按察司沈呈称：

洪堰一渠，久被淤塞，按修堰故事，每年自冬徂春，四县委之省祭及各渠长、斗老，纠聚人夫以千万计：馈送粮米，玩日愒时，吏胥冒破甚深，□□（及至）春耕人夫散去，而渠依旧未浚也。年复一年，吏书以修渠为利薮，小民以修渠为剥肤！非一日矣。今职委月□□□、□□□□（某某某等），捐俸募工，彻底修浚一番，宿弊尽洗，水势汪洋。欲杜往日弊窦，惟在增添水手，时时疏通。所费□（乃）不过万分之一，而小民得受全利矣。因查本渠旧有水手七名，今外增水手二十三名，共三十名。督责专官□□□□（着时常疏）壅修浚，但有冲崩淤塞，即令□□□（各水手）不时点□（检）修浚，务期全水通行。庶民无修堰之费，而水无河伯之蠹。

果自天启二年设立水手之后，二年、三年内泾水大涨，水□（高）数十丈，自龙洞至火烧桥泥沙淤塞几满——该县申呈、水手结状可查。赖□□（水手）不分□□（昼夜）挑浚；渠中小石，本司仍捐俸□（募）石工锤破，水得通行。此法立，而其效彰彰之券也。

以后非石岸崩圮大工，该申请另议佐修外，凡小有淤塞，水手□□（不得）因循。其水手工食，每名每年给银陆两。复查本渠两岸官地，自王屋一斗上至野狐桥可以耕种，久被豪右霸占，仍口（期）令□□□（该地方）清文明白。每名给种无粮官渠岸地，准抵工食银贰两伍钱，外给银叁两伍钱。共该工食银一百伍两。此项银两应在泾、三、醴、高四县受水地内照亩数均摊。查得四县受水地共七百五十五顷五十亩。每顷该派银壹钱叁分捌厘玖毫捌丝零。其泾阳县受水地六百三十七顷五十亩。该派银两捌拾捌两伍钱玖分玖厘玖毫捌丝；高陵县受水地四十顷五十亩，该派银伍两陆钱贰分捌厘柒毫伍丝；三原县受水地四十六顷五十亩，该派银陆两肆钱陆分贰厘柒毫叁丝；礼泉县受水地三十一顷，该派银肆两叁钱捌厘玖毫三丝。自天启三年起别立一簿，征收完日，关送泾阳县类贮，分为上、下半年支给。

抚院明文碑（源自张发民、刘璇编《引泾记之碑文篇》，黄河水利出版社2016年版，第115页）

抚院明文碑局部（源自张发民、刘璇编《引泾记之碑文篇》，黄河水利出版社2016年版，第116页）

碑头

据议，深于水利有裨。诚恐日久，各官迁转不一，新任未谙，妄自裁革；或各役朦胧告退，致已效之良法偶替，斯民之水利无赖。合拟将水手名数及四县地亩、应派工食银数，勒之于碑，永为遵守。檄专官□□□（人役等）毋始勤终怠，仍按季申报本院并各该管衙门，庶本之最殿并役之功罪，稽查有凭，而洪堰有赖。不负沈□□设立之美意矣。须至碑者。

天启四年岁在甲子长至日

西安知府邹嘉生

泾阳县知县苗思顺　主簿刘进龙　催工人徐盈泾阳张齐仁

三原县知县姜兆张　主簿孙文绍　三原姜士俊

礼泉县知县梁一澜　主簿包大圭　礼泉高迷烈

高陵县知县聂溶　典史□□ 高陵黄梦麒

石匠王允

24. 清口灵运记碑

此碑高220厘米、宽107厘米，楷书586字，立于明天启六年（1626年），现存于淮安市淮阴区码头镇码头村三组，紧邻张福河东岸。碑身上部分地方有裂缝，反映了明代运河水神的崇拜情况，是明代运河宗教的历史见证。同时，对研究黄、淮交汇之清口的航道变迁、水道流量和明代淮安的建制、官员设置具有一定借鉴意义。

碑额阳上书“清口灵运碑记”，碑阳记载了时年五六月间南旱北霪，淮安清口影响漕运，茂相率漕运官员在大王庙、淮神庙祈祷的事件。内容如下：

淮安清口灵运记

赐进士出身通议大夫总督漕运提督军务巡抚凤阳等处地方兼理海防户部左侍郎兼都察院右副都御史□升总督肩部尚书晋江苏茂相撰并书。

国家岁转东南数百万之粟以实天府，皆淮安清口以达于北。清口者，黄与淮交会处也。黄浊淮清，必淮足抵黄流始无壅。天启丙寅春，茂相奉玺书来董漕务。五六月间，南旱北霪，淮势弱，黄挟雨骤涨，倒灌清江浦、高邮之墟。久之，泥沙堆淤，清口几为平陆，仅中间一泓如线。数百人日挽不能出十艘，茂相大以为恐。或曰：金龙四大王最灵。因遣材官周宗礼祷之。是夜，水增一尺；翌日雨，复增二尺，雨过旋淤。茂相曰：非躬祷不可。闰六月二十有五日，率文武将吏诣清口，祷于金龙四大王及张将者，亦几绝流。群议开天妃坝，开乌沙河。张郡丞元弼来言曰："神凭人言无事，仓皇还由旧道。"众未之信。越五日为七月朔，晨气清朗。已而凉风飕飕，阴云蓊郁，不移时，大雨如注，达夕不歇。初二日，雨如之，漂流澎湃，停泊千余艘，欢呼而济。淮遂□能刷黄，迄秋粮艘尽渡无淹者，众始诧河神有灵，还由旧道语非诬。儥漕徐孟麟侍御驻京□，正□是□□□凭几，河神见梦，详具侍御《清淮纪梦录》。呜呼！我皇上以圣明践祚，水府百神莫不受职。龙飞之岁，黄河清数百里，而漳水之滨，传国玺韫泥淖中数千年者且耀采呈祥，况河伯之浮漕舰济□□国储，乃其岁岁所司存者，受命如响，又何疑乎？方茂相祷时曰："运济如期，则当为新庙貌，请加褒号。"至是运竣，疏闻，而命张郡丞采堪舆家言，改其庙向而新之。

从祷各官姓名及诗二首记得于碑阴

天启六年丙寅重九日。

碑额阴上书"碑阴题名"，碑阴镌刻有时任总督漕运提督户部尚书苏茂相撰写的《清口祷河有应志喜二首》，以及祈祷官员名单。内容如下：

清口祷河有应志喜二首

河必行千古，沙宁淤一朝。将无淮浪弱，更值旱旸骄。水府灵谁测，瓣者叩匪遥。淇园桩键行，犹自莫浆棹。

河灵果不歇，风马载运旗。川涨连朝雨，信符五日期。漕艘浮浩荡，国庾裕京抵。捍患应崇报，封章奏玉墀。

晋江苏茂相书。

从祷各官姓名：

管仓户部主事林鸣璠、版闸户部主事田有丰、漕运刑部主事张时雍、清江工部主事刘鍊、漕储按察使朱国盛、淮海兵备副使曹富士康勋。淮安府同知连跃、杨长春、方尚

清口灵运记碑1

清口灵运记碑2

祖、张元弼、推官秦毓秀，扬州府同知郭维翰、通判姜效乾，山阳县知县孙肇兴、清河县知县饶若蒙、安东县知县刘群聘、沭阳县知县何大进，县丞孙继鲁、杨可栋、主簿翁宗志、顾乃德、汪潮、季子宁、中军戚世光、守备陈拱，把总刘芳远、张云鹏、孙如激、曹可教、沈通明、姚文、黄本中、胡宗圣、赵志和、王□魁、许可观、郭奉云。

25. 修渠记碑

此碑立于清康熙八年（1669年），由王际有撰文，许琬书丹。广惠渠受泾河洪水与泥沙冲击，屡修屡坏。经过明末战乱，至清朝康熙之际，历时200余年，已濒临废弃。王际有，字书年，清丹徒（今江苏省镇江市丹徒区）进士。清顺治八年（1651年）任泾阳（今陕西省泾阳县）知县，带领县丞张肯谷重修泾渠，垒石淘沙，一月时间即告竣工。百姓创作民谣赞扬他二人功绩："王御史后，贤令亦王。修浚渠堰，经营有方。民力不损，民财不伤。谁为赞理，邑佐维张。功成浃月，流水汤汤。谷我士女，乐只无疆。"他又重修了《泾阳县志》。张肯谷，字式似，安徽巢县人，岁贡，时任泾阳县丞。王际有在此碑文中除了记载修渠的前后经过，还指出了各项工程问题以及解决办法。碑文内容如下：

赐进士第文林郎知泾阳县事润州王际有撰文

文林郎知高陵县事上谷许琬书丹

文林郎知三原县事三韩陈延作

文林郎知礼泉县事三韩送廷秀　篆额

从古治民，必先水利，故沟浍洫川为法至备。自公孙鞅废井田之制，而豪右得以兼侵，细民不沾膏泽，鸿雁嗷嗷，有嗟半菽之未饱者！此无他经理鲜术，水利止为有力者之外壑，虽有水利与无水利等也。

秦之巨浸，曰泾曰渭。渭不具论，惟兹泾水，出岍头山自平凉界经邠入乾，千有余里，皆行高阜，至仲山谷始就平壤，其水可因势而利导也。昔韩惠王为疲秦之策，命水工郑国说秦开渠，秦用其谋，溉田四万余顷，亩收一钟。关中之称沃野，实自郑渠始。其后河渐下，渠渐高，而泾水不能引。汉元鼎间，左内史倪宽乃穿六辅渠，以溉郑渠旁高仰之田。太始间，赵中大夫白公，又于上流开石渠，引泾水入栎阳注渭，中袤二百里，溉田四千五百余顷，民作水歌以颂之。至宋大观间，提举赵佺等自仲山旁凿石渠，凡四十有二丈，名曰“丰利渠”。及元至大间，御史王琚从上流凿山为渠，凡五十一丈，名曰“王御史新渠”。迨有明成化间，都御史项忠于大、小龙山凿石一里余，则为“广惠渠”。正德间，都御史萧翀凿石为渠，长四十二丈，则为“通济渠”。历代之渠，迭有兴废，而修葺之功则变而通之，存乎其人。然则治民者□不先谋水利哉？

己酉春，陵邑掌科仲升鱼先生，为予同的友，以修渠嘱予曰：“瓠□水衡，四邑民命是赖，及时修筑，其勿缓哉！”予曰：“唯唯，此予职也，且予志也，敢不竭蹶从事。”先是，鱼掌科谋之高陵尹延修许君，许君力为之倡，同予口邀三原尹宁宇陈君、醴泉尹朝宗郑君，偕诣渠所，验其形势，度其经营。见壅溃之处不可悉数，而其所最要者则如：腰堰非修复旧截，水不下流也；石隔于龙洞，非身入其内搜淘积石，将如隔噎之中阻也；小退水槽为上流咽喉，必换截以防其泄；王御史□尤属扼险，石堤不固，泾水必至冲崩；天涝池砂石梗塞，宜锻炼以凿之；大卧牛石以上堤岸渗漏，渠水入河者大半，非为汁油灰灌其石缝不能坚久；大退水槽以上之补渗亦如之；其退水槽必重截铁链，方可以资启闭也；火烧桥砂石不可不浚，而岸桥更为损坏矣，巨石倾坠中流，必尽起之，而水斯行如旁冈渠；赵家桥土与桥平，而故道不通矣，尚望水之汪洋乎？下此则为土渠，每多浅隘。

诸同寅相与喟然叹曰：何前人为其劳、令人幸为其逸也？何前人为其易、而今人更为其难也？其逸者，往迹可循，不烦特创；其难者，日久废弛、工艰而民疲，后人意图什百，不及前人之成功一二也。予曰：“无难也，在得其人以治之耳，有吾泾二尹式似张君，可无忧矣。”

因以渠事托之，且属以三邑之渠事咸托之——盖泾阳之工居多，而三邑地势隔远，臂指不运，张君之才实堪兼任而愉快也。果鼓其朝锐，躬率兴作，出土见底，挑运有法，且石坚处举火锻开、洞幽处引绳深入、漏者补、淤者疏。夫役禁其包揽，损俸以犒，人皆乐趋，财不伤，民不劳，而工可速就。其役始于季春之朔，即于是月终告成。诸同寅酬神之日，征记于予，予系守土，何敢僭为记？然予既系守土，又何得不为之记？是记也，岂徒侈扬诸同寅之功德并张君之贤劳、欲自附□□（先贤）以籍不朽乎？窃念利之所在，害必倚伏，今日之修虽可数十年而不敝，但恐水夫老人蠡蠹其中或暗损闸堤，或任意放闭，弊滋流竭，又致骚然兴工，因以渔利。则防微虑远，又不可不为之计也。爰著贞珉，以告后之治民而谋水利者。

附掌乎鱼仲升先生□□□□（七律一首），□（另）成一律□□□□（次韵奉和）：

□□□□□□浣，□应□□□□□□。□□□□喷社雨，联阡草底醒花风。河灵蜓引归人力，魃虐冰关夺化工！父老年逢村酒熟，频斟厘祝与山崇。

疏凿山崖弦石淙，龙□□度远来钟。一千□□□□□，亿万犁次水面风。非为濯缨探古迹，敢将长□咏成工。冯君谏草陈民隐，水旱□□五位崇。

康熙八年岁在己酉夏肆月日建

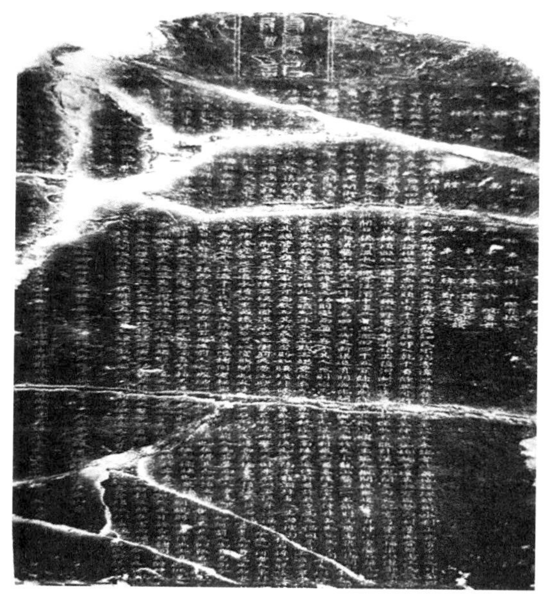

修渠记碑（源自张发民、刘璇编《引泾记之碑文篇》，黄河水利出版社2016年版，第124页）

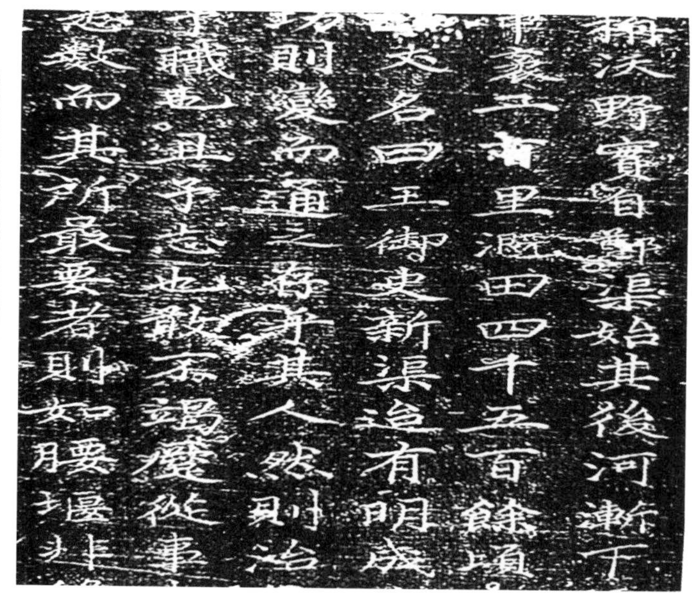

修渠记碑局部（源自张发民、刘璇编《引泾记之碑文篇》，黄河水利出版社2016年版，第125页）

26. 重修高加堰汉寿亭侯关帝庙碑

此碑残高200厘米，宽94厘米，厚25厘米，立于清康熙三十二年（1693年），现存于江苏省洪泽湖水利工程管理处。碑文记述了重修高加堰汉寿亭侯关帝庙一事。由兵部尚书兼都察院右都御史于成龙撰文，顺天府丞堂韩徐廷玺同立，淮安府山清盱眙同知马佑勒石。于成龙（1638—1700年），字振甲，号如山，汉军镶黄旗人，原籍辽东盖州，徙居广宁，清军入关后落籍古北口外潮河川南关。时人为区别清初另一名臣于成龙，又称他为“小于成龙”。官至直隶巡抚、都察院佐都御史、河道总督，卒谥“襄勤”。碑文内容如下：

重修高加堰汉寿亭侯关帝庙碑记

康熙壬申冬，余奉命总督河道，有事于高加堰谒关帝庙，因□二十三年驾临高加堰，会幸兹庙，盖异数也。粤维淮水源于桐柏山，历凤纳淮为洪泽、阜陵、泥墩、万家诸湖，浩浩汤汤，无□以障之，淮南且为泽国，□淮水之堤防也，□□□会黄河，经安东县下云梯关入海，堰不固，能旁溢于高宝之湖而出□之力专，出□之力不专则刷沙之力不大，淮与黄交受其……也。以□汉陈登筑于前，明陈瑄葺于后，迨潘公季驯甃以石，乃坚致足，恃其□帝庙于□堰者，冀帝之福兹堰也。□乎古恐臣……世者□□焉。维孔明于蜀，伏波于粤，祀者可谓众也，终不若帝之祠庙，遍通都□，国暨穷乡□壤，几几乎致，莫不尊亲之盛，此其故……所不□能□灾而御患，如祀典所云者耶。今圣□子□□武神圣□岳效灵薄海内外悉奏升平，而贞虑□□□在兹……数遣

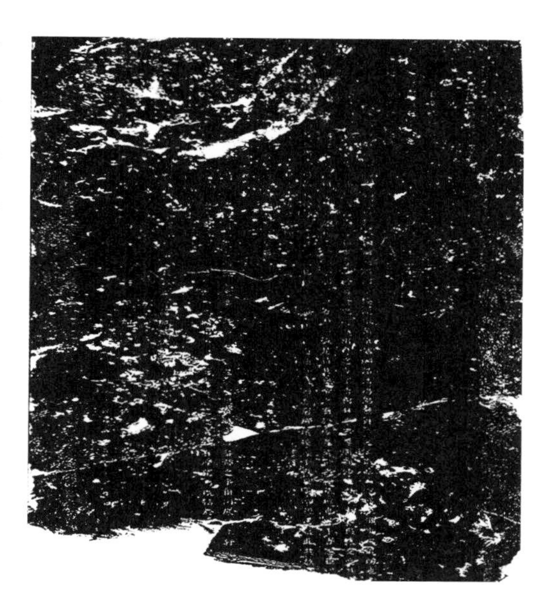

重修高加堰汉寿亭侯关帝庙碑（源自南京博物院编《大运河碑刻集（江苏）》，译林出版社2019年版，第22页）

大臣相视不□□□□钱，为先事之防，重万年之利，盖重之也。龙肩兹重，□不遑宁处，亲胼胝之劳勤畚锸之事，两河底绩，上纾□财之忧，下贻数千□农桑之利，龙之责也；而捍灾御患，俾风不鸣条，雨不破块，□□安澜之庆者，于□有最望焉。既祷于皇□。康熙三十二年，岁次癸酉，孟冬吉旦，总督河道提督军务兵部尚书兼都察院右都御史授为正一品加四级□□于成龙撰文，协理河务顺天府丞堂加五级三□韩徐廷玺同立……江……淮安府山清盱眙同知加三级马佑勒石。山阳……高堰主簿事□元勋，山清盱眙河营高堰□总许□□督工。

27. 重修郑白渠碑记碑

此碑由钱珏撰文，张恂书丹。清朝初期，在拒泾引泉之前，渠道常被淤塞所患，堤闸也遭受破坏，于康熙年间进行了一次维修。原碑已佚失无存，碑文拓片由旬邑县水保局唐文彦先生收藏。钱珏，字霖玉，号朗亭，长兴画溪人。康熙十六年（1677年）举人，授陕西泾阳知县。在任期间，疏浚郑国渠，溉田万顷。擢为广西道监察御史。在巡视东城时，上疏言笞枚枷杻等刑具尺寸混乱，随意使用，规定凡郡县衙门，以刑具轻重、长短、广狭之数，刊木榜谕，违者严加追究。又疏言山西府厅勒索百姓钱粮事，于是声名大震。康熙二十五年（1686年），特擢左佥都御史。康熙二十六年（1687年）迁顺天府尹，不久授山东巡抚。康熙东巡，赐“作霖”额。康熙三十年（1691年），因徇私被革职。卒于康熙四十二年（1703年）。著有《两台奏议》《抚乐奏议》《敦说堂集》。碑文内容如下：

《禹贡》之言，治水尚□□，其法不出于二者：疏以泄之，防以止之而已。疏以泄之者何？所称九川涤源是也。防以止之者何？所称九泽既陂是也。予世家于扬州之域，大江以南为水之所都，尝访求神禹古道，所谓三江既入、震泽底定者，时有滬渎壅蔽之患，则水田废为沮洳，非滌川不为功。

今奉命历官雍州之域，泾属渭汭之间。而余莅泾言泾，泾水发源于平凉界，千里皆峻波，至于仲山始落平壤。秦用郑国说凿渠溉田，汉白公嗣修之。渠之绵亘跨五邑，壤以里计者三百有奇，所溉田以顷计者四万有奇。关中之田不为斥卤而称沃野，实自郑白渠始，则又以陂泽为功者也。迨河势日下，渠口填淤，水不得入。自兒宽王琚而下，能为民因势利导者，或数百年一治，或数十年一治，其遗迹往往可考也。虽然，坏成之数既久，不能使之无，而贵治之。以时坏而后求之与夫未坏而先图者，则大有间矣。壅噎而不为之计，以俟夫龟圻而不可为之者，不少有间矣。予甫下车，披图考虑，首问水利。盖郑白渠之修不能十年而堰者，或漏闸者，或腐沙之涨者，今淤矣，余有忧之，亟谋更修，上其事于宪府。宪府以俞医之比境，诸大夫皆曰然。予遂牒于吕丞时达俾董其成之。

康熙□□□□月朔也，会方春作，因驰期九月，乃召父老而属之曰：世业出赀，穑人出力。立表鸠工，从某至某浚渠若干里，广丈二尺以至丈有八尺有差，深视地之高下；堤之厚为丈者一而羸其尺；有四闸用若干板，民用若干工，逾月而告竣。微吕君之耆事，泾民之用命不及此。于是向之漏者湮，腐者易，土之淤者今疏之。而又定其引水有时，时有定准，不逾晷刻。一如其制，农无争心，野无旷土。此在我界内者，皆予所得而知者也。父老归美于余曰愿有记。

呜呼！方今师环于疆，民愁于室，所需者贡赋。贡赋不足，源于农政之不理，农政不理，由于水利之不兴。有司徒之守土，强督货贿，而以治农为迂、务水利为闲官者，其亦于滌川、陂泽之功阙焉而弗讲欤？今天子褒崇实学，咨访经济，诚得其人，大破资格任以司农、司空之职；巡行九州，宽其报政之期，

郑白渠

远溯前人之遗烈。专修蓄水、泄水、荡水、均水之法与沟渎浍池之令，则作者既垂诸长久，而继者不至于湮没，其功利所及，岂特一方兴数十年而已哉！渺兹下吏，不禁涉笔而慨然有感也！同刻诸石，非敢自序其续，以附于倪宽、王琚诸先生之次，亦姑以望后之君子吏兹土者，得以览观而治之以时，知所先务焉，则予之志也夫。

乡进士文林郎陕西西安府泾阳县知县加三级戊午陕闱乡试同考官吴兴　钱任珏撰文

予告大中大夫通政使司通政使前癸未进士杜陵　周之桂篆额

内府中书科中书舍人前癸未进士邑人　张恂书丹

康熙岁次己未孟夏谷旦立

教喻举人真宁　巩我造

县丞　山阴　吕时达

典吏　会积　陈达

督工乡约余九学　王可□　毕三先

美原　赵文义携子

28. 康熙四十年治河石碑

此碑高196厘米，宽71厘米，厚24厘米，立于清康熙四十年（1701年），现藏于仪征博物馆。仪真为古县名，清雍正元年（1723年）改为仪征，即今天的仪征市。碑文记述了清康熙年间仪真县为确保运盐船进入批验盐引所航道的畅通，对河道及两岸进行清理整治的过程。这件石碑保存完整，碑文内容翔实，印证了史料中明清两代对河道疏通的记载。从碑文落款为“县”和“卫”可知，石碑由官方镌刻，是一通具有行政约束力的官方石碑，也是仪征作为两淮漕集散总地，为大运河的繁荣发展发挥不可替代作用的实物见证。碑文内容如下：

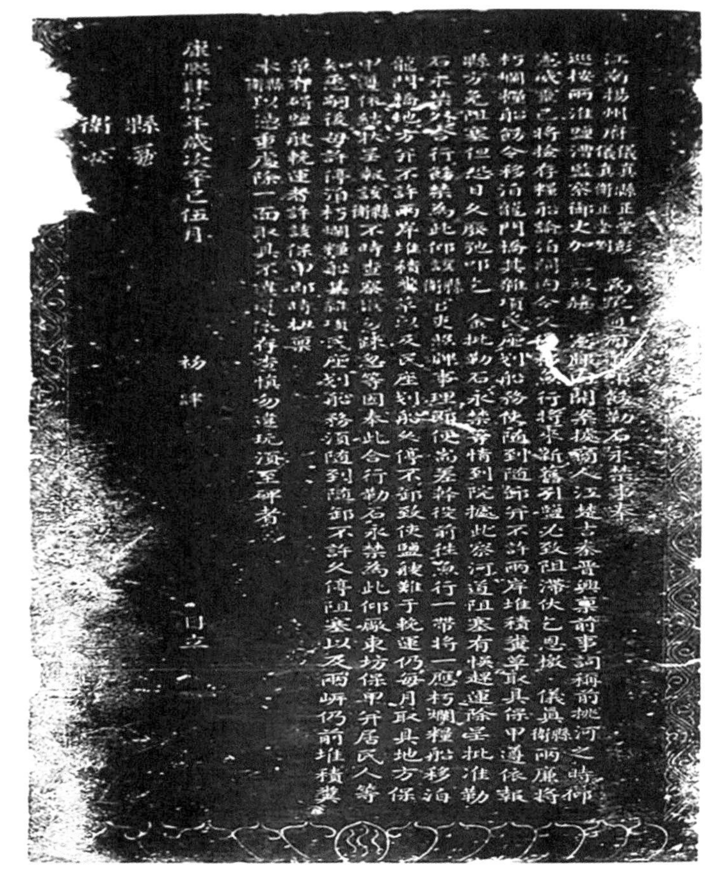

康熙四十年治河石碑[源自南京博物院编《大运河碑刻集（江苏）》，译林出版社2019年版，第24页]

江南扬州府仪真县正堂彭、仪真卫正堂刘，为收通河道叩饬石永禁事。奉巡按两淮盐监察御史加三级赫宪牌，内开，案据商人江楚吉、秦晋兴禀前事，词称：“前挑河之时，仰宪威灵，已将捡存粮船谕泊闸内，今文仍移鱼行，将来新旧引盐，必致阻滞。伏乞恩檄仪真县、卫两廉，将朽烂粮船饬令移泊龙门桥，其杂项民座划船，务使随到随御，并不许两岸堆积粪草，取具保甲，遵依报县，方免阻塞。但恐日久废弛，叩乞金批，勒石永禁。”等情到院。据此察河道阻塞，有误赶运，除呈批准，勒石永禁外，合行饬禁。为此，仰该县、卫官吏，照牌事理。即便专差干役，前往鱼行一带，将一应朽烂粮船移泊龙门桥地方，并不许两岸堆积粪草，以及民座划船久停不卸，致使盐艘难于挽运。仍每月取具地方保甲，遵依结状，呈报该县、卫，不时查察，慎勿疏忽等因。奉此，合行勒石永禁。为此，仰厂东坊保甲并居民人等知悉，嗣后毋许停泊朽烂粮船，其杂项民座划船，务须随到随卸，不许久停阻塞；以及两岸仍前堆积粪草，有碍盐艘挽运者，许该保甲即时扭禀本县、卫，以凭重处，除一面取具不违，遵依存查，慎勿违玩。须至碑者。

康熙肆拾年岁次辛巳五月初四日立。

县（押）

卫（押）

29. 重浚保障河记碑

此碑高212厘米，宽72厘米，立于清雍正十一年（1733年），现嵌于江苏省扬州市邗江区大明寺欧阳祠东山墙外。淮河流域曾数次被黄河夺侵，扬州南濒大江，居南北运河交会点，水道纵横，一直受水患威胁。不论是古邗沟，还是京杭大运河，在历朝历代都经历了数次治理、改道、疏浚，才得以尽其用而不断拓展延长。这通保存于大明寺的《重浚保障河记碑》，详细记载了雍正年间因避免河道淤塞，扬州知府尹会一主持疏浚河道一事。保障河在蜀冈大明寺脚下，由清平桥绕法海寺，南经红桥、古渡桥至南门响水桥闸东，通向古运河水道。碑文不仅记录了运河两岸“春水柳荫，游船歌吹咽岸塞川”的旖旎之观，还详细论述了“百货鼓柑其间，田畴资以灌溉”等运河通航带来的惠民之举，特别是在保障河再次疏通之后的重要意义：“父老谓：‘以今视昔，有益汇远而流长者矣’。”该碑保存完好，字口清晰，所用字体为隶书，章法整齐有序，由钦差丙午科广西乡试主考、博陵尹会一撰文，翰林院编修程梦星书丹，丹阳华岐日镌刻。尹会一（1691年4月3日—1748年8月8日），字元孚，号健余，直隶博野（今属河北）人，雍正二年（1724年）进士，授吏部主事，官至吏部侍郎，后历任扬州知府、河南巡抚、江苏学政等职。家居设义仓、义田、义学。宗主程朱理学，推崇颜元之学，著有《君鉴》《臣鉴》《士鉴》《健余先生文集》等。碑文内容如下：

重浚保障河记

今天子崇尚禹功，尽力沟洫。自畿甸以讫东南，悉诏修兴水利，盖所以谋民者至矣。扬州地广而饶，水泉之所为滋息也。岁壬子，制府都御史尹公推上功德，嘉惠元元，疏请浚两城之市河，通舟楫以为民利。奏可，而施畚锸焉。缗给于帑，役董于官，庶民效子来之，诚不数月而厥功以竟。余适奉命调守是邦，与告成事。阅日，邦之荐绅先生谓余曰：“市河之流畅矣，然而引贯有源，抑经营未可后也。城西保障一河，即旧所称‘炮山河’者，襟带蜀岗，绕法海寺以南通古渡，在昔春水柳阴，游船歌吹，咽岸塞川，而百货鼓栧其间，田畴资以灌溉，此固与隍池相表里，诚得艺其淤淀，进以广深，则非惟壮。郊原名胜之观，其攸赖于市河之蓄泄者实大。”余因切究形势，相度以咨诸监督水利程公。公乐成其美，为遴练干之王君华俾襄厥事。经费之所出，则余以俸倡，而绅士之好义者佐焉。于是周回故址，扩而疏之，更为凿其断港绝潢，使款乃相闻，迤逦以至于平山之下。父老谓以今视昔，有益汇远而流长者矣。鼛鼓既竣，方今春和时，有请编柳桃于堤，卫疏士而骋游目者，固亦足以表民物之殷，阜未太平之景象也。爰复捐植，而不敢以下烦吾民。夫体国经野，职有常经。矧我皇上加意闾阎民利，是利为吏者，唯是奉宣德意，区区之役，宁谓足纪述，以告将来。然而有其举之，莫或废也，正亦不得不深有望焉云尔，是为记。

雍正十一年岁次癸丑孟春谷旦，赐进士出身、中宪大夫、知江南扬州府事、加四级纪录一次、前湖北襄阳府知府、吏部考功清吏司员外郎、钦点丁未科会试同考官、吏部考功清吏司主事、钦差丙午科广西乡试主考、博陵尹会一撰；赐进士出身、文林郎、翰林院编修、加一级、直武英殿充内廷纂修官、翰林院庶吉士、江都程梦星书；丹阳华岐昌镌。

重浚保障河记碑[源自南京博物院编《大运河碑刻集（江苏）》，译林出版社2019年版，第28页]

30. 洪泽湖大堤智坝碑

此碑高165厘米，宽86厘米，厚25厘米，立于清乾隆十七年（1752年），现存于江苏省洪泽湖水利工程管理处。智坝位于今三河闸上游拦河坝。碑文中记载，乾隆十六年（1751年）四月，高斌、张师载、李奇龄等人奉旨新建“智”字石滚坝，并于第二年五月竣工。石滚坝口宽六十丈，长二十四丈四尺。碑额上书“智坝”二字。高斌（1683—1755年），高佳氏，字右文，号东轩，奉天辽阳（今辽宁辽阳）人。慧贤皇贵妃之父，清朝中期大臣，著名水利专家。初隶内务府。清雍正元年（1723年）起，历任内务府主事、苏州织造、广东布政使、浙江布政使、江苏布政使、河南布政使、江宁织造、江南河道总督，官至吏部尚书、直隶总督、文渊阁大学士等职务。乾隆间仍继续担任河督，虽曾调任直隶总督、文渊阁大学士，管直隶水利河道工程，仍经常兼管河工，凡所疏奏，多付诸实施。清乾隆二十年（1755年）三月，卒于任上，终年72岁。追授内大臣衔，谥号文定，命与靳辅、齐苏勒、嵇曾筠同祭于河神祠，入祀京师贤良祠。有《因哉草堂集》。张师载（1695—1763年），字又渠，河南仪封人。明儒张伯行之子，清康熙五十六年（1717年）举人，以父荫补户部员外郎。历官江苏按察使，安徽巡抚，漕运总督，河东道总督等职。长于治河，屡赴河南，协办防务。少读父书，研性理之学 。卒赠太子太保，谥悫敬。碑文内容如下：

乾隆十六年四月奉旨，新建智字石滚坝一座，金门口宽六十丈，由身直长二十丈四尺。乾隆十七年五月告竣。

太子太保大学士管江南河漕总督事提督军务加三级臣高斌、总督□□户部右侍郎协办河务加从一品督查院右副都御史巡抚安徽等处地方提督军务加三级臣张师载、淮扬河务道臣李奇龄、监修官江南河库道臣李弘、淮徐河务道臣子德伦、外河同知臣陈克濬、承修官统辖河营参将臣朱一智、桃源同知臣孙廷钺、效力州同知臣何联、催工官宿迁主簿臣火秉礼、效力主簿臣裴志涛。

洪泽湖大堤智坝碑 [源自南京博物院编《大运河碑刻集（江苏）》，译林出版社2019年版，第30页]

31. 双金闸水志碑

此碑高89厘米、宽33厘米、厚16厘米，立于清乾隆三十九年（1774年），现藏于江苏省淮安市博物馆。双金闸是“中国运河之都”江苏省淮安市的历史文化遗迹之一，位于淮安市淮阴区凌桥乡双闸村。2011年成为江苏省文物保护单位，2021年12月，入选《江苏省首批省级水利遗产名录》，也是京杭大运河沿线35座城市申报世界文化遗产的遗产点之一。

最早的双金闸，建于清康熙二十四年（1685年），因黄流倒灌清口，靳辅“奏请于清河县治西建双金门大闸一座，闸下挑引河万丈，分减黄流归海，有裨运道”。双金闸，是双金门大闸简称，每孔宽为一丈八尺，双门总宽三丈六尺。双金闸开始的作用，是用来分泄黄水，可使清口黄河水位下降一二尺，便于漕船渡黄。清康熙二十六年（1687年）开中河，在仲家庄建闸控制，运道从仲庄闸进入中河，避黄河百八十里之险。又“自清河县西北起开河，经安东城，……迄于平旺河，由安东南潮河（灌河）入海，兼利盐运，名下中河，一名盐河。”此时的双金闸便成为了盐河的渠首，故称“示河头”。此志碑原为村民李道仪家四代人收藏。碑阳上书“双金闸”“水志”字样，碑阴上书：

御示河头

康熙四十二年，改挑中河行运，志桩长二丈，碑座与桩顶相平。

乾隆三十九年五月重立。

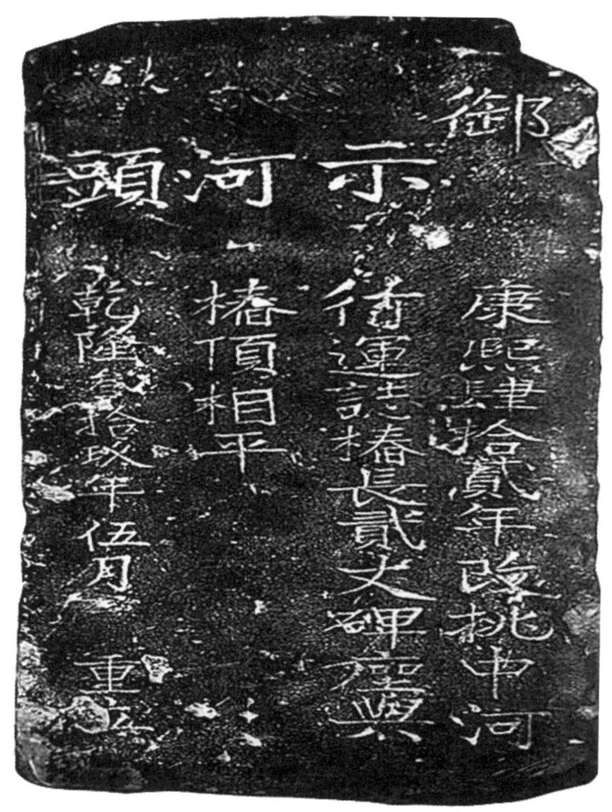

双金闸水志碑[源自南京博物院编《大运河碑刻集（江苏）》，译林出版社2019年版，第32页]

32. 泗州知州郭承修工叁百丈北界石刻

这方石刻高100厘米、宽44厘米，现存于淮安市高良涧镇杨码社区。洪泽湖大堤石工墙自明神宗万历八年（1580年）兴建，至清乾隆四十七年（1782年）“俾滨湖大堤全段石工”完竣，历时202年。石刻为竖式，石色青白。石刻表面四面留框，边框内满刻缠枝卷草纹。堂内上端两角饰“如意角”，楷体、线刻，双勾空心字。从石工结构与图案分析，这方石刻年代应属于乾隆时期。碑文内容如下：

泗州知州郭承修工叁百丈北界。

泗州知州郭承修工叁百丈北界石刻[源自南京博物院编《大运河碑刻集（江苏）》，译林出版社2019年版，第54页]

33. “乾隆乙卯三月”碑

此碑高80厘米、宽42厘米，立于清乾隆六十年（1795年），现存于淮安市西顺河镇街西居委会营门口组，位于西顺河大桥北端。在洪泽湖大堤营门口处有石刻32块，“乾隆乙卯年立”石刻长0.80米，宽0.42米，在整块石面三分之一处剔出32厘米、宽27厘米的字堂，经磨平打光后镌刻题字6行，竖排，石色青白。文字内容有残缺，大致记述了所修工程处在高堰的位置及其长度。碑文内容如下：

高堰第口分工内第三段，工长十六丈，六□□□品承办□□□。

乾隆乙卯三月立。

“乾隆乙卯三月”碑拓片[源自南京博物院编《大运河碑刻集（江苏）》，译林出版社2019年版，第34页]

“乾隆乙卯三月”碑

34. 洪泽湖大堤信坝石刻

这方石刻高32厘米、宽59厘米，立于清嘉庆十九年（1814年），现存于江苏省洪泽湖水利工程管理处。“信坝”是洪泽湖大堤上以“仁、义、礼、智、信”命名的五座泄坝之一，位于今三河闸上游拦河坝。碑文记载了前徐州府丰北通判沈如镕主持修建信字滚坝南首石底、增估大簸箕一事，并写明了是由匠头章维新勒石。碑文内容如下：

淮一

前徐州府丰北通判沈如镕，分办信字滚坝南首石底，并增估大石簸箕。

嘉庆十九年仲春吉旦。

匠头章维新勒石。

洪泽湖大堤信坝石刻[源自南京博物院编《大运河碑刻集（江苏）》，译林出版社2019年版，第38页]

35. 龙洞渠铁眼斗用水告示碑

此碑立于清嘉庆二十四年（1819年）。由唐仲冕撰文并书丹。本碑原发现于泾惠渠原北干渠庆家桥附近（今泾阳县汉堤洞村西北渠旁），乃清龙洞渠干渠上的原成村铁眼斗位置之处。原碑无碑题，现在的碑名是张发民、刘璇编《引泾记之碑文篇》（黄河水利出版社2016年版，第149页）时根据碑文内容所加。碑文重点申明清代龙洞渠的用水制度，并揭示了在用水管理中上、下游之间的矛盾和知县官裁处用水纠纷事件。另外，关于水费的征收，在清代是附于正赋（农业税）之内的，民间称之为“水粮”，以与正赋皇粮相区别。清龙洞渠全渠共一百零五斗，成村斗是一条特殊的斗渠。该斗斗门结构也很特殊，以生铁铸眼，外砌以巨石，坚固耐用，称为铁眼斗。此时全渠用水采取以月为周期，上下游按斗轮灌制，即“一条鞭”制度。一般斗渠每月只能享受一天或几个时辰的用水权，称之为水程，唯独成村斗水程多达16天之久，其中有3天输送泾阳县城且直通县署和文庙，供居民、商户和官府生活用水。碑文内容如下：

尝闻龙洞渠创自秦代，发源于泾邑之洪口，灌溉泾、三、高、礼四县民田。泾邑之渠原分上、中、下，上渠一十八斗，中渠十斗，下渠一十五斗。其渠道系属一条鞭，用水之章程自下而上。

其中渠十斗之中，有成村铁眼斗，亦尝闻之前人云由来已久。该斗口系生铁铸眼，周围砌石，上覆千钧石闸。每月有于铁眼内分受水程，大建初二日起，小建初三起，十九日寅时四刻止；每月初五、初十、十五日三昼夜长流入县，过堂游泮，以资溉用，名曰官水。除官水之外，共利夫廿三名半，每夫一名，额浇地九十一亩九分四厘奇，共额浇地廿一顷六十亩六分三厘。载在《水册》，存在工房，确凿可查。但昔年每名夫浇地九十余亩，迩来去斗近者只可浇地三四十亩，离斗遥远者仅能浇地二三十亩而已。此渠水今昔大小不一之故也，而亦不必论矣。

只缘三、高水老、斗门不谙铁眼斗每岁正赋输纳廿一顷余亩之水粮；修渠当堰，支应廿一顷余亩之差徭，从其居于下游，动辄禀供，不云铁眼斗偷盗，便云堵截。以致三、高、泾县主关移往来，不胜浩繁。余斗之利夫人等再三思，维民享水利，三邑之主有案牍之繁，心实不安。故谨将该斗使水起止日期、利夫名数、溉地亩数以及三、高水老、斗门禀过情由，逐一刊刻，以示余斗后之人，各照《水册》所注目时遵规灌田，俾三、高水老、斗门知此铁眼斗系朝廷所设，并非私自擅立，以杜讼端，以免三邑之主关移往来。上下相安，彼此永享水利，岂非善后之举？因此坚碑以垂永云尔。计开：

乾隆五十三年七月十三日，三原县郑白渠五斗斗门、水老马俊等，在于原主案下禀称，伊县水程不能抵原，查至泾阳县北，水向南流，系铁眼斗偷盗。等因。蒙原主关查，经成村斗斗门杨世贤以据实禀明事，禀至县。案：是年七月廿六日蒙准关覆，内开："兹于乾隆六年《四县受水日期、夫名印册》内细查泾了县中渠成村斗，每月在铁眼内分受水程，大建初二日起，小建初三日起，十九日寅时四刻止；共利夫廿三名半，共受水地二十余顷。并非偷盗。"等因结案。（本县工一房有卷）

乾隆六十年六月十三日，蒙高陵县主以"据供关查"等事，内开：据水老孙太斌、左九思同供"铁眼斗将一半水盗去。"等因。经成村铁眼斗斗门庆文有以遵标禀明等事，禀至县。案：是年六月十八日蒙准关覆，内开："铁眼斗由来已久，并未盗水。"等因结案。（本县工二房有卷）

嘉庆廿四年六月十二日，蒙高陵县主以"移查饬禁"等事，内开：高陵县高望渠马应斗禀称："六月初一日巳时，在于王屋一斗将水放过，不料流至泾阳县北铁眼斗，眼大五寸余，将水堵截"等因。经成村铁眼斗利夫杨歧灵，于七月初三日以遵标禀悉等事，禀至县主案下。蒙准移覆，内开："铁眼斗从无渗漏，亦无堵截"等因结案。（本县工一房有卷）

右刊此历年卷宗，冀于余斗利夫人等各悉三、高之水程所关重大也！

嘉庆廿四年冬月吉日　本斗利夫：

举人怡文炜　李蒂坚　张钰　杨岐灵　怡文珩

生员怡文熙　怡文焕　杨高寿　杨先春　杨世贤　杨高望　杨岐英

贡生怡文焯　监生胡显凤　怡望周　申乃修　杨清蕙　怡文杰　孟思明　仝立

龙洞渠铁眼斗用水告示碑（源自张发民、刘璇编《引泾记之碑文篇》，黄河水利出版社2016年版，第149页）

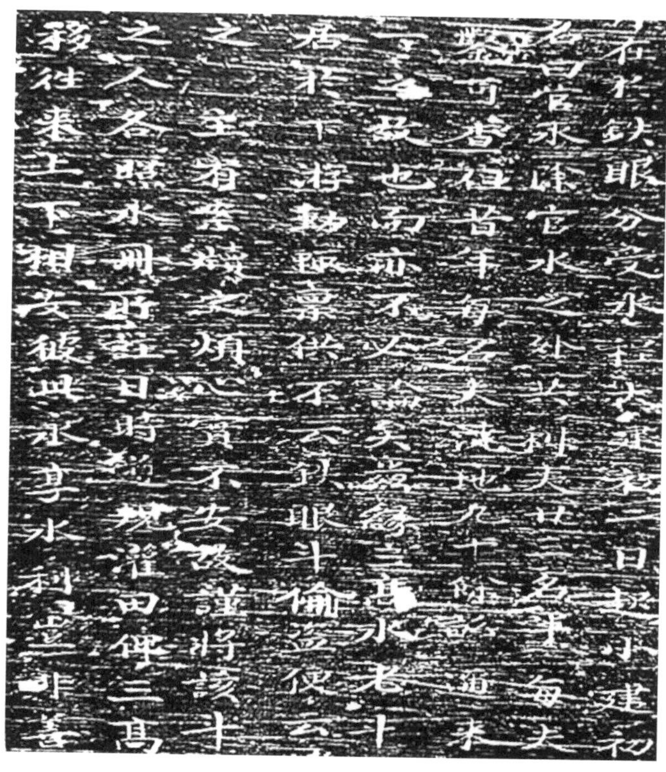

龙洞渠铁眼斗用水告示碑局部（源自张发民、刘璇编《引泾记之碑文篇》，黄河水利出版社2016年版，第150页）

36.“道光三年”碑

此碑高90厘米、宽45厘米，立于清道光三年（1823年），现存于江苏省淮安市洪泽湖大堤周桥船坞东南角大堤段。字堂竖长方形，堂上端两角留大拐角如意纹。碑文不甚清晰，楷体，竖式，主要记载了道光三年运河工程规模、用料情况，以及修建工头姓名。碑文内容如下：

道光三年，奉……官保总河□堂黎……淮扬道宪……七堡内砌工，长一百五十一丈四分……修□长一百丈。工头山盱通判孙□承修。

“道光三年”碑[源自南京博物院编《大运河碑刻集（江苏）》，译林出版社2019年版，第40页]

37. 修治苏城娄门水道碑

此碑高142厘米、宽55厘米，立于清道光五年（1825年），现藏于苏州碑刻博物馆。碑文记载了时任知县许乃太主持修浚苏州娄门水道的缘由及经过。娄门位于苏州城东北，《吴地记》载：“娄门，本号疁门，东南，秦时有古疁县，至汉王莽改为当县。”疁门于是改称为“娄门”。城门分外城、中城、内城三重。内城筑有城楼，三重陆城门之间有空地和闸门装置，十分坚固。城门南面还有三道水城门，也备有闸门装置。城里和城外以外城河为界，通过吊桥与城外贯通，并有水路通娄江，向外跨塘延伸。外城、中城及内城门上的城楼约在民国三十七年（1948年）间被拆除，仅保存一重城门。1958年大炼钢铁时，城门被陆续拆尽，如今已无痕迹。水城门也被拆除，但尚有依稀痕迹可以辨认。碑额书“执帖”二字。碑文内容如下：

修治苏城娄门水道碑[源自南京博物院编《大运河碑刻集（江苏）》，译林出版社2019年版，第42页]

娄门古号疁门，坐郡城之东，其水关外达娄江，内通六衢，舟行络绎不绝。每岁冬，令农佃纳租，粮户输漕，长、元二邑出兑剥运，尤为一郡之所要。其内外水□城圈，历久未葺。道光三年癸未夏，淫雨河涨，被水冲塌，雉堞、炮台亦开段坍卸，护城石岸，均须添筑。次年秋，乃□承乏元邑，即欲庀材修治。缘工巨费繁，未能连举。而娄门水道阻塞，先捐浚之，得通。既奉宪议，筹出库存陈清□□□□三年赈余公项，奏准动拨，责成长、元、吴三邑分界共修。于五年正月祀土开工。其工段丈尺，各于女墙勒石头，按址可稽。原估外有坍塌者，人捐修之。是年四月开工，及娄门水关内外，筑坝戽水，河底始睹，河中有横排木楞地，丁档中挨铺巨木，年久皆朽坏。揆厥由来，浪□土性浮松，非木不能筏重。可见古人因地制宜之深意也。于是易以大材，且加覆石板，俾篙楫往来，无伤损其石。墙砖□之，宽高尺寸，悉循其旧。工将半量，移上洋筹办海运事宜，留属督工。至九月事竣，启坝通舟，商民便之，爰记其检治颠末。

调任上海县前知元和县事许乃太撰

道光五年九月日吉立

38. 黄河水文碑

此碑高120厘米、宽62厘米、厚13厘米，立于清道光八年（1828年），现藏于宿迁市博物馆。水文碑是古代官方记载水体水位变化的石碑，一般采用文字描述的形式。此碑原立于宿迁市朱闸村黄河故道边，此处东临京杭大运河。石碑为青石材质，碑顶为圆弧形，碑文13行、277字，记载了清道光元年（1821年）至道光八年（1828年）“朱家闸工”地方的黄河水位变化情况，道光八年以后的水文情况未作记录，碑的字堂左侧尚留有一半空白未刻。碑额上书“奉总河部堂严檄饬校定”。碑文内容如下：

宿北古城汛，朱家闸工志桩长三丈五尺，碑座面与堤顶相平，堤顶高志桩顶二尺五寸

道光元年正月初一日存底尺一丈九尺　六月十八日盛涨水二丈六尺五寸。

道光二年正月初一日存底尺一丈九尺　八月二十一日盛涨水三丈三尺。

道光三年正月初一日存底尺一丈九尺　七月初一日盛涨水二丈八尺。

道光四年正月初一日存底尺一丈九尺　闰七月十一日盛涨水三丈零五寸。

道光五年正月初一日存底尺一丈九尺　七月初五日盛涨水二丈六尺七寸。

道光六年正月初一日存底尺一丈九尺　六月十四日盛涨水二丈八六尺。

道光七年正月初一日存底尺一丈九尺　七月初十日盛涨水二丈八尺二寸。

道光八年正月初一日存底尺一丈九尺　七月初十日盛涨水二丈六尺。

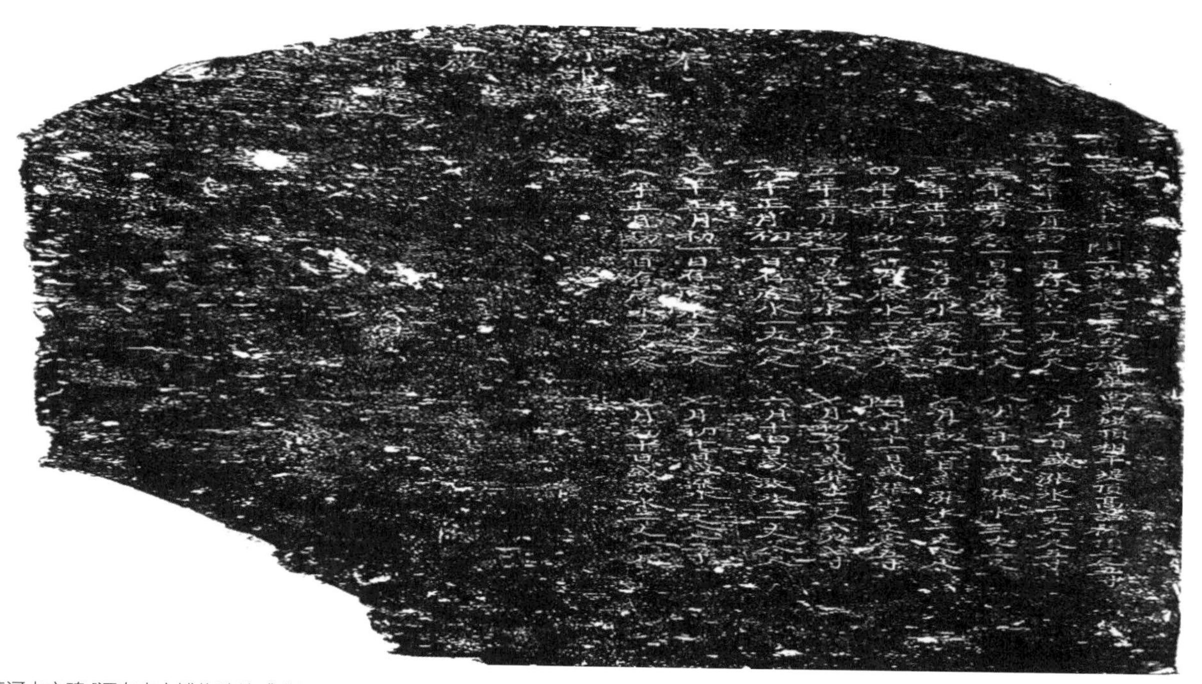

黄河水文碑 [源自南京博物院编《大运河碑刻集（江苏）》，译林出版社2019年版，第44页]

39. 修福兴闸工程记事碑

此碑高42厘米、宽96厘米、厚42厘米，玄武岩条石，横置，竖刻10行，每行4字，共计40字，楷书，为清道光十四年（1834年）福兴闸补修后的题记，立于清道光十五年（1835年），原嵌于福兴闸石工墙体内，现存于淮安市韩城村。福兴闸是“码头三闸”之一。码头三闸位于淮安市淮阴区码头镇码头村至泰山村，是惠济、通济、福兴三座闸的总称，由南而北呈阶梯式排列，依次为惠济闸、通济闸和福兴闸，在当地俗称为“头闸、二闸、三闸”。三闸是清口枢纽调控性水工建筑，也是漕船的行运咽喉。各闸相距三四里，这段河道长七八里，向东北延伸至中、里运河与二河交汇处，占地面积约1平方千米。闸门皆宽8米，石工墙累砌20余层，通高10米之多。惠济正闸于1973年冬拆尽，福兴闸遗址于1959年开挖二河时拆除，其遗址于2006年公布为淮安市文物保护单位。同年被国务院公布为全国重点文物保护单位。碑文内容如下：

厥闸惟三，济运则一。旧者重新，福兴万亿。道光十有五年副将衔参将张兆，知府衔山盱同知朱楹承造。

修福兴闸工程记事碑[源自南京博物院编《大运河碑刻集（江苏）》，译林出版社2019年版，第44页]

40. 移建安淮寺碑

此碑立于清道光十八年（1838年），高250厘米、宽115厘米，现存于淮安市老子山镇龟山村。碑文记载了时任江南河道总督完颜麟庆为保河道疏通，奏请道光皇帝筹资建寺，并派人下水捞出以前古庙遗存如铁佛、铁罗汉、铁钟等，以及安放于新建的安淮寺等事件。完颜麟庆（1791—1846年），清代官员，学者，字伯余，别字振祥，号见亭，满洲镶黄旗人，清嘉庆十四年（1809年）进士，道光年间任江南河道总督10年，蓄清刷黄，筑坝建闸，后因河决革职，不久再被起用，官四品京堂。麟庆生平涉历之事，各为记，记必有图，称《鸿雪因缘记》，又有《黄运河口古今图说》《河工器具图说》《凝香室集》。碑文由阮元撰写。阮元（1764年2月21日—1849年11月27日），字伯元，号芸台、雷塘庵主、揅经老人、怡性老人，江苏扬州仪征人。清朝中期官员、经学家、训诂学家、金石学家。乾隆五十四年（1789年）进士，先后在礼部、兵部、户部、工部供职，并出任山东、浙江学政，浙江、江西、河南巡抚及漕运总督、湖广总督、两广总督、云贵总督等职。身历乾隆、嘉庆、道光三朝，所至之处，以提倡学术、振兴文教为己任，勤于军政，治绩斐然。晚年官拜体仁阁大学士，致仕后加官至太傅。道光二十九年（1849年）去世，享年86岁，谥号“文达”。碑文内容如下：

移建安淮寺碑

大凡事之巨艰者，久必变通。其通也，待其时，亦待其人。黄流入海岁远必岁高，黄既高而不能堰，清同其高，于是蓄清刷黄、借清济运之说穷。且湖堰横决，上河、下河民逃谷设者，屡至。嘉庆末，有为南北两运转搬过黄之策者，未行，又有灌塘济运之策，遂行之。南河总督麟帅值其时，于是决计平淮消险，上下河田，周回千里，年屡大丰，民安谷熟，石米值银一两，此得其时欤！抑待其人而后行也。麟帅不敢居，谓此圣天子定策感召之所致，亦淮渎神福民灵贶之所昭。天子亲书淮庙扁，修淮渎庙。麟帅率属报祭，遂复周览泗州，登眺龟山，见有古佛出于水面，察知为宋无梁殿，于是泅而拯出铁佛、铁罗汉、铁钟、铁镬甚多，移于山麓，别建为寺，曰安淮寺。神佛有灵，应时而出。庶几，昔年饥溺之民，今日得见安澜有如此。麟帅又建船坞于老子

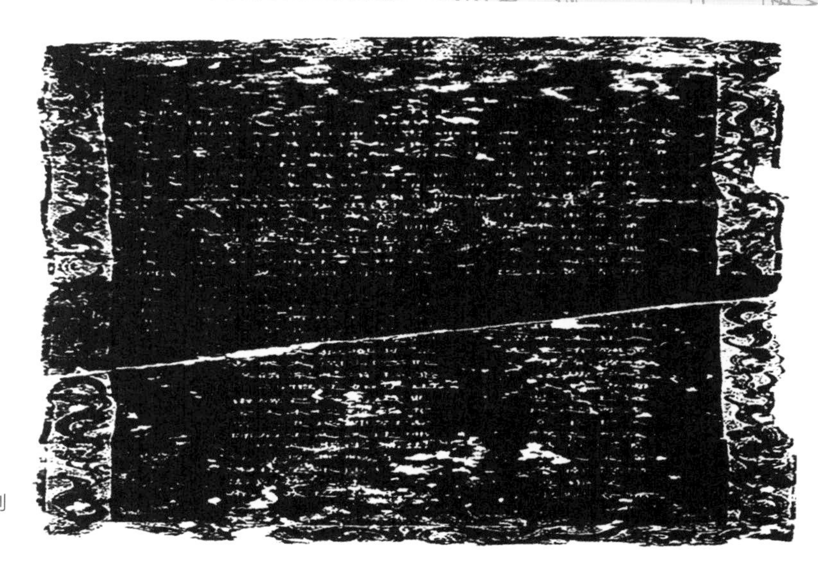

移建安淮寺碑 [源自南京博物院编《大运河碑刻集（江苏）》，译林出版社2019年版，第49页]

山，行船可避风浪，复于圣人山下开通旧河，以避马狼冈之迂险，便民之事无不为也。麟帅庆，己巳进士，为贵大宗伯，庆所得士。余己酉进士，又大宗伯己未进士之座主也。戊戌冬，余乞恩致仕，归来淮扬，亲见民生安乐，寺工已成，请碑文，磨石以待。铭曰：禹使庚辰，锁巫支祁。今淮泗安，加石閟之。宋建古殿，由金臂师。铁像出水，因泗之卑。泗涡愈卑，民生愈始。人力所通，遭逢圣时。

太子太保予告体仁阁大学士扬州阮元撰并书。

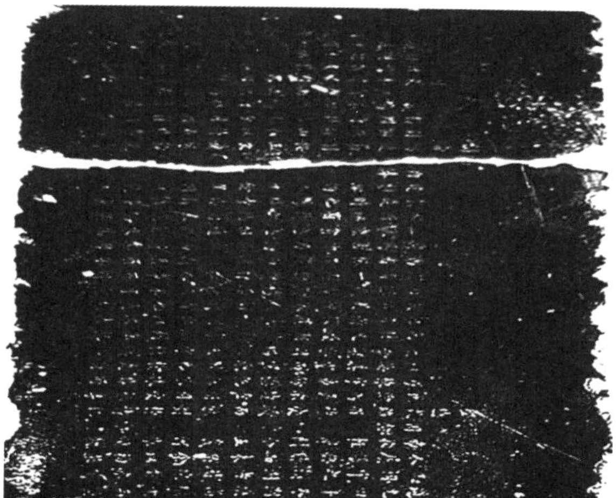

吴郡王廷桂镌。

重修水府都君祠并黄堽寺记碑[源自南京博物院编《大运河碑刻集（江苏）》，译林出版社2019年版，第51页]

41. 重修水府都君祠并黄堽寺记碑

此碑高39厘米、宽119厘米、厚15厘米，立于清道光十八年（1838年），现存于江苏省洪泽湖水利工程管理处。碑文追述了水府都君祠和黄堽寺的历史，并详细记述了它们的重建始末。碑文由时任江南河道总督完颜麟庆撰写。碑文内容如下：

洪泽湖东岸有黄堽寺记

洪泽湖东岸有黄堽寺，相传为新城王文简公士祯集诸名士咏桂花地，又有水府都君祠，俗称坛相公庙，余耳食久矣。道光癸巳，承乏南河稽核祀典，见康熙庚辰李佥事言，所撰《水府都君祠记》，具载异迹与乩，示里居姓氏甚悉，且述遂宁张文端公鹏翮督河日祷祠风闵建始末。余深仰其绩著灵异，而尚惜其事涉渺茫，嗣阅通礼，见有祀昭灵显佑。水府都君于山阳一则，因溯检成案，系嘉庆六年奏准锡封并颁赐全湖保障额，又查部册载，乾隆五十三年，奉旨，春秋致祭河湖各神庙，此祠与黄堽寺并列，典重明禋，礼隆报祀。比巡湖诣问，祠已倾颓，仅余石刻，黄堽寺则更湫溢卑湿，殿前古桂及咏桂诗碣均无可考。盖自道光四年冬，湖决高堰十三堡，凡祠宇之滨湖者皆环于水前，人屡议兴修而未果。余以初莅，弗敢轻举，阅今五载，河淮顺轨，因念圣德式昭，百神受职，而能对于祷祀，化险为夷，厥绩章明，用受报享，乃栋宇弗饰，凭托无依，殊非所以，妥其灵而宣厥烈也，于是商之。李观察国瑞，朱太守楹，鸠工庀材，凡濒诸祠宇之列在祀典者，渐复其旧，兹祠亦以次告成。且夫神依人而兴者也，是故雨露风雷，阴阳旱潦之不可意测者一委于神，抑惟人事所得为者，极其量而无歉，斯其所不得为者，神乃弥其缺而纾其难，至诚嘘翕，息息相通，此张文瑞公所以有祷辄应尔，夫岂偶然哉！是时也，黄堽寺亦择高阜重建，相距约二十余里，同日完工，内奉关帝，仍遵旧制。按：王文简公，号阮亭，别号渔洋山人，以诗名世。其为扬州推官也，分司河务。河督义乌朱公之锡，曾以盘库精详，办工除弊，两次疏荐，载在国史本传。昔贤虽往，遗爱犹存，余因补植老桂二株，以志胜迹，合并附记于此。

道光十有八年，岁次戊戌秋九月督河使者长白麟庆记并书。

42. 重修龙洞渠记事碑

此碑立于清道光二年（1822年），本碑现存于西安市碑林博物馆，由时任陕西布政使唐仲冕撰文并书丹。广惠渠自清乾隆二年（1737年）开始拒泾引泉，同时整修石堤和防洪设施。至嘉庆末到道光初的几年内，接连发生特大汛情，工程毁损严重。由泾阳县报告陕西巡抚后筹办修复。抚院委鄜州知州鄂山负责全部事宜，鄂山踏勘后，提出预借公帑、分期五年由受益面积内筹提偿还的方案。本次大修工期不详。在渠首段的项目主要有：一、三龙眼以下（今一号隧洞口以下）重建渠堤、系以石条排比料石浆砌，又以铁饼嵌合、条以铁柱纵向铁筋拉合，极为坚固；二、筑天涝池集水堰，即所谓偃月新渠（半圆形堰，聚泉水流入渠道），以加大渠水流量；三、将未毁堤防补修加固，从外侧培厚。本次石渠渠堤成工程有成效，自此后直到清末民初一直稳定，以后光绪年间虽有洪水漫堤使渠道淤塞，但终未破堤。唐仲冕（1753—1827年），清代官员、学者。字云枳，号陶山居士，世称唐陶山。原籍湖南善化（今湖南长沙），后客居肥城县（今肥城市）涧北村。清乾隆五十八年（1793年）进士，历官荆溪、吴江、吴县知县，海宁、通州知州，署松江、苏州知府，升福建按察使、陕西布政使、陕西巡抚等职，所至均有惠政。所至建书院，修水渠。曾主持泰山书院，知吴县时曾访得唐寅墓。主编《嘉庆海州志》，有《岱览》《陶山集》等。碑文内容如下：

道光纪元岁辛巳秋九月，大中丞靖江朱公，以泾阳龙洞渠为泾阳、高陵、三原、礼泉水利，岁久堤坏，泾入沙壅阏，无以溉田，请借帑修治。选能者洛川令田鉤为植，泾阳令恒亮司财，用鄜州牧鄂山董其役。奏奉谕旨，即于是月兴工，明年闰三月竣事，开闸试水。流大畅行。当书庸入告矣，余职旬宣，爰勒石以纪成绩。其词曰：

在昔郑国，凿泾水自仲山西邸瓠口为渠，并北山东注洛；白公于其上游引渠，东南行入渭，溉民田者皆数千万顷，厥利溥民，唐世除碾硙，决支渠，开六门郾，岁收秔稌三百万石。宋时自仲山凿高处泄水，修三白渠，植木格石，为丰利渠。元凿山为新渠，今称王御史口，龙山之泉出焉。明项忠穿山为铁洞，曰广惠渠。萧翀又凿山为直渠，接王御史口下，为通济渠。盖自宋以来，泾下渠昂，郑迹久湮；泥壅流塞，白工亦废。泾之利转为害矣！元、明疏泉以行淤，如筛珠、碧玉、鸣琴诸泉汇为天涝池，迨余子俊凿龙眼泉，其颠浚巨井，龙洞之名昉焉。我朝雍正初年，总制岳公为官，高水堤、石堤、土堤各数丈。故相查公以泾复涨，败渠害苗，就退水槽建闸启闭；置通判山南，司其事。盖自龙洞渠兴，今人不复思郑白也。

乾隆二年，以学士世臣言增堤作壩、屏龙洞渠北口遏毋令壅渠，疏渠二千五百六十丈有奇，溉四县田七万四千余亩；豫筹岁修之赀，设水夫三十人，给稟食，于每岁秋杪修之补之，俾勿坏。于是人知泥浊易壅，非惟弗引，且严捍之！泉性宜稼，非惟弗漏，且搏击妥之。

近岁值泾暴涨，两山夹峙，水高数丈，往往漫渠；涨挟沙石，冲击堤堰亦颓。然吏民辄率钱补苴，不烦公帑，至是连山石岸倾入流，渠泉横泻而又下注，淤澱为陆。凡石堤坏者七十余丈，土堤二千二百余丈。虑功计值当二万一千两有奇，民力未能办，慭置之矣。

郑州牧今迁西安守鄂君山，亲履阡陌，谓渠何可废！劝民籲借帑金二万两，分五年均于受水之田征赏。及工兴而夫徒趋赴，克期集事。西安守今迁巩秦阶道刘君斯嵋，周览具报：自三龙眼以下，石条排比，以铁饼嵌合、条以铁柱贯之上，堤如式不愆于素；惟天涝池性易裂难固，乃依山凿堰月新渠，深四丈长五丈之，上横石梁，两旁迤逦垒石，擱水入渠，又获二新泉瀵涌，与筛珠泉埒；又于故堤未坏者，距新堤二丈许，以土石阑平为保障。自是捍泾极坚，搜泉弥广，实田大令本谋也。

当始事时，渠几废，经鄂太守反复开论而后从；及凿新渠，沮者同声，田大令毅然行之。工既讫功，翕然称便。倘所谓“可与乐成、难与虑始”者耶？

先是通判，改设县丞，今即付以善后所宜，考其殿最。是役也，田大令专之，恒大令往来左右之，高观察、鄂太守鼓舞而成之。故能蒇数月之功而垂百世之利。君子是以知中丞公举人之周也，与人之一也。余乐得详记之，以诒后之人。

道光二年岁在壬午夏六月癸卯朔越六日戊申赐进士第通奉大夫陕西布政使司布政使长沙唐仲冕纂并书。

碑阴跋文：

关中水利，郑白渠为称首，所谓“泾水一石，其泥数斗；且溉且粪，长我禾黍”，岂意数千年后，泾复为渠患乎！此举由中丞能用田大令而有成劳，舆人诵之。余适履任，宜为之计功称伐也。然余窃疑泉之为利必不及泾之大。泾之泥何以昔溉而今壅？徜郑白再来，未为不可复秦、汉之旧。因忆前在吴中，人多言吴淞不可疏，自夏忠靖已专意浏河矣，及疏江事成，众论始服。特患善后有法无人耳。或者泾河亦犹是乎？此碑已勒渠首，复书一通，并录《吴淞江碑》置之碑林以寓意。文与书法不足论也。

仲冕跋　频阳　仇文发镌

清代龙洞渠

43. 肇庆修培景福围桂林堤加石工记碑

此碑高0.51米、宽0.35米，共4石，立于清道光二十二年（1842年），赐进士及第翰林院修撰吴川林召棠撰并书，现存于肇庆市堤围管理所。碑文内容如下：

肇庆修培景福围桂林堤加石工记碑 [源自陈鸿钧、伍庆祥编著《广东碑刻铭文集》（第一卷），广东高等教育出版社2019年版，第260页]

道光二十有二年四月，桂林堤工成，自新铺石角至蕉根，凡一十七段。其长一千一百一十四步，垒石，加坚上面筑之。石以斤计者，七百六十二万三千五百；土以井计者，二千五百三十七；木以株计者八百。糜白金一千六百两。越七旬工竣。司其事者，拔贡生张其继、增生何传瑶。董其役者，贰尹肖公谆。总其成者，前后令尹陆公孙鼎、瑞公宝。捐廉俸，使兴其役者，观察使今署盐运使王公也。先是道光十二年冬，公来巡肇罗。明年七月，西江涨，公督僚属救，风雨立堤上，人力卒不能施。公适权南韶连道而去。是冬，捐一万三千金为肇庆灾民屋材、粥费。明年春，公旋节议改筑旧堤避湍悍。豪民以田税告，营弁以武场告，众然。公力持之，事始决。冬春，田事少休，公省骑从，往来周视各堤，饬父老事培筑，必坚实乃已。西江来数千里，挟万山之流，夏久雨，水悍甚，漫且决，势不可，非迅补筑，夏败稼，秋禾不得种。民方艰厄，公力主借公帑，需费浩大，民逡巡不敢复请。公探其意，先发之，俾材裕而工固。每水暴至，民曰：公在，力能完，我无恐。即不幸决，民曰：公力尽矣，天灾无可尤者。民之恃公，笃信于公，固如此也。二十一年夏，公权都转，权臬事，将及一岁，慨然念肇之民持堤为命。高要围二十有五。而城垣仓禀营署所芘，上游一决，水建瓴下，盆塘等八围皆不可保，惟景福围要且巨。景福之西曰桂林堤，当小湘、香炉二峡之中，水始放而怒，不得骋。堤土，易渗泄。隔江堤势余下，溜真如箭。水割岸陡，则堤根必危。既防于微矣，不计其久，可乎？堤成，咸歌舞之。既崇既固，惟民之依。有田有庐，惟公之赐。公平日视民之事，如饥渴之于饮食。去民之患，始疾痛在其体。其郁于中而发于外也，如矢激于机，迅驶不可遏，如河注于海，百折而必达。矢之以诚笃，而行之以果断，盖公素所蓄积也。公名云锦，河南固始人，嘉庆辛未进士。

里人区远祥勒。

44. 洪泽湖大堤礼坝补建石工石刻

这方石刻高32厘米、宽90厘米，刻于清康熙年间，现存于江苏省洪泽湖水利工程管理处。洪泽湖大堤为了分洪泄流，历史上沿堤曾分设多处减水坝，至清乾隆时大堤仍有五座，分别以“仁、义、礼、智、信”命名，礼坝现俗称“四坝”，位于今三河闸上游南岸。清咸丰元年（1851年），因黄河决砀山、东溢六塘河，致使洪泽湖水位猛涨，达到了历史最高的16.9米，礼坝被冲决，自此淮水由入海为主改为入江为主。此碑为康熙年间改土坝为石坝时所记，详细写明了石坝的形制与石匠姓名。碑文内容如下：

礼坝补建石工越长九十七丈。内：北长二十二丈，计石十七层；中长五十三丈，计石十九层；南长二十二丈，计石十七层。

石匠章维新。

洪泽湖大堤礼坝补建石工石刻 [源自南京博物院编《大运河碑刻集（江苏）》，译林出版社2019年版，第26页]

45. 同治九年重建万年桥记碑

此碑高166厘米、宽83厘米，镌刻于民国七年（1918年），现藏于苏州碑刻博物馆。苏州胥门外万年桥建于清乾隆五年（1740年），在清嘉庆二十五年（1820年）、清咸丰二年（1852年）均有重建，至清咸丰十年（1860年）因太平天国军攻陷苏州城，万年桥毁。直至清同治九年（1870年）再重建，而当时未立重建碑记。迨民国七年由当时方志局以备修志之需，遂重立此碑。该碑由“吴县吴本善篆额，昆山余天遂书丹，古吴黄慰萱勒石”。吴本善（1868—1921年），号纳士，苏州人。擅书法，尤工篆书。即画家吴湖帆之父。余天遂（1883—1930年），名寿颐，江苏昆山人。民国元年曾任孙中山临时大总统秘书，南社社员，擅书画。碑文内容如下：

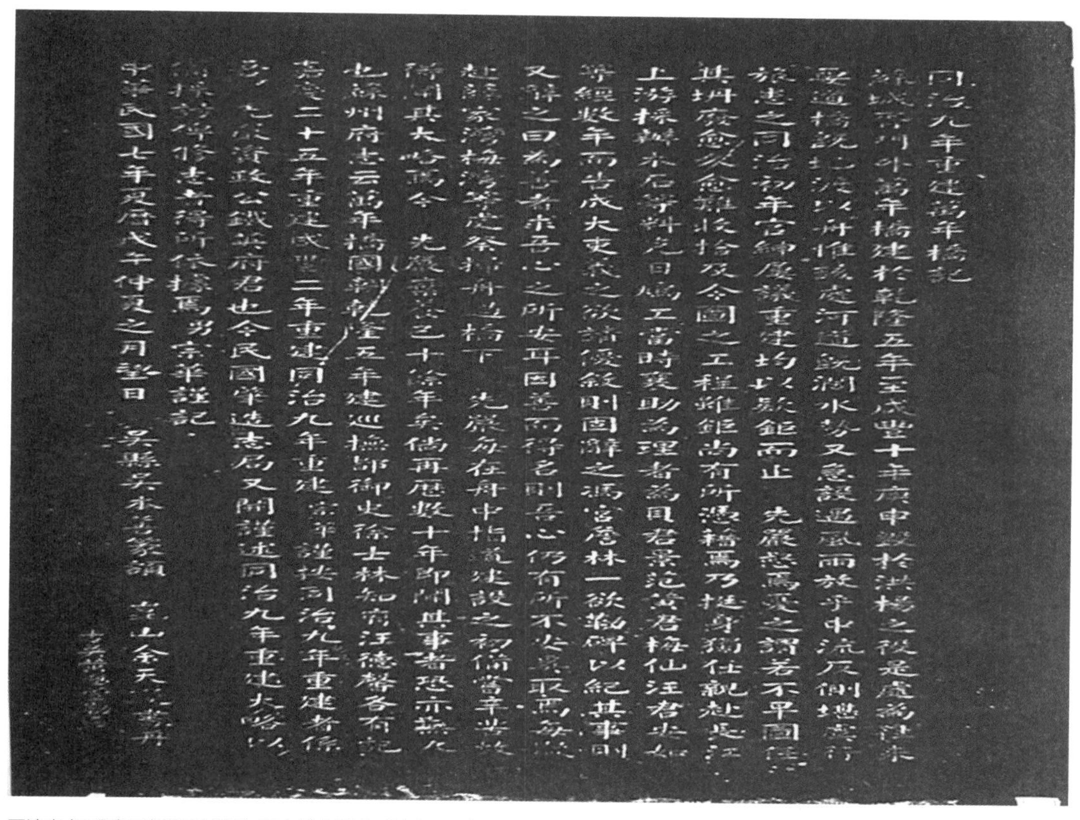

同治九年重建万年桥记 [源自南京博物院编《大运河碑刻集（江苏）》，译林出版社2019年版，第62页]

同治九年重建万年桥记

苏城胥门外成年桥，建于乾隆五年。至咸丰十年庚申，毁于洪杨之役。是处为往来要道，桥既杞，渡以舟。惟该处河道既阔，水势又急，设遇风雨，放乎中流，反侧堪虞，行旅患之。

同治初年，官绅屡议重建，均以款巨而止。先严怒焉，忧之，谓：“若不早图，任其坍废，愈久愈难收拾。及今图之，工程虽巨，尚有所凭借焉。”乃挺身独任，亲赴长江上游采办木石等料，克日鸠工。当时襄助为理者，为贝君景范、黄君梅仙、汪君安如等，经数年而告成。大吏议之，欲请优叙，则固辞之。冯宫詹林一欲勒碑以纪其事，则又辞之曰：“为善者，求吾心之所安耳，因善而得名，则吾心仍有所不安，奚取焉？”每岁赴薛家湾、梅湾等处祭扫，舟过桥下，先严每在舟中指道，建设之初，备尝辛苦，故得闻其大略焉。今先严弃养已十余年矣，倘再历数十年，即闻其事者恐说无几也。苏州府志云：万年桥，国朝乾隆五年建，巡抚都御史徐士林、知府汪德馨各有记。嘉庆二十五年重建，咸丰二年重建，同治九年重建。宗华谨按：同治九年重建者，系吾先严资政公铁英府君也。今民国肇造，志局又开。谨述同治九年重建大略，以备采访，俾修志者所依据焉。

男宗华谨记。

中华民国七年，夏历戊午仲夏之月望日，吴县吴本善篆额，昆山余天遂书丹，古吴黄慰萱勒石。

46.“光绪七年”石刻

石刻高41厘米、宽126厘米，立于清光绪七年（1881年），是江苏省不可移动文物，现存于江苏省淮安市洪泽县高良涧镇湖滨社区洪泽湖度假村员工宿舍墙外。洪泽湖大堤始建于东汉建安五年（200年），距今1800余年，沿堤遗存有历代维修工程题记、吉祥图案、御题石刻等多种内容。这方石刻的安放方式与道光时镶砌在堤顶处不同，是镶嵌在洪泽湖大堤堤层第二层的立面上，面向洪泽湖，在大堤石刻遗存中仅有2处。光绪七年款石刻仅见此一处，石刻保存良好。这是目前发现的清政府留存在洪泽湖大堤且有明确纪年的最晚石刻。碑文内容如下：

光绪七年二月开工，六月告成。

光緒七年二月開工六月告成

“光绪七年”石刻 [源自南京博物院编《大运河碑刻集（江苏）》，译林出版社2019年版，第54页]

47. 龙洞渠记碑

此碑立于清光绪二十五年（1899年），由魏光寿撰文。本碑原立于泾阳县社树村海角寺内龙洞渠管理公所，后寺毁公所迁，而此碑幸存。碑文记载了清朝光绪二十四年（1898年）由巡抚大员主持的一次渠道大修工程。曾动用国帑及陕西驻军修渠，竣工后设立公管理，并制定章程且拟筹集公款存贮盛息，以息银资给岁修，存本则备作大型修葺之用。碑文内容如下：

关中水利以郑国渠为最古，汉时于郑渠南穿白渠，晋唐迄今，均循其故道，在宋曰丰利，元曰王御史，明曰广惠，虽因时制宜，经营不同，其利民一也。国朝康熙、乾隆、道光间，叠因时修葺；而龙洞之名，则昉于雍正中总督查公。盖历代之渠，皆引泾水，至公乃凿仲山，引龙洞泉东会筛珠等泉入渠，不复引泾，故易今名。同治中袁文诚欲复引泾之制，而泾水暴发，功不果就。然龙洞亦时有淤塞之患。

光绪六、七年经冯展云中丞动帑兴修，十一年复饬涂令官俊就地筹款疏浚，而水力不广，惟泾、三、礼三县得受其泽，仅荫地三万九千余亩，高陵则无复有灌溉之利。丙申，予奉命来抚是邦，习知此渠未尽厥利，

龙洞渠记碑

思复旧续而益民生也。商之李乡垣方伯，筹提库帑，得请于朝。乃分檄各营，并力挑汰，塞者通之，淤者去之。修复截渡山水各石桥，以防沙石；开张家山大龙王庙后等处新土渠三道，截取山水，使不横冲，以保渠岸。复派员督集民夫，分修泾、原、高、礼四县民渠，以广利导。

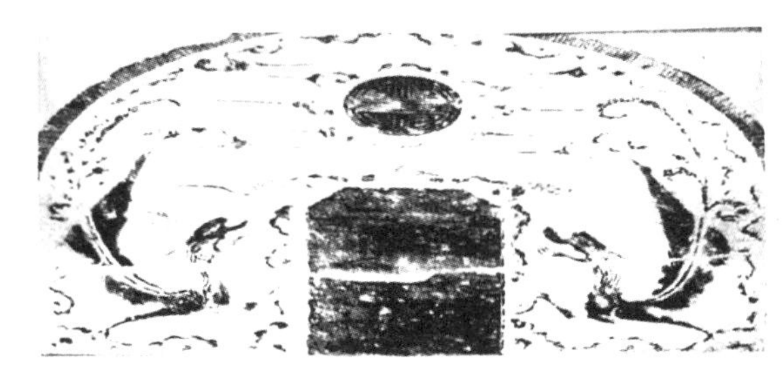

丹凤朝阳碑头

龙洞渠记碑局部（源自张发民、刘璇编《引泾记之碑文篇》，黄河水利出版社2016年版，第170页）

工将竣而大雨，自六月至于十月不止，泾水屡漫，渠道复壅——盖由原修之琼珠、倒流二石堤低下；而中渠井逼近泾水，井口空虚，泥沙易入。乃命加高二堤；封闭井口，以防泾水倒灌。又勘明大、二、三龙眼内有石渠，上有流泉，即明广惠渠引泾入渠旧道；四龙眼内旧有石堤，遏绝泾水。乃浚大、二、三龙眼，以出长流之泉，而益固四龙眼之堤。复修石囤，收鸣玉泉入渠，以益水源。除新淤、葺颓圮、益浚支渠并复高陵废渠，拮据经营，事以粗集，增溉地十万亩。乃就地长筹经费，以资岁修；立各县渠总，以专责成；设公所于社树海角寺，以便会议；酌定章程，以垂久远。每年夏秋，由泾阳水利县丞会率泾阳渠总，就近督同额设水夫，按月三旬，勤刈渠中水草；九月之望，各县渠总会集公所，勘验渠道及各渡水石桥、截水土渠。遇有微工，随时修理，只许动用息银；工程较大，则先行核实估计，禀候批准，酌提存本，工竣造报。盖予为渠计长久者如此。后之君子，诚能倡率地方，益筹经费，俾非有大工不再动用国帑；稽查现章，俾勿废坠，更因时补救广所未及。使渠之利被诸万民，贻诸后世，是则予之厚望也。

是役始于戊戌三月，竣于己亥春莫，共用公帑四千九百九十余两。首其事者为严道金清，董其成者贺丞培芳，督其工者为谭总兵其详、龚叁仟将炳奎、刘参将琦、策游击世禧。

时任泾阳者则张令凤岐，三原则欧令炳琳，高陵则徐令锡献，礼泉则张令树谷。始终襄其事者则于绅天锡。予既嘉在工者相与有成。复记其事于石，以谂后之官斯土者。

□□兵部侍郎兼都察院右副都御史总理各国事务大臣　陕西巡抚部院　西林巴图鲁邵阳　魏光寿撰

清光绪二十五年己亥仲春夏月日立石

48. 许鼎霖治水碑

许鼎霖（1857—1915年），字九香，赣榆青口人，清末举人，曾任民国资政院议长，驻秘鲁领事等职。碑系地方绅众颂许兴修水利之功德，于清光绪三十三年（1907年）树立。正面直写阴刻楷书小字，记载本地水患治理情况，背面刻楷书记载分段包工数字，落款“清光绪丁未仲夏三十三年”。许鼎霖治水碑位于江苏省连云港市赣榆区宋庄镇范

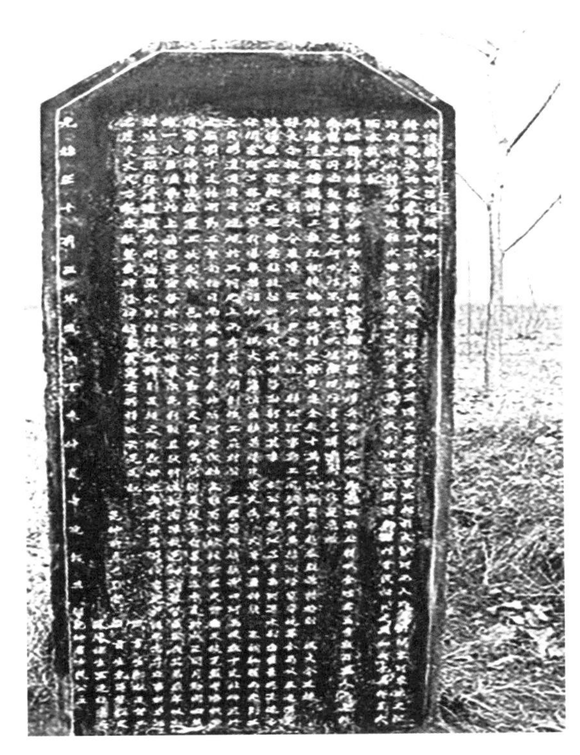

许鼎霖治水碑

村北60米。民国八年（1919年）碑额为篆书，正文楷书。碑宽84厘米、高233厘米、厚21厘米。现碑文清晰度较好，保护良好。碑文为：“清故光禄大夫、奉天交涉使、资政院议长、乡谥荣惠许公纪念碑。”

49.“外河厅承修砖石长十四丈五尺”石刻

这方石刻高76厘米、宽40厘米，于2014年发现，现存于淮安市三河镇四坝村。从明代石工结构分析，石工墙后未见有设置砖衬（柜）的记载，而清代做法/工艺是修长的石工墙后加砖柜，使条石与砖柜搭接。这方石刻镶嵌在有砖柜记录的石堤上，证明它是刻于清代的。石质为玄武岩。石面上端剔一竖长方形字堂，字堂上端双角饰柿蒂纹。堂中竖刻，14字，分为2行。碑文内容如下：

外河厅承修砖石工长十四丈五尺

“外河厅承修砖石长十四丈五尺”石刻[源自南京博物院编《大运河碑刻集（江苏）》，译林出版社2019年版，第59页]

50. 民国重修三白渠碑记碑

此碑约为清代中期所竖。碑文转引自民国高士蔼著《泾渠志稿·历代泾渠名人议论杂记》，原碑文早已佚失，年代、作者均不详。从碑文中推测，时间约在清朝中期拒泾引泉之后，撰写者系一位泾阳县令。作者主张制定严格的用水管理办法，禁止豪强霸占，并把禁约条项列在碑阴处，让当时及后来者遵守这些法令，以保证百姓用水便利。碑文内容如下：

天地有自然之利焉，昧者罔觉，同于痴氓，有智者起而因导之，而一方之力源首闢。迨行之既久，不能无敝，有大力者屡以人事胜天工，而开闢之故道不湮。迨行之既久，又不能无敝，所贵守土者恪遵前人之令绪，用食膏泽于维均。斯阅三千年如一日也。秦不师古，废井田开阡陌，而沟浍之制大坏。后之循吏，遂因势川泽，引水溉田。如魏史起、蜀李冰、汉召信臣、杜诗之流，民歌陆海、炳映史册。尚矣。

关中故有泾水，自平凉界来，千有余里，皆走高原，东底中山、嵕山，万岭环复，两崖划断，河流涌出，势若建瓴，并北山东注洛，三百余里，斥卤硗确，胥成神皋秀野，资给都会，益用富强，卒并诸侯。徒疲秦一时之力，竟造秦万世之利哉！虽然，利之所在，害即随之，当渠初凿时，河与渠平，势无龃龉，岁月冲击，河身日垮，渠口日昂。乃起五县徭役，伐石截木，入水置囤，十月引水，以嗣来岁入秋始罢。已复就役寒暑，昼夜督责不休。民至有上诉，愿弛其利，以免劬累者。嗟乎！夫韩本欲疲秦于一时，不知后世疲更甚耶！抑踵事增华，一劳永逸之道，未之讲耶？于是汉倪宽于郑渠上流，开六辅渠。赵白公又于郑渠上流，徙开渠口、尾入栎阳注渭，名白渠。宋大观中，又于白渠北凿石渠，引泾水下于白渠会，名丰利渠。元至大间，王琚更于其上开石渠，下入故道，名王御史新渠。明时渠又艰涩，巡抚襄毅项公，又于其北凿新石渠，以通白渠故道，曰广惠渠。

当广惠渠之成也，就谷口上流，分泾入渠，合渠水深八尺余，汪洋如河。后泾水从上奔泻，石堰遏之，其怒愈甚，土石承委，不得不朒，新石渠已迫山足，又高四五尺矣。泾不引，为之奈何？嗣后凿石渠入数丈，得泉源焉，瀵涌而出，四时不竭，如银汉之落九天，而星海之泛重渊也。异哉！初本为溯泾，至此匪意竟另闢一泾子。不假夫泾，天造地设欤？人力欤？异哉。但见涓涓滔滔，正循郑白故道，经洛诸邑之壤，殆无异乎泾焉

三白渠

者。原夫此源，从万山渗漉而出，未经开凿并归泾，既经开凿，单行渠，即谓之引泾水焉可也。由是流衍三十余里，至成村斗下釃为三：曰大白、曰中白、曰南白。大白折而东注三原，中白折而南注高陵，而南白则利淮泾独，此谓三渠口也。渠口分三限，限客立斗门，总为斗一百三十有五。凡水之行也，自上而下；水之用也，自下而上。溉下交上，庸次递寝，岁有月，月有日，日有时，顷刻不容紊乱。水论度，度论准，准论徼，尺寸不得减增。彼邑之水，禁壅诸此邑；彼斗之水，禁取诸此斗。即斗内之地，禁亩寡之水，占亩多之水。遇霖潦则立退漕，而注诸泾；遇旱干则合三邑而润厥泽。

余盖讨古论今，溯源寻委，徘徊川上，而见古人心利赖一方之明德远矣。顾良法美意，不得后起者恪守而整顿之，则利之滋弊也又剧。迩来实繁豪横，肥己夺人，往往斗诸原哗诸庭，甚有争桑釁邻、厘三邦会勘者，岂相友相睦之道耶？壬辰仲春，高陵三原两李公，与余爰有同心。莅止水滨，鸠僝而揆度之，缩盈伸乏。缜理无罅。凡斗堰广狭，放水刻期，各邑人夫多寡，一如旧制。行见决溜成雨，荷锸如云，诟谇不形，怡然各得，百谷用登，公私不诎。池阳谷口之谣，复兴今日。所称万世之利者，非耶！咸谋为石言垂之永久。会二侯俱以内擢去，余犹受任泾干，虽于本邑鸠鸿塈芜，颇著成绩，约计三百余顷。而于三邑规划，未之申饬，于有分土无分民之义为何？是留守者之责也。遂纪巅末梗概如此，俾后来知所考镜而遵守焉。其禁约条项，则列诸碑阴。

51. 朱子桥碑

此碑立于民国二十年（1931年），由杨虎城碑题，华洋义振会撰文。朱子桥是泾惠渠总干渠上一座便民桥。当初修建泾惠渠时，华北慈善总会会长朱子桥先生慷慨捐赠两万筒水泥。为了不忘朱子桥先生的恩德，这座桥被命名为“朱子桥”。桥名由杨虎城将军题写。朱子桥先生1929年秋到达西安了解陕西灾情，之后便奔波于天津等地，提出“募三元钱救一条命”的口号，组织大规模劝募活动，成立了西安、扶风灾童教养院，救济灾民达百余万人。他逝世后，陕西各界举行了隆重的追悼会，全省致哀。碑文内容如下：

本会以陕西渭北旱灾频仍，议决举办引泾工程，以资救济。蒙华北联合慈善会委员长朱子桥大力赞助，捐赠唐山洋灰二万袋，此桥即以洋灰建之。桥成因名“朱子桥”，以作纪念云。

朱子桥碑

52. 广州石人窿蓄水湖碑

此碑立于民国三十五年（1946年）冬月，由潘树撰文，现立于广州天河区沙河镇棠下上社村石人窿蓄水湖（又名神窿湖）东畔，蓄水湖约宽50米，长100米，总面积约5000平方米。石碑麻质，宽59厘米，高147厘米，厚12厘米，字楷体，记载民国三十五年国际善后救济总署在此修筑蓄水湖的事宜。碑文内容如下：

广州石人窿蓄水湖碑 [源自陈鸿钧、伍庆祥编著《广东碑刻铭文集》（第一卷），广东高等教育出版社2019年版，第307页]

上社农田蓄水湖，名曰石人窿陂，建筑水利之一也。经于民国三十五年八月间，蒙国际拳皇救济总署廖主任崇直亲临禺东视察，计划建设。复蒙善后总署广东分署Mr.N.Ward（美国人）暨廖主任崇真会同农行马主任辛骏及麦技术专员喜诸先生莅场指导，计划建设堤坝，深其水量，高度丈五。并蒙凌署长道场核准，及谢工作大队长琼荪发给工赈物资以及中国农业银行采购协助建筑，以工代赈。水利解决，额手称庆。复由当事才鼎勉乡人，群策群力，不足四月而建筑乃成，足见盟邦Mr.N.Ward（美国人）暨廖主任崇真与诸先生等慈善为怀，仁爱有加，诚功德无量也。当事者不异奔驰，艰苦耐劳，始获成功。于乡尤为农民公众幸福。将该田畴天然地位事略叙在石人窿陂建筑水利，藉以调济亢旱并望永久发扬，改进农田副利，冀受益于无穷，是为谨志。

上社农田水利会当事人：保长：潘树、潘金妹、潘桂锡、潘凤根、潘锡坪、潘光宝、潘润恬、潘礼仪、潘兆荣、潘三弟、潘明可、潘锦赞、潘树离、潘锦宝、潘惠其等同立石。

民国三十五年农历冬月吉日立石。

53. 东莞重修鳌峙塘围堤记碑

此碑高1.48米、宽0.8米，立于民国三十七年（1948年），由徐景唐撰文。现存于东莞东城区鳌峙塘村内。邓尔雅（1884—1954年），原名溥，字季雨，号万岁，东莞人。工篆刻，善书法、诗文，著有《绿绮园诗集》传世。碑文内容如下：

重修鳌峙塘围堤记

东江南派之水，奔流下注，至京山而益怒，居人于山之东南筑福隆围堤以制其横决，犹不足，复筑羊蹏陌达峡口上。我鳌峙塘围之南北堤亦踵是展筑，俾相系也。北堤受南派之水，南堤受青鹤湾之水，衍溢为患，互有不同。昔在清世，隔隆围与羊蹏陌掌以巡检司，人民国而其官废，围堤之事委于民，重以地方多故，人之智力复不齐，率事兴作，上无倡者，众何由劝，以致同一围系，此围或亏疏，水荡不束，往往涉及陂围。而鳌峙塘围地处下游，尤水患所交集。我先考聘西公岁为此虑，恒与族众堤是勤，然而财用不赡，功辄中辍，诚有以知其难矣。比年余与东来上校斤赀购材，就是薄弱庳漥处加以补苴，惟效仅片段，未及全堤，又有以知其难矣。去夏，峡流瀑涌，湍悍为虐，下游成巨浸，禾尽漂，牲畜多淹没，浃月潦退，勘视两堤，北堤决口一，长二十五公尺；南堤决口二，长二十公尺及十六公尺。族众悼灾害之烈，于今春设围堤董事会，以余任董事长，主修堤事，谋所为一劳永逸者。寻珠江水利局李队长卓杰拟修筑计画，北堤自茶亭起，至大塘止；南堤自木壳岭起，西达莞龙路基止，堤高有其度，中线横剖面有其数，外坡填石铺草有其量，计需工谷千余万斤，顾此巨费，相与竭蹶罗凑而力殚，能索数只及半，且是岁灾重遍东西北江，即求诸水灾急济委员会，其济能几何！余遂告于香港东华医院而请振焉。蒙院主席徐君季良慨许所请，首席总理王君汉清、何君智煌、周君湛光悉赞同，复遣钟君仁普赴视决堤，拊楯备至，先后发振港币八万元为助，自是而庀材鸠工，壹有藉矣。工程事宜由东莞堤工监理区罗主任承烈司之，大致本李队长计划，间有损益。工兴于今春三月三十一日，毕于夏六月三十日，与其役者，副董事长东来景贤，董事槐堂、耀垣、坤培、卓安、灿荣、庆荣、秩荣、荫庭，组长季初、厚成、金烘，组员景华、桂荣、灿铭、棪和、树坤、图炳、袁卓、灿和也。工既讫功，相劳以酒，余起言曰：今兹堤成，有可慰，亦有可诫，夫堤决复修，工繁费浩，凡有修复之责者，倘贷于人，事外自逸，是曰不义。其必齐志并力，黾勉以图，固也。况水之为患，其势无常，故宜先事而大其防患未及至颓然，偷一日之安，及患已至，始汲汲谋挽救，则用力必多，将惫心罢精，日不暇给，而成效又难以旦暮蕲，孰与预防者事半功倍之为

东莞重修鳌峙塘围堤记碑[源自陈鸿钧、伍庆祥编著《广东碑刻铭文集》（第一卷），广东高等教育出版社2019年版，第309页]

得。是知去夏被灾之重，今夏役作之劳，乃无备使然，可勿诫乎？此其一。堤始筹修，困于财绌，其终有成，幸福藉徐王何周四君之助，然幸胡可长恃者，晚近任恤谊缺如，四君义概，岂数数可遇，苟狃一时之幸福，得以为继，此助我它日会有其人而不自为计，吾恐其偾事以终也。世事迢迢，不可知尽，其在我庶几不忒，此其二。众合词曰然，为书之，以嘱来者。

鳌峙塘围董会董事长徐景唐撰。

南街邓尔雅书。

中华民国三十七年戊子秋八月吉日。鳌峙塘围董会副董事长徐东来、董事徐槐堂等建立。高要梁朝文刻。

54. 顺德儿美坊浚河碑记

此碑无年款，现存于佛山市顺德区大良凤山（别称西山）的西山庙碑廊内。碑文内容如下：

北方尚车行，群情所急，在于陆道；南方尚舟行，群情所急，在于水道。然陆道关系只于交通，水道则交通以外，民生赖之。一旦源流告瘪，则玉虎不施，人同辙鲋，此疏导之图，不容缓也。况我儿美地处乡腹，距海较远，虽则港汊纷歧，然自前清同治九年，经先辈一度浚修，离今久，叠淤蔽源，汨沙际岸，鸡犬可渡，裙屐不濡，帆樯无利济之功，居民有不之虑。识者忧之，屡虑谋营救，卒缘故障，用辄中止。壬戌岁杪，卢君经畲客梧归里，考虑及兹，乃纪同志，力负艰阨，四出经张，集资巨万，预算有握。于是大集金石，播动遐迩，召夫匠而鸠功焉。迨阅一年，用罄而工只及半，当此之时，强弩已末，罗掘尤难，乃益奋励，贾其余勇，卒蒙鼎助，克偿厥功。然顾计所糜，几三万缗矣，而输者不以为耗；阅世三年，而劳者不以为苦。且复展其余绪，在隔塘东偏辟一支流，由太平达三坊，长亘二百丈。从此联贯成网，居行称便而水利兴矣。虽然，向非主事得人，曷克臻此？昔人有言曰：“一日之兹，十年之养；一匠之工，千人之庇。”其斯之谓欤？用记其事而泐诸石。

创办人：经畲、雍和、秩生、锡璋、玉墀、勉臣、敦球、隐居、科元、良旺、赞标、德乔、文满。

发起人：（略）

兹将各太祖善信题捐坊名列后……

顺德儿美坊浚河碑记

2.2.2 水利管理碑碣

1. 小龙门记碑

此碑立于宋至和元年（1054年），高59厘米，宽46厘米。缺右角。现存渑池县段村乡四龙庙村委会北朝阳寺院中，被列入渑池县保护文物之一。碑文作者徐无党（1024—1086年），初名光，五岗塘村人。皇祐五年（1053年）省试第一，赐进士出身。初任郡教授，升著作郎，转任政和殿学士。徐无党少年时，跟随欧阳修学古文辞，为文条理通畅，气势磅礴，欧阳修称赞道："其文日进，如水涌山出，其驰骋之际，非常人笔力可到。"后来欧阳修撰新《五代史》，交由徐无党作注，深得良史笔意，为后世史家所称颂。所谓"小龙门"，在今渑池县段村乡，与洛阳龙门相似而略小，这里距离渑池县城46千米，周围有鹰嘴山、笔架山、书山、老君山，群山环抱。两山对峙，间隔有二三十米，峭壁耸立，山路蜿蜒，时任渑池县令的徐无党，来到这里写下了这篇《小龙门记》，并勒石为记，为后世留下了一份古代水利管理、充分发挥水工程效益的记录。碑文内容如下：

予尝登香山寺，以望龙门伊川之处，而爱其奇秀，以为洛阳虽山川可佳，而无如此也。在渑池小吏自其旁为予言：邑中亦有此，曰小龙门也。以人迹之不可到，故无闻焉。予后因吏事至洪河滪，初缘崖下间，蹑栈阁，得小径，下入凌涧中行，而两岸皆石壁峭立，行约五十里，望见两山裂开，可百余步，势皆嶔崟，而水声激激流其中。有怪石甚丑，堕在涧中，其一自上而下瞰，若将急垂手援之，然而状皆可骇。予曰：此岂非所谓小龙门者耶？因憩息于其下，而旁有石室，可容百数十人，而其他洞穴，处处亦有之，若所谓佛龛者，皆可爱。其土沃壤，宜桑枣。有野人十余家，悉引渠激流水为硙。问其人之姓氏与年几许，皆不能道也。又问今何时，云亦不能知也。然予尝闻昔之有独行君子，其为人疾世污俗，多好扶携其妻子与俱入山林，长谢而不顾者，惟恐人迹之可及，故虽远而不惮，虽深而不厌也。今凌涧之道，皆束在两山间，其崖厂处，非栈阁不能通，行百余里，凡蓦涧而东西者，涉七十有二云，则是人迹之已邈而不可及也已。然小龙门之处独可居，而有民家长子孙，不知其岁之多少，而世之谁何？岂亦非昔之疾世污俗，长谢而不顾者之后乎？予入石室，上绝顶，欲探求古碑文而可考者，不可得也。因自书其所为文，而命僧惠仙者镌于石而藏于西岩之洞穴间，且以记予之偶来寻得其处，而又以备后之有隐君子，欲访求于此地而居者之人也。

宋至和元年丙申岁季冬十有二月十五日东阳徐无党记。

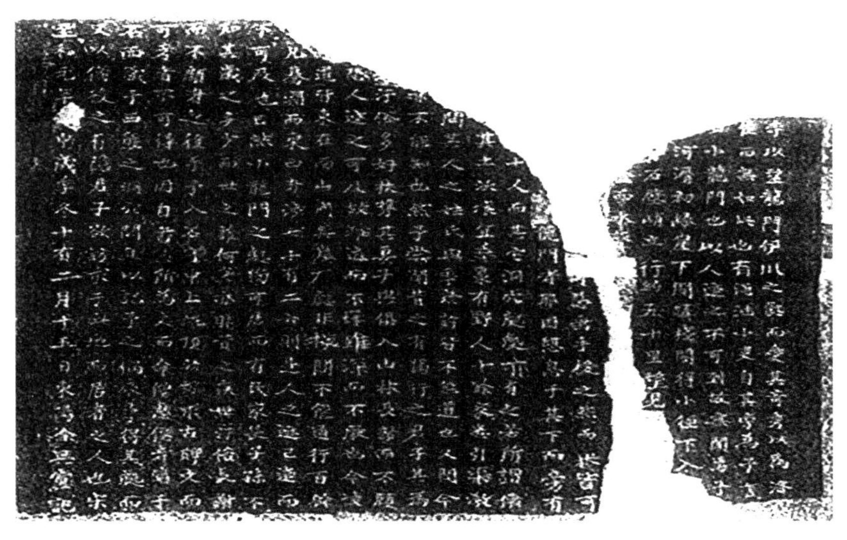

徐无党小龙门记碑

2. 龟山遗址圣旨碑

此碑高215厘米、宽94厘米、厚22厘米，弧形碑额，玄武岩材质，楷书。立于明正德六年（1511年）。碑额上书“圣旨”二字。此碑设立的目的发布禁采草木、禁牧牲畜的禁令。原碑位于龟山石工墙下南50米处的淮河东岸，后因洪泽湖水位升高，碑被淹没，“文化大革命”后期村民将碑移至山麓，1998年重竖于淮安市老子山镇龟山村。碑文今已残缺不全，落款为淮扬、凤阳府等字。具体内容如下:

龟山遗址圣旨碑

□申禁事准工部咨覆按院饶题护。钦依今后自龟山□马□湖一带有愚民擅采取一草一木及牧放牲畜作践者，许护□负□□名□报以凭拿究依律治罪不贷。特示。□□户部尚书□察院右副都御史李□按淮扬等监察御史……泗……河南按察司□使□□□凤扬府知府□□司知胡□□泗州知州李□□盱眙县知县□□□正德陆年陆月日同立。

3.“淮海第一关”摩崖石刻

此石刻为江苏省不可移动文物。全长约285厘米，现存于徐州市铜山区王林村景山西麓山坡的石岩上，凿刻有“淮海第一关”5个大字，正楷，每字长45厘米，宽35厘米，全长约285厘米，未署名落款，从该处之所以能形成关口的时代分析，这几个字的镌刻年代应为明代。当时运河徐州一段利用黄河旧道，古泗水、汴水在徐州交汇后这里成为重要漕运之道，地势险峻，除有秦梁洪、徐州洪、吕梁洪著名的三险外，还要过梁境闸、内华闸、古洪闸、镇口闸、吕梁闸诸闸。景山附近的梁境闸是船只进入淮海地区的第一道关口。当时每过一闸，要等候船队成帮，方可过闸。景山就成为船夫商贾漕运官员停步歇脚、求神安渡的地方，因而古人称此处为“淮海第一关”。明万历三十二年（1604年），运河改道由韩庄经泇河入邳县南流入淮，徐州一段运河随之冷落，到了清咸丰五年（1855年）黄河北徙后，泥沙淤积河道，再不能行船过帆了，“淮海第一关”也不见了昔日的繁荣景象。

“淮海第一关”摩崖石刻

4. 龙岩寺“一石三记”碑刻

山西省曲沃县景明村龙岩寺存有一通“一石三记”的碑刻，上有金、明、清三朝所刻之碑文，详细展现了当地的水权争端，并勒石为证。“景明水利图”描绘了大量与当时水资源使用和管理相关的地理信息和人文景观的细节，如从下游到上游以防上游垄断水源的分配顺序、村庄的位置与其水权之间的关系、村庄与寺庙的关系等。

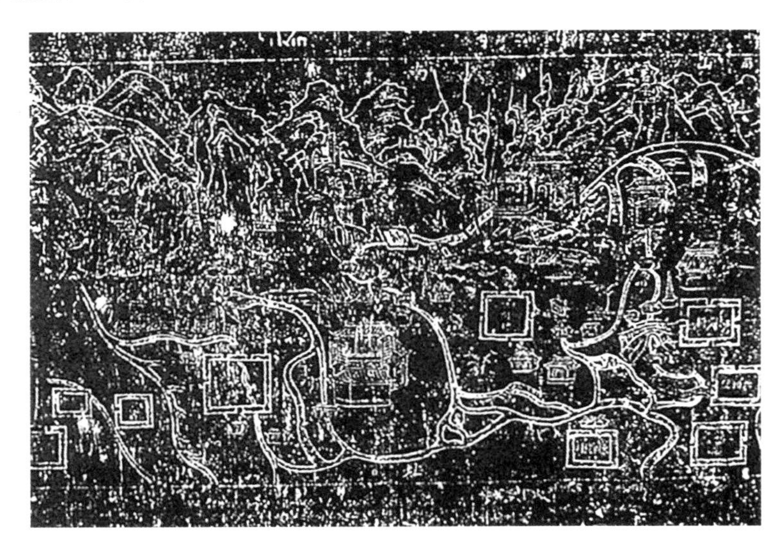

龙岩寺“一石三记”碑刻

这通碑刻上有3组在不同时间写下的不同信息。第一组是金承安三年（1198年）刻于石碑正面的碑文“沸泉分水碑记”，描述了承安二年（1197年）林交村和白水村之间关于沸泉水资源的诉讼案。据记载，林交村、景明北村、景明南社、白水村、北阎西社、下郇南社、下郇北社和东社等村自古就共用沸泉之水，用于灌溉和驱动水磨。然而，由于水资源分配的争端不断发生，林交村的翟子忠和白水村的柴椿代表各自的村庄到曲沃县官府呈送了诉状。根据曲沃县一位当地官员的裁决，这8个村庄原本没有完全相同的用水权。例如，虽然这八个村庄都被允许用水灌溉，但只有4个村庄（包括林交、景明和白水）被允许用水力磨。此外，灌溉用水方面，林交村和景明村被允许优先使用总用水量的58%。另外，尽管白水、下郇、东社和北阎西社等地被允许使用总用水量的42%，但它们仅能使用为林交、景明供水而建的石堰渗出来的水。这说明了水渠网络的形成过程，即原来林交村和景明村只有一条水渠，称为东渠，之后在石堰的下游为白水等其他村庄修建了一条新的水渠，称为西渠。当地官员遵循既定的制度，没有提出在用水方面进行深刻变革的任何要求。同时，他们对8个村庄的水资源管理提出了建议，即从每一村取最上三户为渠长，并且从3月1日至9月，每天有两名渠长分别沿着一条水渠监督用水情况。如果东渠沿线的一些村庄，如白水违反了用水规定或忽视了对水利设施管理的义务，那么林交的管理者应在亲自确认事实后，向当地政府报告；反之亦然，白水的管理者应作为东渠的代表，以同样的方式对西渠沿线其他村庄的侵犯做出回应。这意味着林交和白水双方控制了此社区的水资源管理。这一协议不仅由当地官员管辖的8个村庄达成，而且被刻在石碑上，作为水资源使用和管理的最终决定，以防止再次发生其他冲突。

第二组是明弘治元年（1488年）刻在背面的碑文“平阳府曲沃县为乞恩分豁民情等事抄蒙山西等处承宣布政使司等衙门碑”。明成化二十三年（1487年），来自林交的上盘向曲沃地区的官府投诉了景明村的吉俊和吉纨。上盘说，吉俊和吉纨承认他们有两种行为严重违反了金代对水资源的使用和管理规定。一是他们砍擢水渠里的分水石头，二是他们破坏了九龙庙里的石碑。曲沃县县令刘玑根据判决通过修建铁闸来分配水资源，重新确定了林交村上渠与景明村中渠之间的水资源分配比例。此外，他还命令在当地官府和九龙庙修建两块新的石碑，记录争端冲突，包括事件的双方事主。

第三组是清康熙二十二年（1683年）刻在明代石碑文的人白处的碑文“因砍掀水口罚银事记”。有一个叫行大有的人违反规定，偷偷扩宽了入水口，然后两个村的渠长头十甲人讨论怎样处置他，最终裁定他必须修好入水口，并向九龙庙的神献祭。

5. 仪真运河禁泊碑

2011年，仪征市（原江南扬州府仪真县）政府招商引资项目东园宾馆（原晶崴大酒店、今金瓯大酒店）建设过程中，出土了一通立于清康熙四十年（1701年）的石碑，经过清理，仪征博物馆已将其陈列，碑文内容如下：

江南扬州府仪真县正堂彭、仪真卫正堂刘，为疏通河道叩饬勒石永禁事。

奉巡按两淮盐漕监察御史加三级赫宪牌，内开，案据商人江楚吉、秦晋兴禀前事词称：“前挑河之时，仰宪威灵，已将捡存粮船谕泊闸内，今又仍移鱼行，将来新旧引盐必致阻滞，伏乞恩檄仪真县、卫两廉，将朽烂粮船饬令移泊龙门桥，其杂项民座划船务使随到随卸，并不许两岸堆积粪草。取具保甲，遵依报县，方免阻塞。但恐日久废弛，叩乞金批，勒石永禁”等情到院，据此察河道阻塞，有误赶运，除呈批准勒石永禁外，合行饬禁。

为此，仰该县、卫官吏照牌事理，即便专差干役，前往鱼行一带，将一应朽烂粮船，移泊龙门桥地方，并不许两岸堆积粪草，以及民座划船久停不卸，致使盐艘难以挽运。仍每月取具地方保甲，遵依结状，呈报该县、卫不时查察，慎勿疏忽等因，奉此合行勒石永禁。

为此，仰厂东坊保甲并居民人等知悉，嗣后毋许停泊朽烂粮船，其杂项民座划船务须随到随卸，不许久停阻塞，以及两岸仍前堆积粪草，有碍盐艘挽运者，许该保甲即时扭禀本县、卫，以凭重处，除一面取具不违遵依存查，慎勿违玩，须至碑者。

康熙四十年岁次辛巳五月初四日立

县（签名）

卫（签名）

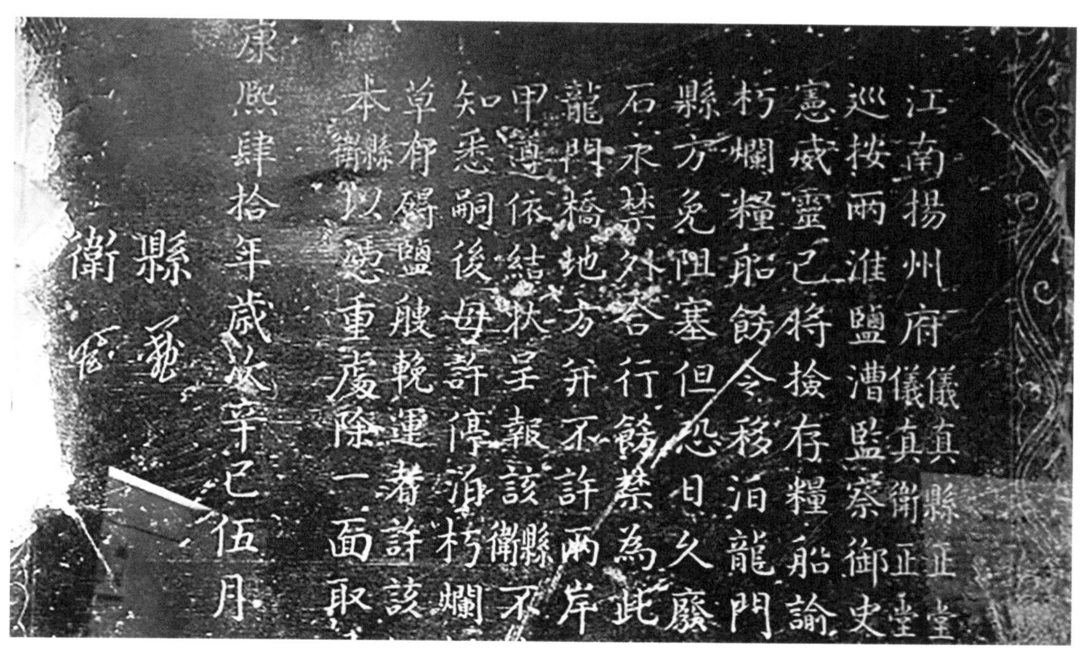

仪真运河禁泊碑

6. 奉宪禁占官湖碑

此碑高144厘米、宽71厘米、厚26厘米，立于清康熙四十八年（1709年），现藏于苏州碑刻博物馆。因苏州长洲县有恶棍豪强霸占渎墅、朝天、金泾等湖，甚至杀伤人命，以致傍岸村民生活无依、渔农失业，百姓怨声载道。政府接到呈报，审治恶霸，并立此石，颁布禁令，以杜绝此类事情再次出现。碑文如下：

奉宪禁占官湖碑记

长洲县为恶棍占湖绝命等事。康熙四十七年十一月初十日，奉本府正堂陈信牌开，奉江抚都院手批，据长洲县民俞华等呈词前事，奉批：仰苏州府严查速报。等因。到府。奉此。合行提审。仰县立提被告顾君赞等，原呈俞华等，一起批押解府，以凭亲审，扫解宪夺，毋得迟延。等因。到县。奉即提解去后，续奉本府牌同前事内开，十二月初八日奉抚宪于批，该本府申详前事，奉批：顾群赞等既经退还湖荡，姑念岁暮，如详销案。仍勒石永禁，取碑摹送，查缴。等因到府，奉此。合就抄看饬行，仰县查照来文事理，立禁渎墅、朝天、金泾等湖，毋许豪强霸占，以致渔农失业，遵宪勒石永禁，取碑摹二套送府转呈，毋得迟延，致干咎戾等因，并抄粘看语，内开：本府查得渎墅、朝天、金泾等湖，为郡城东南之水泽，傍岸村民之所资赖。近缘沈心敷心湖傍菱芡，擅售织造之戚，诒湖签箭混淆，以致俞华等连名具词呈宪，并呈强造。蒙宪批行到府。正在提审间，据有士民刘栋等称：蒙强造李着将湖荡退还。又经颁示饬禁，官则归官，所从民便。不惟万姓欢呼，而原被等亦已冰释等情，合词吁息。并据原呈俞华等亦称：穷赤灾黎，不堪废时拖累，具词请详勒石永禁等情前来。相应叙详宪台府念时当岁暮，兼什输漕之际，准予息销。仍赐宪示饬禁，使豪强知儆，小民乐业。出自宪台法外之仁，非本府所敢擅专者也。抄粘下县。奉此。为照渎墅、朝天、金泾等湖，泽梁无禁，原听万姓簖泥、捞草、采捕。昔有势豪割占，林琪具呈，久经奉宪题达，请豁水面浮粮，蠲除去册，永遵在案。上不容升科，下不许营业。今奉前因，合勒碑永禁。为此，仰该地方人等知悉：嗣后如有豪强在湖栽种菱芡，签箭截流，索诈渔户、捞草船只，害民妨农者，或经察出，或被告发，定行立拿解宪，按光棍律惩处。各宜凛遵，须至碑者。

康熙四十八年十一月公立。

原呈：李宇、叶美、沈习之、林绍、俞耀华、陆除朋、赵美、张徐、吴秦甫、沈林朋、顾甫、桑甫、朱沈明；原差：姚曙等；被呈：顾君赞、朱龙、朱虎。

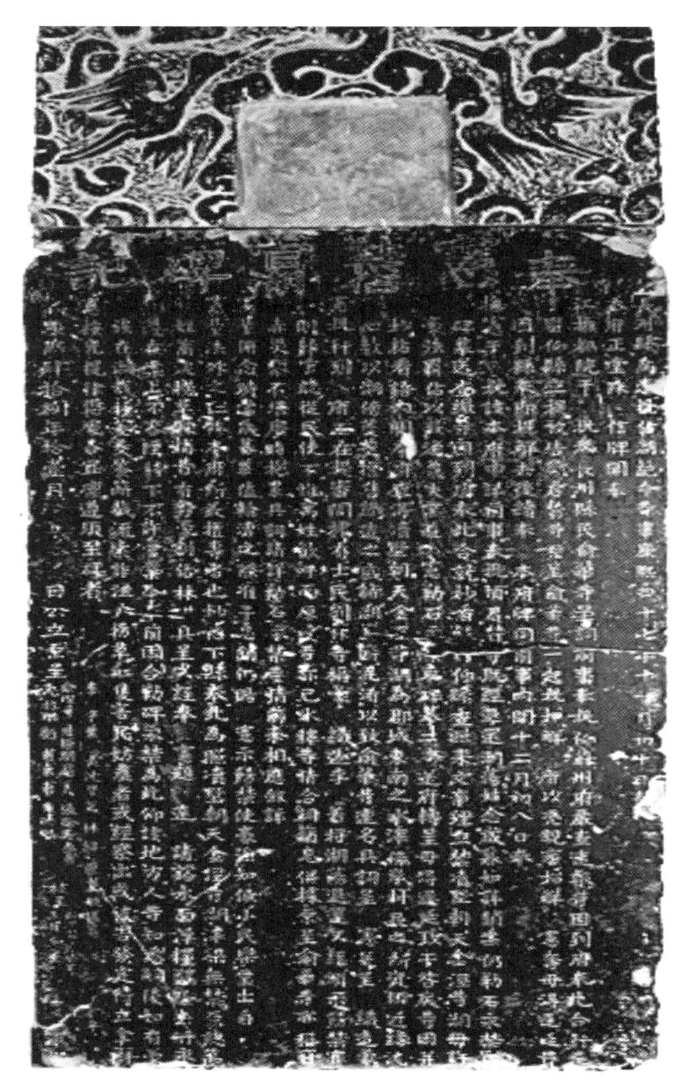

奉宪禁占官湖碑

7. 嘉应观御碑

此碑立于清雍正三年（1725年），藏于武陟县嘉应观御碑亭，碑高4.3米、宽0.95米、厚0.24米，碑周雕龙，碑座盘蛟，为钢铁浇铸而成。碑文为清雍正皇帝所撰并书丹，详尽论述了河防形势和治黄大计。此碑工艺考究，铸造精良，是研究黄河文史、古代冶金铸雕以及书法艺术的瑰宝，堪称“天下第一铜碑”。御碑铭文如下：

朕抚临寰宇，夙夜孜孜，以经国安人为念。惟兹黄河，发源高远，经行中国，纡回数千里，於淮、沁、泾、渭、伊、洛、沂、泗合流以入于海。古称“河润九里，其顺轨安澜，滋液渗漉，物蒙其利”。然自武陟而下，土地平旷，易以泛滥，其来已久。频岁南北堤岸冲决，波浸所及，田畴失业，而横突运河，为漕艘往来之患，其关于国计民生甚巨。屡下谕旨，亟发帑金，修筑堤防，期於洒沈澹灾，成底定之绩。夫名川大渎，必有神焉主之。诗云：“怀柔百神，及河高岳”。朕思龙为天德，变化莫测，云行雨施，品物咸亨，又能安水之性，使行地中，无惊涛沸浪之虞，有就下润物之益。特命河臣于武陟建造准、黄诸河龙王庙，祗申秩祭，以祈庥佑。《礼记》祭法曰：“圣王之制祭祀也，能御大灾则祀之，能捍大患则祀之。”乃者，水循故道，不失其性，自春徂秋，经时历汛，靡有衍溢，中州兆庶，离垫溺之忧，获丰穰之乐。所谓御灾捍患，有功烈於民者，至明且著。斯庙之建，诚有合于古法矣。河臣请为文以纪，刻诸丰碑。朕用推本龙德而明澄礼经，以示于永久。岁时戒所司，奉牲、牷、酒、醴，恪恭祀事，以邀福于神。其继自今，风雨有节，涨潦不兴，贻中土之阜成，资兆民之利济。以庶几于永赖之勋，是朕敬神勤民之本怀也夫！

雍正二年九月初二日散书

[雍正御笔之宝]

嘉应观御碑1

嘉应观御碑2

8. 奉宪勒石永禁虎丘染坊碑

此碑立于清乾隆二年（1737年），碑高150.5厘米、宽73厘米，碑文34行，共计1400多字，现存于苏州市虎丘山风景名胜区。碑额上书“奉宪勒石永禁虎丘染坊碑记”。作为三大官营丝绸生产中心之一和棉布加工业中心的苏州，在清代染业更加发达。清康熙五十九年（1720年），苏州城中专业染坊和由字号兼营的染坊多达64家。康、雍之际，山塘至虎丘河道因为染坊众多，以致“满河青红黑紫”，严重污染了环境，伤害禾苗作物、危害百姓健康，引得当地士民联名公请该地禁设染坊。清乾隆二年（1737年），苏州府禁止在苏州虎丘设立染坊污染河道的政令勒石，官府严禁此地设立染坊并迁移染坊于他处开张，依此令保护河流水质，并严令不得违反。这也是我国迄今为止发现的最早的环境保护法之一。碑文内容如下：

江南苏州府长洲县正堂沈、特调江南苏州府正堂加□级记录吴、陈为……

录□次黄……等下，则清□□匝，高僧挂锡□供皆题再建圣祖仁皇帝行宫，万年御书龙案，必当肃敬肃□。蓦有狡狯，于皎□□□□□缸……染作□□过……荡□布……渐致纠壅河滨，流害匪浅，圜山四□，□雨灌溉，定伤苗□。□□□姓之饔餐……且白公堤畔，□□□□在生……系民生物命。缘塘花市，红紫芬菲，□□相承，滋生时□□虎丘□胜概，荡……桥年代□之于水前……兹……概且毒□肠胃。更有甚焉，傍山一带，到处茶棚，较资……味，不堪饮啜……嗟嗟！亘千百余年选佛名胜之场，一旦渐成湮……蒙……介……蒙准……作□飞不寒心。雍正十年，曾有异籍冀创漂……奉批：虎丘……故敢□□□□，伏乞俯电舆情，即赐饬县查案。□详……司□□□□作，“仰长、元、吴三县严行查禁，□议详报，曾……违……□赍新□乡农。缘虎丘田虽低瘠，幸赖河水清肥。恩□□□□□□事……颜料……减……，国课将何完办！且阊门一带，沿塘河不

奉宪勒石永禁虎丘染坊碑1

奉宪勒石永禁虎丘染坊碑2

尽□开张，何□□等□□□□禁□丰□业……开在□□□□一转……前业蒙示禁，有案可稽。今身等□属仁治乡农，行将失业，万□啼饥，疾痛□□。又为……通详……等情。……各户□□□前道唯等呈为新创染坊，公吁宪禁事。内称：□惟虎丘为天下名山，吴……潮□□□□山明……第一大观。前圣祖皇帝六次南巡，心由□□□□万寿行宫，御书龙匾，遍供于中。□□□□本……因□□情□□□□□处……必致碱□□祠□□散布，满河青红黑紫，□□溢洋……各啚居民无不抱愤兴嗟，家喻户晓，环叩宪……行宫左右，莫敢坐观。为此联名公叩，恩赐给□□□永禁，毋□故智复萌……下县。奉此。案查本年八月初一……虎丘系元邑地方，当经元和县出示禁止，并取许□□□□禁□，故染店……因有射利之徒，妄希开设染坊，业经前任长邑薛据□□□□等……兹复有□煽故□虎丘山前，开作……县出示严禁，并饬将置备染作骂我，迁移他处开张，取具遵依在案。兹□□□□议查□□小民□□□□□漂流□饮是……灌溉原……年□□业经示禁饬遵。诚恐日久事远，保无复蹈前辙，滋生事端。应否将虎丘山前……理合□□□□宪□赐……本府正堂黄批开：仰即如详勒石永禁，取具碑摹报查。缴。等因。奉此。合行……差役号……如敢故违，定行提究。凛之慎之！须至碑者。

乾隆二年九月吉日，虎丘九都七、十三、十二、八啚士民徐彦卿、吴裕明、江浩如、陈仁介、朱楚千、贾文安、马君□、沈晋□、黄晋公、张湘如、许若霖、陆子珍、金辉远、顾舜臣、余璋成、蔡正在、蔡端和、钱惠如、朱晋侯、刘聚三、忱和堂朱、石尧士、胡永□、□□□、□□□、□□□、□□□、□□□、□迹文、□群详、□□和、云□招、□□□、□□□、□□□、□□□……万成□、□□功、□□叙、朱采章、□鲁尊、□□文、顾同利、朱承侯、马文□、周鸣元、曹云林、胡汉珍、方禹道……顾鸣峙、□在由、张□□、□□□、□□□、□□□、□□□、□□□、陆殿□、尚全如、朱安万、□□树、□□□、□□□、程公吉、顾弘绪、陆圣章、顾若升、沈君玉、程□□、黄庆□、钱书、周茂先、金汉□、纪□□、本山僧方静、刁僧道唯等。

东至彩云桥，西至西廊桥。

9. 永禁漕船违例停泊碑

此碑高140厘米、宽69厘米，立于清乾隆八年（1743年），现藏于无锡碑刻陈列馆。碑额上书“永禁碑文”4字。无锡县城西吊桥口澄清巷一带，常有船工违例停泊、阻塞河道，致使行船不便，经常出现严重拥堵，使居民生活受到严重干扰，有平民雷嘉谟等人禀告官府，无锡县查证后，要求停船移至龙舌头外河地方顺泊，并勒石告示。碑文内容如下：

江苏常州府署无锡县正堂、记录二次陈为

皇仁爱民如子，船工违例殃民，叩着照例停泊，申详勒石，永禁安民。

事据西门外图国人雷嘉谟、杜永茂、正兴秦惟茂、许廷曜、朱惟贤、潘成章、张来成、秦惟山、章元良、郑荣甫等具禀前事□称：□船工役不遵例，停泊歇于西吊桥□澄清巷沿河一带地方，横截牙户竹声，阻塞驿站河道，居民被扰妨，业环叩详宪勒石永禁等情，并准本营守府移会，前事请详饬禁前来本县查得：漕水停泊水□，锡邑在大王庙前一带，金邑在坛前水□墩一带，此两处与居民行船均□阻碍，历系□南□□修舱领允之□，惟水仙墩因属官河，非比运河水深如船身，任重未□浅搁，兼之前□西吊桥水势急□□行，故□□□兑将半即退出吊桥，歇于澄清巷河□□北上□。沉清巷与□递相对，□将行铺□卖……各宪经临要道，昼夜差船往来骆驿，况河身窄狭，桥门水势急湍，漕船停阻河道……来便□，据□地民入环吁，请详饬禁前□查：水仙墩□次，固难为重运，扬帆而移泊桥南，□碍……皇华供役今龙舌头外河地方，相离水仙墩不及半里，河道深洞，无碍居民□堪□泊□源停□次之□□墩，修舱漕船，料工易便。嗣后凡水仙墩撑□漕船，尽一移至龙舌头外河地方，挨次顺泊，□挑运里数相符，漕船停泊□扰……易，更碍行船往来，如详□□永禁，□候移明营□，并饬行县帮遵照循例，停泊水仙墩候□□，将□□至龙舌尖外河顺泊，俾居民河道两不相妨缴等因。

蒙此，合行勒石永禁为此，仰西门外总□居民及□船舵水等知悉：

一体永遵，澄清巷沿河一带毋再停泊漕船，如有故违，禀县详究，须□□者。

乾隆八年九月日特授江南常州分守锡、金二县城守营守□□

江南常州左营分防锡、金二号总司□……

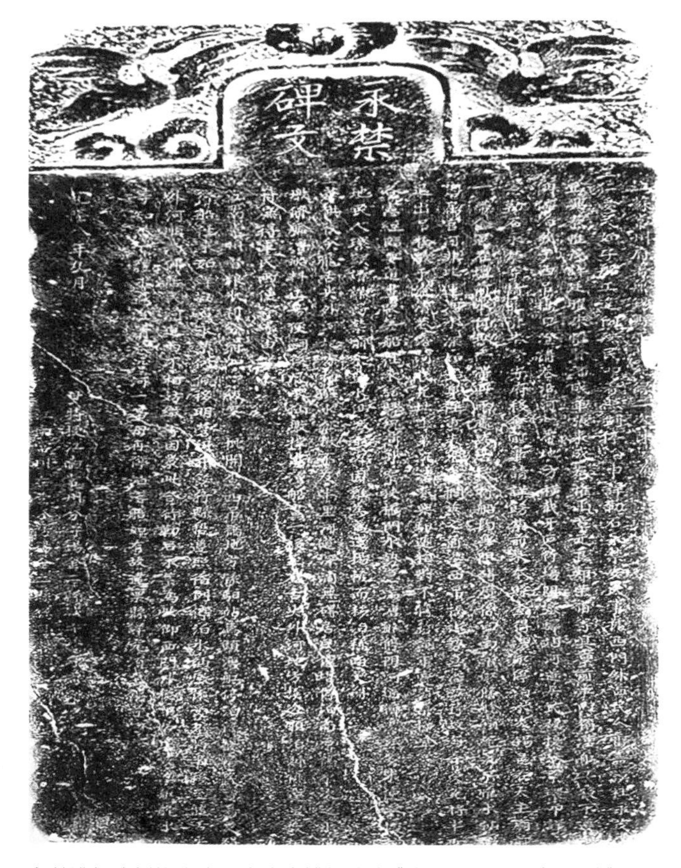

永禁漕船违例停泊碑[源自南京博物院编《大运河碑刻集（江苏）》，译林出版社2019年版，第264页]

10. 聊城修护城堤碑记

邓中岳于清雍正九年（1731年）题写《聊城修护城堤碑记》：“东昌为齐西鄙地，汉曰：济阴；唐曰：博平；聊城则其附郡属邑，居濮、范、朝、堂、莘、阳之下。城外有河，按地志乃古徒骇。今则上接张秋，下通临清，为漕运所（经）行。地势平旷，绝无高山峻岭以为障蔽。通一邑计，则三进五出之闸建；为一城计，则护城之堤高且坚，而后得免于水患……”此碑文，对聊城历史的研究提供了有价值的参考素材。

聊城修护城堤碑记

11. 水利图碑

河南省商丘市有一通河南省开封、归德、陈州、汝宁四府二十八州县《水利图碑》，此通石碑，镌刻于清乾隆二十三年（1758年）八月，青石质，高88厘米，宽162厘米，厚25厘米，碑身保存基本完好，阴刻，图、文清晰。原碑立于河南省永城市西关三里道口村东头山西会馆院内，曾被搬运到商丘水利局，现存于商丘博物馆，为国家一级文物。

《水利图碑》镌刻内容分为左右两个部分。左侧为碑记，楷书，竖行，共20行，每行42字，共计486字，由时任河南巡抚胡宝瑔撰写。胡宝瑔，字泰舒，安徽歙县人，雍正元年举人。自乾隆十七年至二十六年，曾先后任山西、江西和河南巡抚。他多次主持修建水利工程。碑文如下：

皇上御极之二十有二年，大化翔洽，薄海内外，莫不被闿泽而庆，咸宁惟豫之开，归陈汝数郡。因积潦以成偏灾，仰荷圣明独照，悯兹一方之向隅也，拨帑运粟以数百巨万，拯救之民困苏矣。复以致患，有由必恙，治诸河永俾康乂，更大发帑金。先命侍郎臣裘曰修来，豫周行相度，臣宝瑔以是年六月恭奉恩命移抚是邦，共承厥事。臣俯念疏庸未谙，惧无以称，乃蒙圣主南顾畴咨，频颁训旨戒，惜费省工而勿劳民，先饬绘图以上。臣等次第胪陈若干若支，寻源讫委迴以数千里，计凡高下浅深之度，彼此承接之准，悉由睿览亲定。指示机宜，俾在工大小，诸臣咸了然，知所遵循，因得计工鸠夫，用告成事，于是河流顺轨，耕种以时，几则大稔。豫之民感激权忭，请泐石以纪圣恩。上犹穆然深念，令勿事繁丈，惟是水土之政，必期于永，永勿随爰制章，垂示久远。臣敬奉圣谟，职司守土，伏念大工具举，仰赖圣主一心经营，广大纤悉毕周，成规聿昭，万世永赖。特虑后此官有更易，民隶各邑遇修治之时，或因无据迁延，恃两岐推诿小民，且借以启争，此向来因循所由，虽载在志乘，皆臆说而不足凭也。今以疏筑实迹合成全图，深广尺度，勒石而昭布之，绣错绮交，不爽毫黍，俾临时祥考于善后为便。荷蒙俞允，将图式镌石，凡有守土之责者，按此而岁治之，庶几仰副。圣天子爱民如子，永除水患之至意云尔。乾隆二十三年八月，谷旦河南巡抚臣胡宝瑔恭纪。

碑文记述了乾隆二十二年（1757年）、二十三年（1758年）豫东兴修水利、开挖河渠的情况，以及镌刻此碑的目的和缘由。

《水利图碑》右侧为河渠图，占碑刻右部约三分之二面积。图中绘制的是开封、归德、陈州、汝宁四府所属二十八州县在此次水利工程中所开沟渠和河道的综合图。河渠图绘出了这次兴修水利的范围是西起密县、东至永城、北自黄河、南达新蔡。图中还绘出了县城的位置，表现了河渠与县城的位置关系。在每条干河、支河、沟、渠旁标示名称，并以楷书竖行加注，内容包括各条河渠的名称、发源、流向，以及此次兴修水利开挖河渠的长度、宽度与深度。据记载，这次共开凿河道和沟渠67条，

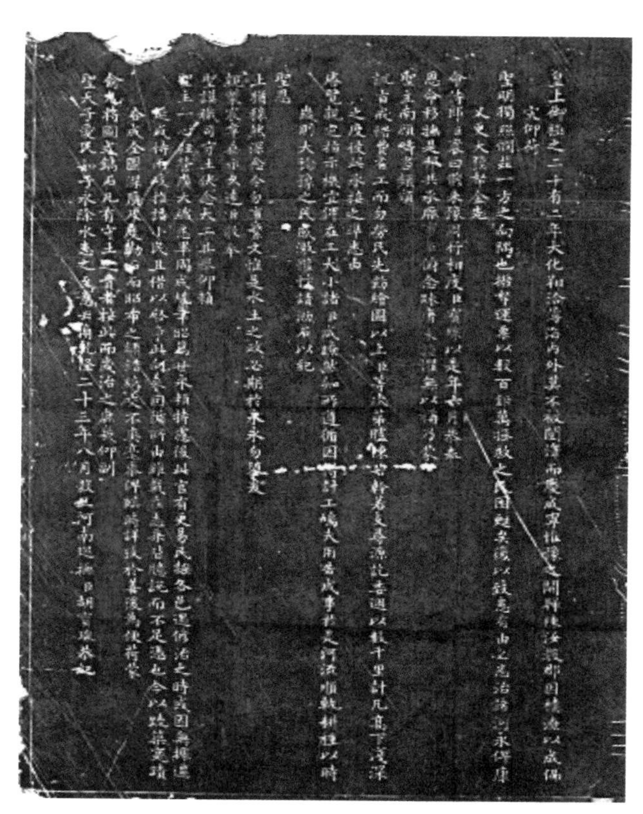

清乾隆二十三年《水利图碑》左侧碑文（源自忆江南《河南治水记忆：乾隆年间的豫东〈水利图碑〉》，《美成在久》2021年第5期）

其中包括干河4道，支河53道，直沟10道，涉及面积大约5万平方千米。

河渠图按“上南下北”绘制，故黄河绘于下部，溱河、汝河绘于上部。上方靠近碑文第一列处，有左行楷书，共8行，67字。内容如下：

开、归、陈、汝四属二十八州县，共开挑开河四道，支河五十三道，直沟十道，三共六十七道，又堤十道。合计工长四十六万四千四十五丈五尺，共二千五百七十八里五丈五尺。

据《清实录》记载，清乾隆二十二年五六月间，“河南、归德、陈、许等属各县，夏雨连绵、秋河淹浸”，“各县水占地亩，重者十分之三、四，轻者亦十分之一、二”。又说，“豫充之境，则被水之地较广，人户田庐待抚恤者不下数十州县”。以上地方“数年以来，频罹水患，而今年为最”。灾情严重的地区，数千万灾民等待救济，清政府除了“将历年旧欠钱粮谷，概予豁免”外，还得“拨帑运粟以数百万钜”来赈灾。为了能够及时排除积涝，保证农作物不受损失，也是为了清政府统治的稳定，乾隆皇帝决定大规模兴修水利。乾隆皇帝任命江西巡抚胡宝瑔为河南巡抚，与钦差侍郎裘曰修共同筹办此事。二人领旨后迅速赶往受灾地区，勘察地形，及时探明了开、归、陈、汝一带长期受于水患的缘由。他们经过详细勘察后提出先开凿干河、再开凿支河、随后开沟渠，将沟渠的水引入支河，再由支河流入干河的疏浚方案。他们说：“查黄河以南，……自荥泽之下，北阻大堤，南则连山横亘，诸水所经惟以正东及东南两面为去路。正东则上江（安徽）宿州之睢河，向因砂硬滩、徐溪口等处梗塞，致水无出路，此商（丘）、（虞）城、（夏）邑、（永）城四邑频年被水之由也。”《清实录》还记载：乾隆于二十二年七月核准了裘曰修与胡宝瑔二人提出的建议，并要求在次年雨季来临之前务必完工。开、归、陈、汝四府治水工程于当年八月开始，此项工程虽然规模很大，但是由于措施得力、策划周密、官民齐心，所以缩短了工期，仅用数月时间就已全面竣工。在历史上，如此大规模的水利工程是少有的。因此，水利工程全面结束后，胡宝瑔等人为感谢龙恩，报请乾隆皇帝撰写了《中治河碑》和《水利图碑》记载此事，树立治水规范。

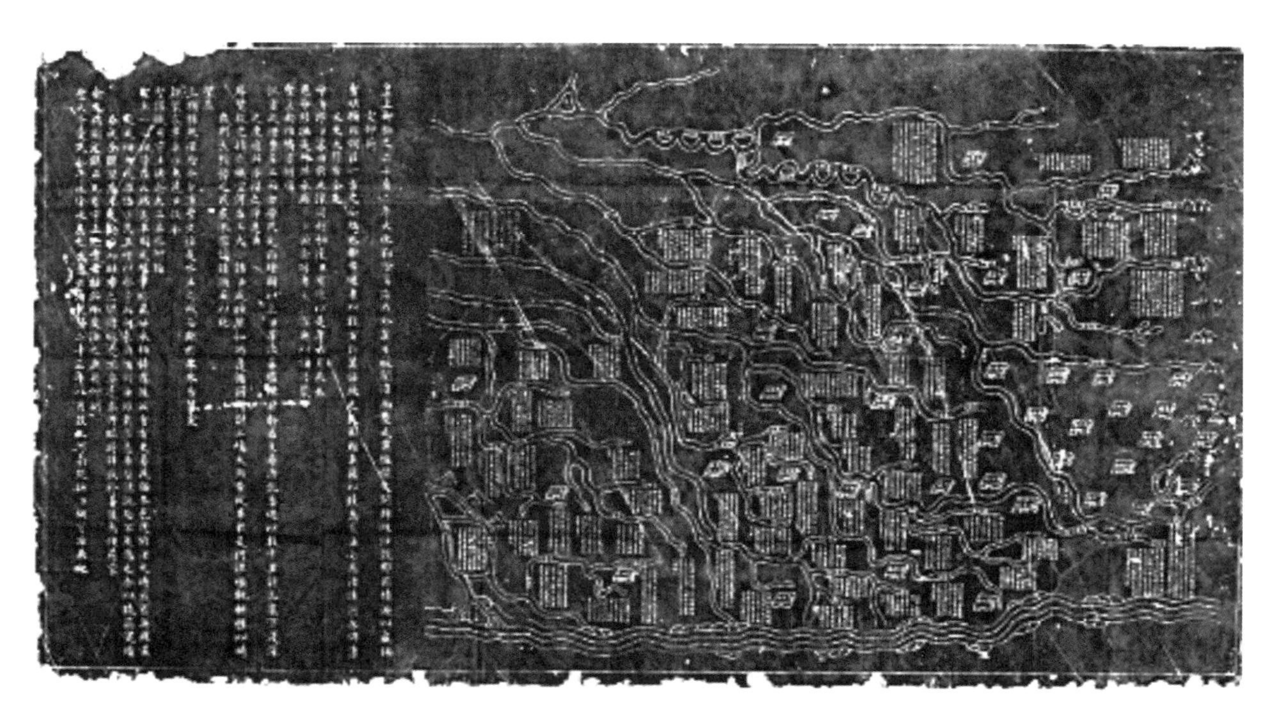

清乾隆二十三年《水利图碑》商丘博物馆藏（源自忆江南《河南治水记忆：乾隆年间的豫东〈水利图碑〉》,《美成在久》2021年第5期）

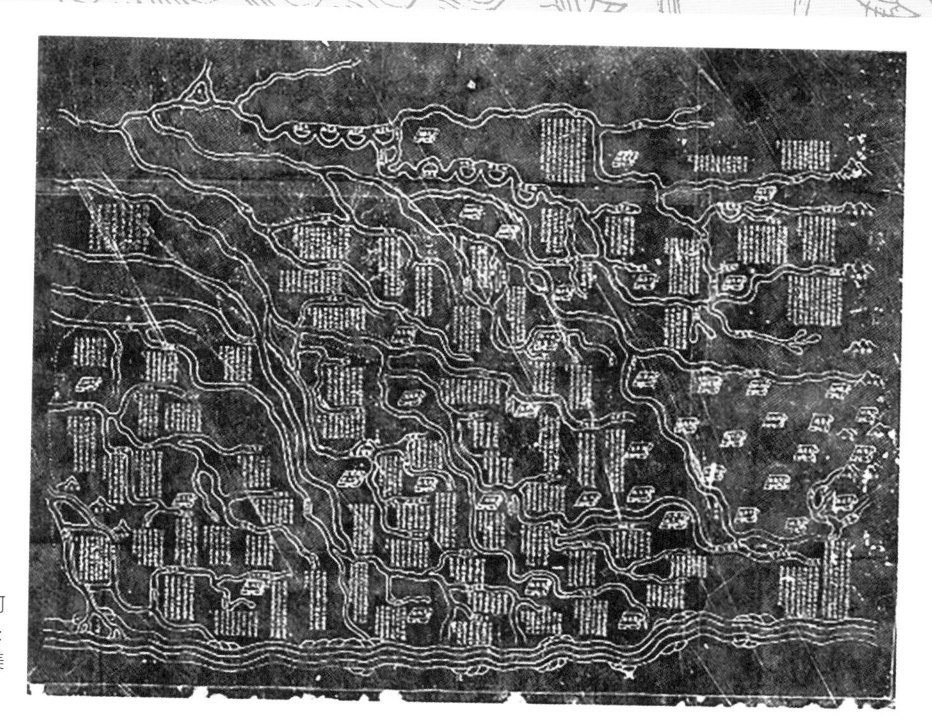

清乾隆二十三年《水利图碑》右侧河渠图（源自忆江南《河南治水记忆：乾隆年间的豫东〈水利图碑〉》，《美成在久》2021年第5期）

《水利图碑》记述高度概括了当年兴修水利的覆盖范围及工程总量。从中可知乾隆二十二年至二十三年的水利盛事，涉及开封、归德、陈州、汝宁四府。上述四府，皆清代行政建制，学界也因而称此碑为《开归陈汝水利图碑》。通过此碑，可在一定程度上复原当年的河渠流向，并从中窥见当时兴修水利的大致情形，具有非常珍贵的历史与文物价值。

重修石渠碑记（源自范天平编注《豫西水碑钩沉》，陕西人民出版社2001年版，第260页）

12. 重修石渠碑记

此碑立于清道光三年（1823年），碑首半圆形，中书“大书”二字；左路刻菊花，右刻牡丹。碑高1.13米，宽49厘米，厚10厘米。碑为双面，正面为文：正文9行，满行34字，正楷竖写；背面为75位集资者姓名。碑原树于河南省灵宝市阳店镇栾村老爷庙，今在栾村周立成家院内，碑体保存完好。此碑为邑庠生陈宗璧撰文并书丹，渠上石工何盛禄造修，晋邑稷山县曹星昌敬刊，寨上本村乡长许致和督工，首事人马世珏、周金声、荆特兴、马世杰、赵秉离、陈鸣新、渠师、荆邦栋、周金奎同合甲人立。碑文内容如下：

窃思前人之创造维艰，则后人之法守宜急。余村靠山依沟，旧有水渠一道，人畜赖以活命，禾稼赖以告成，实属村中之急务也。溯水源头，石渠之修已经数次，不知创于何代，惟康熙元年，重修石渠，石崖之上确有字迹可考。呜乎！自石渠修后，则食水者挹彼注兹，只觉取携之甚便，灌田者源远流长，无有壅塞之患，是前人之为后人谋者，何尝不周至哉！但历年久远，水冲石撞，渠多损坏，是正后人法守之所在，修补最宜急者也。今春二月间，合村恭贺渠师，二三父老顾余等而言曰：石渠损坏，理宜急修，第吾辈年老力衰，步趋甚艰，尔等正值青春，何可坐视？于是，余等十有余人敬承父老之命，办理其事。自二月初旬起手，至六月间而功告竣焉。事成，父老差余为文以记，余不敢辞，忘其固陋，遂将事之前后略叙数词，勒之于石，俾后之居此土者，知石渠之坏不可以不修云！

龙飞道光三年岁次癸未六月吉日

13. 苏州府规定回空漕船停泊枫桥镇碑

此碑高127厘米、宽69厘米，立于清道光二十二年（1842年），现藏于苏州碑刻博物馆。据生监金庭茂等具呈，江淮兴武二帮减船越泊枫镇市河，拦钱商旅，移泊竹行河头、黄露庵等处，仍碍商旅。苏州府为解决此类案件，严令回空帮船停泊在十里亭以下的空旷河面、不得越赴内河停留，轮造之船亦应驾次候造，不得久停，并此碑昭示世人。碑文内容如下：

特授江南苏州府正堂、加十级纪录十次舒为

给示严禁事。案奉抚宪批，据吴县生监金庭茂、杨泉、潘嘉、包瑞璜、程恒源、何淦、李广聚、冯信义具呈：回空漕船越泊枫镇市河，拦钱商□□□□□品府督同营卫查明，押令驾次具报。奉经移行营卫查明，押逐去后，旋据苏州卫查详：该镇河下停泊漕船，系江淮兴武□□。抚宪批府委员押逐，嗣又居监生杨泉等以越泊帮船

苏州府规定回空漕船停泊枫桥镇碑［源自南京博物院编《大运河碑刻集（江苏）》，译林出版社2019年版，第274页］

移泊竹河头、黄露庵等处仍碍商旅，请委员督押等情，呈奉抚宪扎府同委员苏总捕、同知宋丞前诣勘讯，取结详复等因。即经本府会诣该处勘明，江淮兴、武二帮减船，现以移泊十里亭迤下空旷河面，离镇较远，不致有碍商船行旅。传讯该丁王铭等供：因松属内河淤垫，并无堪泊处所，现已移泊十里亭迤下空旷河面。商旅一俟回空，水手齐集，即行驾次。候兑等供，并据监生金庭茂等呈请示禁前来，除取结核详外，合行给示严禁，为此示，仰丁舵及地方汛弁人等知悉；嗣后回空帮船，应照向例，概行官塘，儹赴受兑水次停泊，不得越赴内河以及藉词修舱，稍事口。市河及江村桥一带河下，永禁拦人越泊停留，至现在江淮等帮减船，亦只准于十里亭迤下空阔处所暂行寄泊，不得逾黄露庵。一俟水手齐集，仍即驾次候兑。如有轮造之船，亦应驾次候造，毋许藉端久停。如敢故违，定将丁舵、帮官及纵容之汛弁等，分别详情严办，断不姑贷。其各凛遵，毋违，特示。遵。

道光二十三年八月日示。

发元邑九都三图。

14. 清水港疏浚告示碑

此碑高138厘米、宽68厘米，立于清道光二十五年（1845年），现藏于无锡碑刻陈列馆。因清水港官河旁岸一带河道淤堵，难供周围农事、稻田灌溉，便有数人在这里私自掘开，造成河道混乱。无锡县府向俞慧先、徐瑞生、俞天林三位回复，严令禁止乱挖水道的行为，明示如有犯此令者，县府绝不姑息，并勒石为据。碑文后缀为修缮河道义捐人士的姓名。碑文内容如下：

特授江苏常州府郎、升洲无锡县正堂加十级纪录十次吴为

淤塞河道事据公呈为首给示：俞慧先、徐瑞生、俞天林等盖闻九列涤源神禹之恩覃万代，三江既入，夏王之德播千秋而疏鉴功成。横流势息则烝民乃粒万邦作又者矣，兹岂缘导水来由，敢生事于此日哉？第沧桑更变，靡常爨火，古今同急，至若害农事及尚堪不防杜乎。兹者清水港一带，官河浜道阔内，九弓三尺淤塞，难供农事之。车戽难通，舟船流达，涯岸坍颓，甚碍田禾之救济。其车戽作农，若不公同拍决，是沾逆争论塞源而欲流长，乌能可保池之不竭。常供緌彼稻田也哉。必至养生之望悬虚充赋之需乏办亦。爰是纠集前后数却人等，掘去壅塞。

浚深泉源，庶乎频中有自以使灌溉旱涝无应，而给事戽则如墉如栉之堪期。上供国赋，下济民生，兆美全安而无阙余。一余三之有望，胜念之调和，而不乏缺亦耳。今我剧金敬求而祀神，告竣立碑以禁中、众嗣后无论亲朋或田中为浅挑堎，毋得自恣，而复淤河港，不拘老幼或畦内，因高弃土，拽去壅塞河中之泥以深远无虑，并然无碍久远不废章程，得以水深通达，外归湖源源接济，惠保四畴，议禁嗣后近地居民不许堆掘抛塞现届新开已异，诚恐地方棍徒有阻诸碍，为此呈乞给示已竟晓谕莫乘自便而再遏源流引矧徒茔于前仍无补于后，惜倘有犯者公同议罚概不姑恕各宜凛遵，毋贻后悔为此勒石，尚其慎重旃。

录便后人公议

俞忠福、俞忠璜、姚德隆、俞金寿、俞忠孝、俞永锡、俞天富、俞金福、佛林和尚、顾瑞源、俞永仁、冯国珍、冯贵富、顾连观、冯汉林、沈四观、李胜福；

菊：无业散捐共捐助一千六百十工；

归：照田起捐每亩七工，后湾头捐助六十五工；

宾：姚巷头捐助四十工；

字：徐巷朱姓捐助十工；

念六三图地总张乾观，粮书苏麟观。

念三一图地总秦喜观，粮书徐明观。

念三二图地总丁富春，粮书荣书昌。

窑湾

王茂森、韩瑞元、施桂寿，捐助二佰五十二，鸡坑王圣英捐助六千八工

念都三图地叫秦七观、浦七观、秦裕隆捐助一百九十工，青龙山捐助四十工，荣巷捐助二百工；秦巷捐助七十工，石埠捐助五十工，朱匠巷捐助一百四十工，太口西捐助五十工，渲口东捐助廿工；小渲捐助七十工，张家浜捐助三十捌工。

十九三图苏焕然、苏经儒、苏应赀捐助二百十工。

十九四图蒋渭南、丁荣贵捐助七十工，大鸡山捐助十二。陶祠七工，张家浜捐助三十捌工。

日立谷旦。

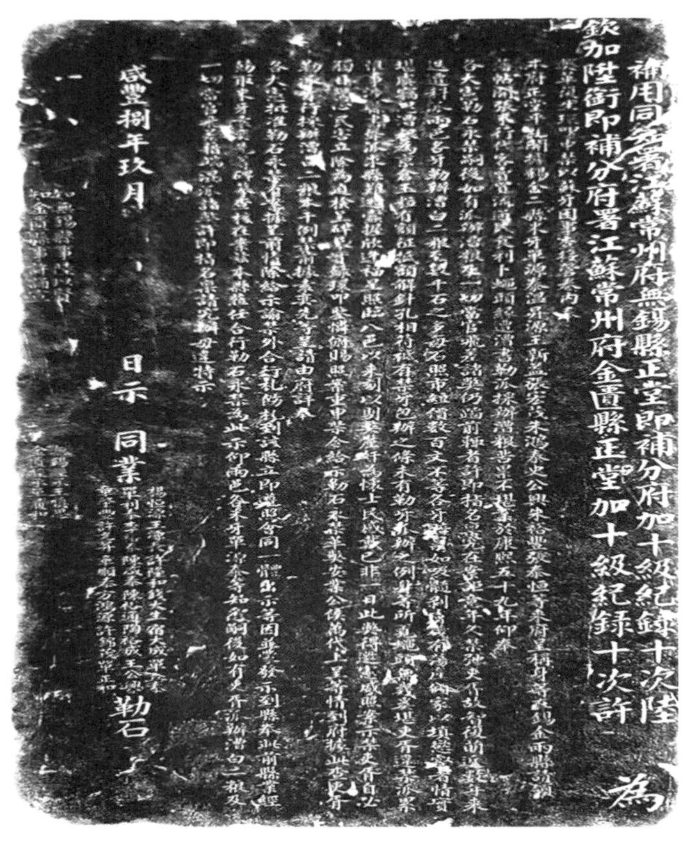
補用同知江蘇常州府無錫縣正堂即補分府加十級紀錄十次陞
欽加陞銜即補分府署江蘇常州府金匱縣正堂加十級紀錄十次許 為
咸豐捌年玖月 日示 同業 勒石

清水港疏浚告示碑 [源自南京博物院编《大运河碑刻集（江苏）》，译林出版社2019年版，第276页]

15. 钦命河南河陕汝道兼管驿传水利道冯大人赈灾碑

此碑立于清道光二十六年（1846年），现存于河南省卢氏县文管会院内。碑高1.5米，宽62厘米，厚14厘米。碑为2面，正楷竖写。冯大人，名光奎，字岭香，浙江宁波人。碑体残破，碑文缺字与模糊不清者较多，内容如下：

环卢皆山也，山多则蓄水沟多。每逢大雨，山洪暴发，野外居民尚苦不堪言，矧筑城卫县，官府政事之一，（缺）所□视，市廛工商之聚会，其系不更重哉。奈卢城东北，紧临山河，正当山水之冲，近城二十余里，虽有些微小雨，屋檐并未至涓滴，讵意酉时□水洛□□□后□来，奔腾澎湃之势，波浪直湍城墙而上之。倏忽城破，水尽入城，东街几大庙，或□离而无余，或作□□□北即池（缺）沉沦，民之住宅倾覆倒塌者不知凡几，民之伤亡或溺死者不知凡几。变起仓猝，祸出（缺）害更甚也。维时同城官员异事飞报。□□冯大人毅然为己任，星夜直到卢城过阅一番，（缺）数，十五以上者，每□给钱两千文，十五以下者，每□给钱千文，□泽及毙者各给钱千文□者矣。（缺）□后又令委□郭公□补给□□□□此城不可□非长久之计，及亲捐俸金以补工用。并（缺）水火而□□□有感此事□□□□者，恐其名久湮没而弗彰，（缺）置卢令，于是郝公奉□宪□即修城，甫三月而城（缺）发□光而使之前后媲美耶。嗟夫！余尝（缺）立（缺）者民众感不测之恩再生之庆将刊□道□□□大人□余（缺）歌曰：

钦命河南河陕汝道兼管驿传水利道冯大人赈灾碑（源自范天平编注《豫西水碑钩沉》，陕西人民出版社2001年版，第199页）

溺者得救，生者有济，懿碑不朽，百代流芳。

孙美□八十有□顿首撰文

□□□七十有□顿首书丹

道光二十六年岁次丙午九月吉日立

16. 重浚苏州府城河记碑

此碑高165厘米、宽79.5厘米，立于清嘉庆二年（1797年），现存于苏州城隍庙工字殿后殿西次间前檐墙上。碑阳镌《重浚苏州城河记》，载嘉庆元年八月至次年五月，吴中官绅商民募捐筹款，全面疏浚苏州城内河道始末；碑阴刻《苏郡城河三横四直图》，显示以“三横四直”七条贯穿全城的干流为主的苏州河道分布体系，并以传统的立面画法在平面图上标出了城垣及重要桥梁、寺观、衙署的位置。图的上部刻有《苏郡城河三横四直图说》1200多字，详述了苏州“三横四直”的水系布局和城内水系堵塞的修治历史，详细记述了清嘉庆元年（1796年）至次年，官府出资，地方士绅、商人和市民共同募捐筹款，苏州地方官主持，全面疏浚苏州城内河道的始末。图的左下角另刻有附记数行，说明疏浚河身总长、开挖土方量和共费银两数。该碑准确、形象地反映了苏州河道纵横、桥梁密布的水城风貌，对研究苏州城市建设史具有重要价值。碑阳文字内容如下：

重浚苏州府城河碑记

苏郡日多水道，盘门南通震泽，阊门西绕运河，故环城夹壕。而水之由盘、阊入城者，分流交贯，形如浍洫，要以四直为经，三横为纬。演迤东注于娄、葑二门，为出水处。势以曲而得通，夙擅形家之胜。顾其地当都会，市廛阛阓，鳞次栉比，粲乎隐隐。遂多叠屋营构，跨越侵逼。且烟火稠密，秽滞陈因，支流易壅。考郡志，前明以迄我朝，恒阅数岁一浚治，而自乾隆十一年，前苏州府知府傅椿集议开浚后，积久未修，壅阏渐甚。余于乙卯秋奉命抚吴，公余周览城市，见所谓四经三纬之水道，淤塞过半，其他小港断流，有遂成平陆者，心窃轸之。会余檄询地方利弊，前知府李君廷敬条举三事，首以开浚城河为请。余惟东南尤重水利，官斯土者，宜所亟讲。顾或以城中水道非利害所系，姑置缓图。又苏民葸于经始，心病之而力弗赡。其有力者，欲出资以利桑梓，非官为劝相，亦弗克以济。爰下其议于所司。而李君适以擢松太道卸府事，时则权苏州布政使熊君枚，率同今知府任君兆炯，踵申前议，亟谋集事。且询之乡士大夫，众论佥同。因与余各捐廉为倡。于是郡中绅士商民，输㸚麕至，畚锸继兴。凡河之塞者瀹之，浅者浚之，断者疏之，民居之跨越而侵逼者，相其便宜而因革之，事弗扰、民弗病也。工既半度，所输金倍于工用。复因任君之请，以所赢兼举境内塘路之宜修者，不数月并以蒇功，民莫不鼓舞称便。夫以苏城之旁魄蔚歧，得水附之而膏润。相涵脉络，相注所贵，因势利导，旁推交通。如人身营卫灌输，去其滞而达之畅，未有不怡然以顺，泰然以舒者。此固不待征诸形家言，而其理确乎可信也。况停浚已五十余年，舟楫往来，旦暮饮汲，苏民方窃窃然虑之，则斯举□在今日，岂容稍缓。而诸君能黾勉卒事，可不谓善审水利之要者欤？熊君既调之安徽，今布政使陈君奉兹，实与任君意其役。是役也，财出于乐输而不费官帑，力取

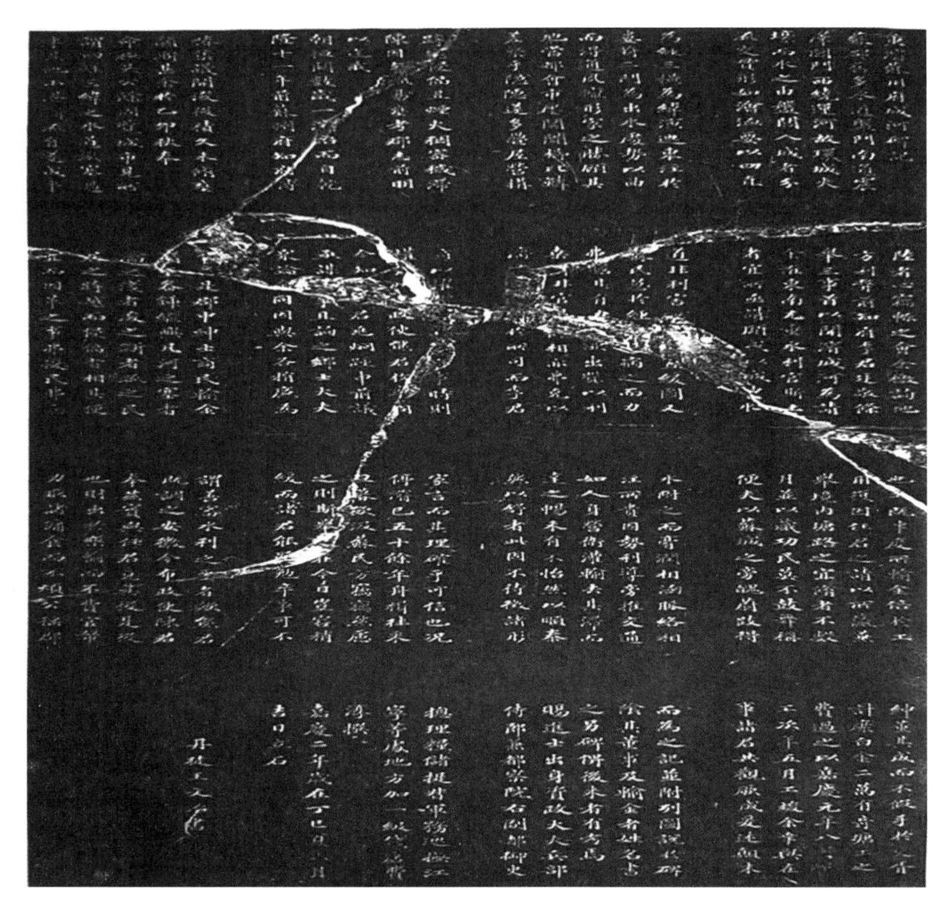

重浚苏州府城河碑记[源自南京博物院编《大运河碑刻集（江苏）》，译林出版社2019年版，第36页]

诸佣食而不烦公徭，郡绅董其成而不假手于吏胥。计縻白金二万有奇，塘工之费过之。以嘉庆元年八月肇工，次年五月工竣，余幸与在事诸君共观厥成，爰述颠末，而为之记，并附列图说于碑阴，其董事及输金者姓名书之另碑，俾后来者有考焉。

赐进士出身资政大夫兵部侍郎兼都察院右副都御史总理粮储提督军务巡抚江宁等处地方加一级钱唐费淳撰。

嘉庆二年，岁丁巳夏六月吉日，立石。

丹徒王文治书。

江宁刘征恒卿氏刻石。

苏郡城河三横四直图

17. 观泌水碑

此碑位于泌阳县城南泌水河畔，于清咸丰二年（1852年）六月立。碑文记述了当时的邑令偕友踏青于泌水河北岸，观其洋洋西流，甚贻，得诗一首示于同人。旬日后，邑人勒石以记之：“曾探东源大湖山，一水西流郭外环；莫识栖迟门以下，如居廉让水之间；新蒿桃涨添三尺，小艇瓜皮达几湾；吾切由饥思可乐，洋洋何处不心宽。”

观泌水碑

18. 灾异记碑

此碑立于清咸丰三年（1853年），现镶嵌于河南省渑池县段村乡东柳窝村火神庙东墙壁上。碑高46厘米，宽38厘米。碑文记录了道光十七年（1837年）八月的大蝗灾，道光二十三年（1843年）七月的黄河水灾。此两次灾情之重大，造成的后果之严重，实所罕见，故特勒石为记。碑文内容如下：

东柳窝遗珉

道光十七年八月，蝗虫食麦，从东到西，食数百里。来时遮天盖地，一过麦苗即尽。遗种地下，至明年四月复生，小蝗满地，秋禾不成，至六月始无。

道光二十三年，又七月十四，河涨高数丈，水与庙桅平，村下房屋尽坏。奉旨有赈济。

邑庄子村王瑞林书丹，邑洛村焦正林志邑河西宋吉利刻，本村张继先预有是役俗气偏恐日久无传因勒石。

大清咸丰二年正月谷旦合村立

灾异记碑（源自范天平编注《豫西水碑钩沉》，陕西人民出版社2001年版，第204页）

19. 平遥水利图碑

该碑立于清同治元年（1862年），碑存于平遥县古陶镇新庄村三圣庙河神殿廊下。这通碑的碑阳部分记载的是平遥“侯郭、新庄、道备、东西游驾、南政、尹城、刘家庄”在内的8村与西13村的水利争讼事件，碑阳最后部分还将这次讼案结束后8村和西13村当事人各自所具甘结刻于其上。碑阴则分两部分内容：主体部分是水利图，右侧则另有4列文字，解释这幅图的来历和内容。图释说：

《汾州府志》记载《平遥县山川河图》，上载东南山河口共计七道，俱系从南北流，上轮下挨，共引灌地五十四村，均有各河水俸朱契粮税为凭。我侯郭、新城等八村引水浇地，不惟有府县志书可考，而且有顺治、康熙、雍正、乾隆、嘉庆、道光以及咸丰年间历税水粮朱契、每年完纳国课以及价买水程时刻可凭。自国朝定鼎以来二百余年，每年完纳水粮银数十两，共纳过银一万有余。每月共水俸锹五十八张。按每张锹浇地四十刻，一日一夜浇锹二张。每小建月共计二千七百八十四刻，轮流浇完，官锹五十八张。如遇大建月三十日，准南政村（王、闫）二姓使水一日，周而复始，不得紊乱，其与西十三村有何瓜葛？讵料有十三村梁联霄等无凭开河，强夺水利。我八村清端侯公等涉讼二载，蒙断息讼。断案结状，前文注明，兹将《山川河图》并锹俸时刻记载于此，以为永远不朽。

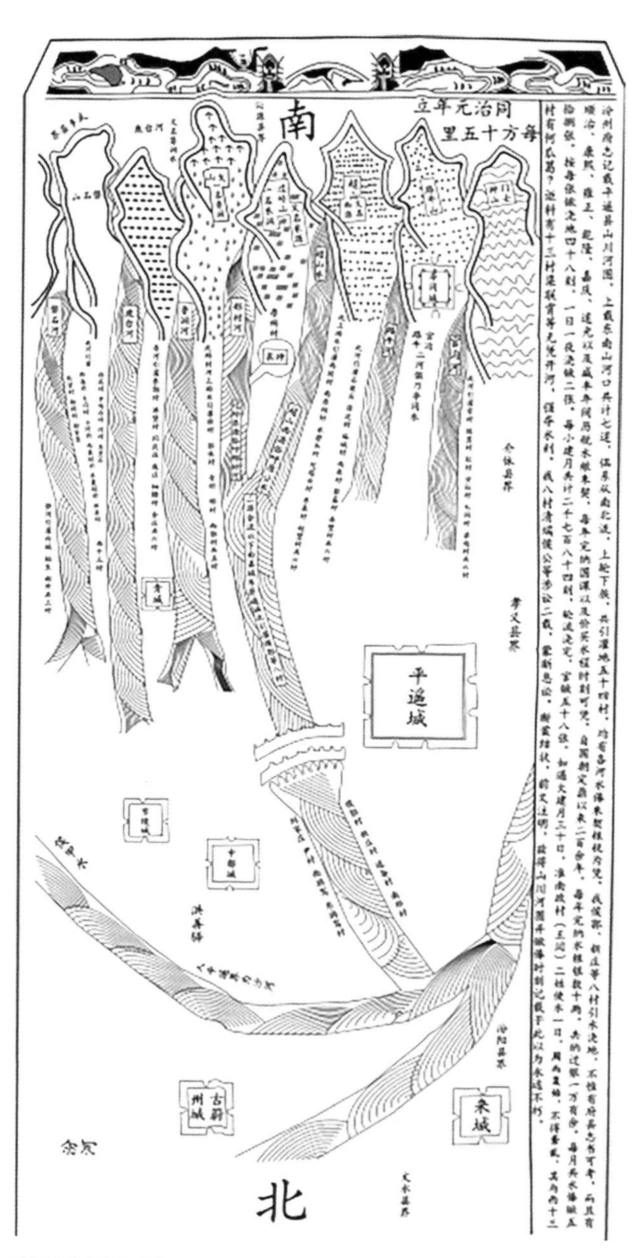

平遥水利图碑碑阴

因为被邻近的西十三村侵害了用水权益，八村人推选代表，历时两年、百十余堂诉讼，才打赢了官司，维护了自身的合法用水权。为了防范将来再有类似事件发生，村民们就刊刻图碑以为明证。

20. 广州重浚广东省城六脉渠碑记

由爱新觉罗成允于清光绪二十年（1894年）撰文，原存于广东藩署。宣统元年（1909年）九月刻立，今王凯及觉罗成允碑皆被毁。文据宣统《番禺县续志》录出。碑记内容如下：

六脉渠者，广东省城所以宣渠潦者也。同治九年，王文勤公开藩于粤，政理人和，百废俱举，顾念斯渠故迹已湮，乃率僚属重浚渠道，绘图缀说，俾垂于后。今二十余年矣，疏治者奉行故事。而渠之为庐室所跨压者，日就湮灭，淫雨时至，积水载途，行者苦之。且渠既壅塞，污浊之水旁溢于井，居民汲食多致疾病，去年春夏之间，邪疫大作，十室而九，余窃悯之。是以上陈大府，札委前定安县李令家焯，会同南海县杨令荫廷、番禺县杜令友白，再图疏瀹。循六渠之故道，狭者广之，浅者深之，甃砖以支其旁，叠石以盖其上。而民间之支渠，亦劝谕挑浚，其贫困者给金钱以助之。凡四阅月而工毕，都人士咸称颂不置，余承乏其间，得以乐观厥成焉。然则天下事，苟能以实心行政，虽艰巨烦苦，人所难能之任，无不立奏肤功，盖渠特其小焉者耳。夫文勤既建其勋于前，而余复理其役于后，故为之述其原委，并图其渠，以勒于石，使后之官斯土者，得以循涂溯轨而遵守勿失。则后之视今，亦犹今之视昔，是则余之所厚望也夫！《图说》云：左一脉正渠，自督院署前起，分南北流，其北流，由洛城街、吉祥街至莲塘街，汇东流横渠，出潼关；其南流，历古药洲、华宁里、卫边街民房中七块石、清风桥、南朝街，贯学院署九曜桥、书芳街、仙湖街、仙童桥古庙渠口穿越，出南胜里入玉带河。左二脉正渠，自旧仓梯云里起，分南北流，其北流，历司后街、高街口、豪贤街、天官里、万安里、三圣宫前汇东流之渠，出潼关；其南流，历旧仓巷、毓秀街、明月桥、人和里、和安里、李巷、长禄巷、大塘街、仰贤里、长塘街、仁厚里、贤思街福德祠下渠口穿城，出文德里四巷入玉带河，又南流，自挞子鱼塘迁善所、仁寿街，汇小石街渠出小丫头。又东流，自观音山八旗药局起，历山水井，康公庙道，贯史家花园。又自龙王庙前起，历菊坡精舍，入将军大鱼塘，贯史家花园、黉桂坊，过黉桥、北帝庙侧、小石街，穿飞来寺、督标营盘，出潼关。又东流，自粤秀街起，历和康里，入箭道。又三元宫西栅起，历功德林、石榴园塘，入箭道，穿莲塘街、槐洞、理事同知署狮子桥、三多里、九坊、丹桂里，过状元桥、丁贵巷，出潼关。左三脉正渠，入东濠。右一脉正渠，自抚署右边起，分南北流，其北流，由连新街，经莲花井街，至九眼井，汇九龙街，过大北直街、西华一巷西流横渠，贯财神庙，出北水关；其南流，历连新街、雨帽街、桂香街、孚通街，三圣宫前渠口穿越，出南胜里入玉带河，右二脉正渠，自元妙观左边起，分南北流，其北流，历豆腐巷、官塘街，汇西流之渠，出北水关；其南流，历擢甲里、杏花巷、麻行街，出大水关入玉带河。又西流自三元宫西栅

广州重浚广东省城六脉渠碑记[源自陈鸿钧、伍庆祥编著《广东碑刻铭文集》(第一卷)，广东高等教育出版社2019年版，第286页]

起，历清泉街、西华一巷，出北水关入西濠。右三脉正渠，自光孝寺前南流，历纸行街、诗书街大利庵，出小水关入西濠。濠右系六脉正渠通流之处。其各街民修支渠，以及修改为官修支渠，名甚纷繁，兹不记勒。此次修渠所用新石丈尺，除零星补换不计外，其用新石一千零三十三丈六尺。以明渠改为暗渠，计长二百六十四丈五尺。附记备考。

21. 署苏藩禁水利厅借口有关水利索取民人造房规费碑拓片

此碑高117厘米、宽58厘米，立于清光绪二十五年（1899年），现藏于苏州碑刻博物馆。立碑的目的是承宣布政使司按察使陆颁布的禁止扰民令。从碑文中可以看出，当时水利厅的厅丁、书役经常串通劣董、地保、土棍假借水利之名向百姓索取规费，这样的恶劣行径致使民怨沸腾，于是布政使司按察使陆颁布了禁令，规定今后百姓建造房屋，只要与水利无关，就不需向水利厅请示；水利厅公务人员也不得捏词串扰、索取规费，违者决不宽贷。此令昭示世人，并勒石为据。碑文内容如下：

公地之造屋，埠岸之占河，柜枱招牌之占官街，菱荡蟖簖之不升科，牵骡马夫之拦店门，警察巡士之不敢管，如此有害公众，若无公人（借公济私之办公事人）得严规则，国人绝不敢擅侵有碍行人之地，公人之中岂独水利厅乎！每见贪私害公之人私购水利厅告示一纸，即为侵占公地之护身符，凡遇公路有碍行人之物，反恐

署苏藩禁水利厅借口有关水利索取民人造房规费碑拓片[源自南京博物院编《大运河碑刻集（江苏）》，译林出版社2019年版，第294页]

公人索资，不敢取去。近幸开明造屋法渐行内地，如上造挑楼并装白铁晴落注水，以免租户做抢水板而害多数路人受拖泥带水之累，下用收进阶石法，使行人不受挤轧而便买物者举目即见店铺也。惜富绅常坐轿而不知此害，故漠不关心。店铺中人不知街阔可使商业兴旺之奥理，通人譬晓，置之不闻，公人笼络，唯命是听，商不好学，故难责彼。劝诸此屋租户，幸尚受听，即将此屋阶沿石收进二尺五寸。曾闻有藩宪批示为营造事者，求得一纸勒石于此，时在大挠第七十六丙午季春也。本不妨竖碑而使公人失愚人之利，近闻买厅示、占公地、加示费之语络绎不绝，故留此痕迹以告受愚，使他年有心正开明绅董办理地方自治之一助云尔。

钦命二品衔、署理江南苏州等处承宣布政使司按察使陆为

查案重申禁令、遍行晓示事。照得民间起造房屋，凡无关水利之处，应听民便，原无庸请给水利厅告示方准兴工。前因居民起造屋宇，往往由厅以关系水利为名干预其事，任听差役朦蔽扰民。当于同治八年，经应前署司出示，通颁各属严禁在案。今据光录寺署正口等禀控：厅丁、书役每见造修房屋之时，在城乡串同劣董、地保、土棍，捏称水利厅有街道之责，若修筑驳岸蹈步，又称水利攸关，必须请示，方准兴工。其费视业主之有无声势为断，胆怯者未动工而先请求，索费数元至数十元不等，甚至向力农、小民、旧有之船舫河埠微本坐贾、常设之街棚柜牌，以及染坊漂洗布匹、鲜行所设养鱼簖笼，亦必年索规费，尚复成何事体！亟应重申禁令，遍行晓示，俾众周知，合特查案，出示谕禁，为此示，仰商民诸色人等知悉：嗣后尔等修造房屋，无庸赴水利厅请给告示。倘有厅丁、书役，串同劣董，地保、土棍仍前藉端索诈，准予指名禀究严办，决不宽贷，凛之切切。特示。

光绪二十五年十月初五日公禀，十五日奉批，查民间起造房屋，凡无关水利之处，应听民便，原无庸请给厅示方准兴工。若如该职等所禀厅丁、书役捏词串扰，甚至向力农、小民、微本坐贾年索规费，则该厅官之从中染指，恐亦不免，亟应严行查禁，以除民累，候通行各府州，转饬各该员，不准仍前干预，倘再任听丁役朦蔽扰民，一经查出，或被告发，立即详请参办，决不宽贷，一面由司查案，重申禁令，遍行晓示可也。

右谕通知。

光绪二十五年十月卅日示。

吴中殷元顺携石。

22. 苏州警察厅为禁滥捕以保驳岸碑

此碑高109厘米、宽49厘米、厚12厘米，立于民国三年（1914年），现藏于苏州碑刻博物馆。苏州半塘至虎丘的河道原本是放生用的官河，清朝时就严禁捕捉行为，但是现在却有渔船随意在驳岸下脚，用滚钩捕捉，以至驳岸下桩石松动，损坏了河道驳岸，导致存在安全隐患。董华、洪文商号顾得其、萧恒兴等呈请政府出示禁谕，故警察厅制令勒石，严禁破坏官河两旁驳岸的行为，违者拘解严惩。碑文内容如下：

署理江苏苏州警察厅厅长孙为

示谕事。据阊胥盘区警察署转呈，鄙董华、洪文商号顾得其、萧恒兴等呈称：董等于上年为半塘河捞浅，见第十号桥下石路坍塌，查系前清工程局官办，董等不忍坐视，是以汇同顾得其等六家商号具呈，拟集资经办，蒙代转呈前石厅长，照准在案。今工程告竣，一分善堂之专责，一助公家之未逮，本属商民之义务。惟半

苏州警察厅为禁滥捕以保驳岸碑[源自南京博物院编《大运河碑刻集（江苏）》，译林出版社2019年版，第296页]

塘至虎丘，本是放生官河，前清严禁捕捉，光复以来，渔船往来如织，竟敢任意在驳岸下脚，用滚勾捕捉，以致桩石松动，难保无意外之虞，不能不据情呈请，严行禁止，以资保护。为此缮呈，请即转呈厅长赐给示谕，悬挂半塘等处，庶上下塘岸可期历久不损，嗣后遇有渔人再蹈故辙，饬由水陆巡士就近拘拿，俾得保护地方公益，不胜感激之至，等情转呈到厅。据此，除指令照准，并训令阊胥盘区署长、水巡队队长会同保护外，合行示谕，为此示，仰渔户人等一体知悉：自示之后，不准在该官河两傍驳岸下脚，行用滚勾捕捉，以免桩石松动，如敢故违，即由该董等指交就近岗警及水巡队巡船，拘解严惩，其各凛遵，毋违。特示。遵。

中华民国三年，五月十六日。

23. 章兼军政执法处法官衔江都县知事周为出耒谕禁事碑

此碑高93厘米、宽61.6厘米、厚5.5厘米，立于民国五年（1916年），现藏于扬州博物馆。江都县府在禁令中说，市河本是有益地方、公私咸利之所，图书馆桥颁布禁令，但却有居民经常往河内倾倒灰烬、垃圾等各种污秽之物，作践河道，长此以往，将会致使河流淤塞。另外，南柳巷南首有图书馆桥一座，是为便利行人而建，但有附近居民，时在桥上石栏磨刀，将桥上石栏磨活，致被粗重小车将三面石栏撞落河内，屡修屡坏，岗警拦阻磨刀，却被无赖打伤。因此，政府出勒石立碑，不准往河内抛弃废物，不准在桥栏磨刀，取缔粗重小车往来，要求居民讲究卫生保护好石桥。碑文内容如下：

四等嘉禾、五等文虎章兼军政执法处法官衔江都县知事周为出示谕禁事。据绅商学公民钱祥保、金全德、朱竹轩、毛笠塘、刘慕周、王问安、王佩林、任桂森、陈仲仪、周恩庆等禀：城内市河绅等，筹集经费，设法挑浚，去年甫能通流，附近居民吸用所需，咸称利便。不独火患可以无警，且益于卫身，并经招雇闸夫，将南门响水桥及便宜门等处闸板以时启闭。虽秋冬水涸亦可通舟，故巡警捐款岁收船捐钱，计有二三百千文之多，藉资补助。是此河有益地方，公私咸利，尽人皆知。乃近查太平码头一带及兴隆桥、务本桥、大东门外吊桥各处附近居户，时将灰砾、垃圾各种污秽之物，在桥上抛弃河中，日积月累，势必逐渐淤垫河身，日就浅涸。记得下又闻，有屠户在南柳巷首贤良街口河边开设杀猪汤盆，业蒙批准立案，果有此事，将来血水流入河内，瞬届夏令，湿热熏蒸，必致臭秽不堪，传染居民，多生疾病，殊于卫身有碍。查市河一带，前清光绪间，曾有赵小麻子开设汤盆，作践河道，里人公愤，禀奉饬差驱逐，有案可稽。现在是否有人禀请在南柳巷北首开设汤盆，人言啧啧，将信将疑，如系传闻之误，即请饬传沿河地保并谕饬警局，随时查禁，不准居民在桥上抛弃垃圾，违者罚办。如实有禀请开设汤盆之案，仰祈俯念市河筹款挑浚匪易，有关卫身，饬差传谕该屠户迅即迁移，一面出示晓谕，永远禁革，以免居民群起愤争。再南柳巷南首有图书馆桥一座，系与图书馆同时筹筑，便利行人。乃有附近居民，时在桥上石栏磨刀，将桥上石栏磨活，致被粗重小车将三面石栏括落河内，屡修屡坏。日前该处岗警拦阻磨刀，讵被无赖将岗警凶殴流血，身受重伤。似此，该桥日见圮卸，

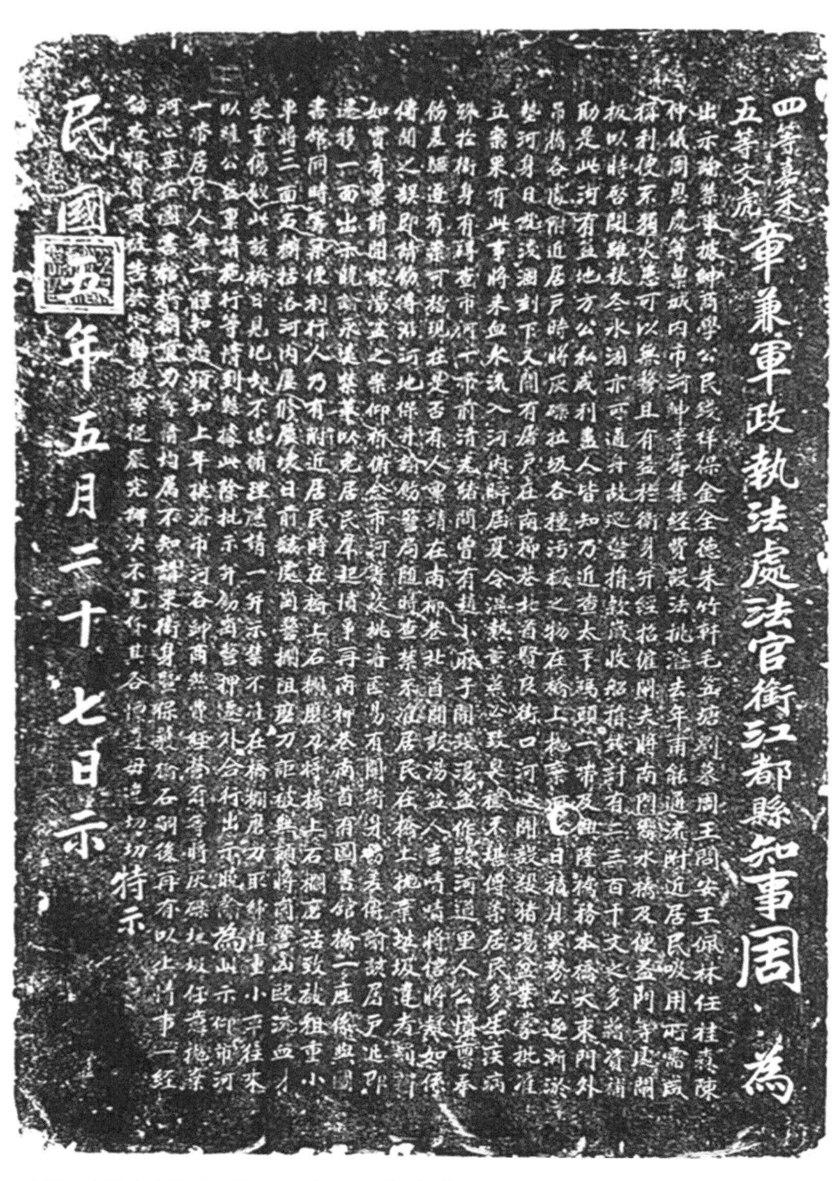

章兼军政执法处法官衔江都县知事周为出末谕禁事碑[源自南京博物院编《大运河碑刻集（江苏）》，译林出版社2019年版，第298页]

不堪修理，应请一并示禁，不准在桥栏磨刀，取缔粗重小车往来，以维公益。禀请施行等情到县，据此，除批示并饬岗警押迁外，合行出示晓谕。为此，示仰市河一带居民人等，一体知悉，须知上年挑浚，市河各绅商煞费经营，尔等将灰砾、垃圾任意抛弃河心，至在图书馆桥栏磨刀等情，均属不知讲求卫身暨保护桥石。嗣后再有以上情事，一经访查得实或被告发，定即提案，从严究办，决不宽贷，其各凛遵，毋违切切。特示。

民国五年五月二十七日示。

24. 光绪四年铁门万人坑碑

此碑立于民国十年（1921年），原矗于河南省新安县铁门镇西岭上，碑文因战争为枪弹所击损9字，现存于“千唐志斋”。碑文记载了清光绪三年（1877年）河南大旱，新安县与渑池县十室九空、饿殍遍野的悲惨景象。碑文内容如下：

清光绪三年，河南大旱。丁丑三月至戊寅三月始雨。三年，夏季歉收，秋麦均未播种。新、渑灾尤重，十室九空，道殣相望，有一村饥死无一家者，有一家饥死无一人者，人食人肉，诚亘古之未闻也。四年春正，大府设粥厂于新、渑交界之铁门。食粥者络绎不绝，时有死亡无□□人因将镇西义地掘坑二，男左女右，有毙者从葬焉。迄今已□□余年。□□门南阛众执事，恐其久而就湮，因醵金树石立界以志其地，□□后陵谷变迁而有碑可考，庶不至无所依据云。

大中华民国十年十月谷旦立。

光绪四年铁门万人坑碑（源自范天平编注《豫西水碑钩沉》，陕西人民出版社2001年版，第104页）

25. 冯玉祥兴修水利碑

民国十八年（1929年）河南大旱，冯玉祥主持豫政时，遂命河南河务局派员赴泸购买吸机3部，在今牛庄乡东回回寨村修筑机器房引黄河水灌溉土地，开创了黄河水利史的新纪元。现尚存水泥机座、墙垣残迹数节。村北大堤有该年所立的《柳园口虹吸碑记》残碑。

冯玉祥兴修水利碑

2.2.3 任务与祭祀碑碣

1. 禹王碑

又称“岣嵝碑”“帝禹碑”，原立南岳衡山峰顶，原碑早已湮没，后人多有摹刻，此碑为明世宗嘉靖二十三年（1544年）河南汤阴县周文王演易台摹刻的禹王碑，主要记述大禹平定水土、疏导江河、为民造福的宏功伟绩。碑文共77字，文字奇特，难以辨认，明代学者杨慎（1488—1559年）将碑文释为今文。该碑正面为禹王碑文，碑末有汤阴知县张应的注文，碑阴为杨慎所作的《禹碑歌》。碑文内容如下：

承帝曰：嗟，翼辅佐卿，洲渚与登，鸟兽之门，参身洪流，而明发尔兴。久旅忘家，宿岳麓庭，智营形折，心罔弗辰，往求平定，华岳泰衡，宗疏事裒，劳余神疢，郁塞昏徙，南渎衍亨，衣制食备，万国其宁，窜舞永奔。

【张应注文】帝禹碑，乃禹治水功成纪功刻也。在衡山绝顶，历代滋久，昔传湮埋于土石，见者罕焉，偶得墨本于星崖，席公因模之，更刻于石，用广其传于可久。

（碑阴）禹碑歌

禹碑在衡山绝顶。韩文公诗云：“岣嵝山尖神禹碑，字青石赤形模奇。科斗拳身薤倒披，鸾漂凤泊妈的虎螭。事严迹秘鬼莫窥，道士独上偶见之。我来咨嗟涕涟汤，千搜万索何处有，森森绿树猿猱悲。”详诗语始终，公盖至其地矣，未见其碑也。所谓青字赤石之形模，科斗鸾凤之点画，述道士□语，耳若见之矣。发挥称赞岂在石鼓下哉？追宋朱、张同游南岳访求，复不获，后晦翁□韩文考异，遂谓衡山实无此碑，反以韩诗为传闻之误云。再考《六一集古录》《赵明诚金石录》《渔仲金石略》之三家者，故刻洹列无遗，独不见禹碑者。则自昔好古名流得见是刻□罕矣。碧泉张子得墨本于楚，持以贶予，予抚卷而叹曰：嗟乎，韩公所谓“事严亦秘”者信夫！不然，何三千余年而完整无泐。如此，何惜之晦？何令之显？晦者，何或翳之？显者，何或启之？天寿珍物，神饫吾嗜。不必以生世太晚为恨也。已作禹碑歌以纪之。

神禹碑在岣嵝尖，祝融之峰凌朱炎。龙画傍分结构古，螺书匾刻戈锋铦，万八千丈不可上，仙扃灵钥幽以潜。昌黎南迁曾一过，粉披芙蓉摩水廉。天柱夜瞰星辰下，云堂朝见阳辉暹，追寻夏载赤石峻，封埋古刻苍苔黏。拳科倒薤形已近，鸾漂凤泊辞何纤。墨本流传世应罕，青字名状人空瞻。永叔明诚及泱漈，集古金石穷该兼。吁列箴铭暨款识，横陈鼎鼒和釜鬵。胡为至宝反弃置，捃摭磨蚁捐乌蟾。又闻朱张游岳麓，霁雪天风影佩襜。搜奇索秘迹欲遍，舂倡撞和诗无厌。七目崎岖信有觌，一字膏馥宁忘拈。非关嵽嵲阻登陟，定是藤葛笼窥觇。好古予生嗟太晚，拜嘉君贶情深忺。老眼增明若发覆，尺喙禁龂如施钳。七十七字挐螭虎，三千馀岁丛蛇蚺。忆昔乾坤漏息壤，荡析蒸庶依苓椮。帝嗟怀襄咨文命，卿佐泽洞分忧惔。洲并渚混没营窟，鸟迹兽远交门檐。揭来南云又北梦，直罄西被仍东渐。黄熊三足变鲧服，白狐九尾歌庞衶。后乘包湖受玉箓，前列温洛呈畴。永奔窜舞那辞胝，平成天地犹垂谦。华岳泰衡祇镇定，郁塞昏徙逃嘱喰。文章绚烂悬日月，风雷呵护环屏黔。君不见周原石鼓半已泐，秦湫楚诅全皆歼。此碑虽存岂易得，障有岚霭峰嵁岩。跫音敻绝柱藜藿，吊影颸瑟森欌楠。湘娥遗佩冷斑竹，山鬼结旗零翠莶。造物精英忌泄露，祇恐羽化难留淹。欲摹拓本镌崖壁，要使好事传缃缣。著书重订琳琅谱，装帖新耀琼瑶签。麝煤轻翰蝉翅榻，烦君再寄西飞鹣。

禹王碑（源自范天平编注《豫西水碑钩沉》，陕西人民出版社2001年版，第26页）（左）
武梁祠大禹像题词（右）

2. 武梁祠大禹像题词

在山东省嘉祥县武梁祠西壁东汉画像上的大禹，头戴斗笠，左手前伸，右手执耒吕，上身穿宽袖衣，下身穿裳，足穿方口鞋，回首而顾。身旁榜题曰：“夏禹长于地理，脉泉知阴，随时设防，退为肉刑。”反映了汉代严格保护堤防安全的立法思想。

3.《禹迹图》

这是中国历史上留存至今的宋代《禹迹图》，现存于西安。其图幅80.5厘米×78.5厘米。图上刻有文字：“禹迹图。每方折地百里。禹贡山川名，古今州郡名，古今山水地名。阜昌七年四月刻石。”

该图古今名称并注，定向上北下南；范围北至长城内外，南至南海和中南半岛；内容侧重黄河、长江、珠江等水系。图上约有380个地名，其中河流名80个，湖泊名6个，山脉名70余个。

这是一幅中国古代疆域图，主要体现的是山川河流，被称为“在当时是世界上最杰出的地图”。宋《禹迹图》有2块刻石流传至今：一块保存在今陕西西安碑林，为南宋绍兴六年暨阜昌七年（1136年）刻立；另一块是元符三年（1100年）刊刻、绍兴十二年（1142年）立石，收藏于今江苏镇江的焦山碑林。

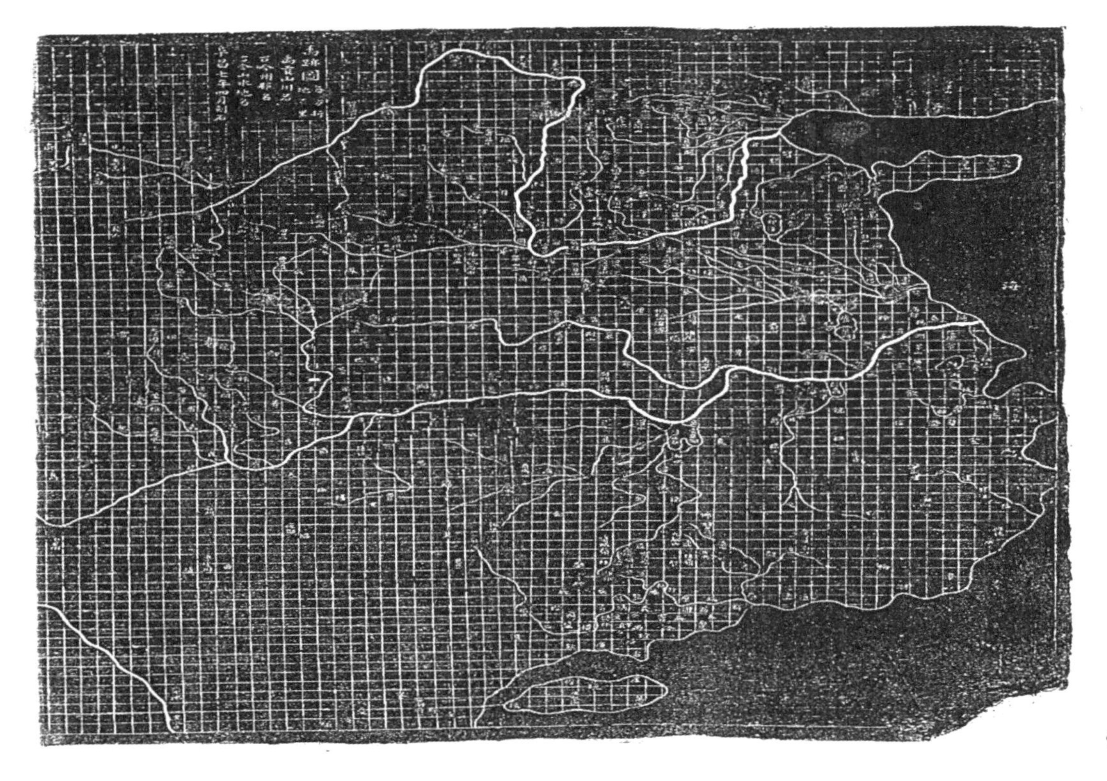

《禹迹图》

4. 木质《古耿禹门全图》

木质《古耿禹门全图》刻板藏于河津博物馆。原板损毁比较严重，很多字迹模糊不清。图中所绘主要是河津的风景，包括韩城禹庙、栈道，高山耸立，龙门气势不凡。

木质《古耿禹门全图》

5. 会稽大禹庙碑

会稽大禹庙碑位于浙江省绍兴市经济技术开发区大禹陵风景区（原越城区禹陵乡）禹庙大殿西侧。碑高182厘米，宽87厘米。立于民国二十三年（1934年），由中国水利工程学会会长李仪祉先生撰文。碑文内容如下：

禹何人？斯崇之者以为神，否其为神者则并否有其人。研经者之不以科学之道，而好奇之士喜为诙诡之说以求立异。均非可以为训也。夫禹之德行，孔氏墨氏言之至矣。禹之功业，孟轲史迁述之详矣。后起之人虽欲赞一辞而不得至。禹崩何所、禹穴何在？论者纷然，窃皆以为无关宏旨。盖九州之中，禹迹无弗在也，禹之庙亦无弗有也。而论山川之灵秀，殿宇之宏壮，则当以会稽为最，且禹大合诸侯于斯，其一生事功，至是可谓大成，则以斯地为禹穴所在又何不可。同人等来瞻庙貌，缅想前勋，空怀饥渴，鲜裨拯救。思天下大业，非一二人所可为，力必众擎乃易举，而此所谓众者，必有一致之目的、一贯之精神，群策群力，用于一涂，乃可为济。唯目的趋于一致尚易，而精神统于一贯实难，必有一极高尚之人格、其德业可以为全国万世之所共同崇仰而不渝者以为师表，始可以合十万人而一之。吾华民族，每一行业必有其所祀之神，旨在乎斯。矧天下大业，容有逾于平成者乎？亘古人格容有过于大禹者乎？方今水政废弛，旱潦频仍，民困财竭，国将不国，拯民救国，厥惟继禹而兴者有其人，禹功非一二人所可即，则在吾众众俱以禹为宗，则千万人者一也，四千年者旦暮也。朝夕而尸祝，为奉其旨、师其意、本其精神以治事，为旱潦容有不息者乎！同人共勉旃。

中华民国二十三年，时当苏浙大旱黄河大水，
中国水利工程学会会长　李　协率同人敬泐

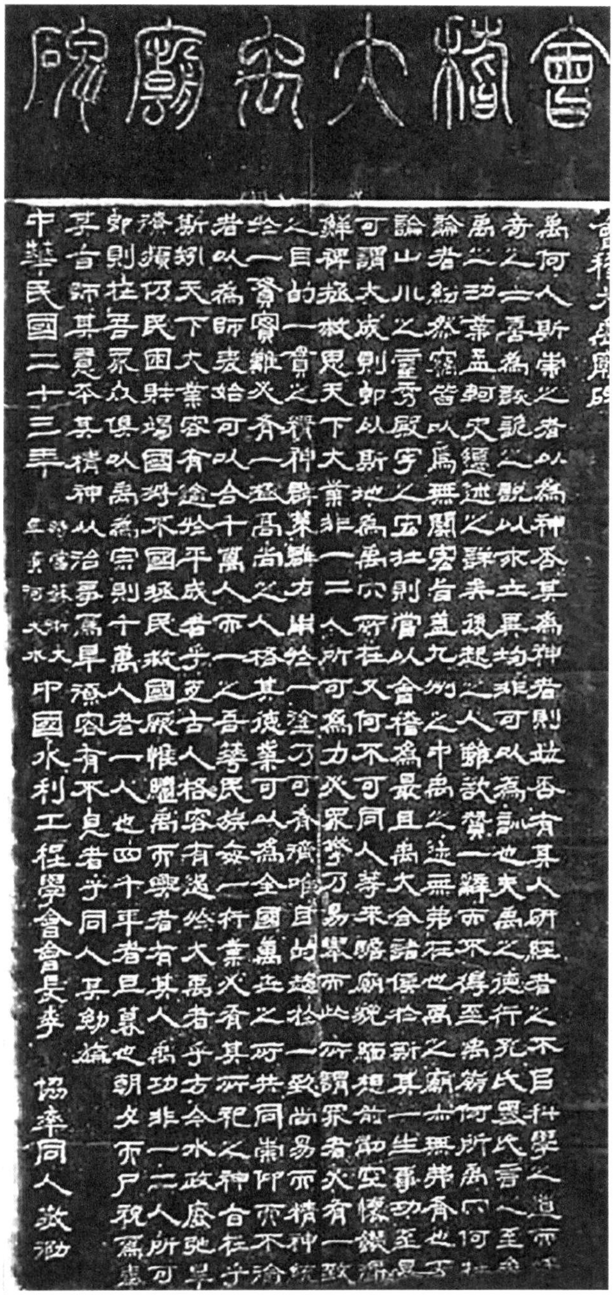

会稽大禹庙碑拓片图（源自陕西水文水资源信息网）

6. 龙门诗图碑

韩城有成化年间龙门诗图碑，此碑名义上是围绕监察御史薛钢所提的龙门诗绘制：“生慕龙门恨未逢，倩人慕入画图中。山横宇宙东西断，河贯河夷远近通。三级急流鱼喜浪，两崖欲堕鸟愁风。至今饱食安居者，可忘平成禹世功。”但全图线条粗疏，着重表现两岸山脉的奇峻，诗中描绘的黄河三级急流体现不足。清同治十三年（1874年）《九折黄河碑龙门全图》已经碎裂成三块，上题杨恩元诗：“一自荒山划禹门，洪河西北下昆仑。无人不

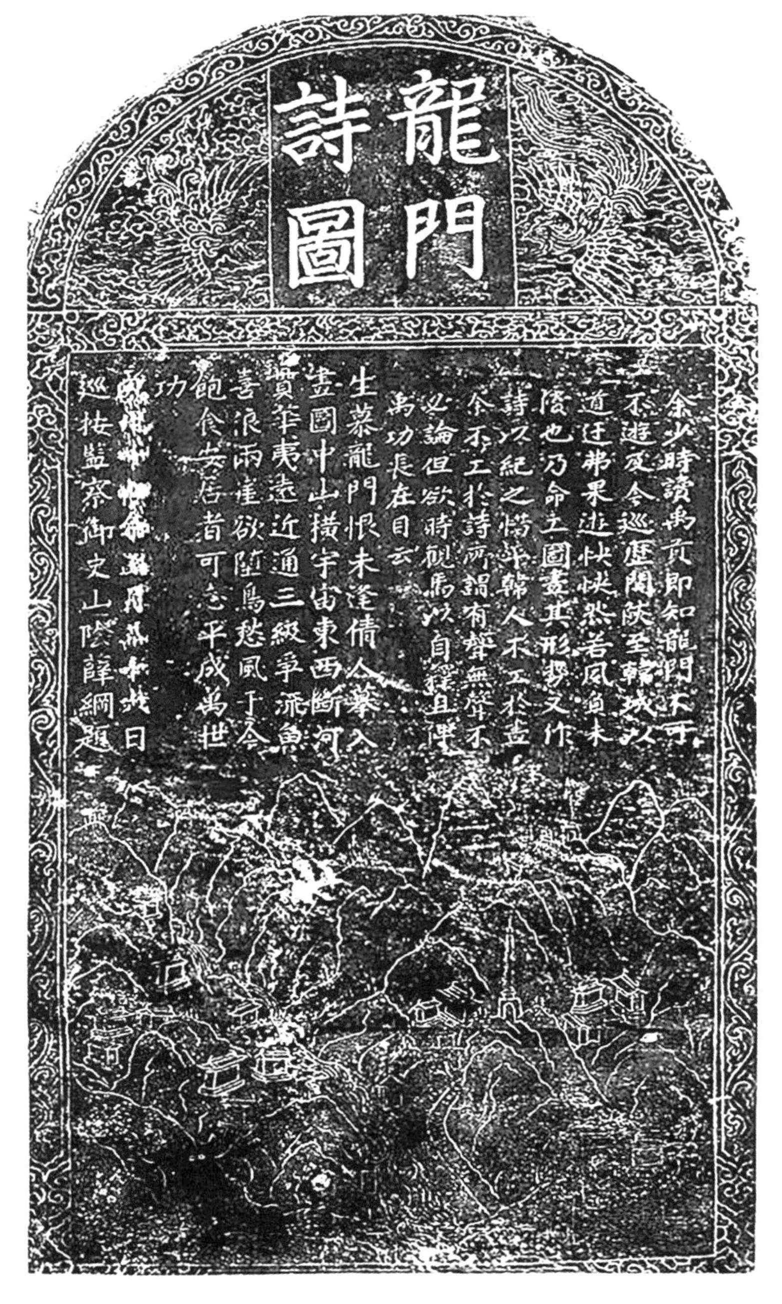

龙门诗图碑

颂平成德，有峡犹瞻疏凿痕。”图中黄河自北蜿蜒而来，在东西禹庙间河道收紧如瓶，两岸楼阁耸立，规模相当。此图还描绘了两岸山间溪水并流，以及若干小河汇入黄河的场景，是其他龙门图未曾出现的。

7. 高陵令刘君遗爱碑

唐代刘禹锡，于唐文宗大和五年（831年）撰文，纪念高陵县令刘仁师兴修水利以及高陵老百姓对刘公的爱戴之情。这是迄今为止，发现有关三白渠最早的碑记，可惜原碑已佚失不存。碑文引自《刘宾客文集》。文中对刘仁师生平有较详细的介绍。特别是对唐代三白渠的用水管理和上下游之间历史性纠纷问题，作了具体生动的记述，是十分珍贵的史料。所谓“彭城堰”，是因刘仁师系彭城（今江苏徐州）人而取名。其堰址据今考证，在泾阳县三渠乡同官张村东和相邻的高陵县湾子张福韩村西之间，是一座分水节制闸。“刘公渠”渠首即在此由中白渠分水入渠。向东南流约3千米，即文中所记“千七百步”，至泾阳县永乐镇东北之磨子桥村处设分水闸，分为4条支渠，又称为“刘公四渠”，分别名曰“中白”“中南”“高望”“隅南”。其中中南渠下又别开一分支渠，称为“昌连渠”，可见工程的规模是相当大的，渠成后的效益也是很显著的。刘禹锡（772—842年），字梦得，洛阳（今属河南）人，自言系出中山（今河北定县）。唐代诗人、文学家。贞元间擢进士第，登博学宏辞科，授监察御史。曾参加王叔文集团，因反对宦官和藩镇割据势力被贬朗州司马，迁连州刺史。后由裴度力荐，任太子宾客，加检校礼部尚书。世称刘宾客。和柳宗元交谊甚深，人称“刘柳”；又与白居易多所唱和，并称“刘白”。其诗通俗清新，善用比兴手法寄托政治内容。《竹枝词》《柳枝词》和《插田歌》等组诗，富有民歌特色，为唐诗中别开生面之作。有《刘梦得文集》。碑文内容如下：

县内之大夫，鲜有遗爱在其去者，盖邑居多豪，政出权道，非有卓然异绩，结于人心，浃于骨髓，安能久而愈思？大和四年，高陵人李仕清等六十三人，思前令刘君之德，诣县请金石刻之。县令以状申于府，府以状考于明法吏。吏上言：谨桉天宝诏书，凡以政绩将立碑者，其具所纪之文上尚书考功。有司考其词宜有纪者，乃奏。明年八月庚午，诏曰：“可。”令书其章，明有以结人心者揭于道周云。

泾水东行，注白渠，酾而为三，以沃关中，故秦人常得善岁。按《水部式》：“决泄有时，畎浍有度；居上游者，不得拥泉而颛其腴；每岁少尹一人行视之，以诛不式。”兵兴以还，寖失根本。泾阳人果拥而颛之，公取全流，浸原为畦，私开四窦，泽不及下。泾田独肥，它邑为枯。地力既移，地征如初。人或赴诉，泣迎尹马。而怙泾之腴皆权幸家，荣势足以破理，诉者复得罪。由是咋舌不敢言，吞冤含忍，家视孙子。

长庆三年，高陵令刘君励精吏治，视人之瘼如熛疽在身，不忘决去。乃修故事，考式文暨前后诏条。又以新意。请更水道，入于我里；请杜私窦，使无弃流；请遵田令，使无越制。别白纤悉，列上便宜。掾吏依违不决。

居二岁，距宝历元年，端士郑覃为京兆。秋九月始具以闻。事下丞相、御史。御史属元谷实司察视，持诏书诣白渠上，尽得利病。还奏青规中。上以谷奉使有状，乃俾太常选日，京兆下其符。司录姚康、士曹掾李绍实成之，县主簿谈孺直实董之。

冬十月，百众云奔，愤与喜并，口谣手运，不屑鼛鼓。揆功什七八，而泾阳人以奇计赂术士，上言曰：“白渠下高祖故墅在焉，子孙当恭敬，不宜以畚锸近阡陌。”上闻，命京兆立止绝。君驰诣府控告，具发其以

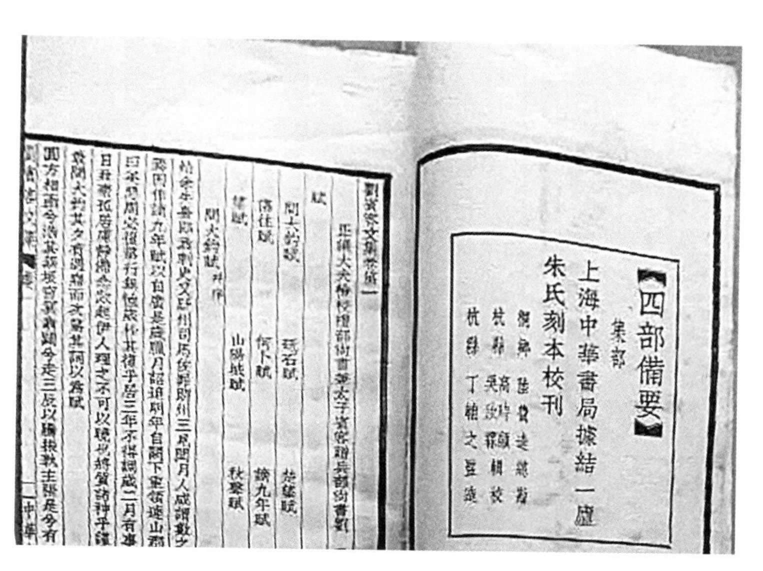

《刘宾客文集》

赂致前事；又谒丞相，请以颡血污车茵。丞相彭原公敛容谢曰："明府真爱人，陛下视元元无所恡，第未周知情伪耳。"即入言上前。翌日果有诏许讫役。

仲冬，新渠成；涉季冬二日，新堰成。驶流浑浑，如脉宣气。蒿荒沤冒，迎耜泽泽。开塞分寸，皆如诏条。有秋之期，投锸前定。孺直告已事，君率其寮躬劳徕之。丞徒欢呼，奋袂襛而舞。咸曰吞恨六十年，明府雪之。擿奸犯豪，卒就施为。呜呼！成功之难也如是。请名渠曰"刘公"，而名堰曰"彭城"。

按股引而东千七百步，其广四寻而深半之。两涯夹植杞柳万木，下垂根以作固，上升材以备用。仍岁旱沴，而渠下田独有秋。渠成之明年，泾阳、三原二邑中，又壅其冲为七堰，以折水势，使下流不厚。君诣京兆索言之。府命从事苏持至水滨，尽撤不当壅者。繇是邑人享其长利，生子以刘名之。

君讳仁师，字行舆，彭城人。武德名臣刑部尚书德威之五代孙，大历中诗人商之犹子。少好文学，亦以筹画干东诸侯，遂参幕府。历任剧县，皆以能事见陟，率不时而迁。既有绩于高陵，转昭应令。俄兼检校水曹外郎，充渠堰副使，且赐朱衣银章。计相爱其能，表为检校屯田郎中兼侍御史，斡池盐于蒲，赐紫衣金章。岁馀，以课就，加司勋正郎中，执法理人为循吏，理财为能臣。一出于清白故也。

先是，高陵人蒙被惠风而惜其舍去，发于胸怀，播为声诗，今采其旨而变其词，志于石。文曰：噫！泾水之逶迤。溉我公兮及我私。水无心兮人多僻，锢上游兮干我泽。时逢理兮官得材。墨绶茁兮刘君来。能爱人兮恤其隐，心既公兮言既尽。县申府兮府闻天，积愤刷兮沉痾痊。划新渠兮百畎流，行龙蛇兮止膏油。遵《水式》兮复田制，无荒区兮有良岁。嗟刘君兮去翱翔，遗我福兮牵我肠！纪成功兮镌美石。求信词兮昭懿绩！

8. 祭淮渎碑

此碑又名"桐柏淮源庙碑"，刻于东汉延熹六年（163年），已不存，此为元顺帝至正四年（1344年）据原拓描摹重刻，今在河南省济源县。2006年11月14日，祭淮渎碑入选第一批河南省文物保护单位名录。碑文中记述了南阳太守中山卢奴君修淮源庙一事。碑文内容如下：

延熹六年，正月八日乙酉，南阳太守中山卢奴君，处正好礼，尊神敬祀，以淮出平氏，始于大复，潜行地中，见于阳口，立庙桐柏，春秋宗奉。灾异告愬，水旱请求。位比诸侯，圣汉所尊，受珪上帝，大常定甲。郡守奉祀，斋洁沈祭。从郭君以来廿余年，不复身至，遣行丞事，简略不敬。明神弗歆，灾害以生。五岳四渎，与天合德。仲尼慎祭，常若神在。君准则大圣，亲之桐柏，奉见庙祀。崎岖逼狭，开佑神门，立阙四达，增广坛场，饬治华盖，高大殿宇，口齐传馆，石兽表道，灵龟十四，衢廷口倘，官庙嵩峻，祇峻，祇慎庆祀。一年再至，躬进三牲。执玉以沈，为民祈福。灵祇报佑，天地清和。嘉祥昭格，禽兽硕茂，草木芬芳，黎庶赖祉，民用作颂。其辞曰：

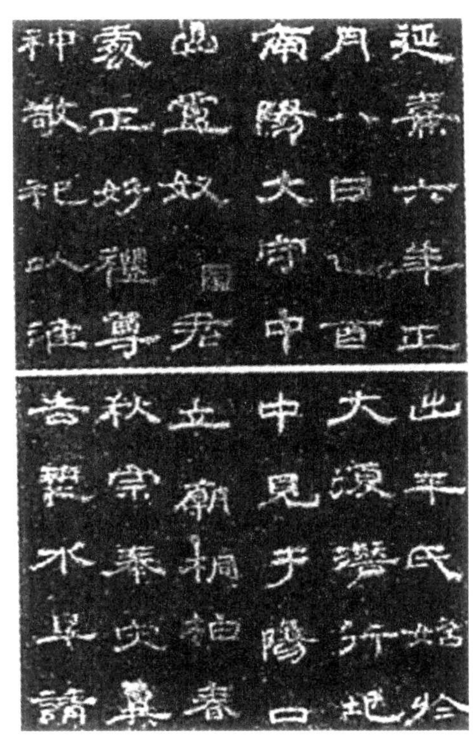

祭淮渎碑（源自范天平编注《豫西水碑钩沉》，陕西人民出版社2001年版，第26页）

泫泫淮源，圣禹所导。汤汤其逝，惟海是造。疏秽济远，柔顺其道。弱而能强，仁而能武。口口昼夜，明哲所取。实为四渎，与河合矩。烈烈明府，好古之则。虔恭礼祀，不愆其德。惟前废弛，匪躬匪力。灾眚以兴，阴阳以忒。陟彼高岗，臻兹庙侧。肃肃其敬，灵祇降福。雍雍其和，民用悦服。穰穰其庆，年谷丰殖。望君舆驾，扶劳携息，慕君尘轨，奔走忘食。怀君惠赐，慕君口轨，国君罔极，于胥乐兮，传于万亿。

春侍祠官属五官掾章陵刘䜣，功曹史安众、刘瑗，主簿蔡阳乐茂，户曹史宛任口巽掾新口功曹史郦、周谦，主簿安众、邓嶷，主记史宛、赵旻，户曹史宛、谢综。

元至正四年三月前翰林待制吴炳记　安仁大师何德洪刻

9. 大明诏旨碑

大明诏旨碑是明朝朱元璋在沂山东镇庙碑林立下的碑。此碑位于大殿古祭台东约4米御碑亭内，用料为石灰石，由碑首、碑身、碑座3部分组成。其中碑首、碑身连为一体，与碑座榫铆连接。整碑通高6.8米、宽2.2米、厚0.34米，其刻立规格等级之高，碑体体量之大，均为东镇碑林三百六十碑碣之首。

《大明诏旨》碑额题“大明诏旨”四字，篆书，字高30.5厘米，宽22厘米，阳刻。碑身正文为正楷大字，阴刻，碑文竖排19行，539字，每字高7.5厘米、宽6.2厘米。《大明诏旨》碑可以说是“诏定岳镇海渎神号”碑，宣扬的是朱元璋不同于前代统治者的祭神主张。碑文记叙元朝末年天下大乱，作为一介平民的朱元璋，顺应民意平定天下。他认为应当以“礼教”治理天下。查考诸祀典籍记载，“五岳、五镇、四海、四渎”的封位赐爵祭祀开始于唐代，自此之后每个朝代对其崇名美号，有过之而无不及。朱元璋对此则有不同的认识。他认为“岳镇海渎”是高山广水，“英灵之气萃而为神”，对其祭祀应以山水本名称其神。在祭祀中，除了高山广水以外，还要对历代的忠臣烈士、各府州县的城隍庙神进行祭祀。此外，他着重提出了对孔老夫子的恭敬祭祀，同时也指出天下无功于生民的神祠一律不予祭祀。

大明诏旨碑

10. 创建九龙庙献殿碑记

此碑立于明正德（1506—1521年）年间，现存于河南省渑池县洪阳镇柳庄村南小龙庙檐下东墙壁上。碑高1.3米、宽60厘米，碑文损毁严重，几不可辨，从可读内容知是一则祈雨还愿碑：

……祠庙逾千载……丁卯旱魃成灾……祈雨而雨施……而神应若此，而我辈无以报之，则神将焉依，于是……非征文以记其迹，则神力恐后泯灭矣。

《创建九龙庙献殿碑记》（源自范天平编注《豫西水碑钩沉》，陕西人民出版社2001年版，第60页）

11. 灵宝西路井渠碑

此碑立于明嘉靖二年（1523年），1996年8月19日在河南省灵宝市大王镇西路井村张立院内挖出，现存放在西路井村委会院内。碑名为《豫西水碑钩沉》编者所加。该碑为双面，碑高1.2米、宽49厘米、厚8厘米。正文6行，满行23字，正楷竖写，未署撰书者姓名。其正面题为“重修观音堂碑记”，碑额书“大明”两字。碑阴内容如下：

河南府陕州灵宝县为水利事：据本县神窝里李武告，保前旧有武食用下硙里水渠一道。先年山水闭塞，今欲要流通，恐心未齐，看得本村张松和、李异平素公直，堪充渠司，如蒙准理，乞赐下帖，庶为未便等因，准此拟合就外合行帖，仰保役速照帖文内事，即便督领有地甲夫上紧挑修，宽深务使水通流，毋致阻滞，如有不服之人，呈来以凭究治，施行须至贴者。

计开甲头　李宗孝　张　进

李　大　张　瑞

右帖下渠司张松和李异准此

嘉靖二年七月十四日

帖正

共字肆佰捌拾。

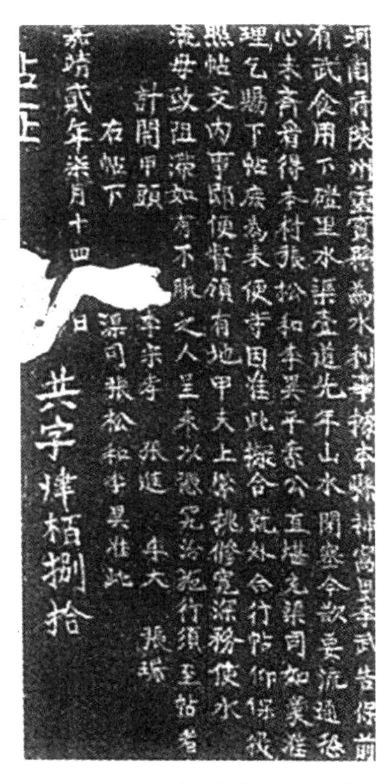
灵宝西路井渠碑（源自范天平编注《豫西水碑钩沉》，陕西人民出版社2001年版，第307页）

12. 重修淮渎庙记碑

此碑高265厘米、宽115厘米，立于明嘉靖九年（1530年），现存于淮安市老子山，为江苏省淮安市不可移动文物。碑体原已断为两截，1998年维修重竖，现左下角缺失，碑文残缺。记文由时任谏议大夫都察院右副都御史唐龙撰写，主要记述了大禹擒拿水怪巫支祁锁于龟山的历史和建庙工程，以及嘉靖年间凤阳府知府曹子嘉和知州袁子淮等人修建淮渎庙一事。淮渎神庙，南北朝以前设在离老子山不远的渎头镇，后移建于龟山巫支祁井旁。明嘉靖元年（1522年）后，重修龟山淮渎庙，淮神像高一丈三尺。唐龙（1477—1546年），字虞佐，号渔石，浙江承宣布政使司金华府兰溪县（今浙江省金华市兰溪市）人。正德三年（1508年）进士，任郯城知县，嘉靖时，累迁右佥都御史，总督漕运兼巡抚凤阳诸府，罢榷税及虚田之租，进兵部尚书，总制三边军务。赈陕西饥，屡败吉囊及俺答。累官至吏部尚书，以年老多病，每事咨僚佐，辄为所欺，罢为民。卒后复官，赠少保，谥“文襄”。碑文内容如下：

重修淮渎庙记

嘉议大夫都察院右副都御史前总督漕运兼巡抚凤阳等处地方兰溪渔石唐龙撰

洪蒙既分，震荡底定，天下之水，播为四渎。所以平准五行，纲纪八维，渗漉九野，润泽万物。胥于是乎在，夫淮其一乎，而与江、与河、与济厮流合源，并形区域者也。淮出于胎簪，由桐柏而导之，挟涡水而中注于泗。距泗之盱眙东北三十里，龟山隆而起，延首曳尾，丰背而踞，跗束其澜，以输之东海。不激不悍，不轶不溢，民享其利而亡其害。是山又淮之镇也，山有淮渎庙，不知祀者何神。《经》云：“禹治水三至桐柏，获水神巫支祁，形犹猕猴，力逾于九象，命庚辰扼而制之，锁于山之足，淮水始安。”夫神岂庚辰与？抑公羊子曰：“支祁之宫在是尔。”夫山妖水怪，直惟驱之而已，岂可宫耶？其诞明矣。岁月滋久，庙日以圮。水且失其故道，汛焉，汤汤焉，灌于沙陟五十二河、湖，害未已也。嘉靖己丑春，凤阳府知府曹子嘉率知州袁子淮登山之巅，以省厥畜，怃然叹曰：“惟庙不称神居，水之用溢，无乃神弗相与民溺，已溺则何忍？”时予方抚莅兹土，侍御史徐子锦亦以行部至，亟以工告而咸是之。知府、知州与盱眙县知县朱鸾，各捐金以经始其役，庶民于于而集。越四十日，用告厥成。予已还朝摄台事，知府、知州轻数千里，而以文请予。惟神以庇民，国以事神，庇民弗至，有神之羞也；事神弗虔，有官之责也。况兹水患，间殚为河民其鱼矣，乃悍然莫之省忧乎！今日之役，为民之故，以徼惠于神，庶几，神之居歆，御灾捍患，罔怠厥职矣。譬若婴儿有疾，其母遍索鬼物而祷之，情之至也。即嫌于媚奚恤，上之不忍吾民，犹父母之不忍吾子也。是故忧河决者，乃沉其玉；闵天旱者，靡爱斯牲。率用此道尔矣，其书之也则宜。知府廉直慈惠，知州洁己爱民，其所善政，咸沨沨然以兴，夫工特取节云。

重修淮渎庙记碑

嘉靖庚寅孟秋既望建。

13. 黎侯新建沙河碑记

此碑立于明万历二十年（1592年），现存河南省卢氏县城东北沙河乡。碑高1.8米、宽72厘米、厚20厘米，正文14行，满行60字，正楷竖写，字被风雨剥蚀模糊不清，但文意可辨，可知是记载治理修建沙河的相关事宜。由儒学人黔南田助国撰文、睢南宋同文篆额、临清孙光户书丹。碑额竖写两行为“黎侯新建沙河碑记”8个篆体字。黎侯，即时任知县黎道美；沙河，即卢氏县城东北的沙河。主要内容如下：

夫堤者，止也。止水于是俾无泛滥也。善乎□莱（缺）未□则频水之人可恃无恐语藉赖焉。呜呼！为政以惠微一人者，（缺）溥功昭一时者，其颂□业盖世，世者其始终□势□永赖。卢氏莘川地也，邑北有沙河，岁铁岭而来，直走城北关下，复转而东流，入□□由地中行，未闻奔溃四出，以故北（缺），庶称殷富。焉何今年七月之晦夜半，雷雨大作，河水汹涌突出北关村，房屋冲塌无算，坏赀财漂男妇没溺者以八十计命，（缺）声勒或□满地，唐世水之惨兹再见也。时我黎侯莅卢甫五月，乃愕然骇，愀然悲其伤残，（缺）而受灾之家已摧若挟纩，又缉其无主与不能为葬具者，皆一一置木殓而瘗之，（缺）侯同父老与之议曰：江南水国也，邑有堤畔□若多畚箕（缺）水患，矧□沙河乎。今日筑堤用急，乃舍舆步履，相地形也。克日鸠工，因农毕也。采石（缺）男出一夫，慎民力也。捐俸散粟，给徒役也。上自石桥逆其河遂向东开口送其往，中作堤，前杀其势，又于东关内修长堤一路，防洪溢焉，以四（缺）事为二□余，君亦（缺）后劳黄君，则自辰终酉巡视施□，民□子□不□而勤，不讴而力，行者止，观筑者忘倦。延袤五百余丈，其高五尺许，其阔丈有余，（缺）月朔起工，逾月八日告竣。是日：侯以豕羊祝□河神曰：祈我河神（缺）故道，无冲我堤，厥民安堵。遂偕僚属，行彼堤中，还望叹曰：堤设而北关其□□首！（缺）民将富于旧乎。虽邑之毓秀，□□□□□斯乎复进父老诏之曰：斯堤吾与汝共为之，当与我共守之。余将分地植柳，庶异日可无颓圮。诸父老惟（缺）侯之堤泽赖群黎，请一言以记侯□□而□之□？如尹之贤劳齐民之（缺）于余何与？余曰：贤劳在四尹，后役在齐民，然忧思者谁，发纵者谁，虽侯（缺）不求名，而生灵之利赖者钜，此世之奠安者，远□代情其容己乎。□□□□□□□地月建应钟，天多雨雪，胡工之兴也，阳煦者多，冲和者众，而阴翳者（缺）三日，岂侯之精诚格天地，忧勤苦二项，不然何成工遽也。传云：不一劳永逸，侯之心焉。又曰：拯民于沉溺，以奉至尊之休德，侯之功焉。后之嗣侯令者，视（缺）期记泽勤政，时循而葺之，皆侯之泽焉。非一世至千百也。且不济□也□，民其永赖乎哉！侯□□□书，道美名，永屏号，洪都人也。

县丞主事、典史等姓名略

万历二十年岁次壬辰冬十一月之吉

黎侯新建沙河碑记（源自范天平编注《豫西水碑钩沉》，陕西人民出版社2001年版，第178页）

14. 敕建杨桥河神祠碑记

敕建杨桥河神祠碑记

清乾隆二十六年（1761年）刊立在中牟县杨桥黄河决口处的《敕建杨桥河神祠碑记》，是乾隆皇帝撰文并书写。高250厘米，宽98.5厘米，厚26厘米，为纪念乾隆派员堵塞中牟杨桥决口工成而立，又称乾隆御碑。清乾隆年间三门峡至花园口普降暴雨，黄河发生特大洪水，中牟杨桥决口口门宽数百丈，灾情十分严重。乾隆帝闻讯，甚为震惊，派大学士刘统勋、协办大学士兆惠预筹堵塞决口。是年九月一日开始堵口，当年十一月合龙。石碑阳面镌刻河工及建河神祠事，阴面镌刻乾隆帝亲赋《豫河志事诗》3首。现收藏于黄河博物馆。

15. 创建二龙庙碑记

此碑记刻于清乾隆四十八年（1783年），原立于渑池县傅村（今属义马市）村西二龙庙内，今移于院东厦房屋墙壁，碑高1.4米、宽55厘米，正楷7行，每行41字。乾隆二十六年（1761年）七月十五日始，暴雨五昼夜不止，伊、洛、涧诸水泛滥，洛阳至偃师夹滩地带水深丈余，大水冲灌偃师县城，城廓倒塌、庄稼殆尽，此水碑可作此大水灾之旁证。碑文内容如下：

且夫人也者，托神而生焉者也。而神之至灵者莫如金白二龙王焉。盖尝于乾隆二十六年知之，斯年七月十五至十九日，大雨常沛，如洪水而滔天，涧水暴发其损地亦何数。维时合村人跪祝神圣，雨止河落，而人得以宁焉。二龙之灵威何如哉！况历年来，逢旱而祈雨甚灵，遇涝而河归故漕，功德之浩荡，诚不可不有以相报也。三十六年张龙光偶起善念，恭约圣社，三十八年合社人等，各捐金助资思建圣庙。迨四十六年堂兄奎光宗弟耀祖、奉祖等募化布施，且施地一区，建庙三楹焉，聊以表敬神之微意耳。於戏！风调雨顺，千秋仗其威灵；夷风静浪，万方资其保护。兹值工成告竣，合勒贞珉以志不朽云。

（功德主及化主姓名、捐钱数略）

薰沐张凤光敬书

乾隆四十八年六月吉日立

创建二龙庙碑记（源自范天平编注《豫西水碑钩沉》，陕西人民出版社2001年版，第191页）

16. 严太爷生祠碑文

此碑立于清道光十七年（1837年），原在路井村祠堂，现存于河南省灵宝市大王镇路井村委员会院内。碑为碑文，共16行，满行44字；碑额上书“大清”二字，两边花纹环绕；碑高1.79米，宽64厘米，厚11厘米。生祠，指为在世之人所建的祠堂。因县令严印芝（字仙舫）解决了下硙村与路井村多年的渠水之争，村民感恩，特立此生祠，并勒石为记，请特授修职郎候选府经理张兆麟撰文并篆额。碑文内容如下：

尝考历代祀典，重有功于民者，故祭法云：法施于民则祀之，以劳定国则祀之，然犹身后事也。至鲜于为一路福星，司马是万家生佛，民间朝夕焚香致虔，生祀之立感恩盖深矣。余路井村历无井泉，西靠大岭障隔好阳河东，好阳自出峪口旧有益民、厚民二渠，不与岭东相接，立村之始，昔人从磨头，下硙买地开渠，引好阳河水下注，名育生渠，居人赖以食用，此每月逢五行水由来也。后因河水暴溢，渠被沙石闭塞。明世宗嘉靖二年村人李武禀请仁天苟太爷，重开工竣立碑。迨后南宋、磨头、下硙等村又开灌田之渠。万历二年七月，益民、厚民二渠以等村灌田恒竭河水兴讼。蒙仁天王将磨头等村灌渠与食用渠同更名中水渠。讯断益民、厚民两渠各行水三日，中水渠行水四日，十日一周，已既有成规矣，乃讼方息。下硙李合等反复阻路井食用水。余七世祖张三乐将合等告拘讯，令李合等自书私约朱标结案。顺治十四年，沃底李曲争水兴讼，以无据难结。然余祖张国瑞、张世道闵其久讼，具分析呈子并粘朱批私约，前仁天得以为据，始断轮河使水与下硙增水两日，路井村水仍旧。万历迄今综记二百三十年章程不移。忽于道光十四年，下硙渠司张群貌率众阻水，称下硙无路井渠，人畜至有渴死者。路进渠司张宝材陈纂诗呈控仁天李案下，又控仁天管案下，悉断照旧行水，皆未明有渠。至十五年十二月，严仁天下车，十六年二月亲诣细勘，自路井辩护词不能徒步丈至磨头，又丈明下硙东西两渠，断以前明碑文谓下硙有开食用渠一道，朱批私约叙逢五行水，既有渠不必占执河渠，且下硙同愿路井在西渠行水，即以西渠为两村官渠，可乃各施断案一张、渠图一张，又立合同各执一张。兼为久远计，渠有定所，不惟永无渴死之患，且并资灌溉之需，是真下恤其劳、法施于民者也。拟以生佛、福星何愧，于是村之人忭喜踊跃，乐建生祠，爰命余记其事云。

严公印芝，字仙舫，系湖南辰州府溆浦县、桥江镇籍。

特授修职郎候选府经理　张兆麟　撰并篆额

邑庠生　张玉山　书丹

道光十七年岁欠丁酉口月二十五日立

严太爷生祠碑文（源自范天平编注《豫西水碑钩沉》，陕西人民出版社2001年版，第311页）

17. 吉语石刻（5通）

（1）“安澜底定 · 平升三级”石刻：石刻高84厘米、宽37厘米，现存于江苏省洪泽湖水利工程管理处。为竖式，石色青白，四边留框，边框内满刻连环“回”字纹。画堂内上端右起横刻“安澜底定”四字，楷书，字边饰变体细线万字纹。下半部中央刻一灯笼瓶，直口，短颈，丰肩，筒腹，圈足。瓶下配有倒置鹅冠状在枣几托。瓶口内插戟三支，戟呈放射状，中间一支正摆，两边侧摆。石刻右上饰有如意头的蕙草一株，左上饰一竹笙，竹笙腰间系有飘动的绸带，下端空白处满饰山石纹。石刻构图饱满，雕刻精湛，寓意“平升三级”。

（2）“永保安澜 · 暗八仙纹”石刻：石刻高75厘米、宽33厘米，现存于江苏省洪泽湖水利工程管理处。为竖式，浅刻有长57厘米、宽30厘米画堂，画堂中央刻“永保安澜”四字楷书，其余刻暗八仙纹饰。图案繁缛饱满，构图精美，镌刻精细。更具民俗文化特色的“永”字头上缺少一点，意为保护大堤安全，永远没有尽头。它是大堤石刻遗存中少见的精品之一，遗憾的是石刻已有破损。

（3）“一统万年 · 湖平工稳”石刻：石刻高80厘米、宽31厘米，现存于江苏省洪泽湖水利工程管理处。为竖式，石质为玄武岩。石面上端剔一字堂，长20厘米、高8厘米，右起横刻“一统万年”四字楷书。石

吉语石刻（5通）[源自南京博物院编《大运河碑刻集（江苏）》，译林出版社2019年版，第60页]

刻主体剔一字堂，长58厘米、宽24厘米，字堂边框刻又线，堂内刻“湖平工稳”四字楷书，皆为楷体。字堂四角皆饰“如意角”。整体工整严谨，素雅大气。

（4）“风恬浪静”石刻：石刻高75厘米、宽36厘米，现存于江苏省洪泽湖水利工程管理处。画面竖式。它是2014年新登记的文物，石质为玄武岩。石刻为双线刻一字堂，字堂上端饰柿蒂纹角。堂内竖排阴刻四字楷书。

（5）“普颂安澜”石刻：石刻高85厘米、宽44厘米，现存于江苏省洪泽湖水利工程管理处。为竖式。它是2014年新登记的文物，石质为玄武岩。石刻表面刻有长41厘米、宽24厘米长方形字堂，堂内竖排阴刻四字楷书。

碑文内容如下：

安澜底定·平升三级

永保安澜·暗八仙纹

一统万年·湖平工稳

风恬浪静

普颂安澜

18. 登士佐郎俊卿邓公施善渠地碑

此碑立于民国十七年（1928年），碑现为两截，存于河南省渑池县洪阳乡吴庄村委邓湾村民组，邓长寿责任田水口停放。碑文内容如下：

邓公乐善好施，见义勇为。吴庄村西涧水上游旧有渠道，以资灌溉，嗣以河身冲低，渠乃中止。幸而涧龙渠水，必由公地行，乃商诸公。公曰：引水灌田，公益也。古之人有让畔者，我窃效之。涧龙渠永远走水，不敢课租。日后渠若有损，允在地中挪移。众感恩欲报，而公已殁。迄今三年，众愿伐石以彰厥善。丐余文以志不忘。余窃叹：公此举，有三善也，不私己有，一也；襄成水利，二也；而挽颓俗，三也。吁！可以风矣。故乐为之序。

炎干刘东汉撰并书

吴庄村涧龙渠同立

民国十七年岁次戊辰夏秋七月中浣谷旦

登士佐郎俊卿邓公施善渠地碑（源自范天平编注《豫西水碑钩沉》，陕西人民出版社2001年版，第362页）

19. 重修太淙圣庙碑记

此碑立于民国二十六年（1927年），现存于河南省卢氏县南关路东贾汉民门前水沟上棚着。碑高60厘米，宽80厘米，厚8厘米。正文15行，满行15字。庙在距县城3.5千米 的内胡家寨村内。碑文内容如下：

昔吾先祖因天旱祈雨，许愿甚大，手中拮据无力以酬神愿。于是将薄田贰亩卖银若干，仅于吾地中创修庙宇一间，栽培柏树二株，以报神恩。年岁久远，被雨倾圮。吾祖吾父独出私囊，屡次补修。民国十八九年间，又被风雨侵蚀。因数年来，沧桑多变，未获修葺，触目感怀，心焉恕之，爰于丁丑岁邀同族人等公议，将柏树二株卖大洋二百元，重修庙宇，绘像穿衣，焕然一新，费洋六七十元，此实承先启后，继我先祖之志也。下余款若干，出放行息，以作将来修补庙宇、设立学校为全族婴儿教育之基金，以培养吾揣门后世之子孙，惟恐日久有错。恩志数语以资证据，而垂不朽云。

族长　揣福寿　重修

门长（中间六人名略）同敬刊

中华民国二十六年七月初一日立

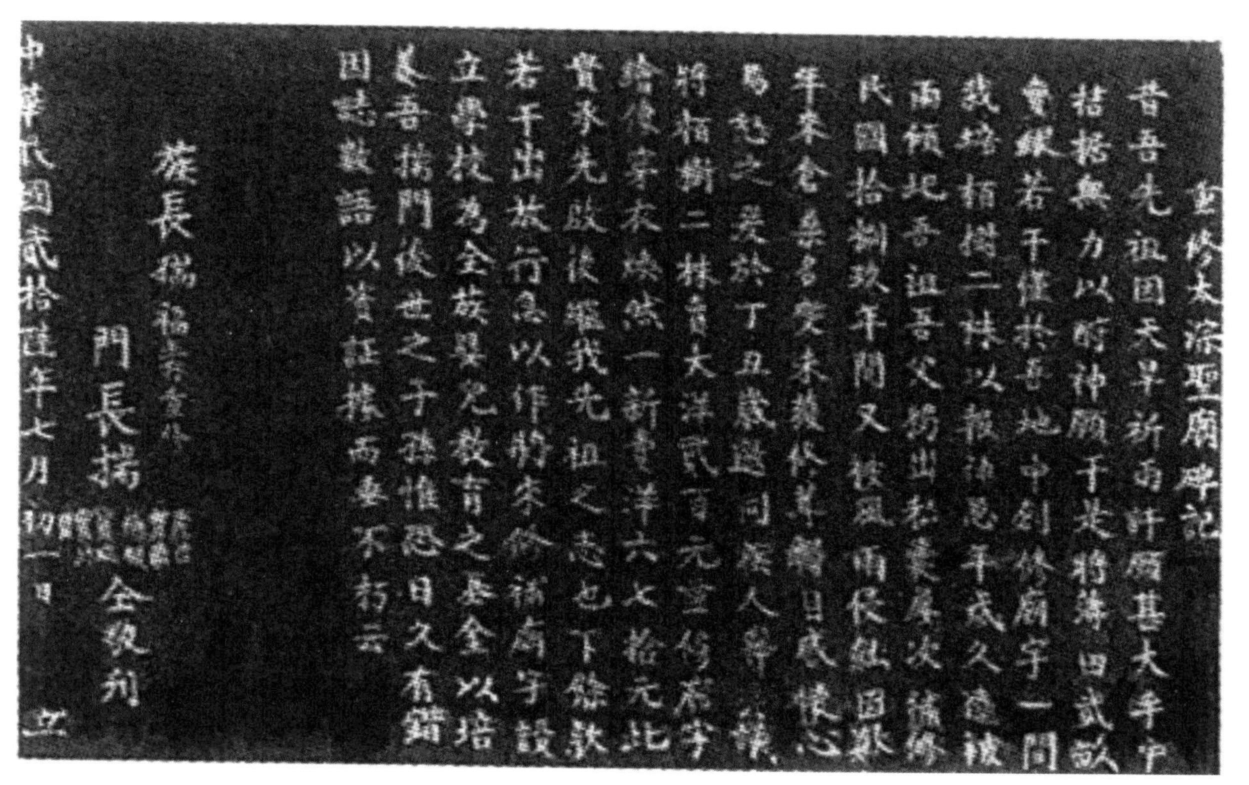
重修太淙聖廟碑記

昔吾先祖因天旱祈雨許願甚大手中拮据無力以酬神願于是將薄田貳畝賣銀若干僅於吾地中創修廟宇一間栽培柏樹二株以報神恩年歲久遠被雨傾圮吾祖吾父獨出私囊屢次補修民國拾捌玖年間又被風雨侵蝕因數年來倉桑多變未獲修葺觸目感懷心焉恕之爰於丁丑歲邀同族人等公議將柏樹二株賣大洋貳百元重修廟宇繪像穿衣煥然一新費洋六七拾元此實承先啟後繼我先祖之志也下餘款若干出放行息以作將來修補廟宇設立學校為全族嬰兒教育之基金以培養吾揣門後世之子孫惟恐日久有錯因誌數語以資証據而垂不朽云

族長揣福壽重修

門長揣　全敬刊

中華民國貳拾陸年七月初一日立

重修太淙圣庙碑记（源自范天平编注《豫西水碑钩沉》，陕西人民出版社2001年版，第364页）

20. 永保群众利益碑

此碑宽162厘米、高72厘米，横式，石质为玄武岩。立于1945年，现存于江苏省洪泽湖水利工程管理处。从明万历八年（1580年）起，洪泽湖大堤的迎水坡就开始增筑直立式条石墙护面，时称“石工墙”，历经明清两代171年渐成规模。1945年2月，日军侵占了蒋坝镇，破坏大堤石工墙200多丈，堤下百姓日夜不

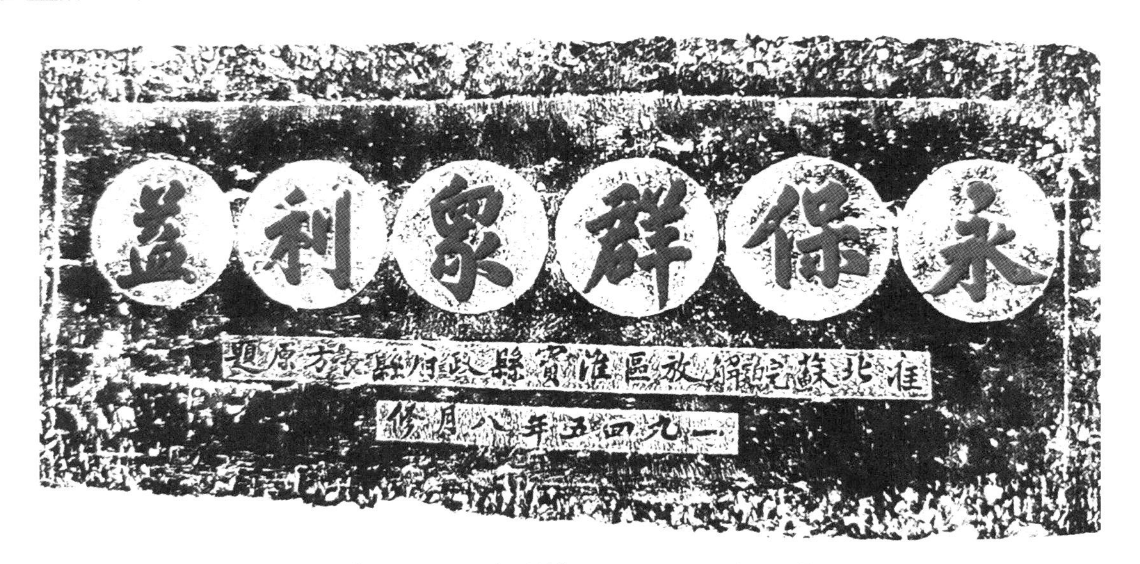

永保群众利益碑[源自南京博物院编《大运河碑刻集（江苏）》，译林出版社2019年版，第66页]

宁。3个月后，新四军收复了蒋坝，立即带领群众修复被日军破坏的石工墙，6月又在周桥南北修复了石工墙320丈。正是为了纪念苏皖解放区军民共筑洪泽湖大堤的功绩，淮宝县民主政府决定在大堤上立碑铭佩，县长方原代表中国共产党，在石碑上刻下了“永保群众利益”的题词。它见证了在抗战时期中国共产党为人民谋利益的宗旨。此碑是大堤石刻遗存中极具爱国主义教育意义的碑刻之一。碑文内容如下：

永保群众利益

淮北苏皖解放区淮宝县政府县长方原题，一九四五年八月修

2.2.4　水则碑

我国古代从大禹时起就开始重视对水文状况的观测和分析。水则，又叫水志，是中国古代的水尺，也就是古代观测水位的标记。“水则”中的“则”，意思是“准则”，通常每市尺为一则，又称为一划。刻有水则标尺的碑就是水则碑。水则碑通常被立于渠道的关键地段，它的作用就是观测水位变化，并用来测量水位，以达到预防洪涝灾害的目的，同时作为灌区农业灌溉配水的依据。

1. 宁波水则碑

此碑现位于宁波市海曙区镇明路西侧平桥街口（原是平桥河）。宋宝祐年间（1253—1258年）建，明清两代续修，现大部分石亭建筑为清道光时所建，保留了南宋的亭基和明代的重修“平”字碑。1999年，考古重现水则碑（亭）旧貌，经重修后，恢复平桥河，与月湖水系相通，还原了历史的环境氛围。水则亭为水则碑而建，亭在四明桥下，取适中之地，测量水势，镌“平”字于石上，城外诸楔闸视“平”出没为启闭，水没“平”字当泄，出“平”字当蓄，启闭适宜，民无旱涝之忧。因此，把四明桥改称为平桥。水则亭对保庄稼丰稔、州郡平安发挥了重要作用。水则碑利用平水的原理达到体察灾情、民情统一调度的目的，是我国城市古水利遗存中仅有的实例，是研究水利发展史、研究城市排涝防洪水利工程不可多得的实物例证，有着特殊的意义。

宁波水则碑1

宁波水则碑2

宁波月湖公园水中小亭子下面也有一块“水则碑”，水则碑始立于南宋开庆元年（1259年），由沿海制置使吴潜督造。上面刻有一个“平”，是古代宁波府各乡调剂水源所谓的标尺，也是浙江省最早的水文观测站。

2. 绍兴水则碑

明成化年间（1465—1487年），戴琥出任绍兴知府，守越十年。为加强绍兴河湖水位管理，戴琥在佑圣观前河中设立水则（即水位尺），又在佑圣观内立水则碑，即《山会水则碑》，并做出规定：“水在中则上，各闸俱开；至中则下五寸，只开玉山斗门、扁拖、龛山闸，至下则上五寸，各闸俱闭。”水则碑对宁绍地区山会平原的河湖水位，对不同季节、不同高程的农田耕作及舟楫交通都能照顾到，而且设于府城之内、府衙之旁，便于观察和执行。它从成化十二年（1476年）起，使用了60年，一直到三江闸的建成才退役。该石碑现陈列于大禹陵碑廊。

3. 吴江水则碑

宋宣和二年（1120年），在长江下游太湖流域的吴江县长桥垂虹亭旁竖立水则碑。水则碑分为“左水则碑”和“右水则碑”，左水则碑记录历年最高水位，右水则碑则记录一年中各旬、各月的最高水位。碑文为：“一则，水在此高低田俱无恙；二则，水在此极低田淹；三则，水在此稍低田淹；四则，水在此下中田淹；五则，水在此上中田淹；六则，水在此稍高田淹；七则，水在此极高田俱淹。”如果某年洪水位特别高，即于本则刻曰：某年水至此。该水则上刻写的最早年代为宋绍熙五年（1194年）。由此可知，水则碑不仅是观测水位所用的标尺，也是历年最高洪水位的原始记录。

其中右水则碑于1964年时被发现，仍立于长桥垂虹亭旧址北侧岸头踏步右端。在碑面刻有“七至十二月”六个月份，每月又分三旬的细线，还有“正德五年水至此”“万历卅六年五月水至此”等题刻字迹四处（见胡昌新《从吴江县水则碑探讨太湖历史洪水》，《水文》1982年第5期）。左水则碑早于明清之际损毁。

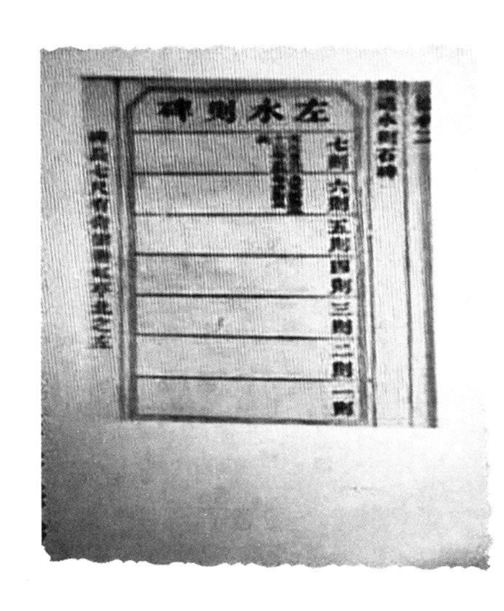

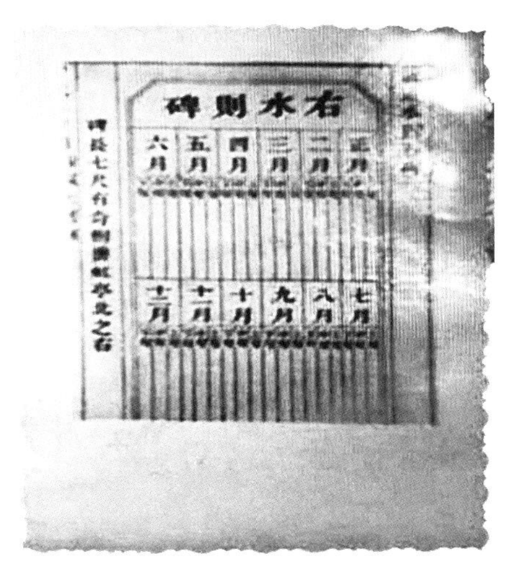

左右水则碑图示

吴江水则碑

宋代丰利渠取水口水则遗迹

4. 宋代丰利渠取水口水则遗迹

丰利渠在泾阳县西北、白渠上流，建于北宋后期（1068—1109年）。清光绪十一年（1885年）底，陕西省文物局委派秦建明，并邀请西北大学赵荣及杨政，对历代引泾工程遗址进行考古调查。调查中，在被标明为明代“通济渠”渠口处发现石刻文字。经过刷洗辨识，见到上下有方格状刻划，证实为一处古代石刻水尺。继而在附近又发现一处。调查分析表明，该渠实为北宋所修丰利渠，原标明代通济渠系误认；渠口水尺是北宋时所凿刻的测水设施。这两处水尺是一组测量设施，保存比较完整，其上刻凿文字也与测水有关。这是迄今所知我国考古发现中时代最早的水尺实物。

5. 江河洪枯水位刻痕

洪枯水位刻痕是指在河岸或河中选择比较牢固而又能反映水位变动幅度的岩石，刻上大洪水或枯水的水位痕迹，并注明其发生的年月。中国最早的洪水题刻是黄河支流伊河下游龙门左岸石壁上所刻的魏黄初四年（223年）的一次洪水记录。所刻内容见郦道元的《水经注》。根据洪水刻痕换算，此次洪水的洪峰流量约为20000立方米每秒，该数据成为20世纪60年代伊河上游陆浑水库的设计依据。

类似的洪枯水位题刻以长江干流居多。例如清同治九年（1870年）长江干流重庆至宜昌段发生了一次特大洪水，根据沿江各县大量的洪水题刻分析换算得出，其洪峰流量为105000立方米每秒，可谓800年来第一大水。这一数据已应用于长江水利规划和三峡水利枢纽设计中。

枯水题记也广泛分布于大江大河，其中以四川涪陵市的长江白鹤梁枯水题记最为著名。白鹤梁为一砂岩石梁，平时淹没于水下，只有枯水年份才露出水面。题刻多作鱼形，故有涪陵石鱼之称。已发现的题记共163条，记载了自唐代广德二年（746年）至今1200余年中72个枯水年份的水位值，实际上是一座长江枯水水文站。它是研究长江水资源的宝贵资料。

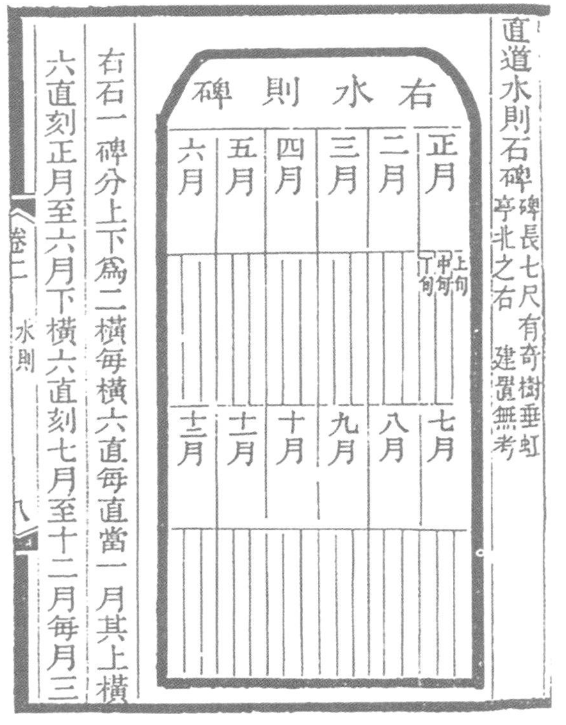

直道水則石碑 碑長七尺有奇樹垂虹亭北之右 建置無考

右水則碑

正月	二月	三月	四月	五月	六月
上旬 中旬 下旬					
七月	八月	九月	十月	十一月	十二月

右石一碑分上下爲二横每横六直每直當一月其上横六直刻正月至六月下横六直刻七月至十二月每月三

《卷二》 水則 八

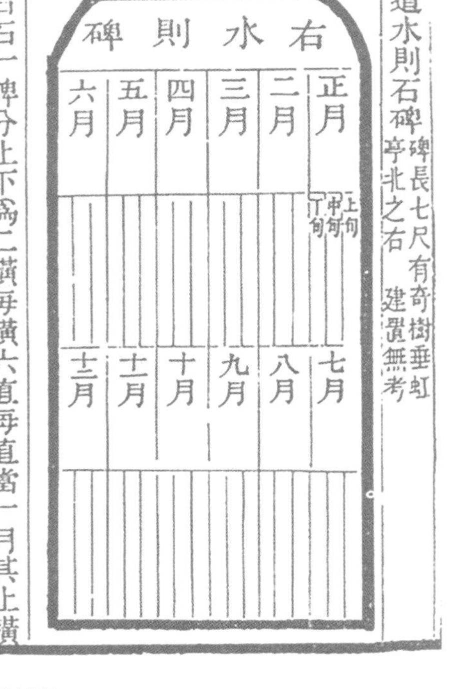

江河洪枯水位刻痕

都江堰用来观测水位的石人

6. 都江堰水则碑

我国最早的水则出现在秦昭襄王时（公元前251年）。成书于晋穆帝永和四年至永和十年（348—354年）的《华阳国志》，是一部专门记述古代中国西南地区地方历史、地理、人物等的地方志著作，其中《蜀志》记载李冰在各个水域设置了3个立于水中的石人水尺，以便及时观察水位的变化，并与江神约定："竭不至足，盛不没肩。"也就是说，水位不能低于石人的足部，也不能高于石人的肩部。因为如果水位低于石人足部，说明岷江引水量不够用，便会出现旱灾；如果水位高于石人肩部，就会出现洪灾。只有当水位在石人的足与肩之间，引水量才正好满足农业灌溉与防洪安全的要求。

宋代，都江堰的量水标记由石人演变为刻画水则。根据《宋史·河渠志》的记载，宋代把都江堰的水则刻在宝瓶口离堆的岩壁上，共10则，两则之间相距一尺。水位达到6则就能满足灌溉需要；超过6则，内江水量开始从飞沙堰和人字堰溢洪道排到外江。

元代时将都江堰水则刻在斗犀台下的三道岩石壁上，共11则。据《元史·河渠志》记载："牛犀台有水则，尺之为划，压十有一，水及其九则民喜，过则忧，没其则则困。"明代万历年间，都江堰的水则被迁移到宝瓶口，并由11则增至20则。清乾隆三十年（1765年），用条石重新刻划水则，共24则，沿用至今。

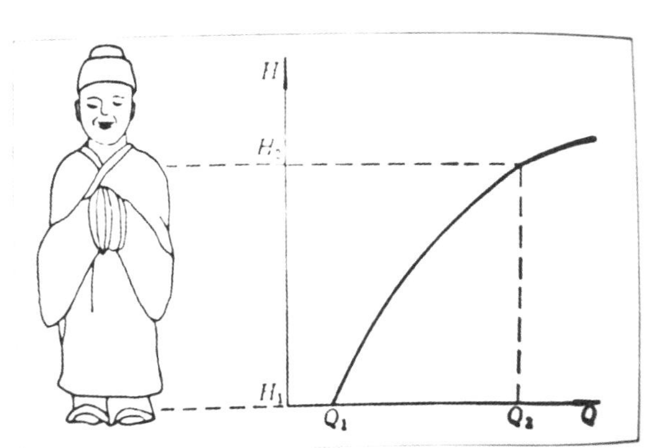

李冰石人像及其所表示的水位流量关系（源自谭徐明主编《中国灌溉与防洪史》，中国水利水电出版社2005年版，第86页）

7. 胥江水则碑

此碑高185厘米、宽78厘米、厚20厘米，立于清光绪二年（1876年），现藏于苏州碑刻博物馆大成殿后的抚廊。水则碑是刻在石碑上用以观测水位的标尺。古代称刻划道为“则”，立碑于水边，用以标注水位的高低和涨落。这方石碑照制吴江垂虹亭左的乾隆重刻水则碑，立于胥门外接官厅河滨。后在一堆建筑垃圾中发现，移置碑刻博物馆保存，从此碑可以看到遗失的垂虹桥水则碑的风貌。胥江水则碑碑阳刻文是清吴江知县陈莫纕参照已毁的宋代垂虹桥左水则碑重刻，立放在胥门河滨的水道口。碑阳内容如下：

吴中水利全书载：宋徽宗宣和二年，立浙西诸水则石碑，今他处咸弃失，惟吴而立垂虹亭左之碑尚存，为乾隆十二年知县陈莫纕考旧图说重刻，因令照制，……门外河滨，以验消长，而悉农情。

光绪二年七月　日

兵部侍郎兼都察院右副都御史江苏巡抚固始吴立

碑阴内容如下：

六则，水在此稍高田渰。

五则，水在此上中田渰。

四则，水在此下中田渰。

三则，水在此稍低田渰。

二则，水在此极低田渰。

一则，水在此高低田俱无恙。

胥江水则碑拓片1

胥江水则碑拓片2

8. 莲花石水文题刻

莲花石水文题刻位于江津区几江东门外长江航道北侧江水中，距几江长江大桥约100米。它由36块大小礁石、38段题刻组成，高180.89米，全露面积可达800余平方米。因其宛若一朵盛开的莲花而得名。由于石上题刻记录了近800年的长江枯水位情况，且其地处长江重庆段最上游，是长江上游方年水文的重要参考资料。同时，石上的诗词、书法、镌刻艺术等均有研究价值。2000年，莲花石水文题刻被重庆市人民政府公布为第一批重庆市文物保护单位。

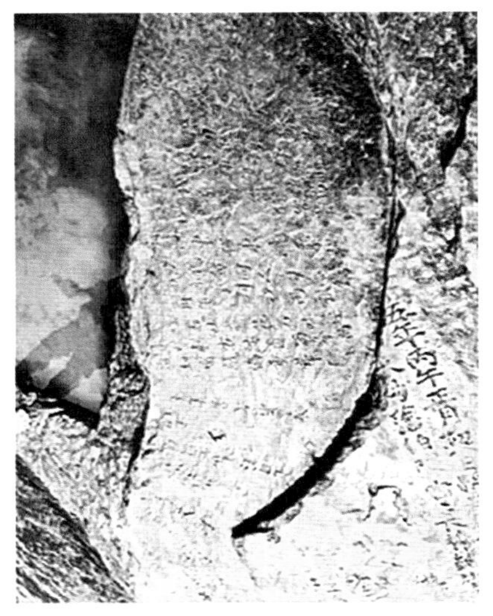

莲花石水文题刻1

莲花石水文题刻2

9. 巫峡口古代“我示行周”水文石刻

除洪水、枯水题刻外，还有水运题刻。历史上长江是中国南部重要的水运航道，长江三峡河段暗滩、礁石密布，是长江水运最危险的河段。古人通过长期航运实践，总结长江水位与行船安全的关系规律，在最危险的位置立石警示，提醒船只在合理的水位通过。例如，长江三峡中的巫峡口古代水文石刻“我示行周”位于峡口南岸，刻于清光绪三十一年（1905年），长约4米，宽约1米。四川奉节白帝城小滟滪堆碑刻是长江上另一处服务于水运的枯水水文题刻，位于长江入瞿塘峡口之夔沱，在滟滪堆旁的小滟滪堆悬崖上，嵌立2块碑石作为水运枯水警示标志。

巫峡口古代“我示行周”水文石刻

10. 云阳龙脊石

龙脊石是云阳县城前长江江心的一处长200余米，宽10多米的砂岩石梁。在三峡大坝修建前，每年冬春枯水季节露出水面，一般年份中部潜于江心，形成东西两岛，水位十分低下时，两岛成一片，宛如一条白龙潜于长江，故名龙脊石，又称龙潜石。据《云阳县志》载："这里自古为春游胜地"，每年春上，在龙脊石上宴游赋诗，占卜丰歉，十分热闹。因此，龙脊石上古诗文题刻极为丰富，有自北宋元祐三年（1088年）以来的各代石刻题记170余处，其中含53个枯水年份的68段水文石刻题记。石刻大字如斗，小字如粟，篆、隶、楷、草，样样俱全。"古渝之义熙，涪陵之石鱼，云阳之龙脊石，虽地各异，然意皆同。"

云阳龙脊石

會安橋

3
法 规 制 度

我国是水利大国，许多古代水利工程可谓闻名遐迩。这些水利工程能够运行数千年而不衰，还能不断得到改造和发展，不能不归功于历朝历代都有良好的水利管理制度。这其中水利法规的制订占有突出的地位。水法的直接对象是自然界的水，是为节制人类对水的利用而制订的，而这些法规制度的实施，又往往是通过兴建水利工程来达到的，这样便有更多人的劳动和群体利益分配参加进来。因此，水法既是对作为自然资源的水的管理，即充分利用水资源，以取得最大的经济效益；又是对作为社会财富的水的管理，即调整人们对水的占有关系和利益分配关系。正是由于这样的原因，并没有因战争破坏对水利工程的管理。

我国的水利法规，在春秋时期就已经出现。当时，随着地主阶级的兴起和社会的剧烈变化，法家受到各诸侯国的重用。法家在主政期间，通过铸《刑书》《刑鼎》和制定《法经》等方式，将符合地主阶级利益的成文法典公诸于世。这其中，楚国的国家法典中已经出现了水利管理制度的相关规定，秦代的《田律》中也有要求地方向中央上报降雨情况，以及不许“壅堤水”的明文规定。到了唐代，朝廷刑典中则规定，水资源为公共财富，不得进行私人垄断，并明令盗决堤防者视情节轻重予以处罚等。从此以后，历代的国家刑典都一直沿用类似的水利条例。除了国家大法之外，历代朝廷还制定有专门的水利管理制度，对于水利施工、农田水利、治河防洪、航运和城市供水等方面有着相当详细的规定。我国古代水法有着悠久的历史，它是中华民族不同时代社会环境里的产物，反映了我们民族自身的历史特点，体现了特定时期的自然条件和生活习惯，另外，它经过数千年的演变，经过了实践的充分检验，有很强的实用性。对我们今天制订新的社会主义水利法规，有着非常有益的借鉴作用。

水法是社会发展到一定阶段的产物，并随着自然条件的演变和实践经验的积累而不断完善。最初的水利法多是某个水利门类的单项法规，而后逐步完善，至唐代已有全国综合性的水利法典。制订和执行水法是国家水利主管部门的主要任务之一。在社会发展的初期阶段，生产尚不发达，人们对水的需求也比较有限，而当社会发展到一定时期，自然界的水无法满足要求而需要修建工程加以调节时，就出现了对水资源的占有和利用的社会问题。特别是对于水利工程兴建来说，它往往需要动员相当多的人力和物资，工程建成后更牵涉到多方面的利益，因此，尤其需要调节和约束。这种约束最初是“约定成俗”的惯例，后来，逐步加强其稳定性和权威性，形成了法规。唐代敦煌灌区的灌溉制度中说：“故老相传，用为法则。”概括了灌溉法的形成过程。随着时代的进步，水法的内容也不断得到修改和完善。当水力机械发明之初，尚不与灌溉争水，因而不必专门立法。到了唐代中叶，仅郑白渠上就有水碾、水磨数十座，灌溉面积锐减，因此一再由皇帝出面干预，并在《水部式》中对设在灌区内的水磨使用时间有严格的规定。

按照不同的服务对象，水利又分作防洪、农田水利、航运、城市水利和水利施工组织管理等门类，虽然它们之间存在着密切的联系，但却有着各自不同的特点，解决不同的问题，并大多有本身适用的地区范围。灌溉和排水法规是水法重要的组成部分。下面本章就对中国古代著名的水利法规进行一番阐释。

3.1 国家法律

3.1.1 周朝《周礼》

周朝伊始，为配合政治上维护宗周统治的分封制，周公旦对上古至殷商的礼乐进行了大规模的整理、改造，创建了更为具体可操作的礼乐制度，其中包括饮食、起居、祭祀、丧葬、教育等社会生活的方方面面，使其成为系统化的社会典章制度和行为规范，这就是儒家奉为经典的《周礼》。《周礼》中有关水利管理的记载虽然只有寥寥数条，但是提供的信息很关键。

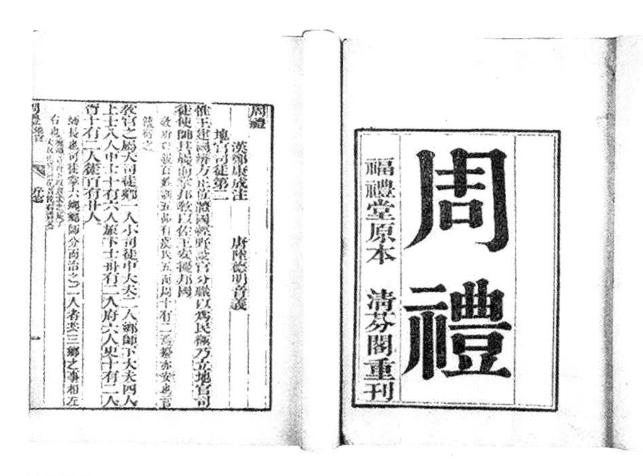

《周礼》

《周礼·地官司徒·叙官》中“教官之属”中有“土均”一职，官中设员为：

土均，上士二人、中士四人、下士八人、府二人、史四人、胥四人、徒四十人。

《周礼·地官司徒第二·遂人土均》中言其主要职责是：

土均掌平土地之政。以均地守，以均地事，以均地贡，以和邦国、都鄙之政令、刑禁。与其施舍、礼俗、丧纪、祭祀。皆以地媺恶为轻重之法而行之，掌其禁令。

土均掌管使土地税合理，使山林川泽之税合理，使各种从业税合理，使各诸侯国进献的贡物合理。宣布有关诸侯国和采邑的政令、刑法、禁令以及免除赋税徭役的原则，礼俗、丧事、祭祀，都依据土地的好坏作为轻重的原则而加以实行，掌管有关的禁令。

《周礼·地官司徒·叙官》中“教官之属”中有“川衡”一职，官中设员为：

每大川下士十有二人；史四人，胥十有二人，徒百有二十人。中川下士六人；史二人，胥六人，徒六十人。小川下士二人；史一人，徒二十人。

每条大河由下士12人担任，还配有史4人，胥12人，徒120人；每条中等河流由下士6人担任，还配有史2人，胥6人，徒60人；每条小河由下士2人担任，还配有史一人，徒20人。

《周礼·地官司徒第二·草人羽人》中言其主要职责是：

掌山川泽之禁令而平其守。以时舍其守，犯禁者，执而诛罚之。祭祀、宾客，共川奠。

川衡掌管巡视川泽，执行有关的禁令，而合理安排守护川泽的民众，按时安置守护人，有违犯禁令的就抓捕而加以惩罚。举行祭祀，或招待宾客，供给河中所产的鱼、蛤等物。

《周礼·地官司徒·叙官》中“教官之属”中有“泽虞”一职，官中设员为：

每大泽大薮中士四人，下士八人；府二人，史四人，胥八人，徒八十人。中泽中薮如中川之衡。小泽小薮如小川之衡。

每个大泽、大薮由中士咀人担任，下士8人为副手，还配有府二疋史4人，胥8人，徒80人。中等的泽、中等的薮的泽虞如同中等河流的川衡的编制，小泽、小薮的泽虞如同小河的川衡的编制。《周礼·地官司徒第二·草人羽人》中言其主要职责是：

掌国泽之政令，为之厉禁。使其地之人守其财物，以时入之于玉府，颁其余于万民。凡祭祀、宾客，共泽物之奠。丧纪，共其苇蒲之事。若大田猎，则莱泽野；及弊田，植虞旌以属禽。

泽虞掌管王国湖泽的有关政令，为之划分范围设置藩界和禁令，使当地的民众守护湖泽的财物，按时缴纳皮角珠贝等给玉府，其余的财物分归民众所有。凡祭祀或接待宾客，供给湖泽所产芹菜、莼菜、菱角、鸡头等物。丧事，供给所需的芦苇和蒲草。如果王亲自田猎，就芟除湖泽猎场周围原野的草。到停止田猎时，就在猎场中树起虞旌而聚集所猎获的禽兽，以便分类摆放。

《周礼·秋官司寇·叙官》中“刑官之属”有“雍氏”一职，官中设员为：

下士二人，徒八人。

由下士2人担任，还配有徒8人。

《周礼·秋官司寇第五·司隶庭氏》言其主要职责是：

掌沟渎浍池之禁，凡害于国稼者。春令为阱擭沟渎之利于民者，秋令塞阱杜擭。禁山之为苑泽之沉者。

雍氏掌管有关沟、渎、浍、池的禁令，凡可能造成危害王国庄稼的（都加以禁止）。春季命令设置陷阱，阱中设擭，修挖沟、渎等以利于民众，秋季金令填基阱攫。禁止依山修建苑囿和在湖泽中投药。

《周礼·秋官司寇·叙官》中“刑官之属”有“萍氏”一职，官中设员为：

下士二人，徒八人。

由下士2人担任，还配有徒8人。

《周礼·秋官司寇第五·司隶庭氏》言其主要职责是：

掌国之水禁。几酒，谨酒。禁川游者。

萍氏掌王国有关水的禁令。监察人们饮酒，节制人们用酒。禁止在河里游泳。

3.1.2 战国《礼记·月令》

《礼记·月令》是按照一年十二个月的时令，记述朝廷的祭祀礼仪、职务、法令、禁令，王者以此来安排生活的政令。其中有多条与水务政令相关，起到了行政法的效用：

孟春行夏令，则雨水不时，草木蚤落，国时有恐。行秋令则其民大疫，猋风暴雨总至，藜莠蓬蒿并兴。行冬令则水潦为败，雪霜大挚，首种不入。

仲春行秋令，则其国大水，寒气总至，寇戎来征。行冬令，则阳气不胜，麦乃不熟，民多相掠。行夏令，则国乃大旱，暖气早来，虫螟为害。

季春之月，……是月也，命司空曰：时雨将降，下水上腾，循行国邑，周视原野，修利堤防，道达沟渎，开通道路，毋有障塞。田猎罝罘、罗网、毕翳、餧兽之药，毋出九门。

季春行冬令，则寒气时发，草木皆肃，国有大恐。行夏令，则民多疾疫，时雨不降，山林不收。行秋令，则天多沉阴，淫雨蚤降，兵革并起。

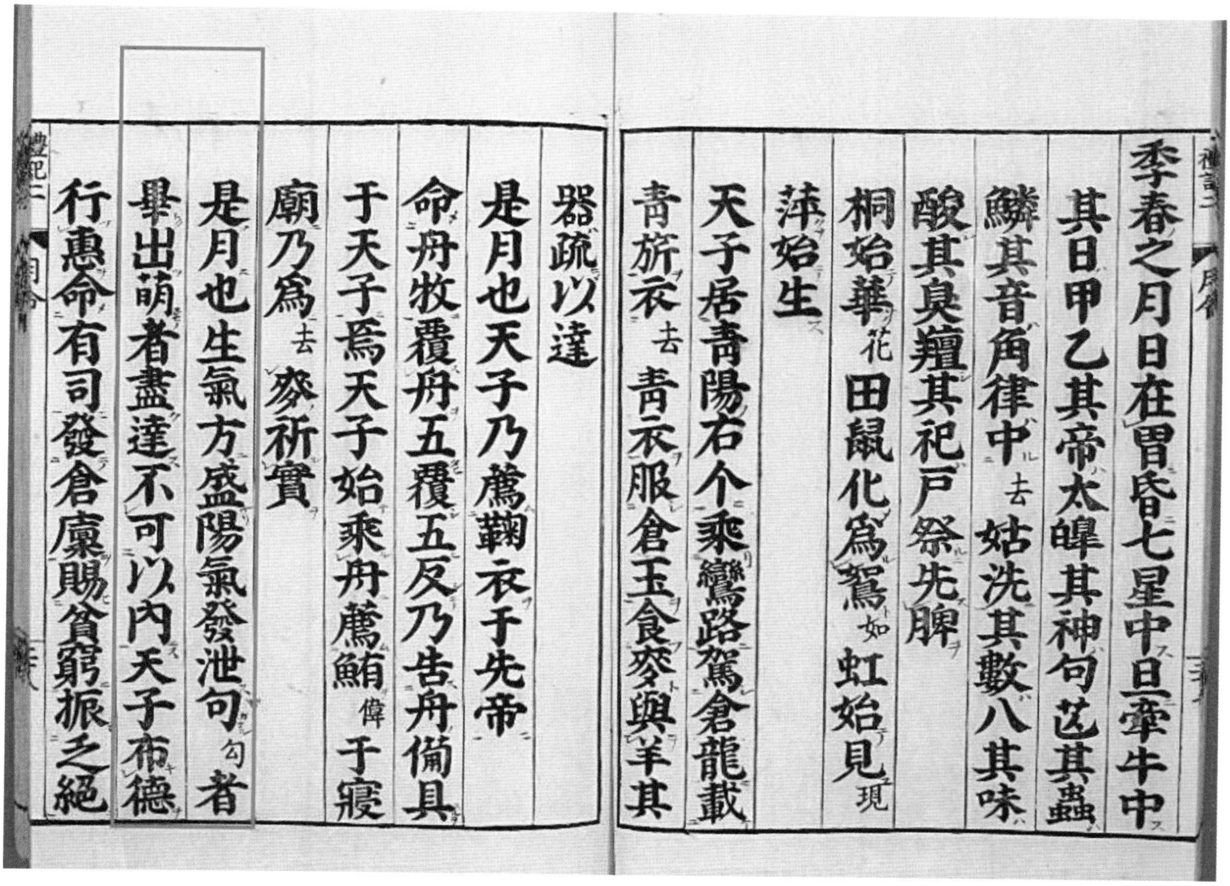

季春之月日在胃昏七星中旦牽牛中
其日甲乙其帝太皞其神句芒其蟲
鱗其音角律中姑洗其數八其味
酸其臭羶其祀戶祭先脾
桐始華田鼠化爲鴽虹始見
萍始生
天子居青陽右个乘鸞路駕倉龍載
青旂衣青衣服倉玉食麥與羊其
器疏以達
是月也天子乃薦鞠衣于先帝
命舟牧覆舟五覆五反乃告舟備具
于天子焉天子始乘舟薦鮪于寢
廟乃爲麥祈實
是月也生氣方盛陽氣發泄句者
畢出萌者盡達不可以內天子布德
行惠命有司發倉廩賜貧窮振乏絕

《礼记·月令》

孟夏行秋令，则苦雨数来，五谷不滋，四鄙入保。行冬令，则草木蚤枯，后乃大水，败其城郭。行春令，则蝗虫为灾，暴风来格，秀草不实。

季夏之月，……是月也，土润溽暑，大雨时行，烧薙行水，利以杀草，如以热汤。可以粪田畴，可以美土强。

季夏行春令，则谷实鲜落，国多风咳，民乃迁徙。行秋令，则丘隰水潦，禾稼不熟，乃多女灾。行冬令，则风寒不时，鹰隼蚤鸷，四鄙入保。

孟秋行冬令，则阴气大胜，介虫败谷，戎兵乃来。行春令，则其国乃旱，阳气复还，五谷无实。行夏令，则国多火灾，寒热不节，民多疟疾。

仲秋行春令，则秋雨不降，草木生荣，国乃有恐。行夏令，则其国乃旱，蛰虫不藏，五谷复生。行冬令，则风灾数起，收雷先行，草木蚤死。

季秋行夏令，则其国大水，冬藏殃败，民多鼽嚏。行冬令，则国多盗贼，边境不宁，土地分裂。行春令，则暖风来至，民气解惰，师兴不居。

孟冬之月，……是月也，乃命水虞渔师，收水泉池泽之赋。毋或敢侵削众庶兆民，以为天子取怨于下。其有若此者，行罪无赦。孟冬行春令，则冻闭不密，地气上泄，民多流亡。行夏令，则国多暴风，方冬不寒，蛰虫复出。行秋令，则雪霜不时，小兵时起，土地侵削。

仲冬行夏令，则其国乃旱，氛雾冥冥，雷乃发声。行秋令，则天时雨汁，瓜瓠不成，国有大兵。行春令，则蝗虫为败，水泉咸竭，民多疥疠。

季冬之月，……是月也，命渔师始渔，天子亲往，乃尝鱼，先荐寝庙。冰方盛，水泽腹坚。命取冰，冰以入。令告民，出五种。命农计耦耕事，修耒耜，具田器。命乐师大合吹而罢。乃命四监收秩薪柴，以共郊庙及百祀之薪燎。

季冬行秋令，则白露早降，介虫为妖，四鄙入保。行春令，则胎夭多伤，国多固疾，命之曰逆。行夏令，则水潦败国，时雪不降，冰冻消释。

明确指出如果想要社会生活秩序稳定，百姓安居乐业，朝廷与政府部门要按照自然规律来发布政令，否则就会带来灾难，造成不可估量的损失。要在每个月都做好水利工作，特别是春季的第三个月，天子会命令司空说："应时的雨水将要降落，地下水也将向上翻涌。要巡视国都和城邑，普遍地视察原野，整修堤防，疏通沟渠，开通道路，不许有障碍奎塞。打猎所用的捕兽的网、捕鸟的网、长柄小网、隐蔽自身的工具、为野兽准备的毒药，一概不准带出城门。"

3.1.3　秦国《田律》

春秋战国时期，各诸侯国竞相发展水利，出现了楚国的芍陂，魏国的西门渠，秦国的都江堰、郑国渠等水利工程，可见对水务的重视。遗憾的是各国的相关政令没有保存下来，只有睡虎地秦墓竹简中发现秦国18种律法中的《田律》有少量记载。秦国于武王二年（公元前309年）修订《田律》，残简律文有"春二月，毋敢伐材木山林及雍（壅）堤水"与"九月，大除道及除浍；十月，为桥、修陂堤，利津隘"的条款，用法律的形式，规定二月不准到山林中砍伐木材，不准堵塞水道，以及一年之中动工疏浚渠道、整修或新修堤防、陂塘、桥梁的月份。

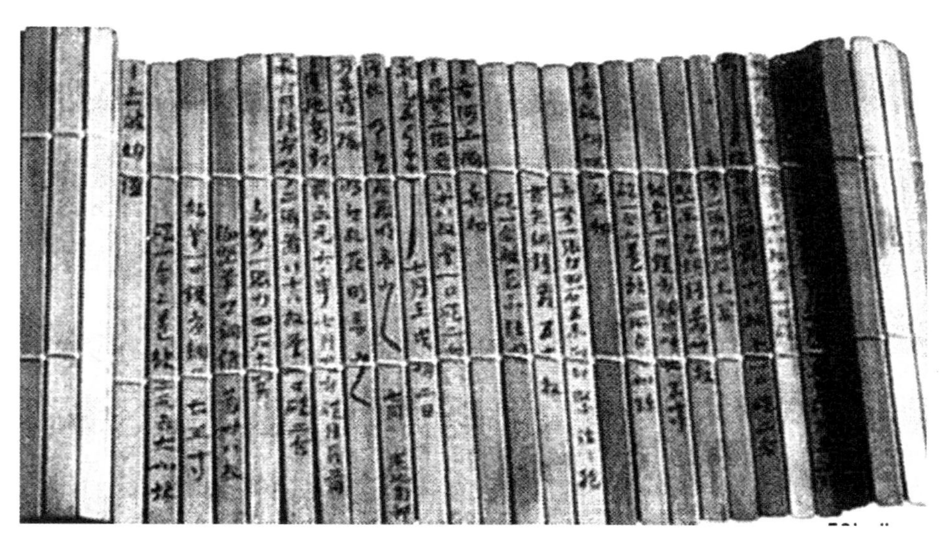

秦国《田律》

3.1.4 《说文解字》中的《汉律》

《后汉书·孔融传》记载：“《汉律》与罪人交关三日已上，皆应知情。”王先谦集解引惠栋曰：“《汉律》有九篇。李悝所撰六篇，《盗》《贼》《囚》《捕》《杂》《具》也。萧何定律，益事律《擅兴》《厩》《户》三篇，合为九篇。”程树德《九朝律考·汉律考序》：“汉萧何作《九章律》，益以叔孙通《傍章》十八篇及张汤《越宫律》二十七篇，赵禹《朝律》六篇，合六十篇，是为《汉律》。”《汉律》已佚，其中有关水利的法令，只有《说文解字》中水部“澤”条所引《汉律》一条：“及其门首洒澤（zé）。”意思是说，在修水利工程、灌溉引水时，不能壅水到居民家门口，因为这样会妨碍百姓生活。

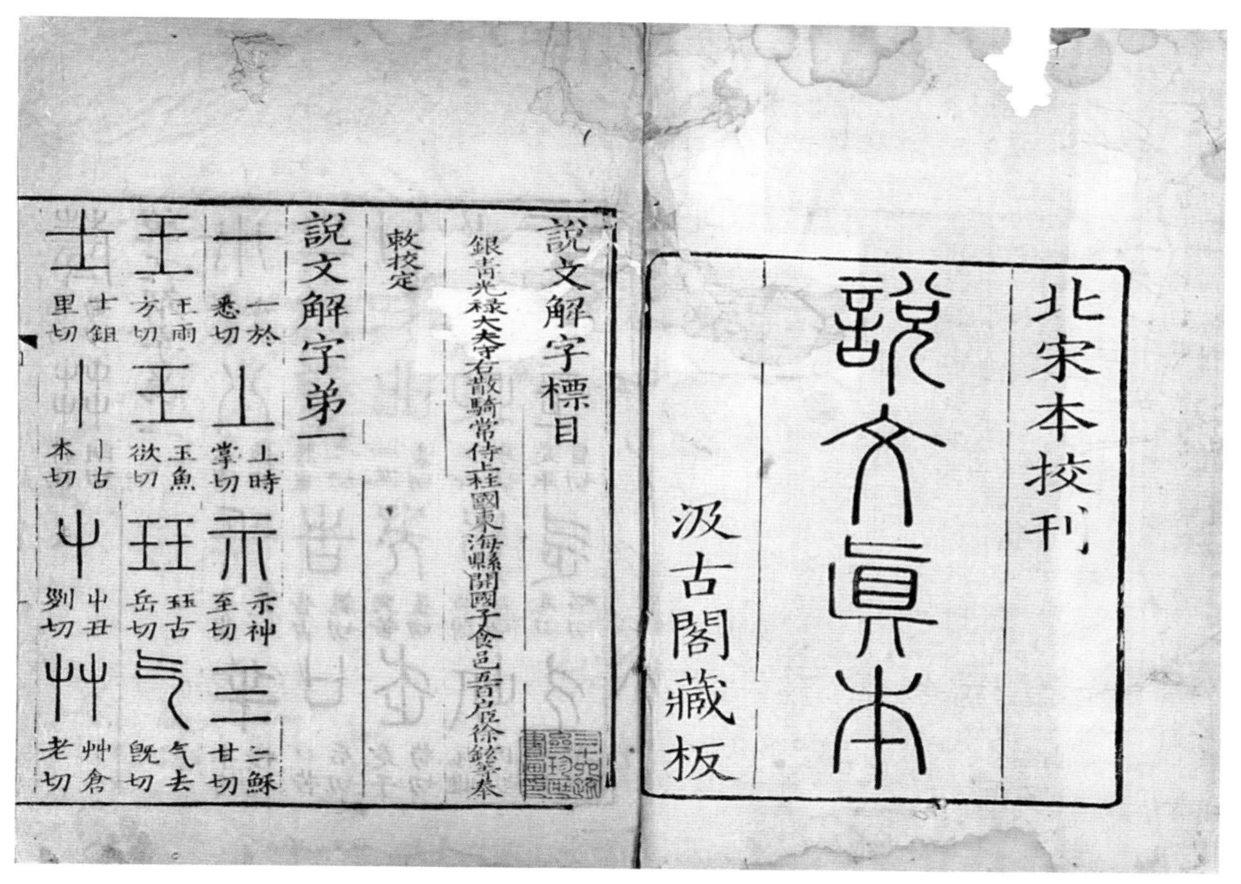
北宋本挍刊

說文真本

汲古閣藏板

說文解字標目

銀青光祿大夫守右散騎常侍上柱國東海縣開國子食邑五百戶徐鉉等奉

敕挍定

說文解字弟一

一 於悉切　丄 時掌切　示 神至切　三 穌甘切

王 雨方切　玉 魚欲切　玨 古岳切　气 去既切

士 鉏里切　丨 古本切　屮 丑列切　艸 倉老切

《说文解字》

3.1.5 西汉《水令》与“均水灌溉”“平徭行水”之策

汉武帝时颁行的《水令》，内容为用水灌溉的相关规定。据《汉书·兒宽传》载，兒宽“表奏开六辅渠，定《水令》以广溉田。”颜师古注曰：“为用水之次具立法，令皆得其所也。”对用水的优先权与先后顺序进行了立法管理，有效地避免了因争水引发的冲突。

《汉书·循吏传·召信臣传》载召信臣任南阳郡太守时：“为人勤力有方略，好为民兴利，务在富之，躬劝耕农，出入阡陌，止舍离乡亭，稀有安居时。行视郡中水泉，开通沟渎，起水门提阏凡数十处，以广灌溉，岁岁增加，多至三万顷，民得其利，蓄积有余，信臣为民作均水约束，刻石立于田畔，以防纷争。”召信臣巡视郡中的水流泉源，开通沟渠，修筑水闸，以及其他放水堵水的设施总共几十处，以便扩大农田灌溉面积，水田年年增加，多达3万顷。百姓受利，粮食丰收。他还为百姓制定了均衡分配水源的法令，刻石碑立在田边，以防止用水纷争。

《汉书·沟洫志第九》载：“自郑国渠起，至元鼎六年，百三十六岁，而兒宽为左内史，奏请穿凿六辅渠，以益溉郑国傍高卬之田。上曰：‘农，天下之本也。泉流灌浸，所以育五谷也。左、右内史地，名山川原甚众，细民未知其利，故为通沟读，畜陂泽，所以备旱也。今内史稻田租挈重，不与郡同，其议减。令吏民勉农，尽地利，平繇行水，勿使失时。’”平徭行水，就是均齐修渠之力役，使民俱得水利。

《汉书·沟洫志第九》提出了“治河三策”：

治河有上、中、下策。古首立国居民，疆理土地，必遗川泽之分，度水势所不及。大川无防，小水得入，陂障卑下，以为汙泽，使秋水多，得有所休息，左右游波，宽缓而不迫。夫土之有川，犹人之有口也。治土而防其川，犹止儿啼而塞其口，岂不遽止，然其死可立而待也。故曰：“善为川者，决之使道；善为民者，宣之使言。”盖堤防之作，近起战国，雍防百川，各以自利。齐与赵、魏，以河为竟。赵、魏濒山，齐地卑下，作堤去河二十五里。河水东抵齐堤，则西泛赵、魏，赵、魏亦为堤去河二十五里。虽非其正，水尚有所游荡。时至而去，则填淤肥美，民耕田之。或久无害，稍筑室宅，遂成聚落。大水时至漂没，则更起堤防以自救，稍去其城郭，排水泽而居之，湛溺自其宜也。今堤防陿者去水数百步，远者数里。近黎阳南故大金堤，从河西西北行，至西山南头，乃折东，与东山相属。民居金堤东，为庐舍，往十余岁更起堤，从东山南头直南与故大堤会。又内黄界中有泽，方数十里，环之有堤，往十余岁太守以赋民，民今起庐舍其中，此臣亲所见

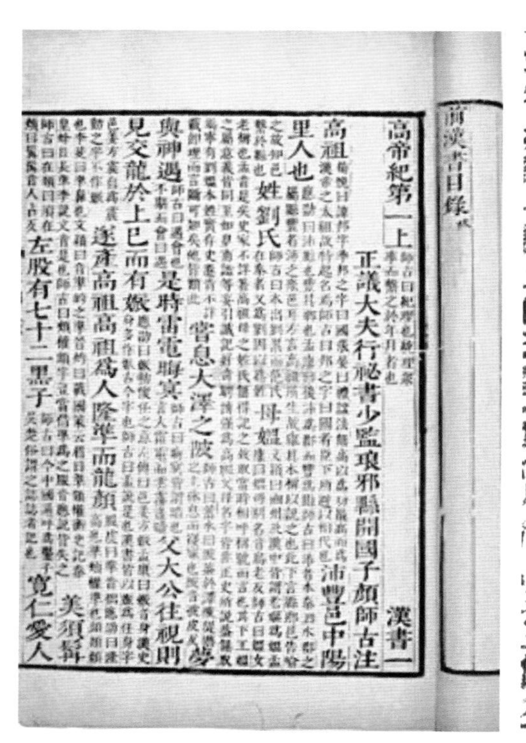
前漢書目錄
高帝紀第一上　漢書一
正議大夫行秘書少監琅邪縣開國子顏師古注
高祖沛豐邑中陽里人也姓劉氏母媼嘗息大澤之陂夢與神遇是時雷電晦冥父太公往視則見交龍於上已而有娠遂產高祖高祖為人隆準而龍顏美須髯左股有七十二黑子寬仁愛人

西汉《水令》与“均水灌溉”“平徭行水”之策1

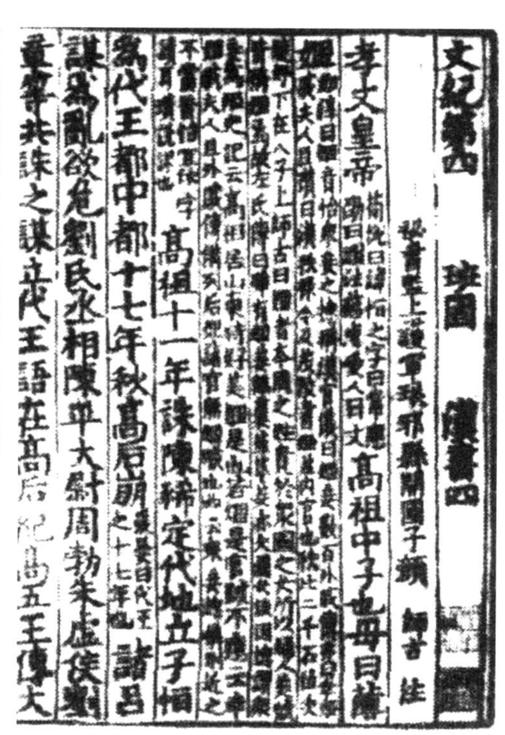
文紀第四　班固　漢書四
秘書監上護軍琅邪縣開國子顏師古注
孝文皇帝高祖中子也母曰薄姬
高祖十一年誅陳豨定代地立為代王都中都十七年秋高后崩諸呂謀為亂欲危劉氏丞相陳平太尉周勃朱虛侯劉章共誅之謀立代王語在高后紀高五王傳大

西汉《水令》与“均水灌溉”“平徭行水”之策2

西汉《水令》与“均水灌溉”“平徭行水”之策3

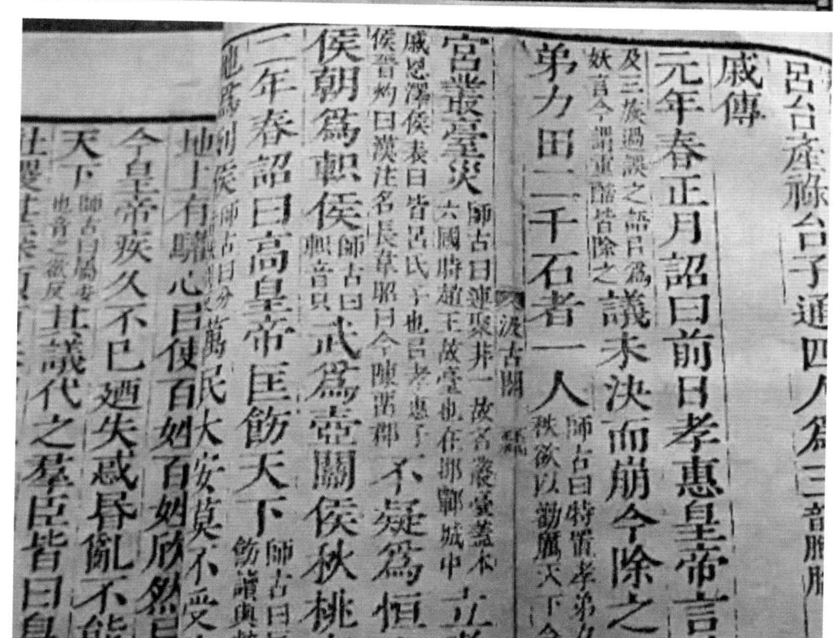
呂台産祿台子通四人爲三
戚傳
元年春正月詔曰前日孝惠皇帝言欲
議未決而崩今除之
弟力田二千石者一人
宮叢臺災
不疑爲恒山
侯朝爲軹侯 武爲壺關侯秋桃侯
二年春詔曰高皇帝匡飭天下
地上有驩心以使百姓百姓欣然
今皇帝疾久不已迺失惑昏亂不能
其議代之羣臣皆曰皇

西汉《水令》与“均水灌溉”“平徭行水”之策4

者也。东郡白马故大堤亦复数重，民皆居其间。“从黎阳北尽魏界，故大堤去河”远者数十里，内亦数重，此皆前世所排也。河从河内北至黎阳为石堤，激使东抵东郡平刚；又为石堤，使西北抵黎阳、观下；又为石堤；使东北抵东郡津北；又为石堤，使西北抵魏郡昭阳；又为石堤，激使东北。百余里间，河再西三东，迫厄如此，不得安息。

3.1.6 汉代《律》《令》中的水官职责

汉代中央、郡国皆置“都水”之职，主修渠筑堤和收取渔税。《汉书·百官公卿表》太常属官有均官、都水两长、丞。颜师古注引如淳曰：“律，都水治渠堤、水门。”少府、大司农、水衡都尉之下都设有都水长、丞。太常所设都水专管皇帝陵园区域内之水利事务，大司农、少府所属之都水则主管各地有关水利之事，三辅及郡国亦置。东汉时太常、少府、大司农下之都水皆省，惟郡国有之。

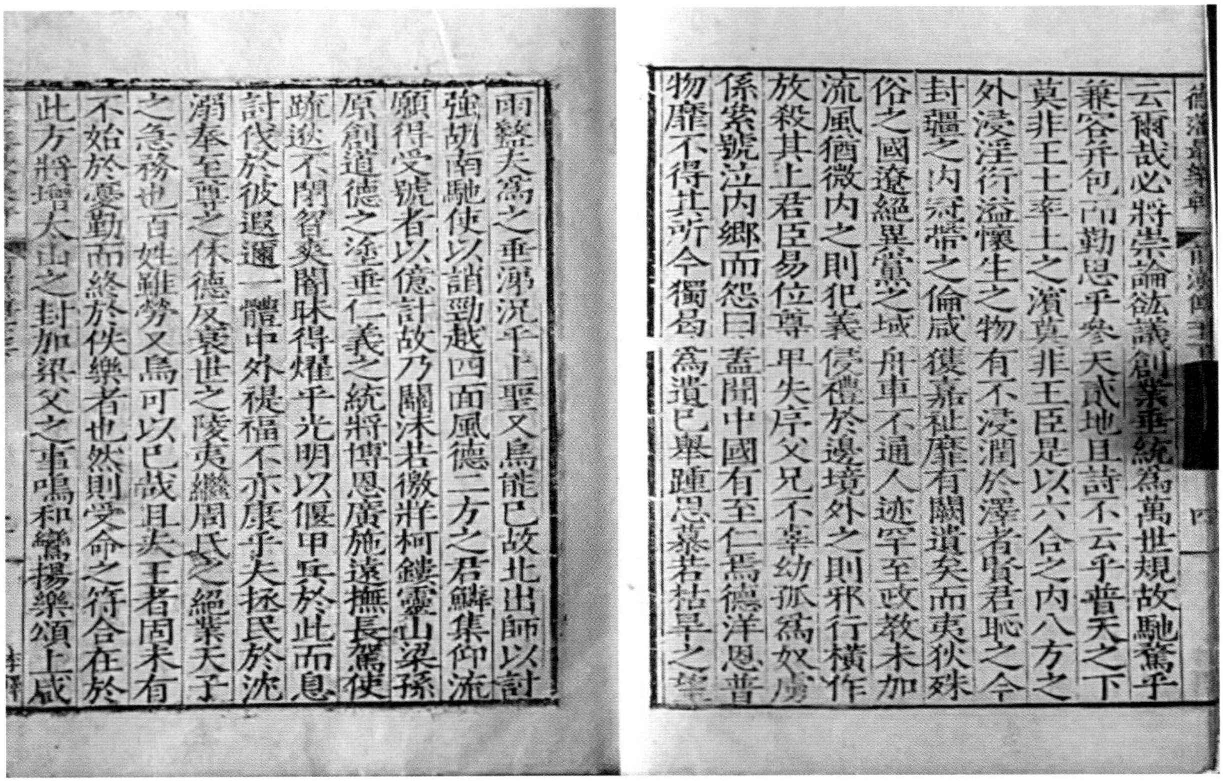

云爾哉必將崇論谹議創業垂統爲萬世規故馳騖乎兼容并包而勤思乎參天貳地且詩不云乎普天之下莫非王土率土之濱莫非王臣是以六合之內八方之外浸淫衍溢懷生之物有不浸潤於澤者賢君恥之今封疆之內冠帶之倫咸獲嘉祉靡有闕遺矣而夷狄殊俗之國遼絕異黨之域舟車不通人迹罕至政教未加流風猶微內之則犯義侵禮於邊境外之則邪行橫作放殺其上君臣易位尊卑失序父兄不辜幼孤爲奴虜係縲號泣內鄉而怨曰蓋聞中國有至仁焉德洋恩普物靡不得其所今獨曷爲遺己舉踵思慕若枯旱之望

雨盭夫爲之垂涕況乎上聖又烏能已故北出師以討彊胡南馳使以誚勁越四面風德二方之君鱗集仰流願得受號者以億計故乃關沬若徼牂柯鏤靈山梁孫原創道德之塗垂仁義之統將博恩廣施遠撫長駕使疏逖不閉曶爽闇昧得燿乎光明以偃甲兵於此而息討伐於彼遐邇一體中外禔福不亦康乎夫拯民於沈溺奉至尊之休德反衰世之陵夷繼周氏之絕業天子之急務也百姓雖勞又烏可以已哉且夫王者固未有不始於憂勤而終於佚樂者也然則受命之符合在於此方將增太山之封加梁父之事鳴和鸞揚樂頌上咸

汉代《律》《令》中的水官职责1

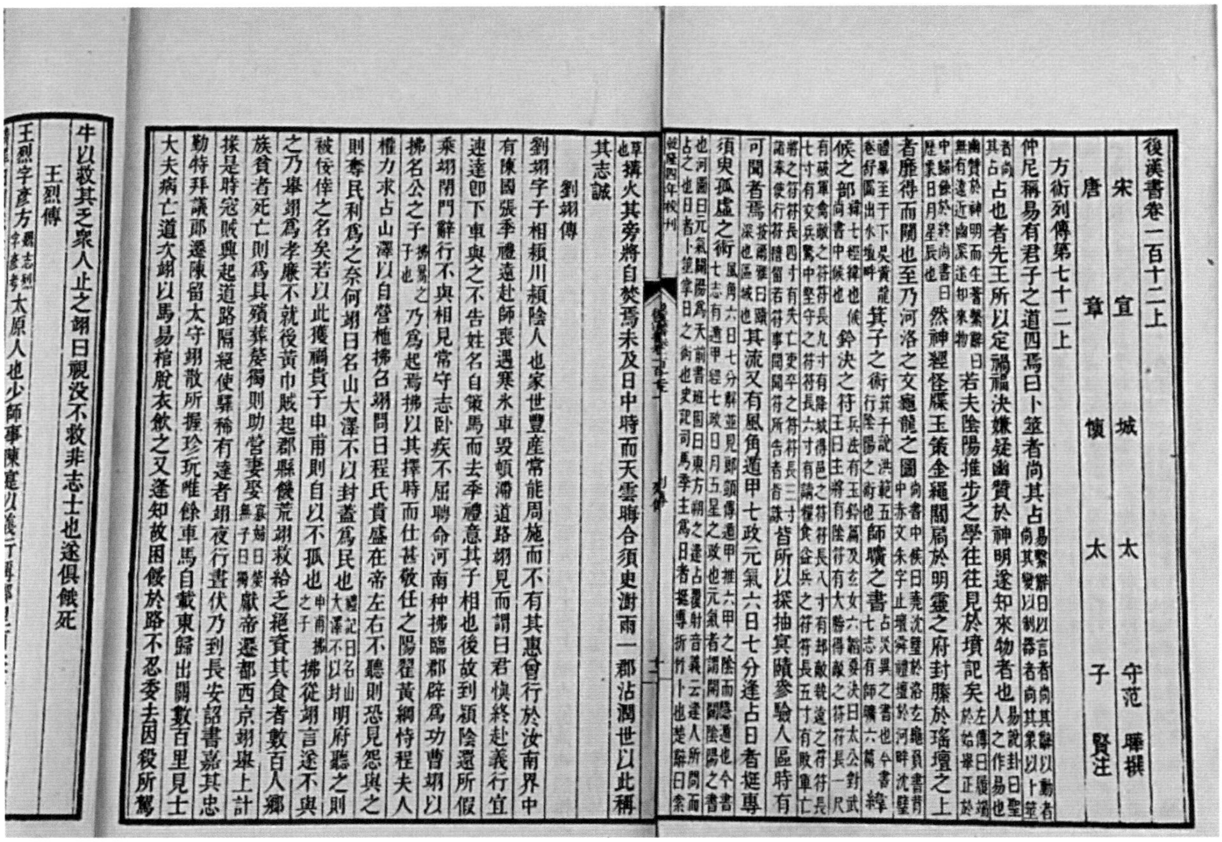

後漢書卷一百十二上

宋　宣城太守范曄撰

唐　章懷太子賢注

方術列傳第七十二上

仲尼稱易有君子之道四焉曰卜筮者尚其占占也者先王所以定禍福決嫌疑幽贊於神明遂知來物者也若夫陰陽推步之學往往見於墳記矣然神經怪牒玉策金繩關局於明靈之府封縢於瑶壇之上者靡得而闚也至乃河洛之文龜龍之圖箕子之術師曠之書緯候之部鈐決之符皆所以探抽冥賾參驗人區時有可聞者焉其流又有風角遁甲七政元氣六日七分逢占日者挺專須臾孤虛之術

搆火其旁將自焚焉未及日中時而天雲晦合須臾澍雨一郡沾潤世以此稱其志誠

劉翊傳

劉翊字子相潁川潁陰人也家世豐產常能周施而不有其惠曾行於汝南界中有陳國張季禮遠赴師喪遇寒冰車毀頓滯道路翊見而謂曰君慎終赴義行宜速達即下車與之不告姓名自策馬而去季禮意其子相也後故到潁陰還所假乘翊閉門辭行不與相見常守志臥疾不屈聘命河南种拂臨郡辟爲功曹翊以拂名公之子乃爲起焉拂以其擇時而仕甚敬任之陽翟黃綱恃程夫人權力求占山澤以自營植拂召翊問曰程氏貴盛在帝左右不聽則恐見怨與之則奪民利爲之奈何翊曰名山大澤不以封蓋爲民也明府聽之則被佞倖之名矣若以此獲禍貴子申甫則自以不孤也拂從翊言遂不與之乃舉翊爲孝廉不就後黃巾賊起郡縣饑荒翊救給乏絕資其食者數百人鄉族貧者死亡則爲具殯葬嫠獨則助營妻娶獻帝遷都西京翊舉上計掾是時寇賊興起道路隔絕使驛稀有達者翊夜行晝伏乃到長安詔書嘉其忠勤特拜議郎遷陳留太守翊散所握珍玩唯餘車馬自載東歸出關數百里見士大夫病亡道次翊以馬易棺脫衣斂之又逢知故困餒於路不忍委去因殺所駕牛以救其乏衆人止之翊曰視沒不救非志士也遂俱餓死

王烈傳

王烈字彥方太原人也少師事陳寔以義行稱

汉代《律》《令》中的水官职责2

《后汉书 · 百官志》本注曰：“凡郡县出盐多者置盐官，主盐税。出铁多者置铁官，主鼓铸。有工多者置工官，主工税物。有水池及鱼利多者置水官，主平水收渔税。在所诸县均差吏更给之。置吏随事，不具县员。”东汉时郡、县还设有都水掾。

3.1.7 汉代报灾制度

《后汉书 · 礼仪志中》载：“自立春至立夏尽立秋，郡国上雨泽。”要求地方在雨水丰沛的季节及时向中央上报水情，以做好防范工作。这可以说是我国最早的报灾制度。

3.1.8 汉明帝《巡行汴渠诏》

《后汉书 · 显宗孝明帝纪第二》载：

夏四月，汴渠成。辛巳，幸荥阳，巡行河渠。乙酉，诏曰：

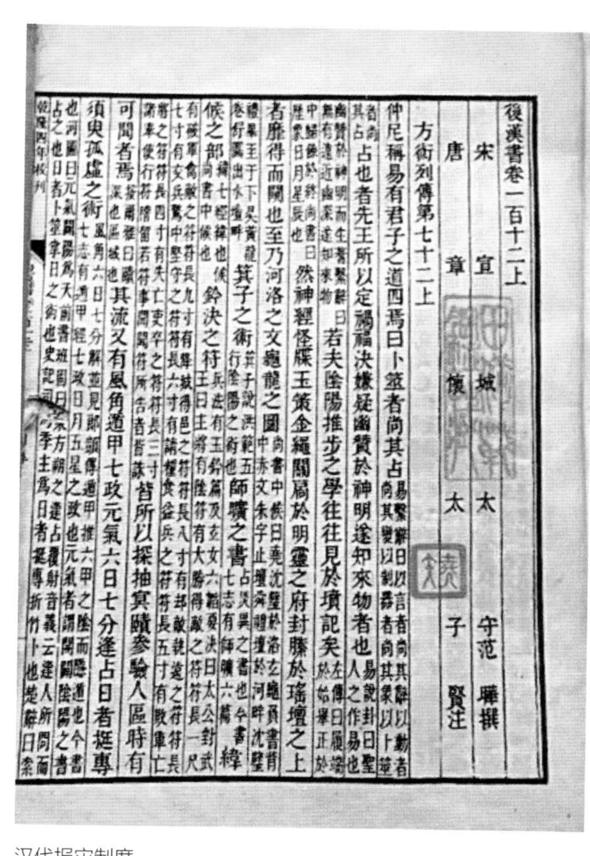
後漢書卷一百十二上
宋 宣 城 太 守 范 曄 撰
唐 章 懷 太 子 賢 注
方術列傳第七十二上
仲尼稱易有君子之道四焉曰卜筮者尚其占 占也者先王所以定禍福決嫌疑幽贊於神明遂知來物者也 若夫陰陽推步之學往往見於墳記矣 然神經怪牒玉策金繩關扃於明靈之府封縢於瑤壇之上者靡得而闚也至乃河洛之文龜龍之圖 箕子之術 師曠之書 緯候之部 鈐決之符 皆所以探抽冥賾參驗人區時有可聞者焉 其流又有風角遁甲七政元氣六日七分逢占日者挺專須臾孤虛之術

汉代报灾制度

自汴渠决败，六十余岁，加顷年以来，雨水不时，汴流东侵，日月益甚，水门故处，皆在河中，漭瀁广溢，莫测圻岸，荡荡极望，不知纲纪。今兖、豫之人，多被水患，乃云县官不先人急，好兴它役。又或以为河流入汴，幽、冀蒙利，故曰左堤强则右堤伤，左右俱强则下方伤，宜任水埶所之，使人随高而处，公家息壅塞之费，百姓无陷溺之患。议者不同，南北异论，朕不知所从，久而不决。今既筑堤理渠，绝水立门，河、汴分流，复其旧轱，陶丘之北，渐就壤坟，故荐嘉玉絜牲，以礼河神。东过洛汭，叹禹之绩。今五土之宜，反其正色，滨渠下田，赋与贫人，无令豪右得固其利，庶继世宗瓠子之作。

诏令说，自从汴渠决坏（汉平帝时汴河决坏）以来已60多年了，加以近年以来，雨水不时，汴水向东侵蚀，一天天变得严重起来，原来的水门，都处在河中，渺茫横溢，望不到边际，极目滔滔，不知该怎样治理才好。当下兖、豫居民，多遭水患，都说县官不预先急居民之急，只令百姓服其他劳役。又有的以为黄河流入汴水，幽州、冀州得利，所以说左堤强则右堤伤，左右都强则下方伤，应当随水势所流，使居民住于高地，公家可以节省拦截堵塞水流的费用，老百姓也没有陷溺的忧患。议论不同，南北矛盾，朝廷也拿不定主意，因此这个问题久而未决。现在已经筑堤理渠，断水立门，黄河汴水分流，恢复旧道（《资治通鉴》胡三省解释说：“河、汴之决坏，则汴水东侵而与河合；今隄成，则河东北入海，而汴东南入泗，是分流复其旧迹也。”）陶丘以北，平壤土阜。东过洛水入黄河之处，赞叹禹帝的功绩。现在山林、川泽、丘陵、坟衍，原隰五土各得其宜，恢复了土性。接近水渠的下田，交给贫民，不要让强豪独霸其利，希望能继承世宗的遗风，媲美塞瓠子决河的伟业。瓠子，堤名。汉武帝元封二年（公元前109年），发卒数万人塞瓠子决河，沉白马玉璧，令群臣将军以下皆负薪填决河。

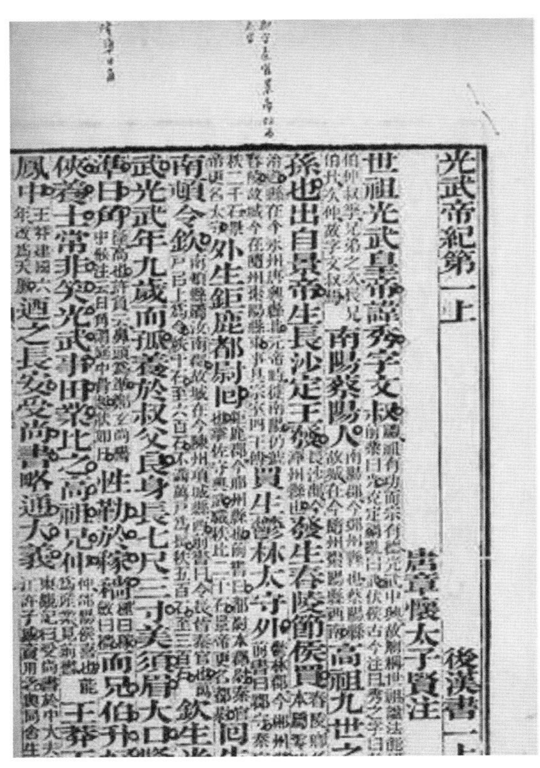

光武帝紀第一上　後漢書一上

唐章懷太子賢注

世祖光武皇帝諱秀字文叔南陽蔡陽人高祖九世之孫也出自景帝生長沙定王發發生舂陵節侯買買生鬱林太守外外生鉅鹿都尉回回生南頓令欽欽生光武光武年九歲而孤養於叔父良身長七尺三寸美須眉大口隆準日角性勤於稼穡而兄伯升好俠養士常非笑光武事田業比之高祖兄仲王莽天鳳中乃之長安受尚書略通大義

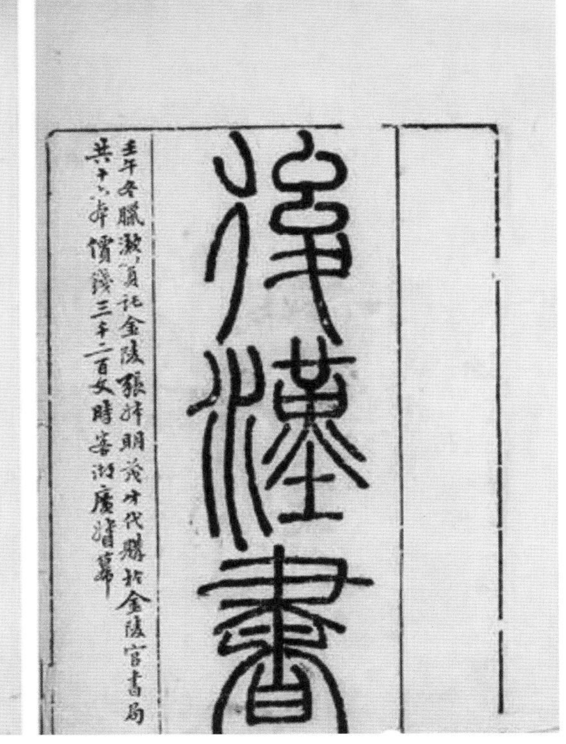

後漢書

《后汉书》

3.1.9　章武三年蜀国护堤命令

最早的防洪制度是三国时汉昭烈帝刘备章武三年（223年）蜀国的护堤命令。四川省三台县文化馆杨重华《“丞相诸葛令”碑》（《文物》1983年5月31日刊）记载：“1980年夏，我们在清理馆藏古代字画时，发现一张三国时蜀国‘丞相诸葛令’碑拓片。这是一件罕见的三国时代碑刻拓片。碑文为：‘丞相诸葛令。按九里堤捍护都城，用防水患。今修筑竣。告尔居民，勿许侵占、损坏。有犯，治以严法。令即遵行。章武三年九月十五日。’碑高0.53米、宽0.38米。”《成都志》也提到：“九里堤在县西，堤长九里，故老相传，诸葛武侯筑九里堤，以防冲啮。”诸葛亮主持修建九里堤是为了防水患，以保护都城，并且还向居民宣告，不允许侵占和损坏，如果有违反，定要严惩。

丞相諸葛令
按九里堤捍護都城用
防水患今修筑竣告爾
居民勿許侵占損壞有
犯治以嚴法令即遵行
章武三年九月十五日

“丞相诸葛令”碑（源自杨重华《“丞相诸葛令”碑》，《文物》1983年5月31日刊）

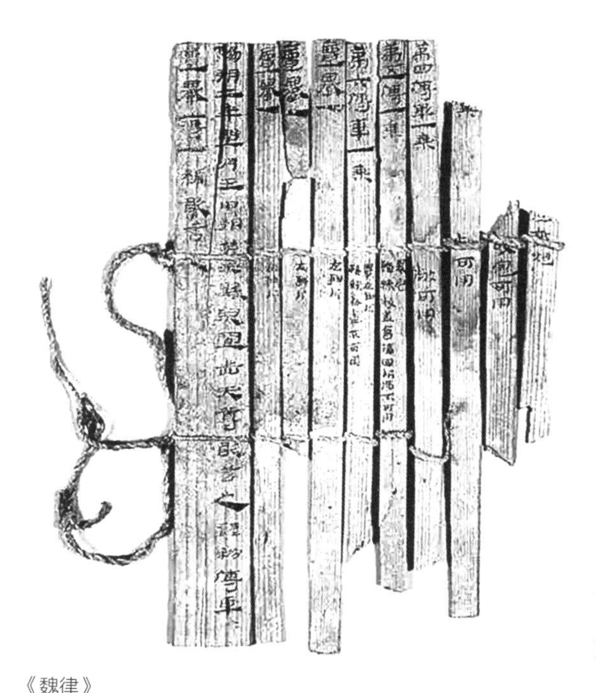

《魏律》

3.1.10 《魏律》中“盗律篇”的“水火”律条

魏明帝命陈群、刘劭等人在汉代《九章律》的基础上，修订成《魏律》18篇，其中的“盗律”篇有“水火”律条。《魏律》全文已佚，《晋书·刑法志》仅存《魏律序略》，可略知其概貌。

3.1.11 《晋律》中的“水火篇”

晋武帝命贾充、羊祜、杜预等14人，以汉、魏律为基础，制定《晋律》（也称《新律》），于泰始四年（268年）颁行全国，故又称《始律》。《晋律》20篇，620条，从“盗律”中分出“水火”篇。南朝宋齐梁陈基本上沿用《晋律》，南梁《梁律》20篇篇目中，有“水火”篇。北周制定的《大律》25篇中有“水火”律篇目。

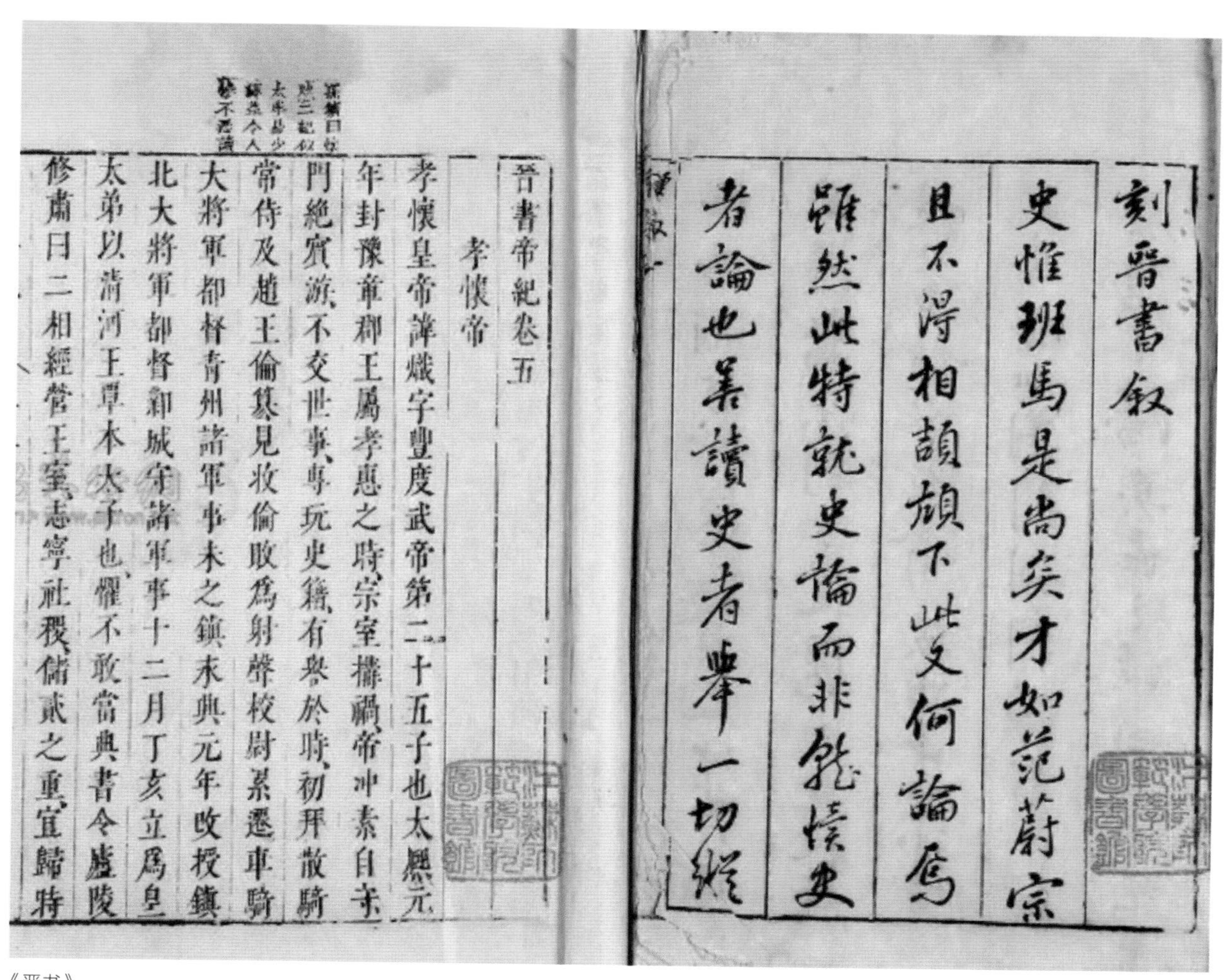

刻晉書敘

史惟班馬是尚矣才如范蔚宗
且不得相頡頏下此又何論焉
雖然此特就史論而非能讀史
者論也善讀史者舉一切縱

晉書帝紀卷五

孝懷帝

孝懷皇帝諱熾字豐度武帝第二十五子也太熙元
年封豫章郡王屬孝惠之時宗室搆禍帝冲素自守
門絕賓游不交世事專玩史籍有譽於時初拜散騎
常侍及趙王倫篡見收倫敗爲射聲校尉累遷車騎
大將軍都督青州諸軍事未之鎮永興元年改授鎮
北大將軍都督鄴城守諸軍事十二月丁亥立爲皇
太弟以淸河王覃本太子也懼不敢當典書令盧陵
修肅曰二相經營王室志寧社稷儲貳之重宜歸特

《晋书》

因詔江南以布代租凡庸調租資課皆任土所宜以江淮轉輸有河
洛之艱而關中蠶桑少菽麥常賤乃命庸調租課皆以米凶年樂輸
布絹者從之河南北不通運州租皆爲絹代關中庸課詔度支減轉
運
天寶五載詔貧不能自濟者每鄉免三十丁租庸
天寶中應受田一千四百三十萬二千八百六十二頃十三畝
按十四年有戶八百九十萬餘計定墾之數每戶合得一頃六十
餘畝至建中初分遣黜陟使按比墾田田數都得百十餘萬畝
代宗寶應三年租庸使元載以江淮雖經兵荒其民比諸道猶有貲
產乃按籍舉八年租調之違負及逋逃者計其大數而徵之擇豪吏
爲縣令而督之不問負之有無貲之高下察民有粟帛者發徒圍之
籍其所有而中分之甚者十取八九謂之白著有不服者嚴刑以威
之民有舊穀十斛者則重足以待命或相聚山林爲羣盜縣不能制
盗袁晁起浙東攻陷諸郡衆近二十萬經二年李光弼討平之

文獻通考 卷三 二

廣德元年詔一戶三丁者免一丁庸稅地稅依舊凡畝稅二升男子
二十五爲成丁五十五爲老以優民
大曆元年詔天下苗一畝稅錢十五市輕貨給百官手力課以國用
急不及秋方苗青則徵之號青苗錢又有地頭錢每畝二十通名爲
青苗錢又詔上都秋稅分二等上等畝稅一斗下等六升荒田每畝
稅二升五年始定法夏上田畝稅六升下田畝四升秋上田畝稅五
升下田畝三升荒田如此青苗錢畝加一倍而地頭錢不在焉
大曆四年敕天下及王公以下今後宜準度支長行旨條每年稅錢
上上戶四千文上中戶三千五百上下戶三千中上戶二千五百中
中戶二千中下一千五百下上戶一千下中戶七百下下戶五百文
其見任官一品準上上戶稅九品準下下戶稅餘品並準此依戶等
稅若一戶數處任官亦每處依品納稅其內外官仍據正員及占額

《文献通考》

3.1.12 东晋与南朝刘宋的禁占山泽法

晋室南渡后，世室大族在南方擅占山泽，晋成帝咸康二年（336年）的壬辰诏书规定：“擅占山泽，强盗论，赃一丈以上皆弃市。”宋大明初年（457年）也有人提议颁行这一禁令，因遭到强烈抵制，后制定占山泽格条5条：“宋孝武帝大明初，……有司检壬辰诏书：‘擅占山泽，强盗律论，赃一丈以上，皆弃市。’左丞羊希以‘壬辰之制，其禁严刻，事既难遵，理与时弛。而占山封水，渐染复滋，更相因仍，便成先业，一朝顿去，易致怨嗟。今更刊革，立制五条。凡是山泽，先恒熂炉种竹木、杂果为林仍，及陂湖江海鱼梁鳅鮆，常加工修作者，并不追旧。各以官品占山（见《官品》《占田门》），若先已占山，不得更占；先占阙少，依限占足。若非前条旧业，一不得禁。有犯者，水上一尺以上，并计赃，依常盗论。除晋壬辰之科。’从之。”（见宋马端临《文献通考》卷十九“征榷考六 · 杂征敛（山泽津渡）”条）

3.1.13 隋朝《开凿广通渠诏书》

文帝开皇四年（584年）发布《开凿广通渠诏书》：

京邑所居，五方辐凑，重关四塞，水陆艰难。大河之流，波澜东注，百川海渎，万里交通。虽三门之下，或有危虑，但发自小平，陆运至陕，还从河水，入於渭川，兼及上流，控引汾、晋，舟车来去，为益殊广。而渭川水力，大小无常，流浅沙深，即成阻阂。计其途路，数百而已，动移气序，不能往复，泛舟之役，人亦劳止。朕君临区宇，兴利除害，公私之弊，情实愍之。故东发潼关，西引渭水，因藉人力，开通漕渠，量事计功，易可成就。已令工匠，巡历渠道，观地理之宜，审终久之义，一得开凿，万代无毁。可使官及私家，方舟

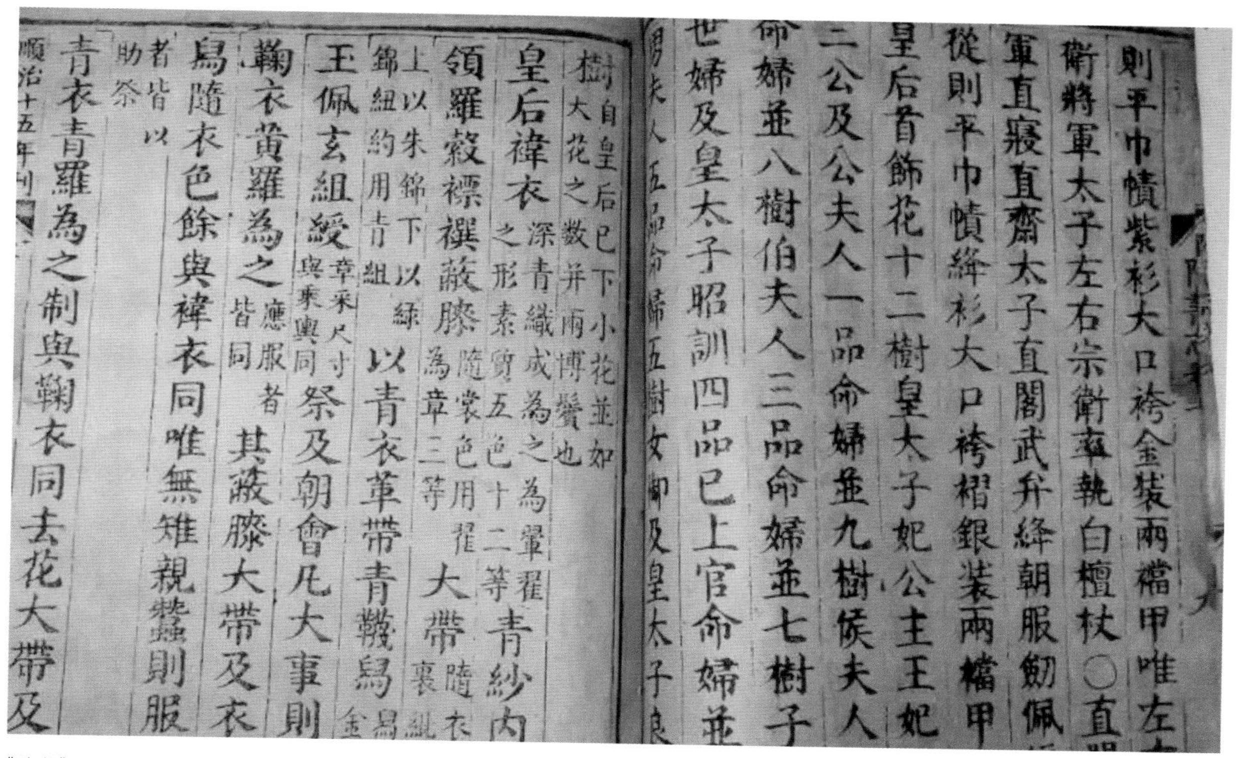
則平巾幘紫衫大口袴金裝兩襠甲唯左右
衛將軍太子左右宗衛率執白檀杖○直閤
軍直寢直齋太子直閤武弁絳朝服劒佩
從則平巾幘絳衫大口袴褶銀裝兩襠甲
皇后首飾花十二樹皇太子妃公主王妃
二公及公夫人一品命婦並九樹侯夫人
命婦並八樹伯夫人三品命婦並七樹子
世婦及皇太子昭訓四品已上官命婦並
男夫人五品命婦五樹女御及皇太子良

樹自皇后已下小花並如大花之數并兩博鬢也
皇后褘衣深青織成為之為翬翟之形素質五色十二等青紗內
領羅縠褾襈蔽膝隨裳色用翟為章三等大帶隨衣裹
上以朱錦下以綠錦紐約用青組以青衣革帶青韈舄舄金
王佩玄組綬章采尺寸與乘輿同祭及朝會凡大事則
鞠衣黃羅為之應服者皆同其蔽膝大帶及衣
舄隨衣色餘與褘衣同唯無雉親蠶則服
者皆以助祭
青衣青羅為之制與鞠衣同去花大帶及
順治十五年刊

《隋书》

巨舫，晨昏漕运，沿溯不停，旬日之功，堪省亿万。诚知时当炎暑，动致疲勤，然不有暂劳，安能永逸。宣告人庶，知朕意焉。（《隋书·食货志》）

于是命宇文恺率水工凿渠，引渭水，自大兴城东至潼关三百余里，名曰广通渠。转运通利，关内赖之。诸州水旱凶饥之处，亦便开仓赈给。”……后关中连年大旱，……发广通之粟三百余万石，以拯关中，……令往关东就食。其遭水旱之州，皆免其年租赋。十四年，关中大旱，人饥。上幸洛阳，因令百姓就食。从官并准见口赈给，不以官位为限。（《隋书·食货志》）

3.1.14 唐代《水部式》

唐代是我国农田水利建设的蓬勃发展时期，朝廷六部中的工部设有水部，掌津济、船舻、渠梁、堤堰、沟洫、渔捕、运漕、碾硙之事。还设置都水监，掌川泽、津梁、渠堰、陂池之政，总河渠、诸津监署。据《新唐书·百官志·都水监》载：“使者二人，正五品上。掌川泽、津梁、渠堰、陂池之政，总河渠、诸津监署。凡渔捕有禁，溉田自远始，先稻后陆，渠长、斗门长节其多少而均焉。府县以官督察。丞二人，从七品上。掌判监事。凡京畿诸水，因灌溉盗费者有禁。水入内之余，则均王公百官。主簿一人，众八品下。掌运漕、渔捕程，会而纠举之。”《新唐书·百官志·河渠署》亦载：“令一人，正八品下；丞一人，正九品上。掌河渠、陂池、堤堰、鱼醢之事。凡沟渠开塞，渔捕时禁，皆颛之。飨宗庙，则供鱼鲏；祀昊天上帝，有司摄事，则供腥鱼。日供尚食及给中书、门下，岁供诸司及东宫之冬藏。渭河三百里内渔钓者，五坊捕治之。供祠祀，则自便桥至东渭桥禁民渔。三元日，非供祠不采鱼。河堤谒者六人，正八品下。掌完堤堰、利沟渎、渔捕之事。泾、渭、白渠，以京兆少尹一人督视。”

唐代还曾制订了一部水利法典《水部式》，对农田水利的管理、行政组织、工程维修以及处理水利纠纷等方面，都作出了具体规定，并收到了显著效果。比如当时政府对上游垄断用水的情况颇为重视，规定了灌水的次序应由下游到上游。据《唐开元水部式残卷》记载："凡浇田，皆仰预知顷库存，依次取用，水遍即令闭塞，务使均普，不得偏并。"放水量的控制则交由专人负责。《水部式》规定："诸渠长及斗门长，至浇田之时，专知节水多少。其州县每年各差一官检校。长官及都水官司时加巡察。""龙首、泾堰、六门、升原等堰，令随近县官专知检校，仍堰别各于州县差中男廿人，匠十二人，分番看守，开闭节水。所有损坏，随即修理，如破多人少，任县申州，差夫相助。"另据唐刘禹锡《刘宾客文集·高陵令刘君遗爱碑》中记载："按《水部式》，决泄时，畎浍有度，居上游者，不得拥泉而专其腴，每岁少尹一人行视之，以诛不式。"唐中叶后，法令废弛，豪强霸占渠系水利。例如，三白渠水利"泾阳人雍而专之，……私开四窦，泽不及下，泾田独肥，他邑为枯。"皇室和豪强又在三白渠上设水碾，致使灌溉面积日益减少。

当水源不足，航运与灌溉不能兼顾时，唐《水部式》最早规定，应首先满足通航、放木的需求，然后是灌溉，而一般只在非灌溉季节，才允许 开动水碾和水磨。对于违反上述规定盗决堤防用水者，不论公、私用途，一律惩处。《唐律疏议》规定："诸盗决堤防者，杖一百；谓盗水以供私用。若为官检校，虽供官用，亦是。"为了防止盗决堤防所造成的灾难性后果，唐律专门规定："若毁害人家及漂失财物，赃重者，坐赃论；以故杀伤人者，减斗杀伤罪一等。若通水入人家，致毁害者，亦如之。"唐律中还有"水火损败征偿"的规定，"诸水火有所损败，故犯者征偿，……若故决堤防通水入人家……各征偿"。又说："盗水以供私用……，凡此皆以求济己之私，初无害人之意，故罪之拟杖。""故决非因盗水，或挟仇隙，或恐漂流自损之类，凡此皆非求利于水，明有害人之心，故拟徒罪也杖。"（薛允升：《唐明律合编》卷二十七，北京：法律出版社1993年版。）

《水部式》的内容包括农田水利管理、水碾、水磨设置及用水的规定，运河船闸的管理和维护，桥梁的管理及维修，内河航运船只及水手的管理，海运管理，渔业管理以及城市水道管理等内容。从《水部式》所记载的内容分析，它大约是唐开元二十五年（737年）的修订本（周魁一《水部式与唐代的农田水利管理》，载《历史地理》第四辑）。这部综合性水利法规的内容很丰富，作为法律条文，它的规定是很细致的。如第一条："泾渭白渠及诸大渠用水灌溉之处皆安斗门，并须累石及安木傍壁，仰使牢固。不得当渠造堰。听于上流势高之处为斗门引取。其傍友渠有地高水下须临时蹔堰溉灌者听之。凡浇田皆仰预知顷亩，依次取用。水遍，即令闭塞，务使均善，不得偏并。"这一条要求按照田亩面积平均用水。需要灌溉的田地要预先申请并报告田亩面积；渠道上设置配水闸门，闸门要牢固，以控制灌溉时间和水量；闸门有一定规格，并需在官府监督下修建，不能私自建造；地势较高的田地，不许在主要渠道上修堰壅水，只能将取水口向上游伸展；在较小渠道上可以临时修堰拦水，以灌溉附近高处农田。

《水部式》中也有灌溉行政管理的规定。例如，灌区设渠长和斗门长，其职责是合理分配灌溉用水。灌区管理工作由所在州县政府派一名官员主持。水利部门的官员也要时常检查，灌区用水合理，利于农业生产，则奖励主管官吏，反之，将给予其记过处分。对于大灌区的关键配水设施，州县每年还要选派20岁上下的男子20人和工匠12人轮番看守，如有损坏要督促修理 。如损坏较大，灌区本身无力负担，则可向地方政府申请帮助。

对于各个用水部门之间的利益关系，《水部式》也有专门条款。例如，处理灌溉用水和水碾、水磨的用水矛盾，有第11条和第20条：对于处理灌溉和航运用水的矛盾，则有第22条，一般来说，它们的用水次序是，

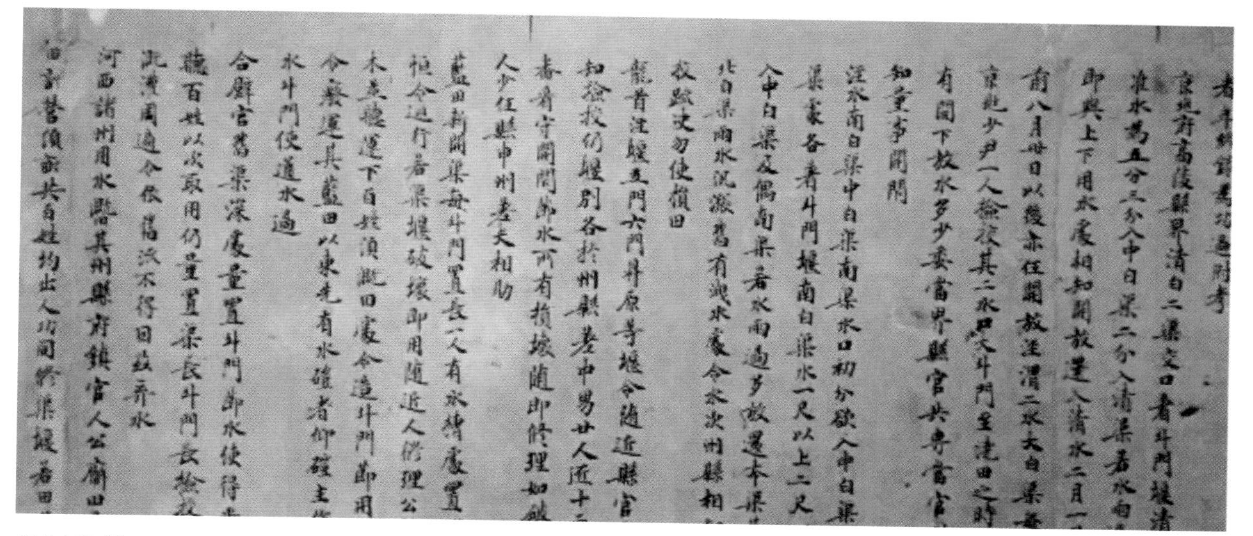

唐《水部式》

首先保证航运的需求，尔后是灌溉。而一般只在非灌溉季节，才允许开动水碾和水磨，在灌溉季节里，水碾和水磨的引水闸门要下锁封印并卸去磨石。而如果因为水力机械用水而使渠道淤塞，甚至渠水泛溢损害公私利益者，这座水碾或水麻将被强迫拆除。总的精神是："凡有水既灌者，碾硙不得与争其利。"（《大唐六典》）另外，长庆三年（823年）高陵县令刘仁师依据《水部式》"居上游者不得壅泉而专其腴。每岁少尹一人行视之，以株不式"的条文，对位于上游的泾阳县地主垄断水源进行了处理（《刘梦得文集高陵令刘君遗爱碑》）。这说明水资源是公共财富的概念，在当时已经深入人心。

《水部式》作为全国性的水利法规，是用来衡量是非的，因而条文十分明确和具体，对重点工程都有详细条款，例如对于当时黄河中游航运水手的规定："胜州转运水手一百廿人，均出晋、绛两州，取勋官充，不足，兼取白丁，并二年与替。其勋官每年赐勋一转，赐绢三匹、布三端，以当州应入京钱物充。其白丁充者免课役及资助，并准海运水手例。不愿代者听之。"规定了水手的数量、资格、待遇和开支等具体办法。国家水法尚且如此详尽，地方水法当可想而知。现今所见之《敦煌水法》等地方单项水法，对于本地灌溉用水与季节、地亩面积、所处位置、种植作物等的关系，均有明确规定。

五代时期，吴越钱氏为巩固其统治，在太湖地区大力发展水利事业，将以前的大圩统一规划成有序的横塘纵浦，主要的河道四围交叉就是一个大圩，"或五里、七里而为一纵浦，又七里或十里而为一横塘"，形成了棋盘一样的壮丽景观。这样的塘浦圩田制度，也就是河网化的灌溉系统，出现了"低田常无水患，高田常无旱灾，数百里之内，常获丰熟"（北宋郏亶《水利书・治田利害七论》）的局面。吴越水利设有"撩浅军"，专门负责塘埔圩田的工程养护。"撩浅军"设于唐昭宗天祐元年（904年），约计有一万人，归都水营田使指挥，分为四路。一路驻吴淞江地区，负责吴淞江及其支流的浚治；一路分布在急水港、淀泖地区，着重于开浚东南出海通道；一路驻杭州西湖地区，担任清淤、除草、浚泉以及运河航道的疏治管理等工作；另一路称作"开江营"，分布于常熟昆山地区，负责通江港浦的疏治和堰闸管理。据《十国春秋・武肃王世家》记载："置都水营田使，以主水事，募卒为部，号曰撩浅军，亦谓之撩清。命于太湖旁置撩清卒四部，凡七、八千人，常为田事，治河筑堤。……居民旱则运水种田，涝则引水出田。"吴越把唐代的"营田埂"与"都水监"两职合并为"修水营田使"一职，把治水与治田结合起来，修建和管理并重。撩浅军负责浚河清淤，罱

（lǎn）泥肥田，筑堤修闸，养护船路等工作，历时吴越政权近百年。吴越塘埔圩田的发展与巩固，就是因为有一套较完备的管理养护制度，撩浅军的创建与维持起了很大作用。北宋实行水利以漕运为纲，“转运使”代替了“都水营田使”，养护撩浅制度废弛，塘埔圩田系统解体。后虽有开江营的设置，但人数少，废置无常，且偏重漕路的维修。

3.1.15　唐代《唐律疏议》《唐六典》《营缮令》和中的水事条款

唐代用法律确定水政管理制度。唐高宗永徽年间颁布的《唐律疏议》中，对水利防汛有专门的条款规定：“近河及大水有堤防之处，刺史、县令以时检校。若须修理，每秋收讫，量功多少，差人夫修理。若暴雨汛溢损坏堤防交为人患者，先即修营，不拘时限。”意思是说：在河水有堤防的地方，当地刺史、县令要按时检查踏勘。如果需要修葺，则在每年秋收之后，计算所需人工，派遣人丁修筑。如果洪水突然来袭毁坏了堤防，要先行修堵，不受时令限制。

行政法典《唐六典》将全国江河分为3级，规定长江、黄河为大川，渭、洛、济、漳、淇、汉等江河为中川，其余1252条江河为小川。开元年间还下诏令改定江河名称，进行江河名称的规范。《唐六典》还明确规定工部尚书及所属水部郎中、员外郎、都水监、州刺史、县令等各级官员的水事职责。水部郎中、员外郎掌“川渎、陂池之政令”，“凡舟楫灌溉之利咸总而举之”。《营缮令》规定了州刺史、县令的防洪责任制度，“近河及大小有堤防之处”的州县，“刺史、县令以时检校。若须修理，每秋收讫，量功多少，差人修理”。法定的责任严明。刑法典《唐律疏议》规定：“不修堤防及修而失时者，主司杖七十。”又根据造成的后果，如“毁害人家”“漂失财物”“人身死伤”等，分别处罪。唐朝还禁止非法、非时造修工程，《唐律疏议》规定“有所兴造，应言上而不言上，应待报而不待报”，上报预算“即料请财物及人功多少，违实者，笞五十，若事已损费，各并计所违赃庸，重者坐赃论减一等。”地方官员不报告水旱灾情或谎报灾情者，律文规定杖刑

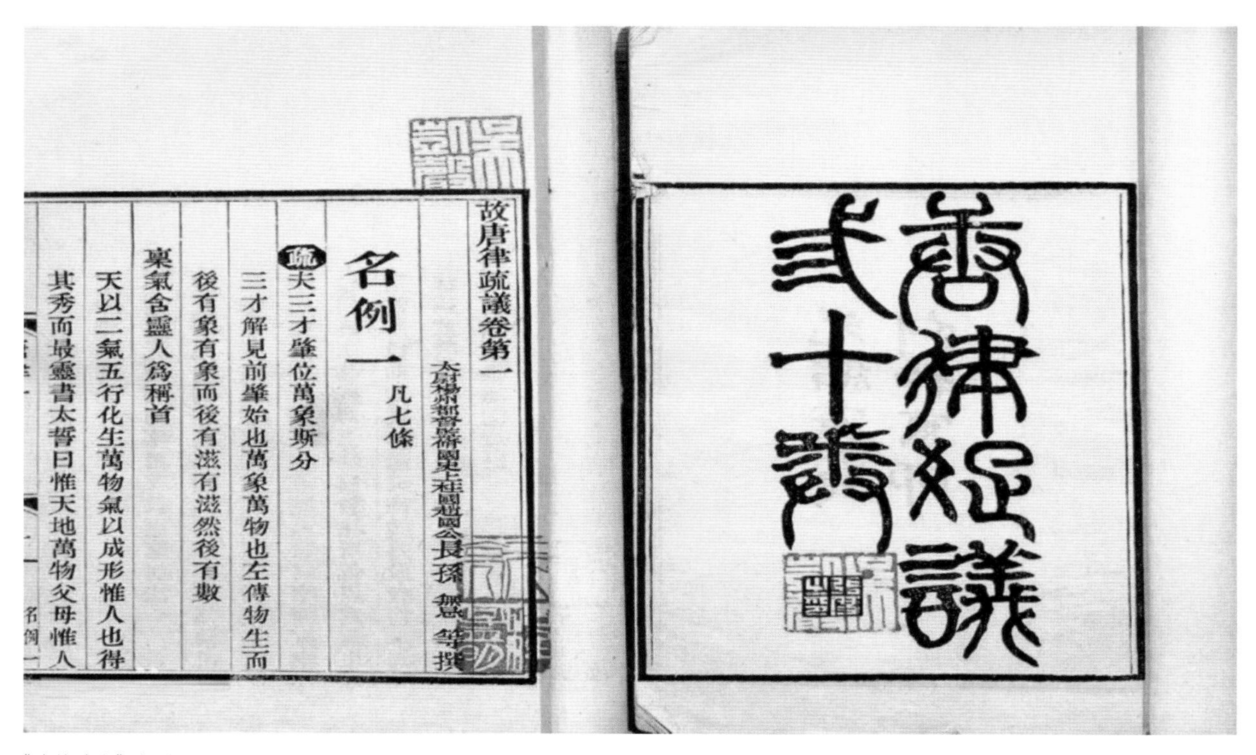
唐律疏議三十卷

故唐律疏議卷第一　太尉揚州都督監修國史上柱國趙國公長孫無忌等撰

名例一　凡七條

疏 夫三才肇位萬象斯分

三才解見前肇始也萬象萬物也左傳物生而後有象有象而後有滋有滋然後有數

稟氣含靈人爲稱首

天以二氣五行化生萬物氣以成形惟人也得其秀而最靈書太誓曰惟天地萬物父母惟人

《唐律疏议》书影

七十。为了保证江河防洪安全，《唐律疏议》对“盗决堤防”罪（决堤取水供用，不论公私皆同罪）、“故决堤防”罪（除取水供用以外的作案目的），按其造成后果处以杖刑、徒刑以至死刑。唐朝的法令还规定，不准在河滩地修小堤和盖房居住，以利于河道行洪；在修堤的同时，要求沿堤旁植树。

大唐六典三師三公尚書都省卷第一
御撰
三師
太師一人
太傅一人
太保一人
三公
太尉一人

一九八三年據北京大學圖書館南京博物院及北京圖書館藏南宋刻本原大影印

《唐六典》书影

欽定四庫全書
等河道之比
宋史河渠志塘濼諸水所聚因以限遼河北屯田司緣邊安撫司皆掌之而以河北轉運司兼都大制置
謹案河北轉運使制置塘濼若今直隸總督兼總河之職而緣邊屯田安撫司掌塘濼若今直隸通永清河大名大廣順四道兼河務之事也
宋史河渠志乾道五年詔開封大名府鄆澶滑孟

《宋史·河渠志》

3.1.16　北宋《农田水利约束》和《疏决利害八事》

北宋都城汴京（今河南开封），水陆交通发达，但地势低平，易积水成涝，特别是黄河频繁决溢与改道，其携带的泥沙不断地向南逼近开封，而其附近繁密的水道也成了黄河泄洪的最佳渠道。从建隆元年（960年）到太平兴国九年（984年）的25年内，黄河只有9年没有明确的决溢记载，其余年份大部是多处溃决，到处泛滥的。从淳化二年（991年）到宣和元年（1119年）的128年里，共发生水患20次，造成人员伤亡的有8次。因此，北宋在治河、农田水利改革这两个方面的立法上比唐代有了重大的进展。

皇帝直接发布诏令，如沿河州府官吏兼本州河堤使、设置河堤判官、州官长吏上堤巡河、汛期沿河官吏职守、河防科夫岁修、沿河州县课民种榆柳、派禁军防护汴河堤防等，建立了河防制度。

在熙宁变法时期颁布的《农田利害条约》（参见宋《农田水利约束》），是中国历史上第一部改革农田水利建设的法律，比较系统地调整了政府与农民、中央政府与地方官员、官员与农民的关系，改革了农田水利的相关政策，奖励职官兴修农田水利，规定酬奖等级；扶持农民兴修农田水利，修水利按《青苗法》借贷，允许贷钱谷等。熙宁变法失败后，新法被取消，退为元丰奖励标准，后来认为元丰奖励办法太过优惠，也被搁置一边。

仁宗天圣二年（1024年）公布的《疏决利害八事》，是中国水利史上第一部较为系统的排涝法律。《宋史·河渠志四》载："（天圣）二年七月，内殿崇班、阁门祗候张君平等言：'准敕按视开封府界至南京、宿、亳诸州沟河形势，疏决利害凡八事：一、商度地形，高下连属，开治水势，依寻古沟洫浚之，州县计力役均定，置籍以主之。二、施工开治后，按视不如元计状及水壅不行、有害民田者，按官吏之罪，令偿其费。三、约束官吏，毋敛取夫众财货入己。四、县令佐、州守倅，有能劝课部民自用工开治不致水害者，叙为劳绩，替日与家便官；功绩尤多，别议旌赏。五、民或于古河渠中修筑堰堨，截水取鱼，渐至淀淤，水潦暴集，河流不通，则致深害，乞严禁之。六、开治工毕，按行新旧广深丈尺，以校工力。以所出土，于沟河岸一步外筑为堤埒。七、凡沟洫上广一丈，则底广八尺，其深四尺，地形高处或至五六尺，以此为率。有广狭不等处，折计之，则毕工之日，易于覆视。八、古沟洫在民田中，久已淤平，今为赋籍而须开治者，据所占地步，为除其赋。'诏令颁行。"

3.1.17 宋代《天圣令·杂令》

宋代的农田水利管理法规又有进步。在王安石变法前期颁行的《农田水利约束》（又称《农田利害条约》），是全国性开发农田水利的政策法规，颁布于熙宁二年（1069年）。《宋会要·食货》记述条约的主要内容是：凡能提出有关土地耕种方法和某处有应兴建、恢复和扩建农田水利工程的人，核实后受奖，其建议交付该地方政府负责实施；各县要上报应修浚的河流和灌溉工程，并作出预算和施工计划。工程涉及几个县，各县都要提出意见并上报主管官吏；各县境内应修堤防和应开挖的排水沟渠，都要提出预算和施工计划，报请上级复查，批准后实行；对州县的报告，行政主管官吏要和各路提刑和转运官吏核实、协商，再委派州县施工；牵涉几个州的大工程要经中央批准；工程较多的县，县官不能胜任的要调动，事务太忙的可添设助手；私人兴办农田水利工程的，经费无力负担者，可向官府贷款；凡出力出资兴办水利的，按效益大小，官府要给予奖励和录用；不按计划施工的要罚款，罚款用作工作经费；对兴修水利有成绩的官员给予升赏，临时委派的官员也要奖励等等。这个条约要起到促进农田水利建设发展的作用。从熙宁三年至九年间，共兴修农田水利10793处，灌溉田地3600多万亩（《宋会要稿食货》六一之六八）。

宋代经济上依靠江南，圩田水利虽也兴建不少，但由于撩浅制度废弛，加以豪强地主盲目围湖垦田，致使水旱灾害增多。新整理的宋代《天圣令·杂令》中，也可见宋代斗门管理的制度内容，包括军人协助地方水利维护的成分在内："宋诸州县及关津所有浮桥及贮船之处，并大堰斗门须开闭者，若遭水泛涨并凌澌欲至，所掌官司急备人工求助。量力不足者，申牒。所属州县随给军人并船，共相求助，勿使停壅。其

庆元条法事类

桥漂破，所失船木即仰当所官司，先牒水过之处两岸州县，量差人收接，递送本所。”相关条令在《杂令》《营缮令》中还有，如《杂令》第十五条：“诸取水溉田，皆从下始，先稻后陆，依次而用。其欲缘渠造碾硙，经州县申牒，检水还流入渠及公私无妨者，听之。即须修理渠堰者，先役用水之家。”《营缮令》第二十条：“诸堰穴漏，造短及供堰杂用，年终豫料役功多少，随处供修。其功力大者，检计申奏，听旨修完。”第二十六条：“诸近河及陂塘大水，有堤堰之处，州县长吏以时检行。若须修理，每秋收讫，劝募众力，官为总领。或古陂可溉田利民，及停水须疏决之处，亦准此。至春末使讫。其官自兴功，即从别勅，有军营之兵士，亦得充役。若不时经始致为人害者，所辖官司谅察，申奏推科。”第二十八条：“诸傍水堤内，不得造小堤及人居。其堤内外各五步并堤上，多种榆柳杂树。若堤内窄狭，随地量种，拟充堤堰之用。”《杂令》主要是行水原则，《营缮令》则重在营缮维护。

宋代朝廷订立各项具体规章制度，如规定汴河、蔡河、广济河诸“斗门栈板，须依时启闭，调停水势”。“在各运道上有擅自开掘河堤，或安置重物者，各杖八十。凡私自偷引河水者许人告发，由巡人和看管人捕获送官惩治。”

另外，排水也同样需要相应的法律约束。北宋天圣二年（1024年）开封府和陈、徐、宿、亳、曹、单、蔡、颍等州连年雨涝成灾，张君平曾提出大规模排水计划和八点规定，其主要内容有：①按地形和前代遗迹规划排水路线，并计算工程量；②不按要求施工和造成灾害的，应对官吏判刑和罚款；③能动员和组织人民按计划施工并有成效者重赏；④禁止百姓在排水道上筑堰蓄水和捕鱼；⑤施工尺寸和工程量要严格复核，新平整出的土地入税籍；⑥查禁贪污。这些规定当时“悉颁为定令”（南宋李焘《续资治通鉴长编》卷），成为该地的排水法规。

3.1.18 金代《河防令》

金灭北宋之后，其统治范围扩展至淮河以北和整个黄河下游，面临着黄河洪水的威胁。泰和二年（1202年），金章宗颁布实施的《泰和律令》中的《河防令》，是我国现存最早的一部防洪法规，这部防洪的专门法律，内容更加完善、系统，涵盖黄河、沁河、卢沟河、漳河等河流的防汛、抢险和岁修，明确了各级官员和河防专设机构的职责，规范了官府防汛的活动，从制度上保障了防洪工作的顺利进行。《河防令》的主要内容有：

金代《河防令》

（1）明确划定了黄河和海河等水系的防汛起止期限，将“六月初至八月终”定为“涨水月”，规定这期间沿河官员必须轮流“守涨”，不得有误。

（2）规定朝廷每年都要派出官员“兼行户、工部进”，在汛期到来之前沿河检查，督促沿河的州、府、县落实防汛规划措施，维修加固堤防。

（3）规定河防紧急时，沿河州府和都水监、都巡河官等应共同商定抢险事宜。

（4）奖功罚罪，沿河州、府、县官员防汛无论有功还是有罪，都要上报，由国家据情处理。

1）每年选派一名政府官员沿河视察，以便督促地方政府和水利主管机构落实防洪措施。

2）水利部门可以使用最快的交通工具传递防汛信息。

3）每年六月初一至八月底，各州县主管防洪的官员必须上堤防汛，平时则轮流上堤检查。

4）必须上报沿河各州县官员的防汛功过。

5）河防军夫有一定的假期和医疗保险。

6）若发生堤防险工，需每月向中央政府上报。遇有紧急情况，则需增派夫役上堤等。

《河防令》的颁行，不但对当时金国占领下的黄河、海河等水系的防洪工作起过重要作用，而且对后世的河防也产生了积极的影响。金以后各朝代的防洪法规，多由《河防令》引申而来。

《河防通议》是宋金元三代治理黄河的工程规章制度。这些规章制度在施工实践中应用了300多年。现存本系元代色目人赡思（清代改译为沙克什）于至治元年（1321年）根据当时流传的所谓“汴本”，其中包括沈立原著和宋建炎二年（1128年）周俊所编《河事集》，以及金代都水监所编另一《河防通议》，即所谓“监本”，加以整理删节改编而成。《元史·赡思传》称作“重订河防通议”。共上、下两卷，除赡思自序外，分为河议、制度、料例、功程、输运、算法六门，分别记述河道形势、河防水汛、泥沙土脉、河工结构、材料和计算方法以及施工、管理等方面的规章制度。此书流传版本有《四库全书》本等，较通行的有1936年商务印书馆《丛书集成》本、中国水利工程学会《中国水利珍本丛书》本。

金代还在解决一些地方的水利纠纷过程中形成了一些水事法规，如平阳府洪洞、赵城两县南北霍渠的分水，灌渠管理渠规，元大德十年以后通行于霍州、曲沃等县，被称为《霍例水法》。

3.1.19　西夏《天盛改旧新定律令》

西夏建国在宁夏河套灌区，经过长期摸索，也形成了带有自身特色的水事法规。天盛年间（1149—1169年），西夏颁布了《天盛改旧新定律令》。原文为西夏文，原件藏于俄罗斯科学院东方研究所圣彼得堡分所，是律、令合体的法典，分门类编纂。水事律令有数十条，内容十分详细。具体规定了当时引黄灌区的唐徕渠、汉延渠、新渠（昊王渠）冬修筑草土围堰封堵渠口，春修开渠放水，按地亩缴纳冬草，按地亩派夫，施工管理，灌溉期间的渠道、闸门、陡口、桥梁、道路管理和用水管理，各级官府和灌渠管理部门的职责，以及违反律令规定的处罚等，对牧场打井也作了规定。下图是俄罗斯藏黑水城出土西夏文刻本《天盛改旧新定律令》卷第十。

3.1.20　南宋水事法

南宋水事法，虽以农田水利为主，但其调整的对象涉及的范围广，有些问题的立法思想比前代更为深刻。南宋庆元四年（1198年）颁布的庆元重修敕令格式，嘉泰三年（1203年）颁布的敕令格式，按门类编纂的《庆元条法事类》，法律配套，可操作性强。其中的南宋《田令》《河渠令》等，内容包括：

治河，禁止束狭河道，不得拦河筑堰；排涝，雨水过常，发生渍涝，县令佐监督导决排除涝水，大者由州府差官实地调查，申报有关部门，有关部门和州官再次查验，向尚书工部报请经费。关于灌溉工程管理与用

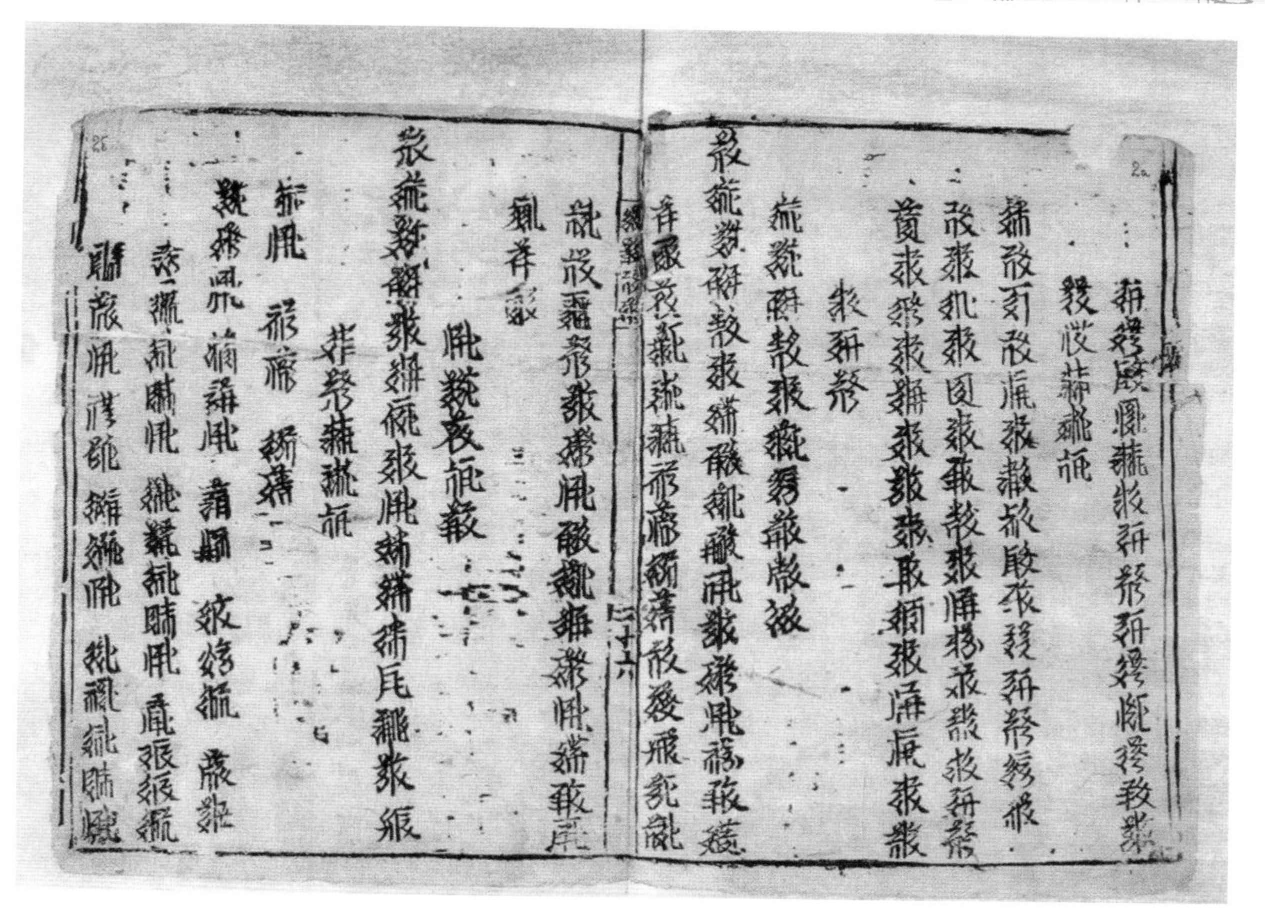

西夏《天盛改旧新定律令》

慶元條法事類卷第四
職制門一
官品雜壓 令申明
令
官品令
諸太師太傅太保左右丞相少師少傅少保王爲正一
品
諸樞密使開府儀同三司特進太子太師太傅太保嗣
王郡王國公爲從一品
諸金紫光祿大夫知樞密院事參知政事同知樞密院
事太尉開國郡公上柱國爲正二品

《庆元条法事类》

水管理，确认江河山野陂泽湖塘池泺为公众之水利、地利，保护众共溉田者的使水权，官员不得擅自同意蓄水灌溉之地出卖、请佃，违者主事人与承买、请佃人各以违反皇帝命令论处；奖励告发请佃承买“潴水之地”者，每亩地奖告发者钱3贯，按亩奖励最高至100贯钱为止。《赏令》有旱地改水田缴纳税额规定，奖励州县官引导农户耕种盐碱地，减纳税收鼓励农户耕种盐碱地，差遣查验盐碱地。此外，《职制敕》还规定都水监的官员至所辖单位、办理公务之处不得接受出城迎送，不得参加宴会，不得接受规定标准以外的供给，不得接受馈赠。《吏卒令》对官员检查受灾田亩，所带吏员和其他随从人员数额有具体限制，不得超过。

3.1.21 元代《农桑水利条画》

元初，曾颁行法律条款，并建立了相应的管理机构，推动了农桑水利的发展（参见元《农桑水利条画》）。元英宗至治三年制定的《大元通制》，是元代比较完整的法典，只残存条格部分，称为《大元通制条格》，其中“河防”等存目失文。关于官员防洪职责，《元史 · 刑法志》记载：“诸有司不以时修筑堤防，霖雨既降，水潦并至，漂民庐舍，溺民妻子，为民害者，本郡官吏各罚俸一月，县官各笞二十七，典吏各一十七，并记过名。”对漕运、海运也有条文规定。元代法令规定，沿御河（今河南境内的卫河和河北境内的南运河）州县官副手兼管河事。开凿会通河，使京杭运河全线贯通之后，制定了舟船过闸法规，颁布禁令。还建立了各行省、路、州县长官提调（掌管、监督之意）岁修，修筑堤堰的制度。

大元通制序　孛术魯翀

至治二年冬十有一月

皇帝以故丞相東平忠憲王之孫中書左丞相位

右丞相總百官新庶務徵用老成開明治道

皇元聖聖相繼百有餘年宸斷之所予奪廟謨之

所可否禁頑戢暴仁恤黎元綽有成憲然簡書所

載歲益月增散在有司既積既繁莫知所統抶情

之吏用譎行私民惆政蠹臺憲屢言之鼎軸大臣

恒患之

仁廟皇帝御極之初中書奏允擇耆舊之賢明練

《大元通制》

3.1.22　明代《大明律》和《大明会典》

明代刑法典《大明律》，设《工律 · 河防》篇，并修订有相应条例，惩处破坏江河堤防、圩岸陂塘、运河沿河湖堤及阻绝入运河泉源违反漕河禁令等犯罪行为，保护江河防洪、圩岸防洪安全、漕运河道畅通和陂塘蓄水灌溉（参见明《工律 · 河防》）。行政法典《大明会典》初步形成了大运河的管理法规。详细规定京杭运河各河段，及其水源河流，大通河、白河、卫河、会通河、汶河、洸河、沂河、泗河、济河、沁河、南阳新河、淮安运道、扬州高宝运道、仪真瓜洲运道分别修筑堤坝，建立水闸蓄水；运河水源由江苏徐州沛县诸湖蓄水济运，山东16州县155处泉水截入运河。规定设立山东管河道副使、河南管河道副使、通惠河郎中、北河郎中、南河郎中、管泉主事等官员，配置闸夫、修坝夫、守堤夫、捞浅夫、挑港夫、泉夫等维修管理丁夫编制。运河沿岸州县，诸湖及诸泉所在州县缴纳运河河工料物所折银两，湖租银两，河闸、泉夫折征银两，协助河工钱粮等。诸泉水被截走，还要缴纳运河各工员钱粮。还订立了运河禁令和闸坝禁令的具体条文。

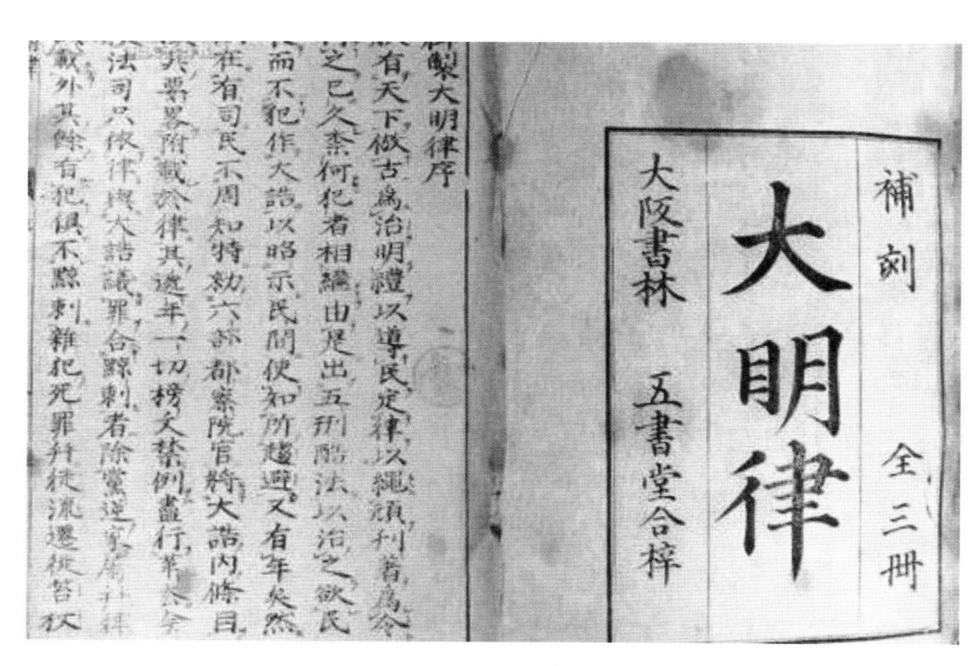

《大明律》

3.1.23 清代《大清律例 · 工律》《大清会典》和《大清会典事例》

清代法典集中国历代封建律令之大成，水事法规也是如此。水事法规是清代庞大的法律体系的组成部分。清代将水利建设分为河工（包括黄河、运河、京畿河流）、海塘、地方水利、长江江防、桥道、京城沟渠等方面，分别订立法规，涉及防洪、防海潮、排涝、灌溉、运河水源调蓄等领域。法律调整的范围涉及各级官府、官吏，防洪、防海潮与灌溉的受益户，有碍防洪、行洪安全的河滩修筑民堰人户，居住于大堤上的居民，城镇占据河道盖房者，下游堵塞沟道有碍水流通顺者，开垦调蓄洪涝水洼淀、湖泊者，开垦山地使沙土淤积河道的棚民，工程占地的移民搬迁者，官府将水源占去用于运河而被禁止或限制灌溉地区的农户，城市商户（有可能利用水利建设官资扩大商业经营，或捐款用于当地水利建设）等不同利害关系的人户。

清代《大清律例 · 工律》中“冒破物料”“失时不修堤防”“侵占街道”“修理桥梁、道路”的律文分别订立了条例。对于河工工程，调查人员预算过高，物料数目不符，查出后即向上报告。徇私隐情匿报，交主管部门议处。竣工确查（竣工验收）发现工程单薄，物料剋减，钱粮不用于工程，立即追究，分别按入己与不入己定罪并追赔侵吞银两。行政法典《大清会典》《大清会典事例》具体规定了工部尚书、都水司郎中、河道总督、漕运总督的职责；河道总督衙门及其下属机构的河员、河夫、河兵的编制及其任务；河工的维修制度分岁修、抢修；堤坝的各项工程分堤、坝和埽工、堤闸、涵洞、护坦坡等的技术规范；黄河水汛分桃汛（自清明起的20天内）、伏汛（自桃汛后至立秋前）、秋汛（自立秋至霜降）3汛，规定日夜巡守防护制度；海塘塘工分石塘、土塘及柴土塘等的技术规范；运河河道疏浚制度和州县官员的责任。在水利工程建设和维修经费的来源、投入和管理方面，将工程分为官工（官办工程）、民工（民办工程）。官工，又分为中央直接管理的工程，中央拨款、地方管理的工程。民工，又分为官助民办、官督民办、民办自理、商力自理等不同方式。中央直接管理的河工，由河道总督和有关总督、巡抚派专人调查，提出兴工预算、竣工验收报告；河工岁修工程须于本年十月提出预算报告，次年四月报销；抢修工程，提出堤防地段名称、长宽厚度及所需银数等报告，竣工决算报销；岁修工程经费按总额控制，列出本年与上年开支项目款数比较。资金来源包括：抢险工程费用专款储存；拨专款商家生息，每年取利息用作某项水利工程经费，如今之建立基金存于银行；官府无息借款，定期

《大清律例》

归还；官府头年垫支，次年归还；商人捐款，商人经理；官府出款，委托商人经理；士人捐款，士人经理建设；受益地区按亩摊资；主食佃力（业主出粮款，佃户出劳力）；以工代赈等定例。清代规定负责修筑黄河堤防、运河堤防、长江堤防和海塘塘工的保固期限、失事赔款制度。清代发布的禁止占耕淀泊淤地、围垦洞庭微山诸湖、黄河滩地筑堰、黄运两河河堤上增加民房、下游阻挠河道疏浚、临溪河市镇占据河滩妨碍河道行洪、耕江种山棚民开松山土使下雨沙土淤塞溪河等有妨水利的行为，以及禁止农民筑坝拦截运河水源等，都分别编入《会典》《会典事例》《工部则例》中。清《工部则例》还编入运河疏浚、各湖水柜蓄水控制调节、各闸门启闭、漕船过闸等15项具体规定。

3.1.24 民国《水利法》

自唐代《水部式》颁布以后，此后历朝历代未见全国性的综合水利法规，直至民国时期才颁布新的水利法。民国年间《水利法》的制订使水法进入到一个新的阶段，《水利法》的制订工作从民国十九年（1930年）开始准备，当时曾翻译有关国家的水利法，作为参考。民国二十二年（1933年）开始起草，民国二十三年（1934年）脱稿。然后发至有关单位征求意见，并开始履行立法程序，抗战开始后一度停顿。民国三十年（1941年）行政院水利委员会成立，最后完成并通过立法院审议。民国三十一年（1942年）由当时的国民政府公布，民国三十二年（1943年）四月一日起实行，同时实行的有《水利法施行细则》。另有具体细则19项：《水利建设纲领》（附水利建设纲领实施办法）、《利用义务劳动兴办水利实施办法》、《各省发行水利公债兴办农田水利原则》、《各省酌拨田赋超收部分成数兴办农田水利办法》、《奖助民营水力工业办法》、《兴办水利事业奖助办法》、《灌溉事业管理养护规则》、《水权登记规则》、《水权登记费征收办法》、《临时用水执照核发规则》、《修正整理江湖沿岸农田水利办法大纲执行办法》、《农田水利贷款工程水费收解支付办法》、《水利委员会整理航道工程竞赛实施办法》、《水利委员会复堤工程施工竞赛实施办法》、《水利委员会所属各查勘队、测量队及水文工作竞赛实施办法》、《水利委员会征求水利著述及制造办法》、《各省市委托本会（水利委员会）附属机关代办农田水利贷款工程办法》、《水利委员会、中国农民银行会同推进各省农田水利联系修正办法》、《水利示范工程处代办民营水利工程办法》。还有附录6项：《中国农民银行兼办土地金融业务条例》

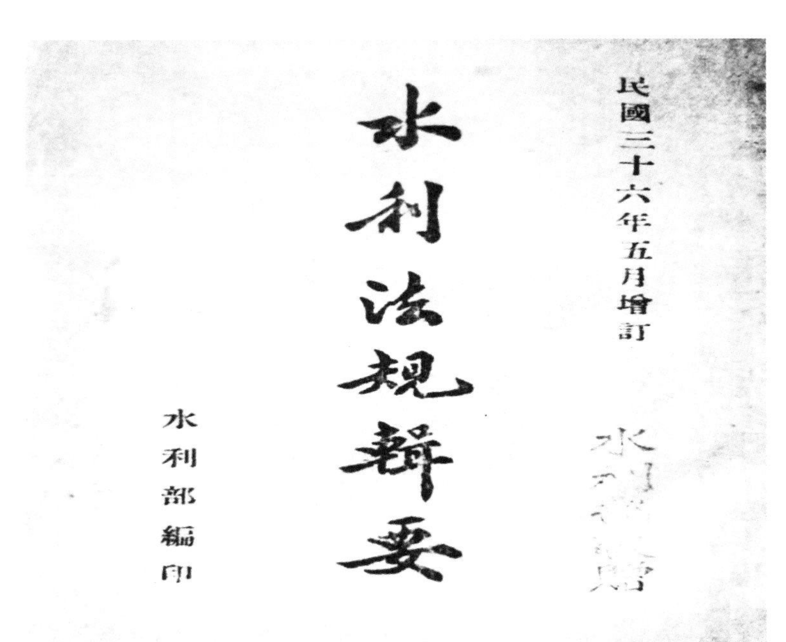

水利部编印《水利法规辑要》书影

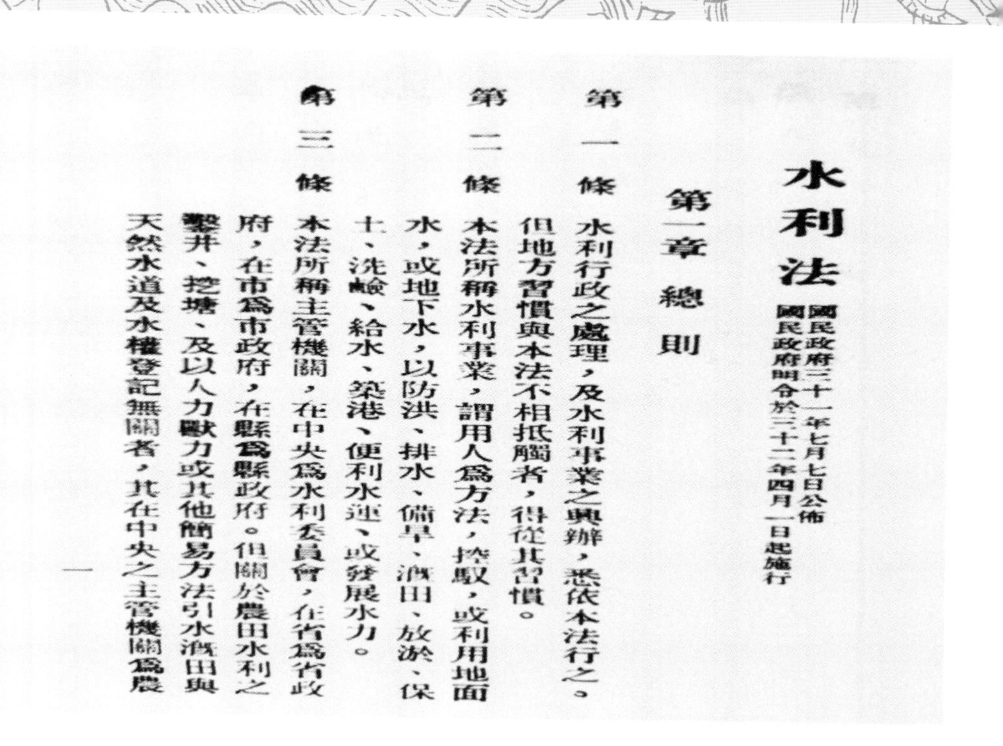
水利法

國民政府三十一年七月七日公佈
國民政府明令於三十二年四月一日起施行

第一章 總則

第一條 水利行政之處理，及水利事業之興辦，悉依本法行之。但地方習慣與本法不相抵觸者，得從其習慣。

第二條 本法所稱水利事業，謂用人爲方法，控馭，或利用地面水，或地下水，以防洪、排水、備旱、溉田、放淤、保土、洗鹼、給水、築港、便利水運、或發展水力。

第三條 本法所稱主管機關，在中央爲水利委員會，在省爲省政府，在市爲市政府，在縣爲縣政府。但關於農田水利之鑿井、挖塘、及以人力獸力或其他簡易方法引水溉田與天然水道及水權登記無關者，其在中央之主管機關爲農

一

《水利法》书影

《办理各县小型农田水利贷款暂行办法纲要》《农贷准则》《农贷办法纲要》《农贷手续简则》《大型农田水利贷款合约蓝本》。

从以上内容可以看出，除《水利法》和《水利法施行细则》之外，国民政府还制订有若干单项水利法规及其执行办法，以及为促进水法的实施而采取的具体解决措施。

《水利法》共9章71条，主要内容有：

（1）《水利法》将水利事业定义为“用人为控驭或利用地面水或地下水以防洪、排水、备旱、灌田、放淤、保土、洗碱、给水、筑港、便利水运或发展水力”。主管机关为中央水利部，地方为省市县政府。

（2）治水应上中下游通盘规划，涉及两省以上者，由中央设置水利机关管理。关系两县市者，由省设水利机关管理。

（3）水为国家资源，用水应事先取得水权，水权的取得、转移、变更或取消，必须依法登记才能生效。

（4）用水顺序是：家用及公共给水；农田用水；工业用水；水运；其他。

（5）凡人民生活必须者；在私有土地上挖塘凿井取水者；用人力或兽力及其他简易方法引水者，免予登记。

（6）凡引水、蓄水、泄水、护岸、或与水运和水力有关的建筑物，其建造、改造和拆除应经主管部门批准。如有变更，应及时报告。

（7）防洪、排涝应使水有所归，一般应汇入本河道或其减河和湖、海、泄入他河要得到上级主管机关批准。

（8）高处流来的水，低地所有权人不得妨碍；水流因自然事变在下游阻塞时，上游应予疏通。

（9）防汛关系重大，单列9条法规。对岁修、防汛期限、与军警协同、紧急处置权、禁止事项等均有规定。此外还规定水道的沙洲、滩地不得围垦；常水位范围内的土地不得私有。已私有者由主管机关征收之。

（10）为推行水利法贯彻实施，订有对违法者的处罚条例和强制实行办法。

这一时期，还相应制定了其他几个法规：

（1）《灌溉事业管理养护规则》（1941年），行政院颁布，作为灌溉工程管理养护的总则，该规则共6章19条。主要内容有：

1）灌溉工程由兴办单位负责管理养护，征收的水费优先用于工程养护和偿还投资。

2）工程管理机关经费应主要依靠水费来源。

3）可由灌区百姓推选德高望重的人员参加管理。

4）管理机关的职责是：规定水量分配和灌溉日期；制定水费征收标准；调解纠纷；管理渠道闸门的启闭；查报用户用水权的注册和转移；测量有关水文数据等。

5）工程养护分4种情况，即平时、岁修、防汛、特别修理。

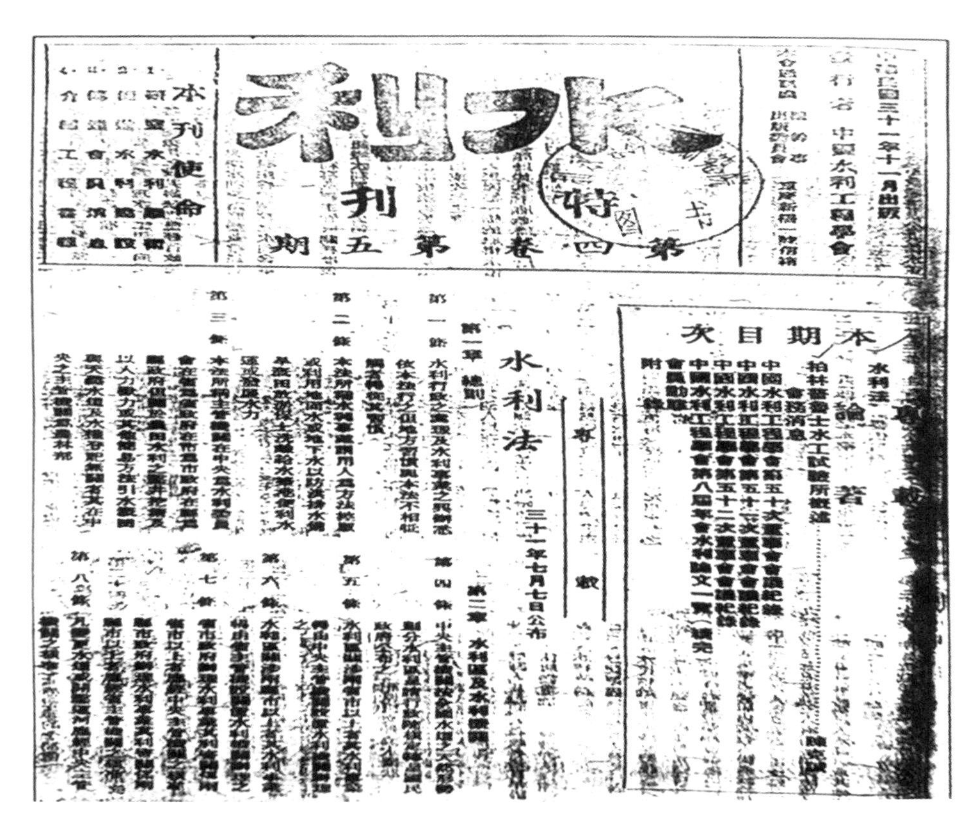
水利特刊

第四卷第五期

中國水利工程學會

本刊使命

本期目次

水利法

柏林普魯士水工試驗所概述

會務消息

中國水利工程學會第五十次董事會會議紀錄

中國水利工程學會第五十一次董事會會議紀錄

中國水利工程學會第五十二次董事會會議紀錄

中國水利工程學會第八屆年會水利論文一覽（續完）

會員動態

附錄

水利法

三十一年七月七日公布

第一章 總則

第二章 水利區及水利機關

1942年《水利特刊》刊载的《水利法首页》（源自谭徐明主编《中国灌溉与防洪史》，中国水利水电出版社2005年版，第158页）

6）管理机关要主持奖惩工作。

（2）《水权登记规则》《水权登记费征收办法》（1913年）：根据《水利法》第31条和40条制定，规定了水权登记的申请程序、申请水权者要对水源所在地、用水目的、用水地点、引用水量等作明确登记。水权登记向县政府申请，如水源流经2县以上，应向省政府申请，流经2省以上，应向行政院水利委员会申请水权登记，登记者应交纳登记费。

（3）《修正整理江湖沿岸农田水利办法大纲》（1937年10月28日）规定：大江大河和湖泊应按约10年一遇洪水的范围划定界限，沿界修堤。堤外（指堤水之间）一律禁止私人耕种，原有土地由政府以地价券收购，居民可凭地价券在政府指定地区购买无主荒山、荒地。堤外耕地在不影响防洪的前提下可由政府主持经营垦殖，所得用于工程经费、兴办水利事业、赈济、地价券偿还基金等。

（4）《奖助民营水力工业办法》（1944年6月1日）：对于民营的水力发电、水力汲水灌溉、水力工业和其他利用水利工程，政府给予资助。包括：补助工程费1%~10%；给予工程费10%~50%的贷款；协助输低息贷款；给予技术帮助；协助购运建材。

（5）《农田水利贷款工程水费收解支付办法》（1944年10月）：中国农民银行或政府垫款的县政府共同办理水费征收。标准由省政府拟定，送水利委员会核定，由管理机关对各户分别造册，按册征收。征收额应提前一个月通知户主，户主应在规定期限内向公库交付现款。

（6）《兴办水利事业奖励条例》（1943年7月29日）：对在水利事业中有显著成绩者实行了表扬、立碑、颁匾、授予奖章等奖励措施。

（7）《各省小型农田水利工程督导兴修办法》（1948年3月16日）：由农林部修正公布，由各省政府制定并规定施行细则，但未及施行。

除以上一些专业法规外，1944年制定的《民法》中，第755条至785条也比较集中地反映了与水道有关的法律责任问题。

民国时期还为许多大型水利工程制定了专门的管理规程，各流域水利委员会和大型工程局等均制定了组织规程、管理办法等。水利事业的管理在理论上达到了较高的水平，但限于当时的历史情况，绝大多数关键性的条文未能真正实施。同时各水法的内容也有缺漏。有些条款忽略了具体情况的复杂性。如对堤外民田用地价券收购，收归国有的方法难以实行，因为无法保证持有地价券的人能购买到合适的土地。但它们的制定和初步施行，是我国近代法规的重要组成部分。

以此为核心构建了一套比较完善的水利法制体系，是中国法律近代化的一个重要组成部分。民国水法体系首先吸收了西方近代水利法法制的先进因素，如引入水权理论并以成文法的形式确立下来，作为水资源分配、利用的制度性依据；将兴利与除害结合起来，重视治水与国民经济建设相配合；依法解决各种水事纠纷；等等。本书资料翔实，论证充分，客观地分析和总结了国民时期水利法制建设的经验教育，可以为今天的水利法制建设及相关研究提供有益的借鉴。

台湾有关水的法规有：水利法（及水利法实施细则）、饮用水管理条例、水污染防治等。水利法是在1942年水利法的基础上，结合台湾实院情况，经过1955年、1963年、1974年三次修正。内容包括：总则、水利区及水利机构、水权、水权之登记、水利事业之兴办、水之蓄泄、水道防护、水利经费、罚则、附则等10章99条。实施细则共有186条。

另外，还有国民政府一部《河川法》。1930年1月，行政院公布《河川法》，称“凡经内政部认定，关系公共利害之河川”及“海岸线”，“适用本法之规定”。《河川法》凡29条，对河川管理、使用、防卫、工程经费与征地等作了规定。

3.1.25 历代水报制度

古代黄河常常决口，为了防洪，便产生了“水报”，即汛情的奏报。报汛制度最早可以上溯到战国时期，秦律规定各县必须及时上报本地的水情和雨量。北宋时，报汛制度初步建立，朝廷曾下令黄河、汴河沿岸的官员必须随时上报所在河流的水位涨落情况，并要求这些官员兼任本地的河堤使。金代则以法令的形式将每年的五月至七月底规定为大江大河的“涨水”期，在此期间，沿河各州县的官员须严加防守，并随时上报所发生的水情与险情。到了明清时期，黄河报汛已经制度化，“水报”的方式主要有“马报”“羊报”“狗报”3种：

所谓“马报”，是指报汛的飞马。古代在黄河堤岸备有报汛的“塘马”，乘坐快马报汛，明清时称为“六百里飞马”。当上游地区降暴雨河水陡涨时，封疆大吏遂将水警书于黄绢遣人急送下游，快马迅驰，通知加固堤防、疏散人口。这种水报属接力式，站站相传，沿河县份都备有良马，并常备视力佳者登高观测，看到“水报”马到，就立即告知马夫接应，逐县传到开封为止。明神宗万历年间的“马报”一昼夜能奔走500里，比洪水的流速还要快。当时朝廷还规定，传水报的马在危急时踩死人可以不用偿命。对此，人们家喻户晓，一见背黄包、插红旗跨马疾驰者，大都会自觉避让。

所谓“羊报”，是指报汛的水卒。据史料记载，黄河上游甘肃皋兰县城西，清代设有水位观测标志，一根竖立中流的铁柱上根据历史上洪水水位情况刻有一道痕，如水位超刻痕一寸，预示下游某段水位起码水涨一丈。当测得险情时，“羊报”便迅速带着干粮和“水签”（警汛），坐上羊舟用绳索把自己固定好，随流漂下，沿水路每隔一段就投掷水签通知。下游各段的防汛守卒于缓流处接应，根据水签提供的水险程度，迅速做好抗洪、抢险、救灾等各项准备。“羊舟”也很独特，它用大羊剖腹剜去内脏，晒干缝合，浸以青麻油，使之密不透水，充气后可浮水面不下沉，颇似皮筏。“羊报”执行的是一件十分危险而重要的任务。古代的“羊

马报

黄河羊皮筏

报”被抢救上岸后，有的因在河中扑腾多天，早已饿死、撞死或溺死，幸存者可谓九死一生。清代，汛情奏报制度日臻完善，报汛范围逐步扩展。康熙四十八年（1709年），宁夏开始根据位于今青铜峡水库大坝左岸的水则向下游传递汛情。并据水位涨落情形向朝廷奏报。清代还在黄河上采用过“羊报”的方式，即将整张羊皮充气，制成皮筏。每当兰州附近涨水时，便将观测到的水位刻在一标签上。然后，由一水兵携带这些标签乘着皮筏顺流而下，至河南省开始陆续掷签报警。

所谓“狗报”，是指报讯驿站。元代时，朝廷还据自然条件，设有陆站、水站、轿站、步站等报警驿站。东北地区由于路况差，故设有狗站，训练狗作为通信报警工具，用于报告水警的狗最多时达3000条。当时，在辽东、黑龙江下游等地区就设立有15处狗站用于报告水警。

清朝末年，电报、电话等先进的通信工具取代了原来的步警、马警、敲锣、鸣号等水情传递方式，报汛的时效性和准确性大为提高。光绪十五年（1889年），开始在长江、黄河中下游架设有线电话。此后，大江大河的水情可随时向下游或上级奏报。

除黄河外，其他漂流也相继建立起类似的汛情奏报制度。乾隆二十三年（1758年），淮河开始自正阳关向下游报汛；与此同时，长江开始自上游向下游的荆江报汛；乾隆二十六年（1761年），潮白河上开始设有专人向下游报汛；嘉庆十三年（1808年），永定河开始在大同县设立水志。后来，治水专家潘季驯提出了一套新的防汛报警方式：河防一旦出危险，必须以挂旗、挂灯和敲锣等方式加以通报，以便下游地区及时做出回应并进行防护。

3.2 地方法规

3.2.1 汉代兒宽《水令》

秦武王二年（公元前309年）制订的田律条款中有“十月，为桥，修陂堤、利津隘”（参见《四川青川县战国墓发掘简报》，载《文物》1982年第1期）的规定，而有关专门的农田水利管理制度的记载，则最早见于《汉书·兒宽传》。文中说：“（兒）宽表奏开六辅渠，定水令，以广溉田。”这件事发生在汉武帝元鼎六年（公元前111年），兒宽时任左内史，他在郑国渠上游南岸主持开凿了冶峪、清峪、浊峪等6条小渠，用来辅助灌溉郑国渠渠水不能到达的高地之田。因此，这些水渠被称为“六辅渠”，民间也省称为“六渠”。《汉书·沟洫志》也有同样的记载：“自郑国渠起，至元鼎六年，百三十六岁，而兒宽为左内史，奏请穿凿六辅渠，以益溉郑国傍高昂之田。”对此，颜师古（581—645年）解释说：“在郑国渠之里，今尚谓之辅渠，亦曰六渠也。”可见六辅渠到唐太宗贞观年间，还在发挥作用。兒宽在六辅渠管理方面，也是颇具创造性的。秦汉时期，农田灌溉工程在全国发展迅速，据《通典》记载，当时已设有“都水长、丞主陂池灌溉”。兒宽主持制订了《水令》，通过广溉田的合理用水制度，扩大了农田的灌溉面积，促进了合理用水，减少了水利矛盾，可以说是中国古代农田水利管理史上的重大进步。

汉元帝时，南阳太守召信臣，字翁卿，九江郡寿春（今安徽寿县）人。他为人勤力，有方略，好为民兴利，务在富之，“行视郡中水泉，开通沟渎，起水门提阏凡数十处，以广灌溉，岁岁增加，多至三万顷，民得其利，蓄积有余”（《汉书·召信臣传》）。召信臣在南阳大兴水利，建成了六门陂、钳卢陂等著名蓄水灌溉工程。在大力兴修水利工程的同时，召信臣也很注重管理。他“为民作均水约束，刻石立于田畔，以防纷争”（《汉书·召信臣传》）。所谓“均水约束”，就是按需要均匀分配用水的法规，用以约束受益农户，有效避

兒宽《水令》（编者拍摄于南阳市博物馆两汉时期展厅）

免了因用水产生的纷争。与此同时，这个法规还被刻在石碑上，树立在灌区的田间地头，昭示于众。但令人遗憾的是，这些灌溉法规的具体内容没有流传下来，湮没在历史的长河之中。

3.2.2 唐代《敦煌水渠》用水细则

现存最早的灌溉管理制度见于甘肃敦煌的甘泉水灌区。甘泉水灌区是一个长宽各数十里的大型灌区。制订有被称作《敦煌水渠》的灌溉用水制度，现存残卷2000余字，内容分作两大部分（《敦煌水渠》是出现于千佛洞的唐代写本，写本正面记有《四分律藏卷第二十九》，背面则记载着《敦煌水渠》）。前一部分记述渠道之间轮灌的先后次序，灌区内各干渠之间、干渠内各支渠之间都有轮灌的规定。《敦煌水渠》的后半部分则是对全年灌溉次数、各次灌水时间的规定。灌

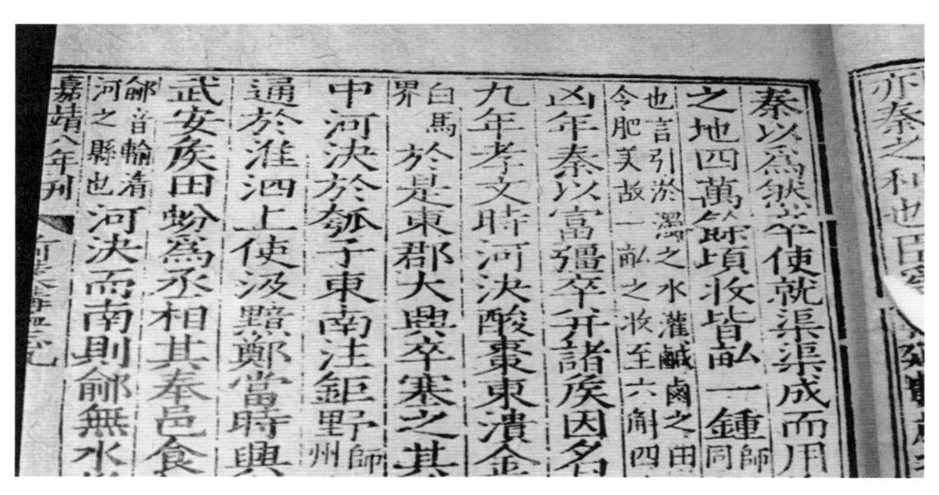
秦以爲然卒使就渠渠成而用
之地四萬餘頃收皆畝一鍾
也言引淤濁之水灌鹹鹵之田
令肥美故一畝之收至六斛四
凶年秦以富彊卒并諸侯因名
九年孝文時河決酸棗東潰金
白馬界
於是東郡大興卒塞之其
中河決於瓠子東南注鉅野
通於淮泗上使汲黯鄭當時興
武安侯田蚡爲丞相其奉邑食
鄃音輸清河之縣也
河決而南則鄃無水
嘉靖八年刊

《汉书》

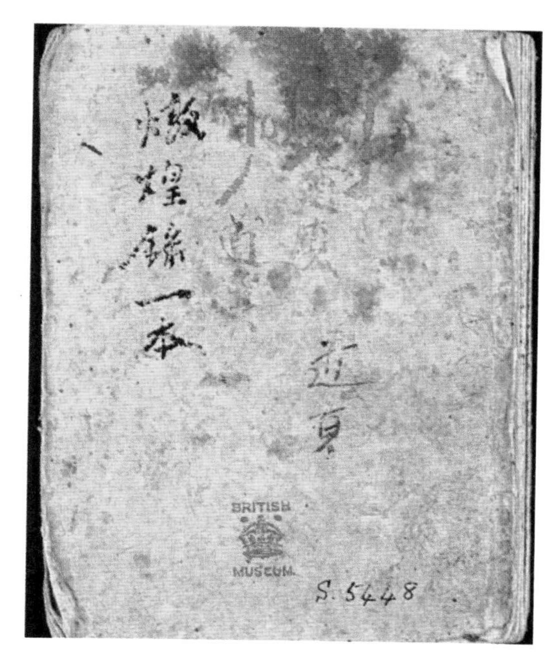
《敦煌录》

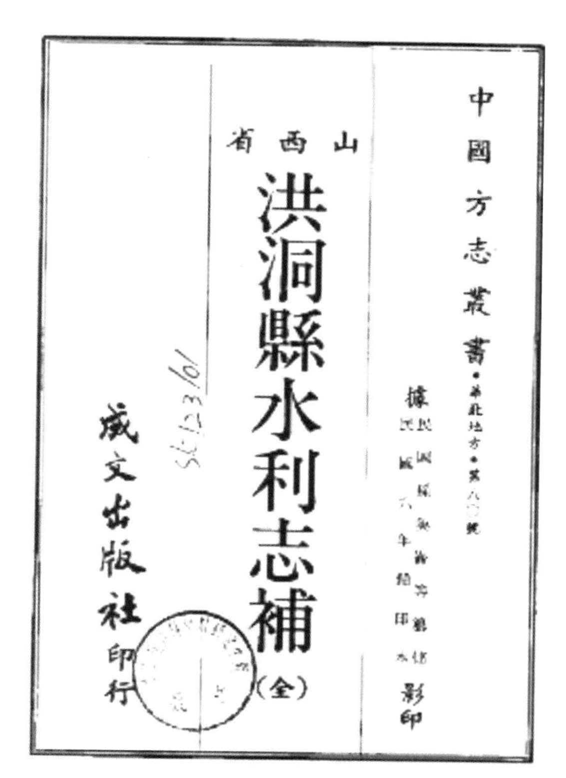

《洪洞县水利志补》书影

区全年共灌水五次，五次灌水时间又分别和节气也就是作物生长的不同阶段相对应。《敦煌水渠》还记载着：“承前已（以）来，故老相传，用为法则。”反映出它是在实践中，归纳多年积累的经验，不断修正和完善的形成过程。

3.2.3 唐代州府制定的灌溉工程专门法规

杭州刺史白居易离任前制定了“钱塘湖四事”，将西湖水利管理办法立石告知后任者。

襄州刺史王石为当地汉江渠堰立“水法”，又称为“水令”。

唐代写本沙州《敦煌水渠》，其内容有各渠用水次序等的规定。

《洪洞县水利志补》也保存有唐代渠规资料。

3.2.4 明代肇庆府禁谕宋崇筑水口碑

此碑高1.6米、宽0.88米，立于明世宗嘉靖四十五年（1566年），邹光祚撰文，现存于肇庆市西仁里。篆额题“肇庆府禁谕宋崇筑水口碑记”。嘉靖四十二年（1563年）夏六月，西江暴发洪水，护城堤、漕湾堤将决。为了宋崇水口免受破坏，且保护府城，邹光祚立下《肇庆府禁谕宋崇水口碑记》。碑高1.60米、宽0.88米，碑额“肇庆府禁谕宋崇水口碑记”为篆书，正文为楷书，晕首。碑文中的“宋崇水口”，位于今高要市南岸街道办事处，宋崇水即宋隆河，唐代避讳改名；所提到的“皇甫公”，是指分巡岭西道佥事皇甫焕。如今七星岩风景名胜区摩崖石刻还保存着“邹光祚题诗”石刻。碑文有部分残缺，内容如下：

本府城池在端江之北，西接广右诸流，东通羚羊峡。群山攒峡，水□□□□。岁夏月，西江潦涨，为峡所激，辄泛溢于南岸。近峡支流曰宋崇水。内通白土，傍□□□□□，平野旷远，亘古注流，以泄水势。盖护城池，保贮藏，备荒政，恤民隐，官□□□□□□□□□。高要四境，惟宋崇不防，此其由也。宣德间，有奸民罔利，将宋崇河口筑□□□□□□□□□□□□□，□公来勘，有碍城池，即行禁止。天顺间，奸民复蹈前辙，挟广之□□，筑□□□□□□□□□，为之纪，仓储损坏，群黎困匮甚苦。遂号众告于当道掘毁。逮今嘉靖□□□□□□□□□符来，民俗未悉，而奸民慕容德秀、何一敏、莫允则、莫惟胜等徒，□□□□□□□□□□□筑塞。据词发县查勘，未报。德秀与汪等，辄恃巨璫余焰，不俟断□□□□□□□□。庠诸生陈于庭等，暨厢乡耆老军民黄大善等，联词走诉于予，并□□□□□□□□□□□□□□。分巡佥宪皇甫公，行府拘勘，予一讯得其情，即命禁止。将德秀等□□□□□。德秀等利心不止，计诱麦滔，捏词隐案，具告于巡按陈公，行府拘勘。厢乡耆老军民黄大善、伦明、黄德泽等，复□□□□□□下。予慨然曰：兴利除害，守土责也。今筑宋崇，非若等利而有害，必痛惩之。杜之□□□□永诒厉禁，以塞奸窦，以胥康我端人。众闻命，踊跃稽首而退。即拘德秀等，正其□□□筑之罪。具报巡按并分巡道，依拟追罪讫。兹予忝转滇中，将戒行。乡耆白元珍等率众请志其事于石，垂鉴戒焉。予语之曰：二三子何计之深乎？吾长人者，必导利于民，安忍溃决，以妨尔民也；是非休戚，反有出于尔民之下者乎？抑何计之深也？珍等犹固请，遂记之。

时嘉靖丙寅阳月之既望也。鄱阳鹤山邹光祚记。

宋隆河

3.2.5 清代乾隆《直隶五道成规》

清康熙五十九年（1720年）规定，黄河各厅道官吏，在岁修、抢修用料运到时，应按规定的尺寸和重量验收、储存。开工后应将下埽个数，镶填高宽尺寸，使用的签桩尺寸和根数以及兵夫数目等，每5日上报一次，以便稽查。乾隆五年（1740年）制定的《直隶五道成规》，规定了海河流域各主要支流河工用料规格和单价、劳力单价、各种建筑物规范和单价。

總督直隸等處地方紫荊密雲等關隘提督軍務兼
理糧餉河道事務兵部右侍郎兼都察院右副都御
史加五級高 為遵
旨會議頒發河工定例事乾隆八年閏四月二十七日准
工部咨開都水清吏司案呈本部會題前事該臣等
會議得頒發直隸河道工程成規一案先據直隸總
督高 奏請查照定例指示頒行經工部以直屬各
道一切工程需用工料照現行做法成例均有浮多
屢經駁減並不畫一更正又加鑲葦土或用葦土各
半或用葦二土一不將平險工段開造土方價值永

清代乾隆《直隶五道成规》

3.3 乡规民约

3.3.1 敦煌县渠人转帖

唐五代敦煌民间结社中有专门的“渠人社”，与农田灌溉事宜密切相关。敦煌文献中明确提及“渠人社”或“渠社”的“渠人转帖”等文书约有20件。所谓转帖，就是社邑为公益性活动召集而发出的通知单。转帖中写明应出工的各户人名、所应携带的工具，以及集合时间、地点等，从事何种活动，需自备何种工具或物品，还写有不参加者将给以何种处罚等事项。如《戊寅年（978年）六月十四日宜秋西枝渠人转帖》中说：“今缘水次浇粟汤，准旧看平水相量。”意思是说，要依照原有旧规，由平水“相量”，以公平用水。再如《壬午年（982年）五月十五日渠人转帖》记：“……己上渠人，今缘水次逼近，要通底河口。人各锹□壹事，白刺壹束，柽壹束，□壹茎。须得庄（壮）夫，不用斯（厮）儿。帖至，限今（月）十六日卯时，于皆（阶）和□头取齐。捉二人后到，决丈（杖）十一；全不来，官有重责。其帖各自示名递过者。壬午年五月十五（日）王录事帖。”《甲申年（984年）二月廿九日渠人转帖》记：“……上件渠人，今缘水次逼近，切要修治泻□，人各白刺五束，壁木叁茎，各长五尺、六尺，锹□壹事。帖至，限今月三（十）日卯时，并身及柴草

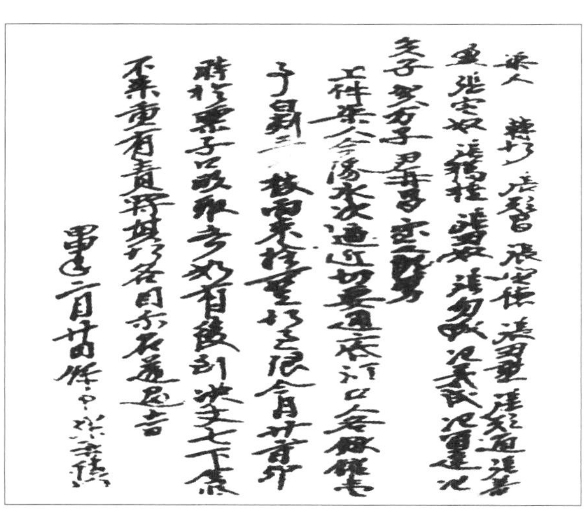

敦煌县渠人转帖（源自谭徐明主编《中国灌溉与防洪史》，中国水利水电出版社2005年版，第90页）

于泻□头取齐。如有后到，决丈（杖）七下；全段不来，重有责罚。其帖各自示名递过者。甲申二月廿九日录事帖。”

3.3.2 清代《鹿台村轮灌碑记》

此碑立于清乾隆三十年（1765年），原碑无题，此标题为《豫西水碑钩沉》编者所加。碑树于河南省灵宝市故县镇鹿台村旧舞楼后墙壁上。碑为双面：楼内壁为轮水制度；外壁即上述碑文，正楷竖写，正文14行，满行40字，碑高84厘米、宽40厘米，碑额正中竖篆“皇清”二字。两旁为“日月”二字，碑额边有花纹环绕。碑文内容如下：

从来天地之美利莫如水，而其贻害亦莫如水，盖水能助天地以生物，而易启人之争端者也。欲享利而免害，其法莫善于公而不私，整而不乱。兹赵村之南有澧泉，引之灌田，此川均受其益。昔万历辛卯年，郑公因争端四起，遂计地分水，派定日期，每日灌田一百二十余亩，按（每）年自二月初一日起，先盘头八天，次鹿台村四天，又次上坡头二天，终赵村一天，一月两轮，四村同立碑记，各遵行无事。忽于乾隆十二年七月二十六日，水轮至鹿台村，乃上坡头纠众截水，两村争斗成讼。蒙县主侯公豁断分明，河东地亩从上坡头二日水灌，河西地亩从鹿台村四日水灌，其买外村之地，坐落何渠即应何村之水灌溉，所断极公，嗣后永无争端矣。夫明纪既有分水石碑，清时又有侯公断案，外村争端固无隙而起，但本村灌溉之规有未善者，照家分水，耗水利也良多。因合村公议，全计地亩分做四天，每日灌田多寡均停，可谓公矣。灌时自上而下，挨次齐行，无论强弱，不得先后，可谓整矣。村立此规未敢云善，行之十数载未有违规。况今岁大旱，水缺地干，共遵此规，不至有争端，而曾无不灌之田，众益心悦诚服，共羡其法之善也。窃恐年远而湮，后复有乱此规者。欲刊石树碑以垂久远，特恐不足信服后今，因请裁于邑侯大老爷冯公，蒙老爷尊批，周其昌等既经该村士民公议，按日分浇地亩，似属均平，准照议勒石，将该村应灌地亩及每日分浇亩数，开列碑内，以免争端，仍出具遵依，将碑迹刷印送县备案可也。碑文稿存查，庶几渠规永定，碣石如泰山难移，百姓亲睦和风，与流水共长。谨记。

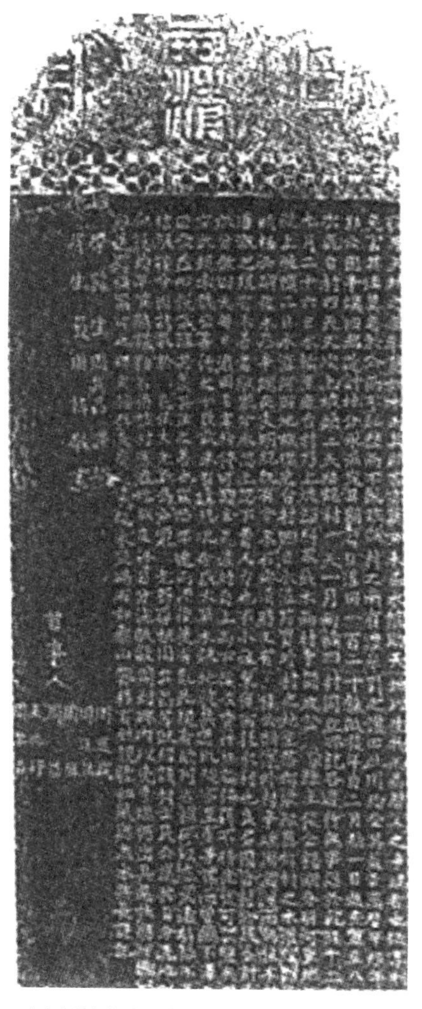

鹿台村轮灌碑记（源自源自范天平编注《豫西水碑钩沉》，陕西人民出版社2001年版，第248页）

国学监生　周其昌谨撰

邑庠生员　周　楫敬书

首事人周运盛　周运法

周　楫　周　浩

王德行　周其昌

周增辉

时大清乾隆三十年岁次乙酉九月丙戌二十四日丁酉立

石匠　郭西□

3.3.3 清代鹿台村轮灌碑制度《定水碑记》

此碑立于清乾隆三十年（1765年），原碑无题，此标题为《豫西水碑钩沉》编者所加。该碑正文15行，满行35字。碑文中列明了所订立的8条轮灌制度，“定水碑记”四字为篆书，排法为上、下、右、左各一字。碑文内容如下：

一轮四天共灌四百八十余亩

上渠水头一日，自周合宗起，至李茂金止，共地六十三亩；下渠头一日，河东自周天相起，至郭邦兴止，共地五十九亩。第二日自王德行起，至周运盛止，共地六十九亩；第二日村北自王士臣起，至路天衢止，共地五十三亩。第三日自吴信民起，至周永远止，共地六十七亩；第三日自吴信民起，至李茂桂止，共地五十亩。第四日自李家盛起，至周浩止，共地六十五亩；第四日自周长年起，至蒋公止，共地五十七亩。

一例，灌田自上而下，挨次齐行，如水缺者，有不能遍者，漏堰水先灌；如无漏堰水，待二轮水到，先将头水未灌之地灌后，复提（自）上挨次而下。

一例，当安苗之时，先尽安苗地灌后方救苗，具当自上而下，不得混乱。

一例，当水芒（忙）之时，必以田禾为急。至于草杂树木不得齐灌，必待本日田禾灌毕，然后灌之。

一例，每日接水，必以明寅时为定期，不得急先缓后。

清代鹿台村轮灌碑制度《定水碑记》（源自源自范天平编注《豫西水碑钩沉》，陕西人民出版社2001年版，第249页）

一例，接水之家，必早到候水，如有失识，不再接水，必待本日灌完，方许灌之，不得劲行截阻。

一例，头一日必须早上堰等时，鸡鸣即堵堰截水。

一例，第四日寅时接水，须到五日寅时水完。四日晚间不得乱行截阻以漏堰濂词。

一例，灌田各有日期，不可偷盗（他）人水；各有次节，不得恃强霸水。

凡上诸条各宜遵守，如有犯规者罚银二钱，重者倍加；犯规不遵罚者亦倍加。然亦必犯者的有确据，不得朦胧妄行。如妄生枝节，罚银亦如其数。

3.3.4 清代新津西河水利纠纷碑

清代新津西河水利纠纷碑

清道光年间（1821—1850年），成都平原发生了一起影响范围大、案情复杂的西河水权纠纷事件。时任西河河长的郭之新在积极组织民间淘淤自救未果下，向官府申诉，但因沙沟河水权不明晰，且涉及西河、黑石河两个灌区众多水户权益，官府一时难以裁决，后郭之新不断向上申告，总督、道台亲临现场勘验裁决，最终保障了西河灌区的水权利益。

在郭之新的家乡新津县新平镇，四块碑文详细记录了西河水权事件的史实，共计4363字，是反映这一重要水权事件的活化石。新津县文博馆员颜斌解读，通过碑文记载，可复原清道光西河水权纠纷解决的过程和基层社会水权运行的细节，也提醒人们维持业已存在的水权秩序。

3.3.5 清代陕西原褒城县《荒溪堰议定条规碑》

褒谷口

此碑高138厘米、宽74厘米、厚11厘米，立于清道光四年（1824年）冬，今保存于新集区新集镇。直书22行，碑额雕龙，旁刻花纹图案。碑文中记载了陕西原褒城县在修护荒溪堰以及民户分水等水利工程后，制的具体规定条例：“每年修沟，从石坪以上修至老堰。如违，将上下二沟堰长罚戏三台；上下二沟轮水之日，永不得偷水。如有不遵者罚戏三台，上沟第十四天之水，照亩均摊；下沟第九天之水，照亩均摊。”碑文中针对不同的水利违规行为做出了不同的惩罚规定，对每户的灌溉用水量、堰长的设置亦有严格的规定，民间文书中的水利法规极其细致完善，可见当时当地有着严密的沟渠用水管理制度。这是对清代水利政策法规有益的补充，也对研究陕南农业水利情况提供了实物资料，具有非常重要的史料价值。

3.3.6 清代《路井下硙渠水断结碑》

此碑立于清道光十六年（1836年），标题为《豫西水碑钩沉》的编者所加，现存于河南省灵宝市大王镇西路井村委员会院内。碑高1.79米，宽64厘米，厚11厘米。碑文在碑阴，正文22行，满行62字，正楷竖写，碑额上中为“大清”二字，两边为花纹环绕。此碑是官府处理水利纠纷案例的公示，为成功解决水权纠纷积累了经验。碑文内容如下：

清代《路井下砚渠水断结碑》[源自陈鸿钧、伍庆祥编著《广东碑刻铭文集》(第一卷)，广东高等教育出版社2019年版，第262页]

特授灵宝县正堂加五级纪录十次严：讯得路井村张宝材等呈控下砚村彭本法等霸水害命案。查好阳河北岸有渠一道，灌溉下砚村地亩兼济路井村食用之水，下砚村和水三日，路井村行水一日，历有年所，彼此并无争竞。缘此渠流经下砚村南，分为东西二渠，至下砚村南，分为东西二渠，至下砚村北仍并为一渠，合流注下。西渠滨临好阳河岸，嘉庆二十二年间，渠为河水冲刷，下砚购地修复。道光十四年六月，渠又被水冲塌，复经下砚续修。因路井村向有此渠行水，不帮修渠工费，始行拦阻搬水。路井则以该村应于东渠行水，不应帮修西渠之工。执有前明碑文，朱标私约为据，先后互讼县案，经李前任勘验情形，路井应有西渠行水，所呈之碑文私约，并无东渠确据。断令嗣后西渠遇有坍塌工段，各照行水日期派工。路井抗不遵断，复行翻控。管前任案下未经讯结。兹传案集讯，并亲临该处履勘。查明渠水至好阳河北岸进口，在南宋、磨头二村渠口之下，行一里许，至下砚村南观音堂白杨树前分东西二村渠行走。流至下砚村北，复合为一渠。又一里许，归入南宋、磨头二渠下游合流之乾河。又八里许，下抵路井村南于接连乾河西岸，另有水沟一道。行一里许，流入路井村内陂池。路井向由下砚渠内行水，不由南宋、磨头二渠，是下砚地行渠道自系与路井公共使水之渠。惟察看西渠于分流处所，其水顺势而下，东渠则必须堵坝，始能上渠行水，是路井只于下砚西渠搬水下行亦无疑议。且查该村呈出之前明碑文，仅称有武食用渠一道，并未注有东渠字样，其朱标私约，只叙该村每月逢王行水，亦不能执为东渠铁据。现经开导两造人等，仍遵李前任断案办理。所有下砚村以前修渠工费，路井村毋庸找给，渠粮业经下砚完纳，亦不必再行分派。嗣后遇有西渠坍塌工段，各照行水日期，下砚派工三日，路井派工一日，其应派购地修渠之费，并完纳续置渠粮亦以此为断。下砚每年派有渠司，路井亦应每年另派渠司一。值西渠应办工程，下砚渠司迅即知会路井渠司公同商办，不得推诿误工。遇路井搬水日期，查有私行偷漏之人，即通知下砚渠司验明议罚。至西渠倘被河水冲塌过大。万难一时修复，亦准路井皆于东渠行水，下砚不得阻挠。嗣后如下砚、路井二村再有违断滋闹情事，定将首先抗违之人提案究处不贷。除饬令当堂书立合同三纸，一附县卷，两造各执一纸，并取其遵结及词证人等甘结备案，永杜后衅，此断。

朱批：如路井藉口西渠工程浩大，不肯派工帮。定要霸借东渠行水，亦准下砚一面阻止，一面禀案勘验讯究。又断。

立合同人，下硙村：彭本法、李隆、李舒锦、杭书仁、王玉鉴、李生、张群貌、李坤；路井村：张兆麟、张宝材、张建清、张同今、韩会先。缘下硙、路井两村，向系同渠行水，并无异说，于道光十四年六月，下硙因西渠坍塌，路井并不帮工修理，阻止路井搬水，彼此互控到案，今蒙县主严宪勘明，路井系由下硙渠内行水，核查路井所呈前明碑文及朱标私约，仍遵前县主李宪断案，各照行水日期，下硙村派工三日，路井村派工一日，其应派购地完粮各费，除从前不再分派外，日后亦按四股均分，每年两村渠司知会公同商办，不得推诿误公。值路井搬水日期，上游倘有偷漏，准通知下硙渠司查明议罚；至西渠坍塌过大，一时难以修复，亦准路井于东渠行水，下硙不得阻挠。嗣后两村和衷共事，毋得各怀意见，倘有违断滋闹情事，准赴县案禀究，当堂书立合同三纸，一附县卷备案，两村各执一张为据。朱标当给路井村收执。

路井乡地　张福儒

下硙乡地　李自东

词　证　葛学宰

葛之屏

官代书　荆自明笔

道光十六年二月十一日两村公立

清代《京控开封府原断》碑（源自范天平编注《豫西水碑钩沉》，陕西人民出版社2001年版，第317页）

3.3.7　清代《京控开封府原断》碑

此碑立于清道光二十五年（1845年），标题为《豫西水碑钩沉》编者所加。碑为双面，碑文在正面，碑高1.79米、宽70厘米、厚14厘米。正文27行，满行67字，正楷竖写。碑额为“皇清”二字，两边为龙纹环绕。碑文中主要记录因灵宝县民张玉玺入京控告官民勾结把控渠道，开封府查明之后给予结案的详细经过，特别详细写明了争水事件的前因，以及此案所涉及人员的处理后果。碑文内容如下：

特授归德府通判　李第

特授开封知府　长臻　督　同修补知县乡彦卿会审

修补通判　文奇

看得灵宝县民张玉玺京控李稌等拦截水道，屡控不究等情一案。缘张玉玺籍隶灵宝县，经管路井村渠务。灵邑有好阳河一道，自东南山峪发源西流渐折而北归入黄河。其发源西流之处南岸，河湾、下硙、路井三村及沿河各有村庄，均有好阳河开渠引水灌田食用。河湾村地处上游，下硙村在河湾村之下游，路井村又在下硙村之下游，其水向系各村分日轮用，轮到此村用水之日，各自筑埝拦截，用完后将埝扒开放水下注，周而复始，下硙、路井两村向用东西两渠之水，下硙村每轮用水三日，路井村逢五用水一日，嘉庆二十二年，西渠上游被水冲塌一段，下硙村渠司彭本法等不令路井用水，经路井村民张宝材等呈控，经该前县李令勘讯，断令下硙村行工三日，路井村行工一日，渠水仍照旧章轮用。十五年间，路井村民张兆麟等因东渠向来无需修理，指称该村向在东渠用水，不应帮修西渠工程，在县翻控，经该前县严令，饬差孟自强协同里书薛贵荣查明，西渠水流畅顺，东渠水势平缓，路井村实在西渠行水。据实禀复。经严令诣勘属实，仍照李令原断，应派修渠之费及渠地粮银等项，照用水日期，下硙村摊派三分，路井村摊派一分。向有每年清理渠口之费，其时未经断及，十七年路井村民张福儒等不肯帮修渠口，以下硙村民霸水等情赴县呈控，经张金锡等理处，渠口工程在三十弓以内，不派路井村，三十弓以外，按五股摊派，下硙村摊派四股，路井村摊派一股，即照所处饬遵，路井村民韩勋等欲将清口西渠两项各修各工，赴县具呈，又经该县严令勘讯，尚未定断。二十一年闰三月间，下硙村民李秾等不愿各修各工，即赴陕州具控，批饬该署县柴令差传讯明，路井村相距渠口路远，拨夫帮工恐致迟误。断令：渠口工程归下硙村独修，每年路井村帮贴下硙村修费钱十二千文，分作春秋两季清交。并将西渠分定界限，从坍塌应修之处量起，自下而上以三十四弓为止，令路井村修补与下硙无涉。其余俱令下硙村修补，与路井村无干，取结完案。二十三年六月间，西渠坍塌过甚，工程浩大，不能修理。李秾、李谦、杭树仁、杭树业在河湾村王喜、彭盛林地内开小横渠一道，横接东渠引水流西渠。每逢用水日期，李秾等向王喜等借横渠放水，所以水照旧行。张玉玺逢五用水之日，既未向王喜等借横渠，埝已无人扒开，以致水不下流。张玉玺心疑系李秾等抗工不修，勾串王喜等拦截水道，又添砌书役薛贵荣、孟自强受贿捏报。先后赴布政司及抚部院衙门具呈，批饬讯详经周令标差李法顺传讯。因夏令水大，西渠水已下流，饬令仍照原断。嗣后如西渠坍塌，一时无力修复，准路井村民借用东渠之水。完工后仍用西渠之水。迨至秋冬水涸断流，东渠之水仍不欲下，张玉玺仍疑李秾等拦截。起意京控，写就呈词，又因彭盛林患病保释，疑系李法顺不传，一并添砌词内赴京，在都察院衙门具控，讯供取结咨解回豫。蒙委修补县吴令，前往会同代理灵宝县赵令，勘明渠道，绘图禀复，提集人卷来省，饬发卑府审办。遵既会同委员提集研究，各供前情不讳。查下硙、路井两村，所用好阳河东西两渠之水，现经委员勘明，东渠中间淤塞，水归西渠。西渠上游坍塌水已断流，由小横渠引水，横接东渠上游流入西渠。下游由下硙村至关帝庙前东西两渠旧日合流之处，折流路井村陂池，是现在路井村所用之水。既由东渠引至西渠折流而下，其引水之小横渠，系在王喜、彭盛林地内，路井村既欲作水，自应向王喜等情借横渠扒埝泻放。令既据张玉玺仰允王喜等情愿借给，应即断令准其由横小渠逢五扒埝用水一日，以全邻谊。至清理渠口修费，仍照该前县柴令原断。路井村民每年帮贴下硙村民钱十二千文，分作春秋两季清交，其西渠坍塌工段，现在无力修补，将来兴修或续有坍塌，依照柴令原断分定界限各自修补，彼此不得推诿。张玉玺因李秾等于应修坍塌之西渠并不修理，辄由王喜等地内横开一渠，引水入西渠折流而下，初不知向借横渠扒埝放水，以致水不下流，是其控出有因，并非凭空妄告。至称伊等贿串书役蒙弊，亦由于怀疑所致，且系空言并未指实，其人其事，情有可原。惟于该县断结后，秋冬水小，西渠断流，并不赴县呈告，辄即京控，实属越诉。张玉玺应请照越诉律笞五十折责发落，李秾、杭树仁、杭树业、王喜、彭盛林讯无拦截水道，里书薛贵荣、皂役孟自强，亦无受贿捏报情事，均无庸议，案已讯结，未到人证，免提省累。再查薛贵荣、孟自强本系牵连，并无应讯。重情杭树业年近七旬，彭盛林现在患病，均经卑府等于讯明后先行摘释。除取结附卷外，所有审拟缘由，是否允协理合具详解候会该勘转等情到司，据此本两司看相同，理合会详，呈请宪台监核移咨都察院查照。

龙飞道光二十五年三月京控开封府原断

3.3.8 清代《复详看》碑

此碑立于清咸丰元年（1851年）四月，1988年8月在河南省灵宝市大王镇路井村张虎立院内挖出，现存于路井村委会院内。碑为双面，正面碑文14行，满行56字。碑高1.79米、宽70厘米、厚14厘米。碑额为“百代流芳”四字，两旁为花瓶、鸟类纹饰。“复详看”，即批示开封府原断的上报文。碑文内容如下：

复将原详人卷札发该府，遵照研究妥断去后，兹据开封府长守禀称：前奉委审灵宝县民张玉玺京控李秾拦截水道一案，当既会督委员提集两造研讯，各供渠水情形与吴令等所勘无异。因查现在路井村所用之水，既由东渠引至西渠折流而下，其引水之小横渠，系在王喜、彭盛林地内，路井村用水自应向王喜等情借扒埝泻放，令张玉玺已仰允王喜等情愿借给，当即断令准其由小横渠逢五扒埝用水一日以全邻谊。旋据张玉玺赴院翻控，复提两造查讯。据张玉玺供称，原断本已输服，因恐王喜等日后不肯借渠行水，是以赴院具诉。并据王喜供称，既奉断定，日后不敢翻悔各等语，随饬两遵既提案复讯，据张玉玺、王喜佥供以后遵断，借渠放水，永无翻悔。只求解审等语，卑府复查下硙路井两村，向用好阳河东西渠之水。现在东渠中间淤塞，西渠上游坍塌，该村民一时无力修复，是以借王喜等地内横开一渠，引水入西渠折流而下，现在张玉玺已向王喜等央允，情愿借给横渠扒埝放水，永无翻异。应请仍照前详报结。所有复审缘由，理合禀请核转等情，前来本两司提集审看相同，除另行具详外，所有饬府复讯缘由理合附详呈复宪台监核。

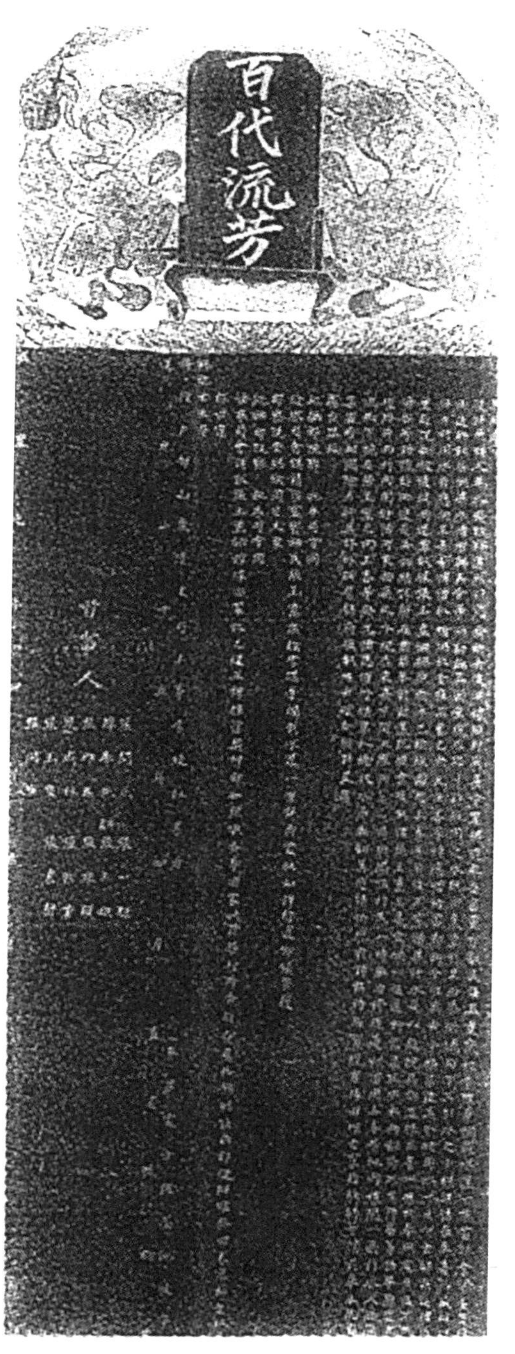

清代《复详看》碑（源自范天平编注《豫西水碑钩沉》，陕西人民出版社2001年版，第322页）

巡抚部院鄂批本司会同按察司会详，请咨灵宝县民张玉玺京控李秾等拦截水道一案，详由蒙批，如详饬遵，仰候咨复。都察院查照缴同时又蒙巡抚部院鄂批本司会同按罕司会详，讯张玉玺翻控缘由，蒙批，已据政详核咨矣。仰即知照缴各等因蒙此除移行合行抄看札饬刊该县即便办理，发回卷宗即查收具报毋违。

赐进士出身特授户部山东清吏主事李镜江书丹

本庄处士张墨池校字

道光二十五年四月在省复断案

张开元　张一魁　韩奉先

首事人：生员 张玉振 张维盈

张维显 张成林 张致业

张玉质 张书声 张同寅

咸丰元年四月吉日刊石

3.3.9 清代商水县《禁止扒汾河堤碑记》

此碑立于清同治九年（1870年）的商水县。碑文中载知县曹文昭：“嗣后，北岸不得扒南岸堤，南岸亦不得扒北岸堤，倘北岸雷坡人等再有挟嫌往扒南岸堤者，定将该首事等先行详辨。各具甘结附卷，着即抄录勒石，以示将来。此谕。”

清代商水县《禁止扒汾河堤碑记》

3.3.10 清代滘心乡堤基宪示碑

此碑位于广东省广州市白云区滘心村白云湖西湖，是广州市第四批历史建筑。碑身为花岗岩石质，高148.5厘米、宽80厘米、厚11厘米，立于清光绪十三年（1887年）八月初十日。根据碑文记载，光绪年间滘心村一些村民投诉，南海亭冈村（现红星村）梁明远等人侵占堤基，石井太平社学的乡绅查明情况属实后，禀请番禺县进行查处，发现梁明远等人将田埂锄入基脚，侵占堤基情况属实。在县府的审理后，梁明远等人承认错误，将所占的基脚田亩退让，任由滘心村立界，以求撤诉。为了防止事情再次发生，番禺县正堂立碑以昭告大众。于是，就有了这方镇守百余年的滘心乡堤基宪示碑。

清代滘心乡堤基宪示碑

3.3.11 清代番禺县事不准占用花地河道碑

此碑高1.74米、宽0.86米，立于清光绪十七年（1891年），现存于广州市荔湾区文化广电新闻出版局。2003年因筑花地河防洪堤开挖土方而出土。碑文内容如下：

钦加知府衔补用直隶州署理番禺县事即补县正堂加十级纪录十次李为出示晓谕永禁案照事：县属铺民李庆辉等，呈控郭存善瞒承土名自岸沙栏坦亩，有碍河道，乞请追缴执照等情一案控，奉藩宪批行，当经前署县杨，移请沙田局查明案由，示期诣勘，即于光绪十六年七月十四日亲诣查勘，郭存善不到，因饬原告李庆辉等引勘，自小蓬仙馆至策头乡天后庙一带，均系河面，并无坦形。据铺民均称，此河面即系花地河面，郭存善瞒垦之坦，即系此处。督饬弓役，勘丈河旁两岸，均铺户居民，河身逼窄。宽处不过十七八丈，窄处仅只十五六丈，为西北两江往来通津。复询土名自岸沙栏与花地河面是一是二，据称郭存善所承之坦地实系花地河面，并非士名自岸沙栏。查勘该处河之两岸皆系民房，其东岸有村名曰自岸村，临河房屋比鳞，并无坦田，何从开垦。郭存善所承自岸沙栏名为自岸村前之河道，实即李庆辉等所谓花地河面，河身原小，岂可再令奸巧之徒借垦影占，致碍商民来往水道！

杨前署县断令：不准开垦。绘图存卷，未及详销卸事。

本署县抵任，接准移交，当经查案详销。现奉藩宪批行如详：示禁追照缴销等，因正在遵办间，据沙螺西望等堡，崇文局绅以李庆辉等请禁郭存善填筑之后，自在小蓬仙馆后便沙栏，新设石坝私自占筑，禀请谕禁前来，除饬差查禁押拆并吊郭存善所领部照呈销外，合行出示晓谕，为此示谕该处铺民人等知悉；尔等须知花地河面一带系经杨前署县勘明，河面狭窄有碍水道，不准郭存善填筑，即附近居民李庆辉等亦不得私行占据，自出示后，如有奸徒市侩巧立名目擅行填筑，借图自利，一经访闻或被控告，定即严拿究办，立即押拆，决不姑宽。其各凛遵毋违。特示。

光绪十七年五月十七日示。

清代番禺县事不准占用花地河道碑[源自陈鸿钧、伍庆祥编著《广东碑刻铭文集》（第一卷），广东高等教育出版社2019年版，第127页]

3.3.12 清代番禺县事严禁私决川梁口涌示谕碑

此碑立于清光绪十八年（1892年），现存于广州番禺沙湾镇大岭村龙津桥东南侧水塘边。碑文内容如下：

钦加知府衔补用直隶州署理番禺县事即补县正堂李为出示晓谕案事。据大岭乡绅士陈传宗等禀称：绅等祖居大岭乡，村外河与海面相连，时有水贼潜踪，乘夜窜入劫掠村人，闻警退还，顷刻远飏，颇难防范，是以众议将土名川梁口小涌一带堵塞，以防疏虞。历年均由通乡祖尝项下，用工修筑完固。嗣因乡农收禾图利，便将水口用艇推开，任意出入，经绅等严禁，怙恶不悛，必须禀请示禁，将大岭土名川梁口一带立行堵塞，永远禁止私挖等情列应，据此当经饬。据茭塘司查明，确应堵塞，于行人并无窒碍，申复前来，合行出示晓谕，诸色人等悉知：嗣后应将大岭川梁口小涌一带依旧堵塞，毋得复行推艇私开，倘敢故违，许该绅指名禀控，以凭着拘究惩，毋违，速速，特示。

光绪十八年正月初七日示。

清代番禺县事严禁私决川梁口涌示谕碑[源自陈鸿钧、伍庆祥编著《广东碑刻铭文集》（第一卷），广东高等教育出版社2019年版，第127页]

3.3.13 清代《平龙涧河争水碑记》

此碑立于清光绪二十七年（1901年），现存于河南省新安县铁门镇南窑村学校内，碑全高2.1米、宽71厘米、厚20.5厘米，上项圆形，额图二龙戏珠。正文13行，满行60字；判词3行，满行77字；甘结5行，满行77字。碑文内容如下：

环新皆山也，土燥而阜，岁稍旱，力田者忧之，率凿泉浚渠资灌溉，渠成专其利而私焉。城西北二十里龙涧村，以龙涧河得名。河源出九龙潭。潭围三丈，深同之，清冽澈底，俗所谓老龙潭也。羊义、辛省两牌引河为渠，长可五里，以灌以汲，咸取给焉。非其牌不得挹注，如农之有畔然，潭东南泉一，曰小龙潭，其流亦汇于河，西南数武，曰观音堂，涓涓焉一泉涌出，庙头牌所资也。庚子夏，予捧檄权邑篆。旱甚，方恻恻以穑事忧。无何，庙头北牌附生邓震等以扰渠丐验请羊、辛两牌。廪生孟曰义等以开渠沟衅讼，盖讼兴已经五年矣。前令尹曾庆兰援谳折之，邓不说讼。孟于郡太守文公悌下其事，命勘报且申谕曰：毋争利，毋酿祸，相度形势两利焉俱存可也。若损彼益此，慎勿乱旧章滋后患。嗟夫！太守之爱民何其挚，太守之虑患又何周耶。先是光绪七年，庙头北牌廪生邓相如纠众与羊、辛绅民郭世恩辈争渠酿命。滕尹希甫实断斯狱，谓专而私之争将靡已也。以观音堂泉界庙头，九龙庙泉畀羊、辛。九龙庙者，潭之右建，以祀九龙神者也。酌中定议，争乃息。讵事隔二十载，邓震败前盟欲侥幸，一试呈谲矣。予躬诣河干，周历审视，见新渠蜿蜒数千丈，凿井十有八。召邓震诘之曰：未勘而开，如三尺何？邓语塞，复指谕之曰：若取小龙潭水导之东，架槽越龙漳，若以为无与于老龙潭也，抑知源分流合，夺人之利以为利可乎？且若据上游，少壅塞水平槽过，羊、辛失所利。甘乎哉！吾恐分利不可必而祝且作焉。攘利以启争，损人以贾祸，君子弗为也，前车覆辙，生其鉴旃。于是庙头民服，平其渠、塞其井，羊、辛民悦。谓曰：自今至于后日，不敢有违言矣。爰上其事于郡守，命刊牌禁之，用书颠末，勒贞珉并镌刻以垂久远。呜呼！天下之是非，公私而已矣。明乎公私而后可以持利害之平，公而非，害也，人或原之；私而是，虽利也，人亦争之，争之不已，利十一而害且十九焉。权其公私是非定，判其是非利害乎。孔子曰："放于利而行多怨。"又曰："因民之所利而利之有以夫，有以夫。"岁在光绪庚子孟冬权新安县事吴县王拱棠记。

本年府批及光绪七年县卷甘结刊后

赏戴花翎三品衔在任候升道河南府正堂加十级随带加三级纪录二十次文　批

据禀已悉，查邓震等身列矜绅，光绪七年韩、黄两姓争水，曾酿人命有案之事，辄图利己，不顾损人，其居心已不公恕。仍因本府扩充水利，隐匿旧情，来府投呈，请在该处庙头北牌附近小龙潭引水开挖新渠，甫予批县查办，竟尔不候诣勘，不请县示，擅自兴工。足见强横藐法。既经该县逐段履勘察酌情形访询，舆论窒碍多端，应速出示，严行禁止。一面由县查案撰文立碑永禁，以杜后患。并将邓震等传询申饬票差押令，将私挖未成渠道，立即照旧填塞，倘敢谬执己见，延抗不遵，速各传案，分别查取入学年分名次，追出捐照，详革究办，勿稍宽贷，仰即遵照办理，勿延此缴（檄）。勘图抄词，甘结并存。

具甘结廪生邓相如，从九韩怀斗，今于与甘结事，依奉结得羊义等牌业户，因引水灌田与生牌酿成讼端。生等具呈，均各在案，今经亲谊贡生关维麒等从中处说，查此水源本系二处，一源出观音堂前，一源出九龙庙前。生牌地少，宜用观音堂泉；羊、辛两牌地多，宜用九龙庙泉，同众议定，彼此各用一泉，嗣后不许紊乱争执，生等与牌业户具属情愿，甘结是实。

具甘结羊义、辛省两牌监生郭世恩、从九孟多三，今于与甘结事，依奉结得生等牌农户，因庙头牌堵水，致成讼端，今经亲谊贡生关维麒从中和说，但此水源本系二处，一源出观音堂前，一源出九龙庙前，同众议定，庙头牌地少，宜用观音堂泉水，羊义、辛省两牌地多，宜用九龙庙前泉水，水路俱甚得便，庙头牌与生等牌均情愿各用一泉，各修各渠，嗣后不许紊乱争执。生等与两牌农户无异说，所具甘结是实。光绪七年九月初六日结。

光绪二十七年三月谷旦饬羊辛牌绅孟曰义等泐碑

清代《平龙涧河争水碑记》（源自范天平编注《豫西水碑钩沉》，陕西人民出版社2001年版，第330页）

3.3.14 清代《留坝厅南堰水利章程碑》

此碑于清光绪三十年（1904年）刻立。共2通，形制相同。高1.68米，宽0.85米，厚0.20米。额书“皇清”。正文楷书共51行，满行60字。落款“光绪三十年岁次甲辰谷旦”。现立于陕西省汉中市留坝县城关镇。据碑文记载，留坝厅依据体察情形，因地制宜拟定了12条水利章程，详细记录了农田水利管理条例。留坝厅动用学堂巨款开修南堰，发展灌溉。为巩固渠埂，特定立禁挖沙坡规：“查荒草坪口一带沙坡，逼近渠埂，该处虽异石田，究非沃壤。该地主图见小利，间岁一种，冀得升斗之粮。第坡势既陡，沙脉复松，夏来雨淋，水沙杂下，殊于渠道有害。”留坝厅为了保护环境与水利设施，还规定由学堂每年于堰稞项下支付稻谷3斗，补贴沙坡地主人，以使其不再挖种沙坡，防止引起水土流失，冲淤堰渠。

清代《留坝厅南堰水利章程碑》

3.3.15 清代滑县《断沙会碑》

此碑于清光绪三十三年（1907年）立于滑县。碑文部分内容如下：

我滑以北，飞沙之为害，由来久矣。——然而岁远年湮，规矩疏忽，采伐薪木者甚多，牧牛羊者亦复不少，甚而无赖之徒，砍树株，偷窃田苗，以致此害复启，其怖种此□□麦也，冬日飞沙飘□，□二麦每因以

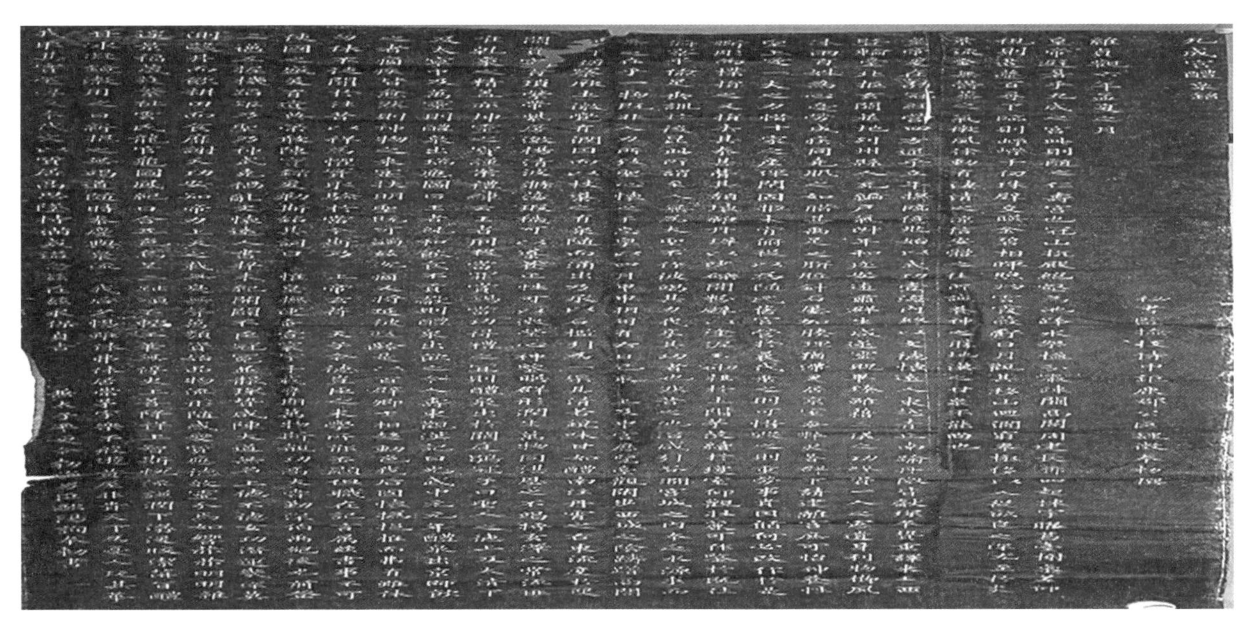
清代滑县《断沙会碑》

憔悴，其播植此木□□也，春时沙吹嘘，百□亦难以葱茏。各庄首事目睹心伤，公同商议，欲以除沙之害者，非复兴断沙会不为功。于是，公恳邑侯□吕大老爷出一告示，特为严禁，凡附近邻村居民人等，一体知悉，自勒石之后，务将牲畜圈养，毋得任意牧放，周围树株柴薪，亦莫故意窃伐，倘敢故违，一经查出，或被指控，定即传案究罚云。□则知今日之断沙，以较前日私立者之更为严善，且也勒诸贞珉，以志不朽云尔。

3.3.16 清代《涧南渠轮灌断结碑》

此碑立于清宣统元年（1909年），标题为《豫西水碑钩沉》的编者所加。此碑在“文革”期间被砸毁，1986年发现下半段，近来又发现了上半段，断裂处缺字，现存于河南省渑池县刘少奇旧居院内。残碑无碑额，高1.24米，宽60厘米，正文16行，满行均约58~60字，正楷竖写。碑文内容如下：

（缺）务处提调口任（缺）特授河南府正堂加十级记录二十次启批准。

（缺）加四品衔赏戴花翎抚提部院营务处在（缺）特授渑池县正堂加五级纪录十次卢撰文

（缺）加同知衔补用直隶州调署池（缺）宁府确山县正堂施阅定

为给示勒石以垂久远事：照得农田水利（缺）往往因此讼争，利水反成祸水。无他，小民无知，昧乎时宜，以自贾其祸耳。渑邑北四五里之涧口、南村、班村，旧有公共水渠一道，防旱灌田历有年□，（缺）结，屡断屡翻，此次又因天旱争讼，各挟一牢不可破之谬见，争执不休。本县不妨其终凶，欲为转祸为福，不辞劳瘁勘丈于炎暑之中，廉得其情，酌中断结，因时制宜，无论渠、滩、旱各地，以勘明注册七百二十余亩为定数，统归渠水，一律灌用，不分畛域，更定派水日期，以昭平允。除禀请府宪批示立案处，合行给示勒诸贞珉。凡尔□民，务各自念非亲即友，和睦宜敦，从此永释嫌疑，安时乐业。庶几雨旸时若感召天和，尔等乐何如之，本县亦为之幸甚，毋生异说，毋蹈愆尤，勉之□□望之。所有断定事宜，参酌旧章，增改条刊于后。

清代《涧南渠轮灌断结碑》（源自范天平编注《豫西水碑钩沉》，陕西人民出版社2001年版，第336页）

一地宜不分畛域也。涧、南、班三村公共一渠，向地五百余亩，资用渠水。今另丈出滩旱各地，涧口五十余亩，南村六十余亩，班村三十余亩，虽不在应用渠水之列，而窃截偷灌，防不胜防，失者向（缺）起。现断令：不分渠地滩地，统用渠水，以免偏枯而杜争执。

一轮水宜酌更日期也。涧口地亩与昔无殊（缺）较昔互有增减，南村昔有地三百余亩，较班、涧多至一倍，前案所以有南村用水二天，班、涧各得一天之□□南村地与班村无于上下，自应因时□□增减。断令嗣后以六天半为一轮，第一日昼夜涧口，第二日昼夜南村，三日昼夜班村，四日昼夜南村，五日昼夜班村，六日昼夜南村，七日昼夜班村，届满其夜间仍归班村，作为第二轮起首，依次洞、南、班，周而复始。总之以一轮计，洞口一天，南村三天，班村两天半，以十三天两轮合算。洞口二天□□，班班五天，以昭平允。其接时刻仍照旧章，以鸡鸣为断，不得迟紊乱。

一买卖，水应随地走也。前有卖地不卖水之说（缺）十九蒙前分府力破其谬。断令：无论何村地买卖，水随地走，准其一体随村浇灌。契内亦须注明带水字样在案，无如三村均违不遵办，以致争水不休。兹断令：嗣后务照定案办理。违许禀究。嗣后遇有雨泽愆期，注重渠水，有不属此次□□依次轮用，辄行故违，恃强抢先用水，以及动辄械斗伤人者，先行报案严惩究办。决不宽贷。

洞口、南村、班村同立

宣统元年岁次己酉仲春下浣谷旦

3.3.17 顺德龙潭水闸公禁碑

此碑无年款，现存于佛山市顺德区杏坛镇龙潭村。碑文内容如下：

——既关闸后，凡船艇人等不得私口，如违，带至乡约，罚花银四大员。

——船只竹篙不得撑顶闸门，如违，口约罚花红银二大员。

——耕牛出入不得真行基围，如违，口约罚花红银一大员。

合给公禁。

顺德龙潭水闸

3.3.18 顺德龙眼古桥公禁碑

此碑无年款，现存于佛山市顺德勒流街道龙眼村古桥寺。碑文内容如下：

通乡公禁：桥上永远不许晒什物，有碍行人。如违，每次罚犯例者得一百斤。

龙眼古桥

澄海樟林古港告示碑

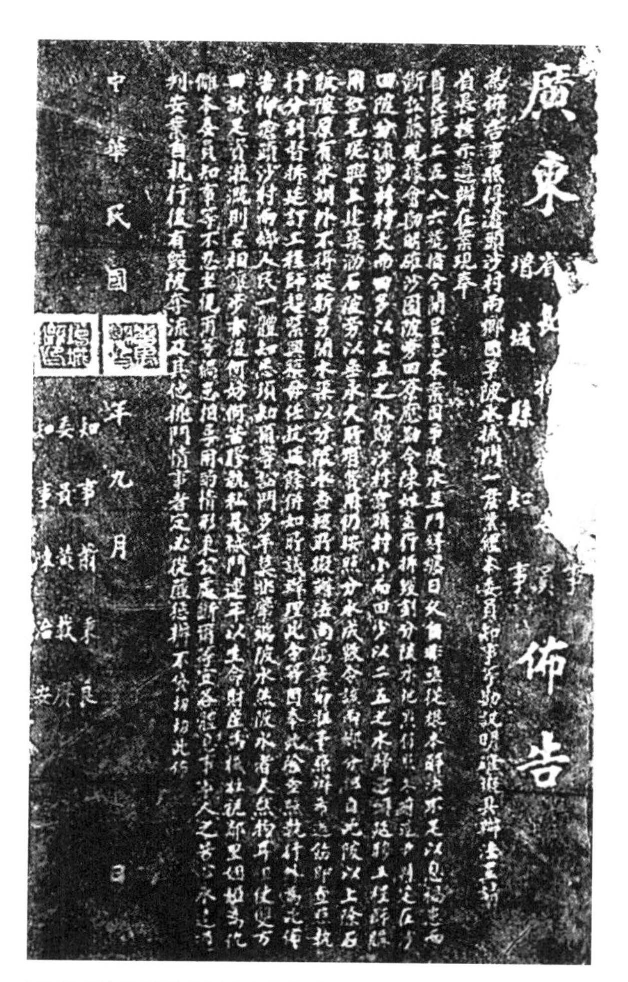

民国番禺县知事沧头村分水示谕碑

3.3.19 澄海樟林古港告示碑

此碑无年款，于2017年在修复南粤古驿道过程中被发现，印证了汕头是海上丝绸之路起源地之一。碑文内容如下：

众议，港内不许拥塞水道，填埕霸占港坪，乃风水所关，违者拆毁重罚。谨口口白口　社会禁界

3.3.20 民国番禺县知事沧头村分水示谕碑

此碑立于民国八年（1919年），现存于广州市黄埔区南岗镇沧头村。沧头村与沙村多年来为争夺河流水源势不两立，不断械斗，从清末一直持续到民国，各有不少伤亡。到民国初年，沧头村归番禺县界内，沙村属增城县管辖。为调停两村之间的械斗，民国初年的番禺和增城两县知事会同省长特派员“联合办公”，经过研究，出具了布告，并立碑为示。布告的主要内容是：沙村村大田多，应占沙园陂水百分之七十五；沧头村村小田少，应占沙园陂水百分之二十五。自布告之日起，如果再有毁陂夺流与其他争斗事件，一定从严惩办。碑文内容如下：

广东番禺县知事

省长委员而布告

增城县知事

为布告事。照得沧头、沙村两乡因陂水械斗一案，业经本委员知事等勘讯明确，拟具办法，呈请省长核示，遵办在案。现奉省长第二五八六号指令呈悉本案，因争陂水互斗纠缠日久，自非亟从根本解决，不足以息祸患而断诉讼。现据会勘明确沙园陂旁田寮应勒令陈姓尽行拆毁，划分陂水地点仍朱前道尹判定，在沙园陂分流，沙村而田多，以七五之水归沙村；沧头村小而田少，以二五之水归沧头。延聘工程师购用红毛泥兴建筑，泐石陂旁，以垂永久。所有费用仍按照分水成数令该两乡分担。自此陂以上，除石版原有水圳外，不得从新筑开水渠以分陂水。查核所概办法尚属妥协，准予照办，希遵饬即查照执行，分别暂拆，延订工程师赶紧兴筑，毋任抗延，余并如所议办理。此令等因奉此，除查

明执行外，为此布告，俾沧头、沙村两乡人民一体知悉：须知尔等讼斗多年，莫非肇端陂水，然陂水者，天然物耳，但使又方田亩足资灌溉，则互相让步，亦复何妨，何苦胶执私见，械斗年年，以生命财产为牺牲，视邻里姻娅为仇雠？本委员知事等不忍坐视尔等祸患相寻，用酌情形，秉公处断，尔等宜各体息事宁人之苦心，永为遵判，安业自执，嗣后如有毁陂夺流及其他挑斗情事者，定必从严惩办不贷。切切此布。

中华民国八年九月□日。

知县萧秉良。

委员黄载。知县陈治安。

3.3.21 民国《冯玉祥施政纲领碑铭》

此碑立于民国十六年（1927年），由冯玉祥所委任的新安县长束清汶所立，文后有冯玉祥的署名。该碑原立于铁门镇，后被移作井台支石。后收置“千唐志斋”。碑高1米，宽56厘米。楷书。碑文内容如下：

我们一定要把贪官污吏、土豪劣绅扫除净尽。我们誓为人民建设极清廉的政府，我们为人民除水患、兴水利、修道路、种树木及做种种有益的事。我们要使人人均有受教育、读书识字的机会。我们训练军队的标准是为人民谋利益，我们军队是人民的武力。

中华民国十六年　冯玉祥

新安县长束清汶　　立

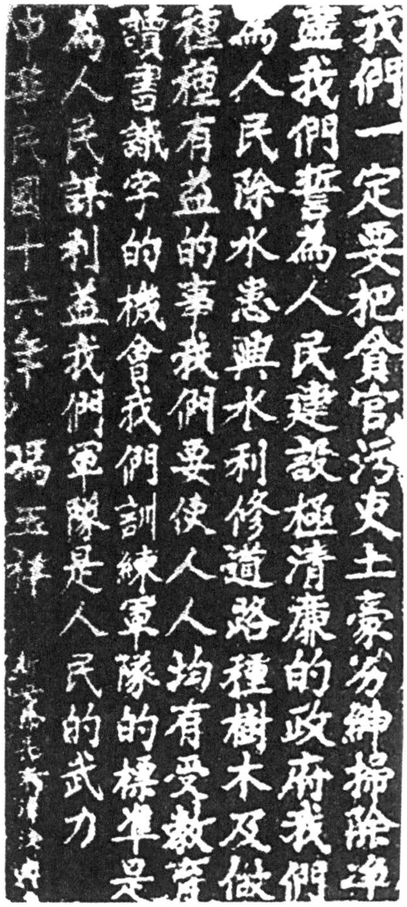

民国《冯玉祥施政纲领碑铭》（源自范天平编注《豫西水碑钩沉》，陕西人民出版社2001年版，第279页）

3.3.22 民国《尊谕创修三合渠记》

此碑立于民国十八年（1929年），因渠为黄楝坡（现属义马市）、陈庄、邓湾三村所修故名。碑高1.6米，宽58厘米，厚13厘米。碑为两面，正面为碑文和八项管理制度，正文9行，满行40字，正楷书写，上额为“灌口遗风”四个大字。标题为碑文首行。碑阴内容，一是渠道占地等级课租数额；二是各户灌田面积。此碑现存于渑池县吴庄村委陈庄自然村南空窑中。碑文内容如下：

渑震方五十里许，有村曰黄楝坡、曰陈庄。所成背倚山，面临水，相厥形便，渠路可通，奈途太迂，所经又多石。兼频年干釜告歉，人尽枵腹，因之屡议浚个，卒有志未逮。民国戊辰，县政府皖北沈公甫握篆，即驰发明谕，劝民以兴水利，省政府邓以计深疏凿。村人李君芝华等闻此音，乃会集乡董事，览地形，审山势，酌水量，由西河畔起，循山而东，辟一渠道，延长八千一百尺，土掘之，石轰炮裂之。日需数十百人，昼夜不息，工将半而力太绌，幸县政府公办同委员李、建设局长韩公同相视，谓功不可败垂成也。电禀省政府，即发给大洋二百元以资鼓励。由是仆者起而怠者奋，去者来而散者聚，未及匝月工遂告竣。统计工费三千银、币九百，灌田二百二十亩有奇。暇日登高游眺，第见陆改水，瘠土变沃壤，豫洛农况不亚扬荆。嗣后或岁值亢

遵諭創修三合渠記

諸地戶仝立

中華民國拾捌年清和月上浣穀旦

民国《尊谕创修三合渠记》（源自范天平编注《豫西水碑钩沉》，陕西人民出版社2001年版，第281页）

旱，彼野初不虑无青草泽，亦弗忧起哀鸿矣。拟秦地郑白两渠不诚大小异而功绩同哉。村老稚欢忭称庆。特将修筑颠末及一切善后规则，撮叙勒石垂永久，且铭各上台提倡恩于不忘云。

灌田管理制度

灌田阳年自首始，阴年自尾始。自首始两日一夜轮至尾。自尾始两日一夜轮至首。首尾周流，循环无穷。

渠地分两段：即黄楝坡自首始，则黄楝坡上段两日一夜中，上段自首而尾；下段在陈庄、邓湾两日三夜中，亦自尾而首，按此以推轮灌制。

灌田公议管渠一人，往来催促，按照公约如遇难处，会众磋商之。

灌田时务昼夜不停，管渠人依次通知应浇户，如应浇户不浇，另传地邻，将彼隔去。如恃强再溉，或中道截水，公同议罚。

田应彼溉以有要务贻误，俟执签者溉毕，准其接签补溉。

凡属渠地载历者准用水，否则不准。如用酌情出课。

如秤杆取水，不问一次及数次，公议每亩出课租若干，否则不得用水。

上堰及修补渠，均按地亩数进工，费钱亦按地亩均摊。如欠工每工折钱若干文。

诸地户同立

中华民国十八年清和月上浣谷旦

3.4 工程管理规定

3.4.1 唐代白居易《钱塘湖石（闸）记》

甘泉水灌区是比较单纯的农业用水灌区。而大多个用水部门共同使用同一水源时，矛盾会更多一些。唐代杭州西湖供应着周围1000多顷农田的用水。同时，湖中水产和湖滨农田对水位又有不同要求。当地县官强调水产的收益，反对过多地泄放湖水，而滨湖十多项“浅则田出，深则田没”[白居易《白氏长庆集·钱塘湖石（闸）记》]的无税田，却常常企图偷泄湖水。但是，有限的水产远小于周围大片农田的收益，十多顷的私田收获更不能和千余顷的灌溉效益相比。因此，唐穆宗长庆四年（824年）在杭州刺史任上的白居易，亲自出面主持制订西湖的蓄泄法规，法规规定：当非灌溉季节，湖岸灌溉引水的石笕和石涵一律关闭，以存蓄上游来水。凡连续降雨三天以上，则应打开湖岸预留的缺岸泄水。正确处理了这一水利关系。白居易写下《钱塘湖石（闸）记》一文，记录此事。文中既有用水原则，又有管理体系，是一份弥足珍贵的水利史料：

钱塘湖事，刺史要知者四事，具列如左：

钱塘湖，一名上湖，周廻三十里，北有石函，南有笕。凡放水溉田，每减一寸，可溉十五余顷；每一复时，可溉五十余顷。先须别选公勤军吏二人，立于田次，与本所由田户，据顷亩，定日时，量尺寸，节限而放之。若岁旱百姓请水，须令经州陈状，刺史自便压帖，所由即日与水。若待状入司，符下县，县帖乡，乡差所由，动经旬日，虽得水，而旱田苗无所及也。大抵此州春多雨，秋多旱，若堤防如法，蓄泄及时，即濒湖千余顷田无凶年矣。（原注：州图经云："湖水溉田五百顷。"谓系田也，今按水利所及，其公私田不啻千余顷。）自钱唐至盐官界，应溉夹官河田，放湖入河，从河入田。准盐铁使旧法，又须先量河水浅深，待溉田毕，却还本水尺寸。往往旱甚，即湖水不充。今年修筑湖堤，高加数尺，水亦随加，即不啻足矣。脱或水不足，即更决临平湖，添注官河，又有余矣。虽非浇田时，若官河干浅，但放湖水添注，可以立通舟船。

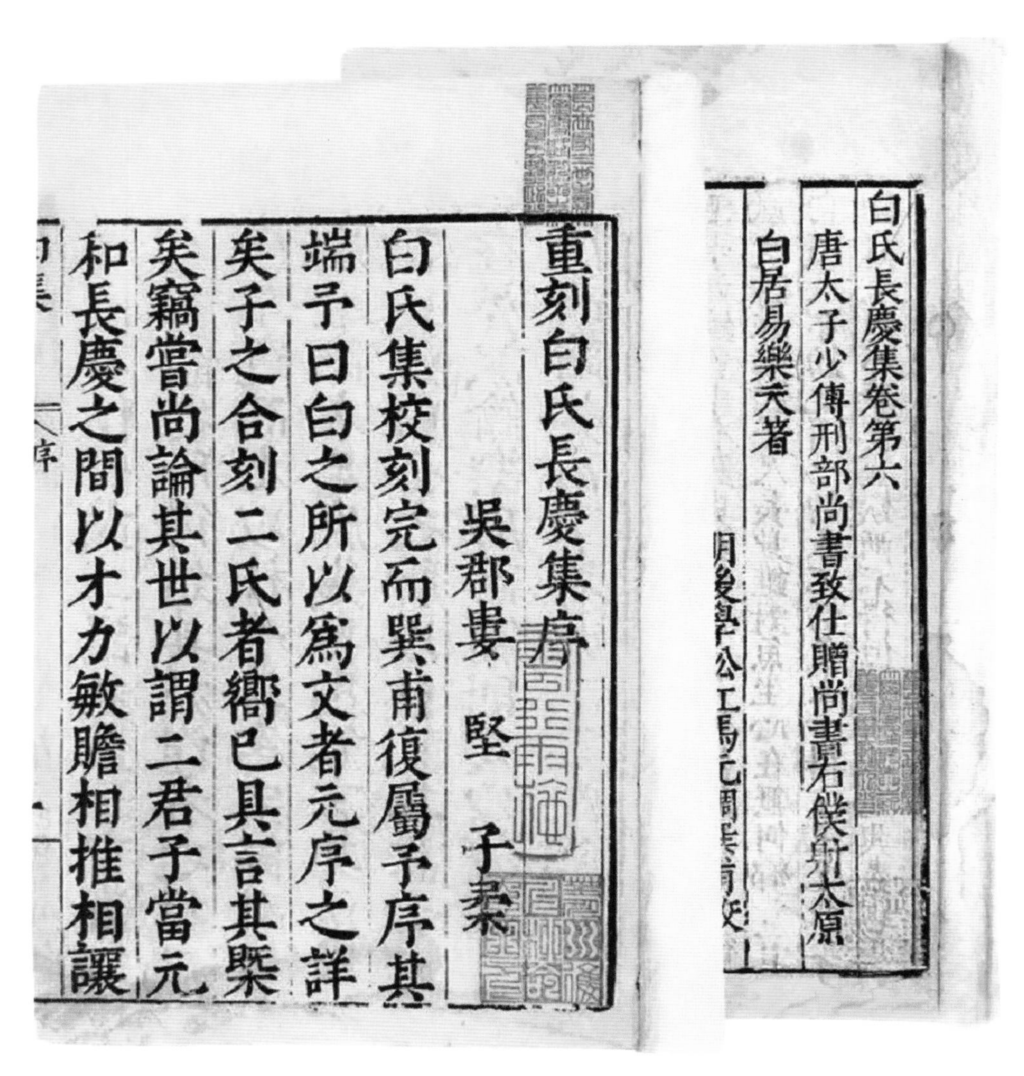
白氏長慶集卷第六
唐太子少傅刑部尚書致仕贈尚書右僕射太原
白居易樂天著

重刻白氏長慶集序
吳郡婁堅子柔
白氏集校刻完而巽甫復屬予序其
端予曰白之所以爲文者元序之詳
矣子之合刻二氏者嚮已具言其槩
矣竊嘗尚論其世以謂二君子當元
和長慶之間以才力敏贍相推相讓

《白氏长庆集》

俗云：决放湖水，不利钱塘县官。县官多假他辞以惑刺史。或云鱼龙无所托，或云菱茭失其利。且鱼龙与生民之命孰急？菱茭与稻粮之利孰多？断可知矣。又云放湖即郭内六井无水，亦妄也。且湖底高，井管低，湖中又有泉数十眼，湖耗则泉涌，虽尽竭湖水，而泉用有余；况前后放湖，终不致竭，而云井无水，谬矣！其郭内六井，李泌相公典郡日所作，甚利于人，与湖相通，中有阴窦，往往堙塞，亦宜数察而通理之。则虽大旱，而井水常足。湖中有无税田约数十顷，湖浅则田出，湖深则田没。田户多与所由计会，盗泄湖水，以利私田。其石函、南笕，并诸小笕闼，非浇田时，并须封闭筑塞，数令巡检，小有漏泄，罪责所由，即无盗泄之弊矣。又若霖雨三日已上，即往往堤决。须所由巡守预为之防。其笕之南，旧有缺岸，若水暴涨，即于缺岸泄之；又不减，兼于石函、南笕泄之，防堤溃也。大约水去石函口一尺为限，过此须泄之。

予在郡三年，仍岁逢旱，湖之利害，尽究其由。恐来者要知，故书于石。欲读者易晓，故不文其言。长庆四年三月十日，杭州刺史白居易记。

杭州位于江南河的南端，与钱塘江相会，是江南漕运的重要节点。杭州的水利工程围绕海塘建设、疏通水道展开，以改善水质及水位调节为目的。前者为农田灌溉与产粮，后者为行船济运，以江南河的运漕和商旅运渡为要。尤其是在“军国大计，仰于江淮”“赋出于天下，江南居十九”的唐代后期。白居易《钱塘湖石记》中突出了两者的重要性和关联性。这是他主持的西湖治理工程的记录，主要内容包括：灌溉面积的公田与私田统计；放水的标准与测算；开闭斗门的执行者的身份；州县各级清水公文程序；官河水位的保持与维护；湖水收放与灌溉顺序；水利用中的利益之争；泄水护堤与严防私自泄漏。这些管理规定，有利于了解穆宗时期农田水利灌溉与官河水系维护、运输线保障之间的关系，以及前、后期水利设施的管理。西湖的蓄泄制度，兼顾到灌溉、水产等部门的利益，以求得较高的经济效益。就国家水资源利用政策而言，唐代则是首先满足政府漕运和宫廷用水，其次是灌溉，尔后是水力机械的用水顺序规定。灌区管理也需要协调各受益农户的利益和负担。文中还记述了钱塘湖灌溉面积，可及“濒湖千余顷田”，公田与私田各一半，公田即官府掌控登记的纳税田产（税田），私田则为不税之田。灌溉必须依法、以时。

水法的主要经济目标是保证对有限的水资源进行综合利用，以求得最大的经济效益。白居易主持制订的杭州西湖水法，牺牲了湖滨10多顷低田的收益，目的是保证1000多顷农田的灌溉，还采取了加高湖堤的办法，以增加对水量的调蓄能力，就是出于对经济效益的考虑。

3.4.2 宋代范成大浙江丽水《通济堰堰规》

南宋乾道五年（1169年）根据旧有规章，由范成大主持修订了浙江丽水通济堰堰规共20条（现存19条）。其中灌区管理机构分堰首（总理灌区事务）、上田户（协助堰首）、甲头（施工负责人）、堰匠（专职技术工人）、堰工（工头）、堰夫等，同时规定了各自的职责和赏罚制度。其主

《通济堰堰规》

要建筑物的运用方式也有具体规定。如干渠泄洪涵洞叶穴头由一名上田户专门看管，防止捕鱼人作弊，灌溉时不许擅自开启，大雨时才可开闸泄洪等。后代灌溉管理制度更加细密。清乾隆十六年（1751年）杨应琚为宁夏灌区制定的春浚制度就有12条，其中包括工段的划分、工具规格、挖土堆土部位、工料选择、建筑物维修等。

《浙江丽水通济堰规》规定，堰首是全灌区用水和工程管理的总负责人，堰首要从灌区下游区的上等田户（每年出十五个修堰工以上的地主）中产生，每两年轮换一次。堰首不能兼任公职，也不受地方政府差遣。堰首工作如有过失，堰规规定灌区农户有向官府告发的权利，并将被罚款。为了稳定整个灌区的用水秩序，水法必须相对合理，形式上也有民主的成分，不能无视灌区内多数农户的利益，也只有这样才能维持灌区的正常运行。

与国家水法不相抵触，允许地方自定专门水法。因此，各地水法可以有相当的灵活性，内容可以有很大不同。如《浙江丽水通济堰堰规》，于南宋乾道五年（1169年）订有20条。其中属于组织机构的有堰首、田户、甲头、堰匠、堰工、堰夫、堰司等条；属于灌溉制度的有堰概一条；属于重要工程维修的有渠堰、石涵斗门、湖塘堰、叶穴头、开淘、船缺等6条；其余尚有请官、堰簿、堰庙、堰山、水淫、逆扫等六条。此后历代又有重修。同治五年（1866年）又增加了灌溉制度10条和维修堰工条例10条以及重要工程维修经费和堰条经费开支等条文。

3.4.3 元朝圣谕保护园林碑

此碑高63厘米、宽1.1米，正文20行，满行19字，正楷竖写。现存于河南省新安县铁门镇东王乔洞之一个洞内的墙壁上。碑文中盖有五颗大印，印章10厘米见方。一、二、三块印盖正文一、二行上；第四块印章在七、八、九行上；第五块印章盖在“右榜晓谕”前三行上。碑文有蒙文并画押。原碑无题，此碑题是《豫西水碑钩沉》的编者所加。碑文内容如下：

皇帝圣旨里

河南省江北等处行中书省，据河南府新安县烂柯山洞真观住持道人孙道先状告：本观居系历古神仙隐现之山，今建立为皇家焚修之所，常有一等不惧公法人等及面生之人，前来观的安下，仍坎伐林木，溷扰百端，道众著言劝告，反以摭拾相争，本观不能安业，告乞有司禁约事，得此照得累钦奉圣旨，节该这的每宫观里，房舍里使臣休安下者，不拣是谁休□气力住坐者，不拣甚么物件休放者，铺马祇应休著者，地税、商税休与者，但属宫观的田地、水土、竹苇、碾磨、园林、解典库、谷堂、店铺、席、醋酵，不拣甚么差发休要者，更俺每的明降，圣旨无呵推称者，诸色投下于先生每根底，不拣甚么，休索要者，先生每休与者，钦此。今据见告，乞赐出榜，付下禁约事，得此。省府合行榜禁约，诸人毋得骚扰违犯，须议出榜者。

右榜晓谕

诸人通知

大德五年岁次辛丑十月四日□□□王乔仙洞……

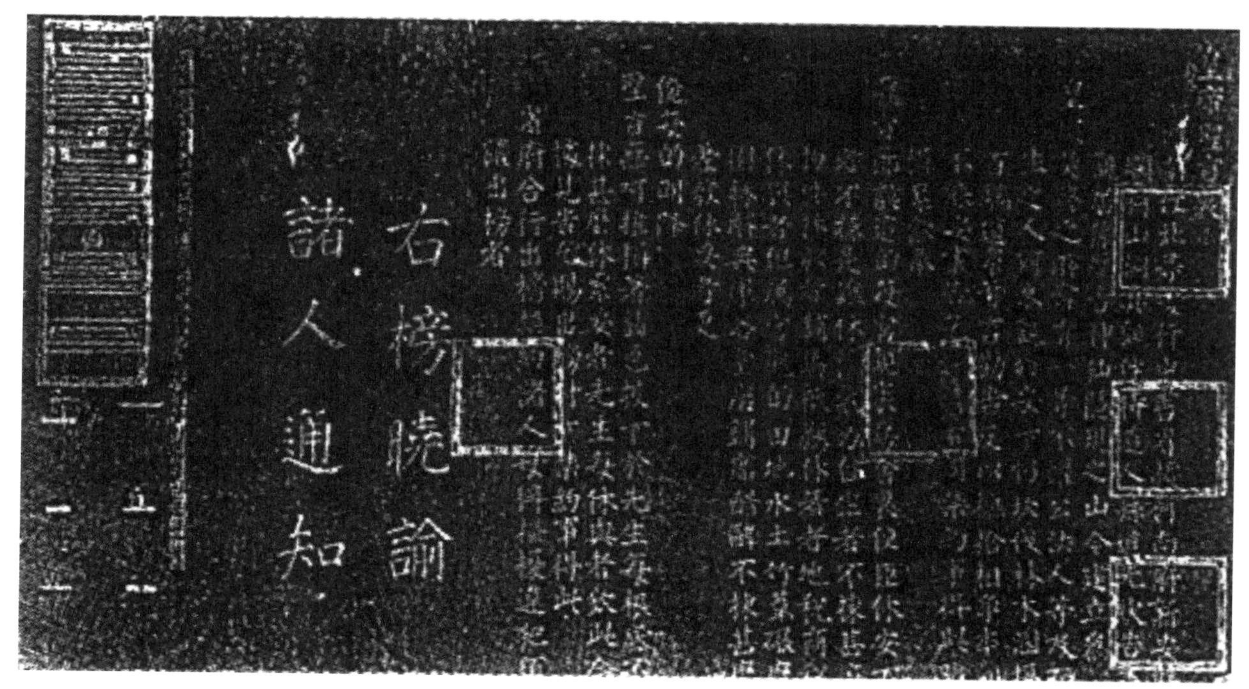

元朝圣谕保护园林碑（源自范天平编注《豫西水碑钩沉》，陕西人民出版社2001年版，第229页）

太湖圩田

3.4.4 明代太湖圩田施工章程

太湖圩田需要经常维修，因此施工组织较为完善。明万历六年（1578年），水利御史林应训制定圩田施工章程（载《授时通考·水利三》卷十七），主要内容有：圩堤有固定尺寸规格，临近河荡深入的断面应适当增加；取土筑圩之田，其损失由全圩田计亩出银津贴，日后再陆续篇（lǎn）取河泥填平；圩堤修筑经费和劳务计亩摊派；施工前塘长分段插标，由圩甲通知各户按时出工；圩甲主持施工，负责处置违纪者。不负责的要受处罚。圩长是义务性质，无津贴；施工结束，由县府派员查勘，并追究施工草率和拖欠地段的负责人责任。

3.4.5 明代洪堰制度碑

石碑圆首，青石质，长58厘米、宽50厘米、厚11厘米。该石碑发现于1973年或1974年，位于王桥镇上然村北，在平整“老渠”（即历代沿用而现已夷为平地的郑国渠故道南岸）的过程中发现。2016年11月，陕西省考古研究院重新启动了郑国渠遗址的考古调查工作，在泾阳县王桥镇高凯老先生家发现此碑，进行了拓印。全碑记泾阳县上中下三渠分水情况，夫（役）人员、工作时间、任务等，应是明代《洪堰制度》在泾阳县的部分实录。

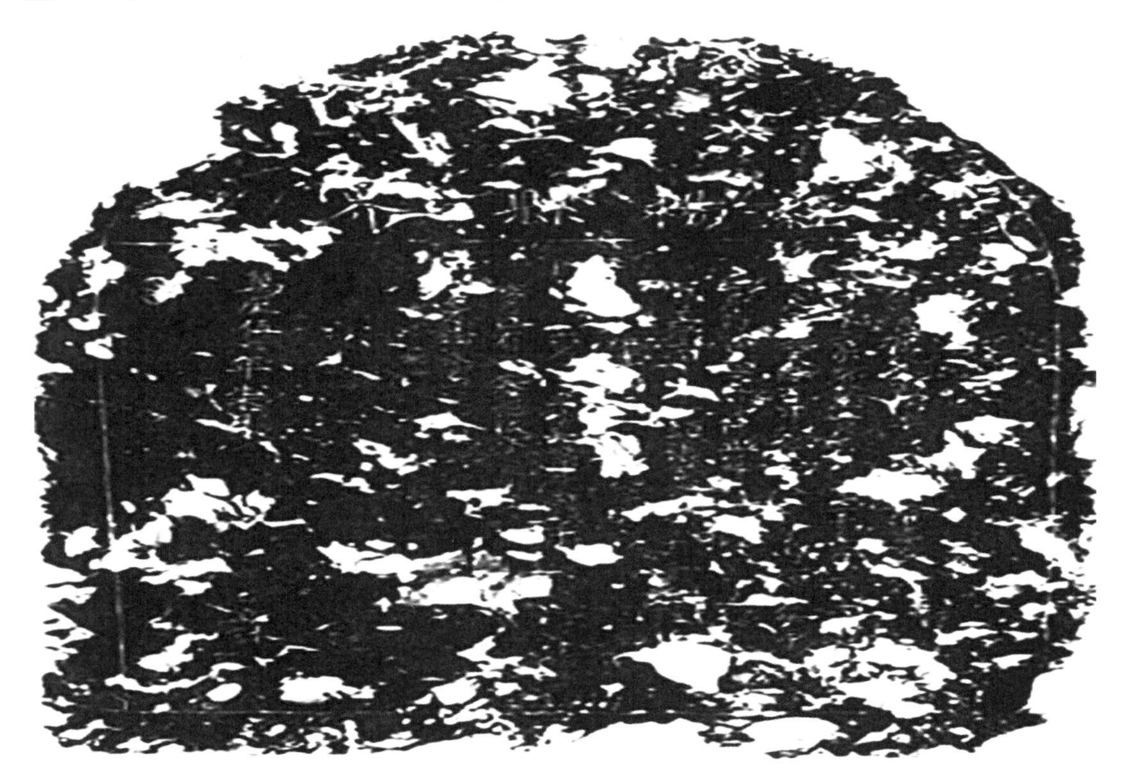

明代洪堰制度碑（源自李岗《陕西泾阳发现明代洪堰制度碑，《农业考古》2017年第3期）

3.4.6 清代荆江大堤防洪制度

清代荆江大堤上的防洪制度更加详密。分别制订有修堤章程和防洪章程。道光十年（1830年）由湖北布政使林则徐主持制定“修筑堤工章程”十条（后又增补六条），主要内容有：一、采用以往行之有效的官督民修的办法；二、禁止官府书吏干预报销核算等事，以杜绝贪污；三、选择初次上任的官吏和公正士绅办理修堤事宜，修堤尺寸、钱数张榜公布；四、统一按历年洪水印痕决定堤防高程；五、堤防边坡为1：2.5，每次上土一尺二雨，分层夯硪三遍，夯实后得八寸，并进行锥探检查；六、取土远离堤脚二十丈以外；七、重要堤段抛石防护；八、堤上预留抢险土料；九、修堤土料应用淤土；十、不许在堤上建房和埋葬。此外还有《详定江汉堤工防守大汛章程》十一条等专门的防汛制度。

3.4.7 清代番禺县正堂讯断绘注蒲芦园陂围各圳水道图形碑

此碑立于清道光十二年（1832年），高1.45米，宽0.75米，标题为楷书，每字约2厘米，现存于广州市萝岗东区街笔村玄帝庙内。楷额题“番禺县正堂讯断绘注蒲芦园陂围各圳水道图形碑”。全碑分上中下3部分，上方为断案结果，中间刻各圳水道图，下方为案发起因、调查经过、结案情况。上方碑文每字约1厘米，下方碑文每字约0.6厘米。全碑为楷书字体，保存完好。碑文内容如下：

特调番禺县正堂加十级纪□十次徐讯断殊判：土名蒲芦园大陂及白沙浦陂头原系笔村用工砌筑，今仍归笔村照旧修筑，并照旧每亩收取工食禾谷五把，不得多索。其白沙浦下土名趸头小陂，向系榕树钟姓用木杙筑塞，今亦淮榕村钟、彭二姓照旧用木杙修筑取水。又趸头之下，土名

荆江大堤

罗贝小陂，因榕村钟、彭二姓与富春村庄严姓互争，今亦准富春庄严姓用杙筑塞。钟、彭、严姓日后不得借收筑为词，妄收钟彭二姓及各姓工谷。钟彭二姓亦不得收严姓及各姓工谷，所有富春庄严姓及榕村钟、彭二姓凡籍陂水灌溉各田亩至十字路、宏岗桥、田心石等处，俱每年照旧按亩送交笔村陂主工食禾谷五把，以为修筑陂道之费，不得籍词短交。各具遵结，当堂绘图注明，盖印存案，三造均释。

道光十二年九月二十四日经官讯断，当堂绘图注说给笔村耆老。

道光十二年六月初七日，据富春庄严启华等禀称：伊村田土均在笔村口界之下，籍笔村税陂分流小圳灌溉田禾，始获收成。是以岁中遇造致送工谷以酬笔村筑陂工食，讵榕村钟、彭姓人等逞强霸占等情赴禀县宪，蒙批，该陂如果系笔村所筑，榕村何得平空索占工谷，笔村衿耆亦不应任其霸勒着，同理论阻止，并将新竖石杙起除，毋致兴讼。六月十九日，旋据严启华等复以勒收指欲，统党强掠等事赴控，蒙批，候饬差唤讯察夺。六月二十八日，据榕树衿耆钟玉成、彭胜显等诉称：村邻笔村，天前明世宗嘉靖年间建筑蒲芦园陂水灌田，当官领税，食水各田年收禾把以补工费，讵富春庄严姓人等，妄图勒收工谷等情，赴诉县宪，蒙批，已经饬差唤讯，据诉是否属实，候集讯察夺。八月二十一日，本乡衿耆朱亲身经历鳌、区锡禄等，据实陈明，联恳饬拆以杜讼端事，联呈县宪，蒙批，候集讯察夺。查据伊等呈称，笔村于前明世宗嘉靖年间，当官领税，在蒲芦园建筑陂围，并于陂道分筑小障，各圳水路分灌至趸头罗贝沙界、银则桥、宏岗塱、犁头嘴、兜肚儒、田心石、宏岗桥、氹埔、元洲十字路等处。其白沙税陂，达流至榕村，土名趸头罗贝，向来以食陂水各田年收禾为酬，补笔村修筑工费，立有约碑。六月内，榕村衿耆钏玉成等投称富春庄严隆，突背旧章，在趸头罗贝处擅用木杙竖筑，钟、彭二姓亦在该处竖立彭、钟步陂头字样石杙等语禀，蒙批，着理处，遵即邀同两造亲诣踏看该处，劝令两造将木石杙一并起除，各照旧章，用坭防塞俾无相碍。殊严姓不从，反捏控榕村强掠田禾，只得据实粘缴碑图呈核等情。据富春庄严启华等出具遵结，缘蚁等与榕村彭华兴等互争陂水一案，今蒙讯明，土名蒲芦园大陂及土名白沙蒲陂头原系笔村用工砌筑，仍归笔村照旧修筑，并照旧每亩收取工食禾谷五把，不得多索。白沙浦下，土名趸头小陂，向系榕村钟姓用木杙筑塞，亦准榕村钟、彭二姓，用木杙修筑取水。趸头之下，土名罗贝小陂，因榕村钟、彭二姓与富春庄严姓互争，亦准富春庄严姓用木杙筑塞。钟、彭、严姓日后不得籍修筑为词，妄取钟、彭二姓及各姓工谷；钟、彭二姓亦不得收严姓及各姓工谷。所有富春庄及榕村，凡籍陂水灌溉各田亩至兜肚儒、田心石、宏岗桥、十字路等处，每年照旧按亩送交笔村陂主工食平谷五把，以为修筑陂道之用，不得借词短交。蚁等情愿遵断完结，绘图注说存案。至蚁姓等实无强掠严姓禾束的事，各具遵结是实。本乡衿耆遵结与榕村、富春庄遵结无异，不复重叙。谨将各禀词摘叙批判，陂图遵结备载，并陂围之东开一渠与

广东笔村玄帝庙

何村钟、黄二姓，每尺水议送水二寸，不得深阔夺水。每年何村钟、黄各姓致送工食谷一千斤，附载以承永远查核。道光十二年九月二十四日，经官讯断，当堂绘图注说给笔村耆朱海鲨（5人名略）、榕村彭兴华）5人名略）、富春庄严启华（5人名略）。

遵照存据。

3.4.8 清代番禺县正堂严禁私决水圳阻碍水源示谕碑

此碑立于清光绪二年（1876年），现存于广州市白云社区竹料镇罗村罗氏宗祠前。碑文内容如下：

钦加同知衔番禺县正堂加十级随带加二级记录十次朱为出示晓谕严禁事。现据耆民周亮纯、周端彩、周青献、周维岳、罗玉泓、罗玉琛、冯瑞宾、汤永显、林文晟、何元天等禀称：蚁民等前因石门上楼山边水圳被外来寄居之顽徒私将圳旁地段盗卖，有碍修筑，堵塞水源，且恐衅开尤效，联请给示永禁等情一案。奉批：该圳历古向归乌坭迳、大塘村、罗村三乡神庙公共之业，每年应纳坦饷银三钱七分，归入竹料七图八甲罗冯周户上纳，各情禀复，并将油窿缴验在案。奉批：该圳地既系历年完纳粮税，处有主之业，他人岂能盗卖？即果有其事，尽可随告理。惟该圳自头陂起，至大强石门楼，直达莲塘安乐止。左是大坑，右是山岭，灌溉三乡税田三十余顷，实为一坊命脉，乞念民食维艰，粮务綦重。嗣后圳旁岭地禁止不得私卖，亦不得种植竹木，赏示勒石戗谕，免碍水圳等情，晓谕给示严禁前来，除批谒示外，合行出示晓谕。据此示谕该军民人等知悉：尔等须知该头陂水圳系三乡救旱命脉，遇有冲卸，必于圳旁地段挑泥修筑，务须父诫其子，兄勉其弟，毋得任意盗卖，说不得种植、葬坟等弊，阻碍水源。倘敢故违，一经告发，定即拘拏究治；如有强徒敢锄崩堵塞，究盗水源，一径罚银七两二钱，不论诸色色人等，看见且能捉获交众，给赏红银三两六钱，决不宽贷。各宜凛遵毋违。特示。

光绪二年五月初三日示。

清代番禺县正堂严禁私决水圳阻碍水源示谕碑[源自陈鸿钧、伍庆祥编著《广东碑刻铭文集》（第一卷），广东高等教育出版社2019年版，第107页]

3.4.9 清代《谕东河总督白钟山碑》

此碑立于清乾隆二年（1737年），现存于河南武陟县木栾店。碑高2.54米、宽1.64米，碑文为乾隆元年二月二十五日谕旨，这也是沁河堤工官办之始。碑文内容如下：

乾隆元年二月十月日奉谕

朕闻河南武陟县木栾店沁河堤工关系居民庐舍，每年派民夫修筑，以防水患，按地派钱约计费银二千四百余两，颇为民间之累苦。若设长夫三十名。岁支工食银三百六十两，以省民间二千四百余金之帮贴。着该部传谕河南总河白钟山，照此办理。其设立长夫每岁在豫省存公银两发给，不得丝毫累民，永著为例。倘胥役徒棍等极有借名科派者，交与该管官严查，从重治罪。

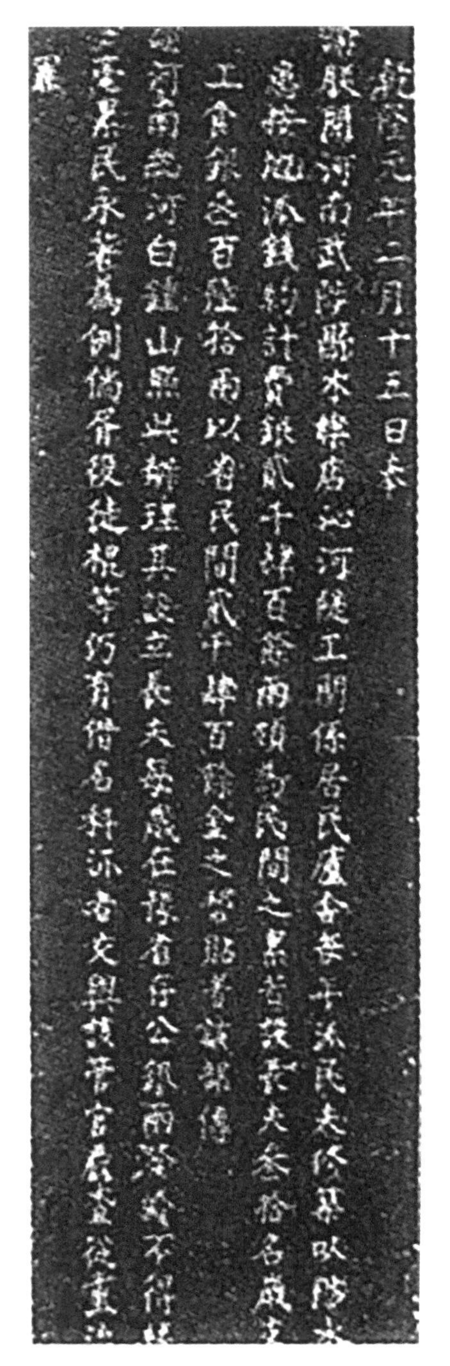

清代《谕东河总督白钟山碑》（源自范天平编注《豫西水碑钩沉》，陕西人民出版社2001年版，第294页）

3.4.10 清代《金渠园碑记》

此碑立于清道光二十八年（1848年），原立于河南省新安县芦院村。碑高1.5米，宽57米，厚12厘米。碑文正楷，正文15行，满行49字。金渠，水渠名，庙头村人以渠灌溉庙头村下湾地。光绪三年（1877年）至五年（1879年），山西、河北、河南、山东四省大旱，仅饥饿而死的人数达1300万，而据民国版《新安县志》载，庙头一带由于开渠灌田，在此期间受灾并不严重。碑文内容如下：

尝思济人济世功乃可大，善始善终业乃可久，况开渠灌田功业尤非寻常。道光丙午秋岁遭大旱，庙头诸亲友具帖备酒驱车邀请，为其下湾田地欲引涧水浇灌，因余村势居上游，实开渠咽喉，婉转相商，余村感其盛德，慨然应允。而诸亲友以为：余村走水之地涧渠皆深，不能自然浇灌，得鱼忘筌之事弗忍为也。因许余村用秤杆、辘轳、水车浇地不出渠稞（课），且恐事久生变，渠道或有塞阻，遂备地价着地主各立文约，详载条规，并书合同二纸，两村各执一张。但年深日久文契难保无失，余村若有不肖子孙乘间生支，反妨前辈盛举。今将原书舍同铸之于碑，庶后人无忘前人之美意云。

合同　同中言明，金渠园所走水渠界限虽清，但其中详细尚未尽明，因将永远规矩并书二纸，两村各执一张，以为凭信。

议洞内走水，凡洞上之地仍地主耕种，如有塌陷坑坎，金渠园棚补。

议凡渠中洞中有不测事端。金渠园承认与地主无干。

议渠堰所栽树木，俱归地主。

议凡渠有妨路径，金渠园搭桥。

议凡用称杆、水车、辘轳取水浇地，永不出渠粿（课）。

议此渠不走水之日，其地仍归本主，价亦不还。

同人　　邓锦袍　　樊万安　　关贵兴

道光二十六年十月十七日芦院村、庙头村同立

道光二十八年岁次戊申仲秋上浣之吉刻石

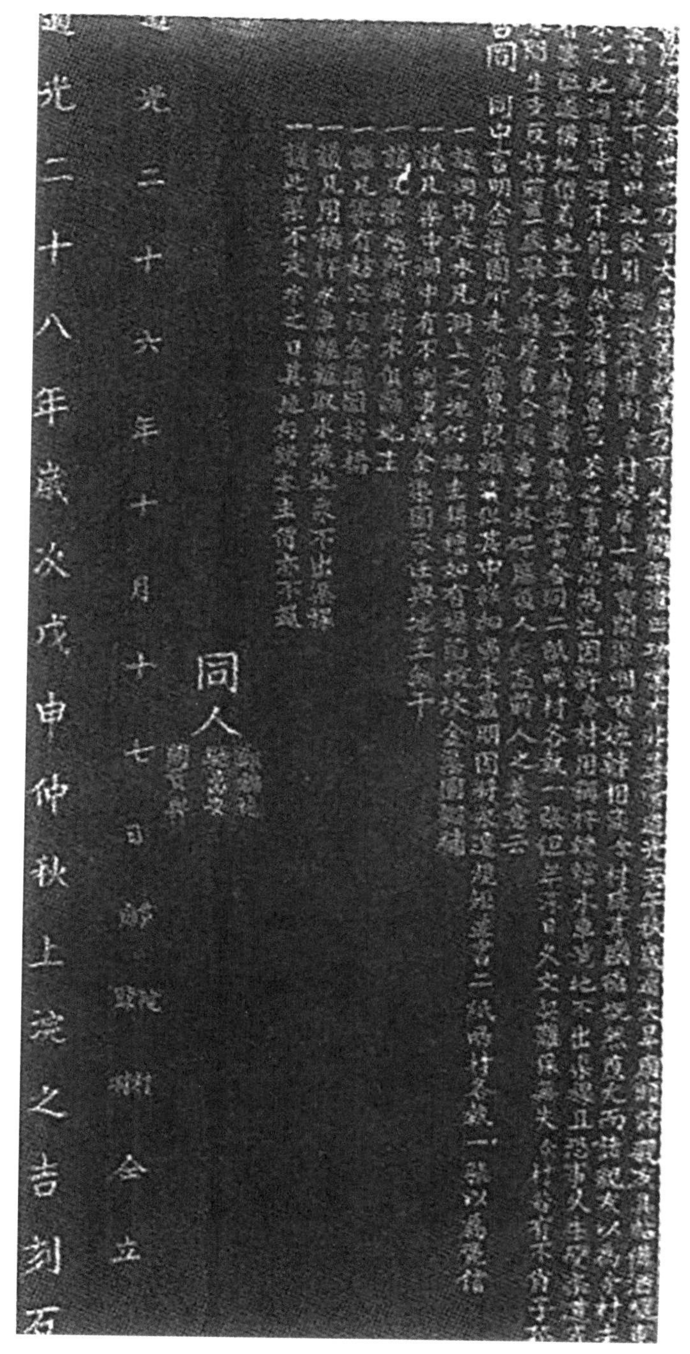

清代《金渠园碑记》（源自范天平编注《豫西水碑钩沉》，陕西人民出版社2001年版，第264页）

3.4.11　清代《仁泉渠碑记》

因泉出距仁村一华里的摩兀山下，泉水入渠，故称仁泉渠。渠碑现立于河南省渑池县仁村乡原仁村小学西院墙外壁上。碑高1.3米，宽50厘米；正文7行，满行37字，正楷竖写；碑额中书“皇清”二字，左右为日月阴阳图案。碑文内容如下：

村西有摩兀山，有韶峰蜿蜒而来，山行数十武，有泉出于两峰之间者，仁泉也。长渠如虹贯蟠绕其下者，仁泉渠也。泉出于何时，渠创自谁氏，均不可考。第观其供万人之饮食，灌数顷之田园，诚天造地设，以开千百世无穷之利欤！向者灌田无次，据上流者灌而又灌，居下流者望之弗及，以致争端时起。狱讼繁兴，甚非古乡田同井之道也。今村人倡为义举，划田园为三段，分昼夜作三晌，惟西段灌田属夜，而东、南两段逐日轮流，朝灌则午止，午灌则夕止，自上（而）下以次递及。上者不得偷截，下者变不得恃强横决，倘或乱次，罚砖五百。规矩既成，恐久而遂废，爰勒石以志不朽云。

郡庠生范向离撰文并书丹

西段上至本泉、下至大石桥

东段上至十字口、下至大河心

南段上至大石桥、下至东西小路

渠长　郭云峰　　张纬

王兰芳　　张青云

李继先　　王国镇

杨　宽　　李向荣

赵成天　　胡庆云

赵逢休

石匠　茹金声　同立石

光绪三年岁次丁丑新正月谷旦

3.4.12　民国《别公堰碑记》

此碑立于民国二十七年（1938年）。别公堰得名于别廷芳（1883—1940年），是一座由堤坝引水的自流灌区，又名石龙堰。堰址位于河南省西峡县城北6千米处，在丹江支流老鹳河上筑坝引水，灌区有东、西两条干渠，分别建于老鹳河两岸，当时效益面积达到7000多亩。1929年，别廷芳对古时乡民小规模堰坝进行了改建与扩建，使灌区形成了一定的规模，堰长300米，全部为大石块砌成，从远处看，很像一条横卧在河中的巨龙，所以人们称之为“石龙堰”。石龙堰建成后，别廷芳在渠首修建了3间水泥砌砖古式建筑，既可起到控制渠水的作用，又美化了环境。之后又在后侧山上修建了山亭、花园。在这期间，别廷芳还于1934年4月建成了一座水电站，水电站发电设备由德国西门子公司引进，是河南省兴建的第一座水电站。为使石龙堰长期发挥效益，别廷芳专门组织人员制订了确保灌区正常运行的10条《堰规》，明确了管理组织系统，详述了轮灌用工处罚办法。同时，还提出了《种稻新法》，并刻碑镶在渠首建筑物墙上，碑至今仍保存完好。碑文内容如下：

民国二十七年春，是渠既成，适六区专员朱玖莹氏巡行抵此，乃遵循线经二十里以至堰口，见绿野成畦，一望无际，叹水利伟大，民食修赖，喜而歌咏辄成数章，并亲染翰墨书“别公堰”三字榜其额云。嘻！众志成城，何有于我，而乡人血汗劳力之功，贤长官关心民

清代《仁泉渠碑记》（源自范天平编注《豫西水碑钩沉》，陕西人民出版社2001年版，第267页）

瘼之意，亦当永久纪念者也。即议定堰规十则及诗歌数章附以种稻新法勒石永存。

别廷芳　撰记

陈岚　　书丹

堰规

第一条　本鄙组织以十亩地为一张锨，十张锨设一锨长，十个锨长设一督催，督催上设工首一名，每次动工或闸堰，或溜渠，由工首传知督催。督催传知锨长，锨长传知锨户，以明系统而利工作。

第二条　本堰堰口已用洋灰灌帮，三砂石工锤底，均甚坚牢，以后工程寥寥。关于闸堰工作，全归石龙堰一保之人民修理，此保人民专事闸堰不做他工，以专责成。

第三条　此堰过三岗、经两河，渠线甚长。其两河一名乾河，一名五眼泉河。第河设一堰闸，惟下雨时水量极大，看闸闸水非常重要，特指定该二闸附近之两甲人不做他工，每个闸拨定一甲人负责，逢下雨无论昼夜关闸及扒水；雨后亦无分昼夜专管启闸及闸水二事，务使水量有节，不得违误。

第四条　本堰工程除堰口及五眼泉、乾河三处另有专责，其余如渠身冲坏、渠底不平，均须铲高填低，工程甚多，若无一定标准，必有苦劳不均之弊，况此堰千有余家，地亩数十余顷，倘无相当办法，时久弊生，无法着办，如要兴工必按定地亩，每亩地做工一个。如今工程小，工未做完，来年照数补做，定将所有之工完全做齐。再有工程另从头起，如有奸滑不做者，拖欠一个工罚钱四千文，以示惩戒。

第五条　堰上用水必有专责之人。此堰上至堰口，下至土门，浇地六十余顷，靠东方面一支大干渠，西面一支分干渠，其中设一堰管，专管分水溜渠塞洞等工作，各处又分支渠数道，由堰长酌量按渠线所管地之多寡设置水管，专管放水浇秧等工作。水量无使有缺，灌溉亦得平均。

第六条　下谷苗之时，在清明以前，为水管者各守专责，而堰管务令各支渠水管，调查第一支渠下谷苗若干，即知栽地多少。至栽秧分水时，必照其地之多寡或其地水量若干斟酌分和。

第七条　麦查（茬）下来，即栽秧之时间。每天晚饭后须到堰局报告堰管，堰管个人所管之范围内犁出熟地多少，按准分水。如有迟延不犁或已犁而不栽者，只有尽他人已犁之地先栽。俟此支渠二次水上来时方可再栽。

第八条　栽秧之时雨量过多，务须按定次序用之。若天旱地皮破裂多费水量数倍者，而栽毕三日内，再放满田水一次，秧苗不致旱死。若秧栽齐时仍应轮流。

第九条　既栽之秧，灌溉要有一定标准，其深不过二寸，浅不过一寸。如水过深，遇炎日蒸晒，则秧苗有煮死之虞，故于各秧田之下头，必须用砖或石头夹为水口，如用水一寸，砖出地皮务必一寸，用水二寸，砖出地皮准定二寸，如此则深浅有一定标准，水量自然平衡。

第十条　本堰规就农村习知名词直叙事实，不尚辞藻，以期通俗，其中未免粗俚藉时之处，览者勿以辞害义，则幸甚矣。

六区专员朱玖莹民国二十七年春书

民国《别公堰碑记》1（源自范天平编注《豫西水碑钩沉》，陕西人民出版社2001年版，第301页）

民国《别公堰碑记》2（源自范天平编注《豫西水碑钩沉》，陕西人民出版社2001年版，第301页）

會安橋

4

特 色 水 利 文 献

中国是水利大国，早在远古时代大禹治水时，水利管理文献就已经出现了。随着经济的发展与社会的进步，从习惯法到成文法，历朝历代积累了非常丰富的宝贵经验，其中既包括夯土筑垣、开挖城壕、防洪通河的制度法规，又有引水排水、通渠运输、用水净水等方面的法律条约，还有水利工程建设的许多相关规定，都具有宝贵的学术史料价值、文献收藏价值，以及科学使用价值，对于我们研究开发水利，消除水害具有重要的指导意义。这些水利文献大多是以国家名义发布的法律、制度，地方的乡规民约，以及政府部门发布的防洪、灌溉命令，其载体与形制多种多样，包括甲骨文献、简牍文献、缣帛文献和纸质水利档案，等等。

《礼记 · 月令》载："季春之月……命司空曰：时雨将降，下水上腾，循行国邑，周视原野，修利堤防，导达沟渎，开通道路，毋有障塞。"或是春秋末年已有国家的水利法规。对自然水体的利用往往是多方面的，全国性的水利法规包括水利的各个门类。由于水资源是有限的，在用水方面对水源的利用有时是协调的相互补充的，也有时是彼此矛盾，以至互相排斥的。因此，一部综合性的水法，还要对各用水部门的相互关系作出规定。现存最早的全国性的水利法规是唐代的《水部式》，但早已亡佚，近代在敦煌千佛洞中重新发现《水部式》残卷，仅有29自然条，约2600字。

4.1 甲骨文献

自古以来，中华民族既依赖水，又要与水作斗争，关于人水关系的最早记载可以追溯到3000多年前的殷商时代，当时人们把对水的认识和与水有关的活动用一种原始文字刻在了龟甲兽骨上，这就是1899年以来陆续发现的"殷商甲骨文"。1977年，在陕西省岐山县凤雏村一座西周建筑遗址的窖穴内，又出土了周早期的治水设施与"周原甲骨文"。

通过多年来的研究，专家们发现殷人、周人对治水的认识很丰富。他们早已不是避水而居，而是能避水害，与水害斗争，化害为利了。他们已能建造简单的桥梁封皮上看，制造木舟渡水，在居住地点引水、排水、打井，甚至治理黄河。据统计，《汉语大字典》共收入有水字旁的甲骨文字43个；赵诚编著的《甲骨文简明词典》收入74个；《甲骨文编》收入84个，这些足以说明先人同水打交道的频繁。

从安阳出土的殷商甲骨文中，有将安阳附近的河称为"洹"的记载；有将黄河写作"河"的记载。还有游泳的"泳"字的记载。还有"涉河"二字。涉字的中间曲线表示河水，两边的表示人脚，表明用双脚涉水过河。这是指涉过黄河，黄河是当时殷商人中心地带接触的最大的一条河流。

又如，说到渡水驾舟，我国造舟的历史极久，从河姆渡遗址中发现的那支木桨距今已有7000多年的历史。1984年，在山东荣成北出土一只完整的独木舟，据专家推测，可能造于5000年之前。而1983年在山东庙岛群岛发现了距今4000多年前龙山文化时用榫卯构造造的舟。而我们在甲骨文中看到的"舟"字，可能就是采用榫卯结构制造的。

再如架桥，甲骨文也有"桥"字的记载。人类从逐水草而居到固定在一块土块上耕种定居，没有水源是很难生存的。一方面要开发水潭，另一方面又必须同旱、涝、泛作斗争。在甲骨文中，有关祈雨、祈水的记载极多。

甲骨文中，还有先民汲取地下水，打井的记载。这是井的俯视。还有"田"字，我以为在平整的土地上划出"界"，不论"界"高于或低于地面，都是与水有关的。高者为埂，低者便是"沟"，是"洫"，埂有蓄水保墒作用，沟洫则有蓄水和排水功能。

甲骨文献1

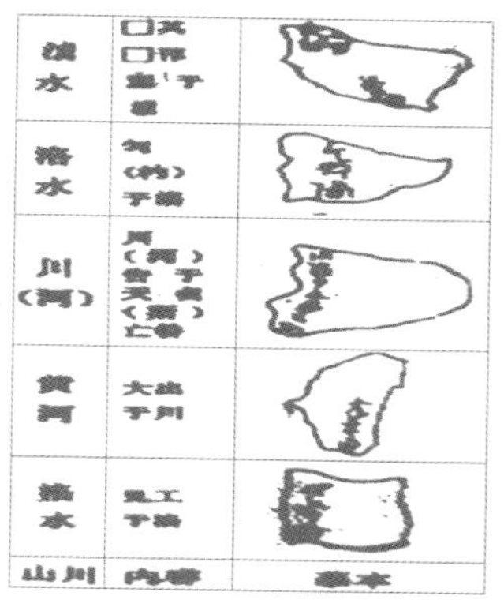

甲骨文献2

丁巳卜，其尞于河？牢，沉嬖？	甲骨文	选自罗振玉《殷墟书契后编》
巳酉卜，黍年，有足雨	甲骨文	选自罗振玉《殷墟书契后编》
庚午卜贞，禾有及雨，三月。	甲骨文	选自罗振玉《殷墟书契后编》
洹弗其乍（作）兹邑祸	甲骨文	选自罗振玉《殷墟书契后编》

甲骨文献3（源自罗潜《关于中国古代水利文献的基础研究》，辽宁大学2011年5月硕士论文，第23页）

《甲骨文合集》第8315片甲骨上有：“丙寅卜，洹其羡。丙寅卜，洹来水不（羡）。”意思是卜问洹水会不会泛滥。同书第16247片甲骨文刻有：“庚戌卜，（争）贞：王乞正河新口？允正。十月。”郭沫若在《殷契粹编》中指出：“正河疑是治河之意。”若此说可信，则表明殷人时已有筑堤扞水的治河（黄河）之举了。

《周原与周文化》一书公布了西周早期的甲骨文字，现将部分与水有关的甲骨文录于下表。

在出土的殷墟甲骨文中，有关雨的卜辞很多，约占全部甲骨文的五分之一，这说明至迟5000年前，生活在黄河流域的商朝人已经非常注重对降雨的观察。此外，还有一些甲骨文卜辞是关于洪水灾害的，例如：有的卜辞上写有“丁巳卜，其尞于河，牢，沈嬖”。可见当时已经有了以女奴为牺牲品去祭祀河伯的习俗，说明黄河经常泛滥成灾。

4.2 简牍文献

最早发现的简牍是在汉景帝时，鲁恭王刘余要扩建孔子旧宅，在墙壁中发现了一批古代竹简，其中就包括水利典籍《尚书》，用蝌蚪文（古篆）书写，每简字数20~25个不等。1975年12月在湖北省云梦县睡虎地秦墓中出土竹简共有1144枚，残片80枚，字体为墨书秦篆，其中《秦律十八种》里有关水利的就有《田律》和《司空》，《田律》是农田水利和山林保护方面的法律，而《司空》则规定了司空的职权。

敦煌地区在汉代就已经形成了一整套完整的水利管理系统，汉简中就有多枚关于敦煌地区水利的记载，对复原汉代敦煌地区的水利建设及管理具有重要的价值。汉代为保证敦煌地区屯田的顺利开展，兴起了一个水利开发的高峰，既包括明渠，又包括井渠的开凿，既有官渠，也有民渠。与之相应的水利管理系统也逐渐形成。

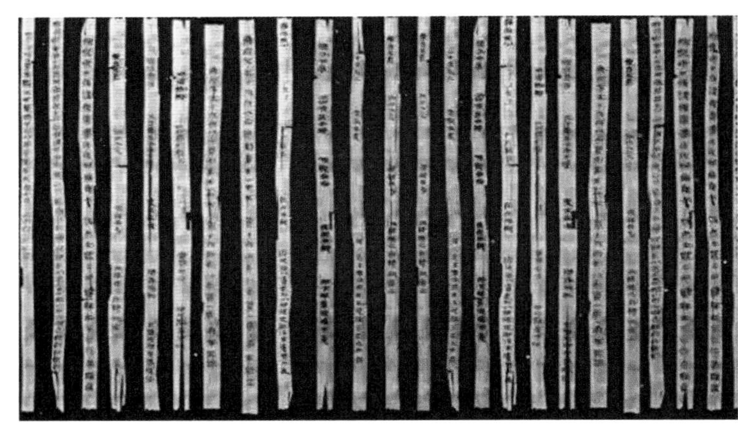

简牍文献1云梦睡虎地秦简

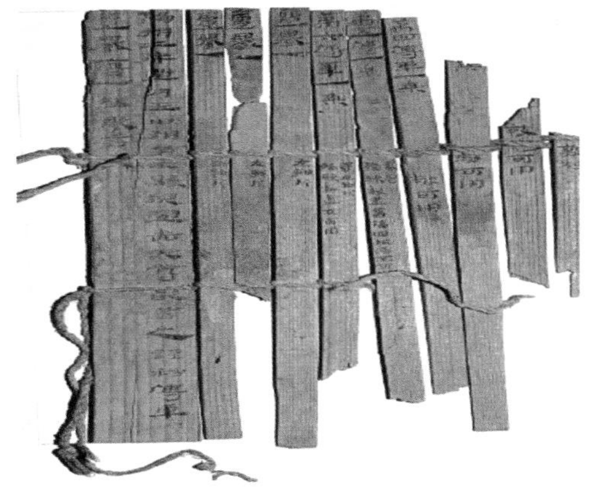

简牍文献2悬泉汉简

简文中出现的“主水史”“水长”“东都水官”“东道平水史”等水利职官，为研究汉代地方水利管理提供了宝贵的史料。

4.3　缣帛文献

由于不易保存，今天我们可以见到的缣帛文献很少，有关水利的缣帛文献就更少了。现在保存的主要有：

4.3.1　《西汉长沙国深平防区地形图》

现藏于湖南省博物馆。1973年12月发掘湖南长沙市东郊马王堆三号汉墓（轪侯之子墓）时出土。绢底彩绘，成图于公元前168年以前。比例尺约为1：180000，相当于汉代的一寸折十里，地图幅面为纵96厘米、横96厘米。原图上本无名，由于地图内容包含了山川、道路、城镇等要素，故取名“地形图”。本图上方为南，下方为北，采用田青、淡棕、黑三色绘画，较详细地表示了山脉、河流、道路、城镇、乡里等内容。河流尤为突出，从河源到下游，以逐渐变粗的线条表示。较大的河在河口处均注有河名。著名的深水、冷水在其源头标注“深水源”“冷水源”文字。 地貌表示颇具特色，山脉、山峰、山头、山谷诸元素皆清晰可见。采用闭合曲线表示山脉坐落、山体轮廓和走向，这是中国和世界上最早的表示地貌的科学方法，它虽然还不是18世纪出现的等高线，但已具备了高度概括和抽象的特点。该图翔实的内容、科学的表示方法，都超越了以往人们对古代地图传统的印象。国际制图学界普遍认为：马王堆汉墓地图是世界地图学史上罕见的珍宝，具有划时代的意义。

4.3.2　潘季驯《河防一览图》

彩绘绢本，现藏于中国历史博物馆。题款时间为万历十八年，描绘的是万历十六年至十八年间黄河、运河及相关河道的堤防修治等情况。

4.3.3　董可威《乾坤一统海防全图》

彩绘绢本，纵170厘米，横605厘米，现藏于中国第一历史档案馆。绘于万历年间，全图分为10幅，每幅横60.5厘米。详细描绘了广东、福建、浙江、南直隶（今江苏、安徽）、北直隶（今河北）、山东（今山东、辽宁）六省沿海地区的自然地理特征、政区建置以及军事设防状况。全图以上方为南或东南或正东方向绘出，以求海岸线取直划一，即海在上，陆在下。陆地部分用计里画方的方法，绘制州府、山脉、河流的相应位

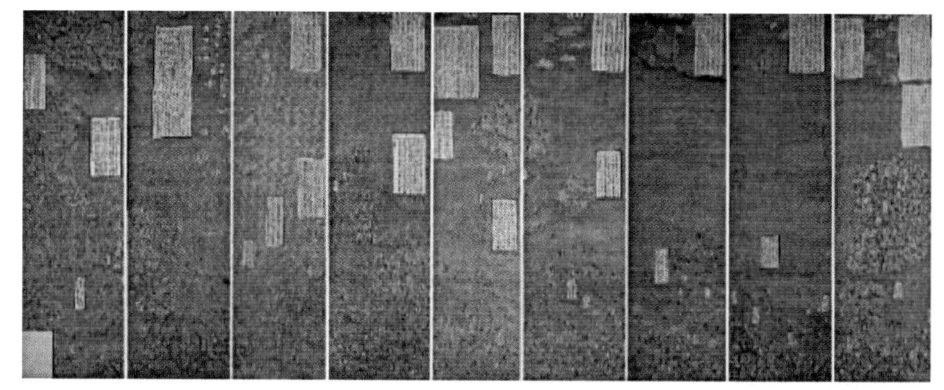

缣帛文献1《乾坤一统海防全图》

缣帛文献2《乾坤一统海防全图》局部

置。图上各卫所寨堡、烽堠墩台、望楼关隘以及巡检司的布局和名称，详尽清晰。海洋以鳞状波纹线表示。岛屿礁石、港湾渡口为标注重点。水寨、险滩、咽喉要地还附以文字说明。海岸线与相邻岛屿的位置大体准确。所绘航路，承元代故道，起自福建梅花所，止于直隶直沽口。长江口港汊纵横，突出了起海防、江防合一的重要地位。此外，还绘出与中国隔海相望的日本、朝鲜的部分沿海地区。图上有外括方框的图说27处，如《广东要害论》《浙洋守御论》《江北设险方略论》《山东预备论》《辽东军饷论》等，涉及各省沿海地理、兵饷配置、军事布局、作战方略，构成了一套完整的海防思想。图以工笔描绘，精美严谨，文图互补，对于研究明代沿海历史地理，海防军事制度都有重要参考价值。

4.3.4 光绪初年的《京杭运河全图》

彩绘绢本，现藏于国家测绘档案资料馆，描绘的是北起北京通州南至杭州绍兴府的京杭大运河全貌。

缣帛文献3清光绪《京杭运河全图》（北京段）

4.4 敦煌遗书

清光绪二十六年（1900年），敦煌莫高窟中珍藏的4万余卷六朝至宋初的写本卷得以面世，这其中有许多当时的农田水利档案实物，意义重大，例如《水部式》残卷；还有《唐代敦煌地方农田灌水细则》，此卷首尾也有残缺，现存101行。它是敦煌地方政府以《水部式》为指导原则，根据本地情况和传统习惯制订的灌溉用水细则。详载干、支、斗各级各条渠道的行水次序、配水时间、斗门管制，以及浇伤苗、重浇水、更报重浇水、浇麻菜水、浇正秋水等的具体规定。

另外还有敦煌遗书《沙州敦煌县行用水细则》（下文简称《细则》），它的确立，通过错峰用水，大大提高了水资源的利用效率。它是古代敦煌人民结合当地农业生产实际，所采取的一项合理农田灌溉制度，具有很强的科学性。

按照《细则》规定，当时一个农业生产周期要进行6轮灌溉，即“秋水灌溉”“春水灌溉”“浇伤苗”“麦田重浇水”“糜粟麻重浇水”和“浇麻菜水”。每年农田的浇灌次数、每次的浇灌时间和浇灌田地的种类等，《细则》中皆有详细规定，有效缓解了不同时段的用水压力，很好地解决了秋季和春季的用水矛盾。每年秋分前三天开始进行“秋水灌溉”，浇灌来年准备播种小麦和豆类等作物的田地，以确保次年春季这些农作物正常发芽，从而减轻春季灌溉的用水压力。“秋水灌溉”的结束时间并不固定，通常是到河水断流时。由于灌溉水源主要是冰雪融水，而敦煌地区秋季气温年际变化大，河流的水量大小、断流时间也有年际差异，所以每年秋季能完成浇灌的田地面积并不一致，可谓“随天寒暖，由水多少，亦无定准”。一般年份里“春水灌溉”是从春分前十五日开始，但这个时间也并非完全固定。当出现暖春情况，河水提早到来，“即须预前收用，要不待到期日，唯早最甚”，就要提早进行灌溉，从而最大程度地利用春季珍贵的灌溉水源。“春水灌溉”结束的时间相对固定，是在立夏前十五日。小麦在生长期内所浇灌的次数只有两次，第一次是“浇伤苗”，第二次就是“麦田重浇水”。“麦田重浇水”的时间在五六月份之间，这时正值小麦需水的旺盛期，加上此时气温较高，蒸发量大，如果不能及时浇灌，小麦的生长就会受到很大影响。因此，“麦田重浇水”必

盛唐莫高窟23窟中的雨中耕作图

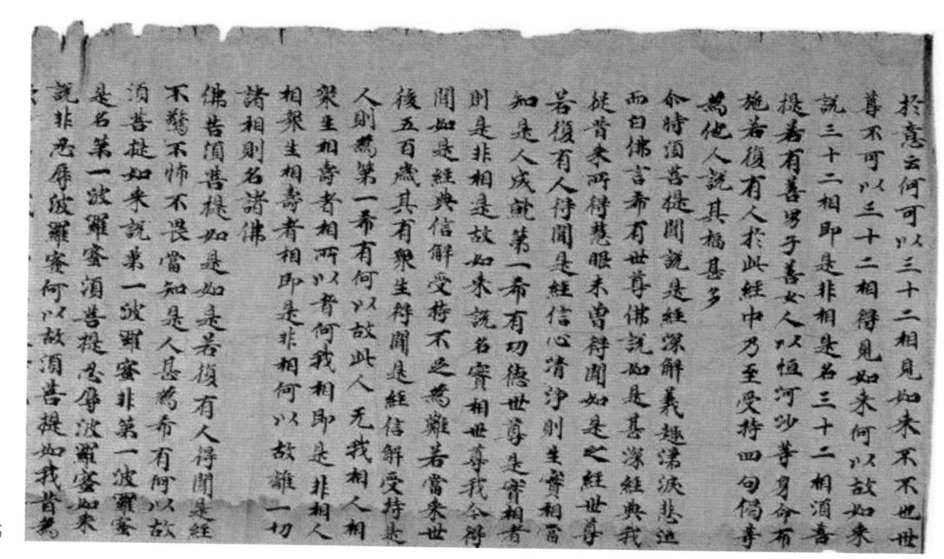
於意云何可以三十二相見如來不不也世
尊不可以三十二相得見如來何以故如來
說三十二相即是非相是名三十二相須菩
提若有善男子善女人以恒河沙等身命布
施若復有人於此經中乃至受持四句偈等
為他人說其福甚多
介時須菩提聞說是經深解義趣涕淚悲泣
而白佛言希有世尊佛說如是甚深經典我
從昔來所得慧眼未曾得聞如是之經世尊
若復有人得聞是經信心清淨則生實相當
知是人成就第一希有功德世尊是實相者
則是非相是故如來說名實相世尊我今得
聞如是經典信解受持不足為難若當來世
後五百歲其有眾生得聞是經信解受持是
人則為第一希有何以故此人无我相人相
眾生相壽者相所以者何我相即是非相人
相眾生相壽者相即是非相何以故離一切
諸相則名諸佛
佛告須菩提如是如是若復有人得聞是經
不驚不怖不畏當知是人甚為希有何以故
須菩提如來說第一波羅蜜非第一波羅蜜
是名第一波羅蜜須菩提忍辱波羅蜜如來
說非忍辱波羅蜜何以故須菩提如我昔為

敦煌遗书

须在尽可能短的时间内完成，所需时间一般不超过40天。时至农历六月，正是糜、粟、麻等作物生长的旺盛期，作物需水量比较大。此时又正值盛夏高温期，蒸发量大，粟、糜等田地中土壤含水量少。要保证这些作物正常生长，就必须尽快完成“糜粟麻重浇水”。此时敦煌地区的气温已达高峰，河流水量充沛，加之种植面积较大的小麦又被排除在外，不需浇灌，所以本轮灌溉的速度明显快于前几次，最多不超过一个月。当“糜粟麻重浇水”完成以后，小麦已经开始收获，糜、粟等作物也进入成熟期，都不用再进行浇灌。此时尚需浇灌的作物只有麻类和蔬菜，所以这一次浇灌被称为“浇麻菜水”。与之前相比，本轮灌溉没有严格限制，用水可以“随渠取便”。“浇麻菜水”开始的时间是在七月上旬前后，结束时间是每年秋分前三日，即“秋水灌溉”开始的时间。“浇麻菜水”的结束也标志着一个生产周期的结束。古人还充分考虑到春、秋两季灌溉水源的年际差异，在制定《细则》时留有余地，在执行过程中具有一定的灵活性，在灌溉用水和作物生长过程中充分考虑到气象条件，尤其是气温变化所带来的一系列影响，尽量做到趋利避害。

以往水利法规文件大多是中央政府文件，发现这份文件的意义在于弥补了地方性水利法规文件的空白。

4.5 明清档案

明清档案中有关水利的文献，主要是河官治河档案，其中记载了大量治河原始记录和工程建设经验，这里面尤以《南河成案》及其续编为代表。《南河成案》是清代治理江苏、安徽境内黄河、淮河、运河的水利档案汇编，由江南河道总督衙门编辑。共58卷，其中高宗上谕2卷、奏折56卷。汇辑档案材料954件。所收材料上起清雍正四年（1726年），下迄清乾隆五十六年（1791年）。后又编辑《南河成案续编》2部，上接乾隆五十七年（1792年），下迄道光十三年（1833年），共144卷，汇辑档案材料2472件。

4.6 治水手稿

明清时期水利官员的奏折、文稿是其在长期的治河实践过程中形成的，其中包含大量的水利档案史料。清代靳辅，字紫垣，辽宁辽阳人，著名水利专家。历任内阁中书、兵部郎中、河道总督，在康熙年间全面主持治理黄河、淮河、运河。靳辅的《治河奏绩书》，是他将三十年治河经验总结而成的著作。全书共分四卷。卷一包括川泽考、漕运考、河决考、河道考。卷二包括职官考、堤河考，附以修防汛地、河夫额数、闸坝修规、船料工值。卷三收录了章疏及部议，是其治河思想和策略的集中体现。卷四记载了各河流疏浚事宜及施工的缓急先后。

上諭九月初十日
江境秋汛安瀾欽奉
上諭九月二十八日
請撥歲料銀兩並附奏蕭南周家莊等處挑河工臣
九月二十八日
循例借項挑築宿州境內河堰工程 十月十七日
保舉防守大汛尤爲勤奮人員欽奉
上諭十月二十一日
籌畫湖水河口各壩酌拋碎石 十月二十一日
南河成案續編 卷之首 總目 五
東清禦黃各壩進築穩實片奏 十一月初七日
嘉慶二十四年南河各道屬另案用過銀數三年比
較 十一月初七日
運河濱湖產蘆官地應歸官採辦 十一月初七日
估挑邳宿運河覈定土方銀數及估修閘座 十一月二十四
日
驗收黃河挑工完竣 十一月二十四日
循例借項挑濬沛銅二縣河道工程 十二月初五日
嘉慶二十四年專案估辦各工銀數 十二月初八日

《南河成案》又续编

欽定四庫全書

史部

治河奏績書卷一

詳校官監察御史臣王□□
刑部郎中臣許兆椿覆勘

總校官進士臣朱鈐
校對官中書臣田尹衡
謄錄監生臣王鳴岡

欽定四庫全書　史部十一
治河奏績書　地理類四　河渠之屬
提要
臣等謹案治河奏績書四卷
國朝靳輔撰輔字紫垣鑲紅旗漢軍官至兵部
尚書總督河道謚文襄是書卷一爲川澤考
諸泉考諸湖考漕運考河決考河道考卷二
爲職官考堤河考及修防汛地埽規河夫額
數閘壩修規船料工值皆附焉卷三爲輔所
上章疏及部議卷四爲各河疏濬事宜及緩
急先後之處其川澤考所載黃河自龍門以
下所經之地以至淮徐注海凡分滙各流悉
考古證今頗爲詳盡又於注河各水及河所
滙害各水亦總陳數處其漕運考亦就河道
考於近河州縣臨河要地及距河遠近分條
序載較志乘加詳至於堤工修築事宜則皆

治水手稿：靳辅《治河奏绩书》

4.7 方志舆图

中国历代方志文献数量庞大，种类繁多，其中的舆图包含了许多水利方面的内容，如海河、水道、渠坝、河堤与水利工程图等。元李好文纂，3卷，成书于元顺帝至正二年（1342年）。李好文，大名府东明县（今山东东明）人，至治元年（1321年）进士，参与编修《辽史》《金史》和《宋史》。《长安志图》为作者任陕西行台侍御史时，在北宋吕大防《长安图记》的基础上搜集扩充，并增加大量水利资料编绘而成，书前有作者自序。卷上记述汉唐长安与宋金京兆城、元奉元城；卷中记述关中秦陵、唐陵古迹；卷下记述关中泾渠及灌田等。全书分为志、图两部分，“图为志设”，卷上附汉三辅图、奉元州县图、太华图、汉故长安城图、唐宫城坊市总图、唐禁苑图、唐大明宫图、唐宫城图、唐皇城图、唐城市制度图、唐京城坊市图、唐城市制度图、城南名胜古迹图、唐骊山宫图等14幅（今唐宫城坊市图、唐皇城图、唐京城坊市图佚）。卷中附咸阳古迹图、唐昭陵图、唐建陵图、唐乾陵图等4幅，并以图说介绍唐诸陵概况、各陵位置，所附图志杂说18篇，内容涉及地名沿革、文人诗赋、趣闻轶事、建筑材料、前代陵墓、自然灾害、古代碑刻、旧有图制等。卷下有《泾渠总图》和《富平县境石川溉田图》2幅，并有泾渠图说、渠堰因革、洪堰制度、用水则例、设立屯田、建言利病和总论等内容。全书有图有记，内容充实扼要，历来为人称许。特别是其水利史料价值无可替代，如关于宋代丰利渠，《宋史》中无记载，但保存在《长安志图》中的北宋资政殿学士侯蒙所撰引泾灌溉情况石碑，详细记载了宋代丰利渠的开凿情况，包括丰利渠的开凿背景、前后经过、使用劳工、灌溉面积、费用支出等；所载元代泾渠水利建设资料更为丰富，包括元代陕西屯田总管府官员设置、所属屯所、所立屯数、参与屯田的户数、屯垦土地面积、使用的农具及收获粮食数量情况；所记泾渠各处用于均水的斗门135个，并一一注明各斗门具体名称；《用水则例》实为元代泾渠用水管理的具体规章制度；《建言利病》部分收录了宋秉亮和云阳人杨景道向朝廷所上建言，保留了当时人们关于泾渠水利建设的不同观点和解决泾渠水利建设过程中出现的种种弊端的办法等。

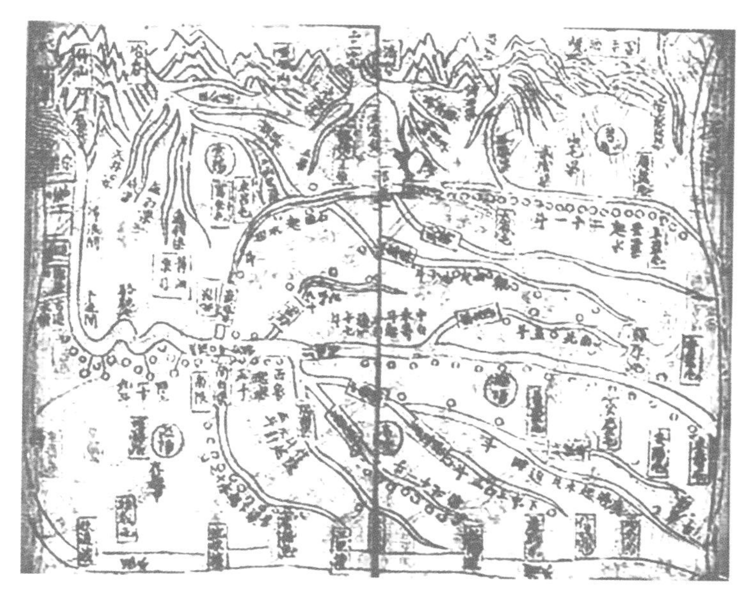

《长安志图》之《泾渠总图》

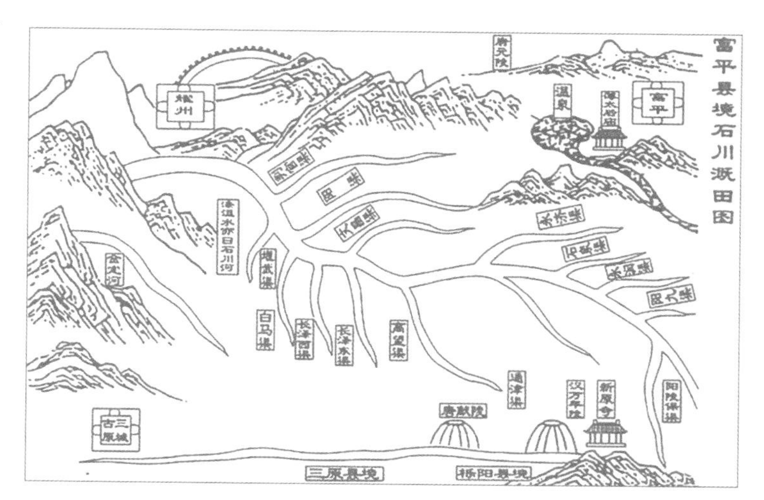

《长安志图》之《富平县境石川溉田图》

4.8 水利刊物

民国时期出版的许多水利刊物，为我们留下了这一时期水利建设与管理的宝贵资料。现将民国时期的主要水利刊物介绍如下：

4.8.1 《水利》《水利特刊》

这两种刊物均为“中国水利工程学会”（成立于1931年4月）的会刊。1931年7月在南京创办《水利》月刊，由该会编辑委员会编辑出版。1939年国民党政府迁往重庆，同年9月停刊，1938年改在重庆出版《水利特刊》。1942年，《水利特刊》移桂林印行。1944年湘桂战起，由桂林转移綦江出版，前后共出《水利特刊》6卷62期。1945年9月在重庆恢复《水利》，改为双月刊，至1948年3月，共出版了《水利》15卷83期，刊登各种文章近500篇，内容包括：基本理论、实验方法、工程总结、研究报告、管理经验、水利史料、治水方略、国外技术、水利新闻、书刊介绍等。还分别出版了泥沙、黄河、北方大港、黄河堵口、水利行政以及年会论文等专号，是国内学术性较强的刊物。著名水利专家李仪祉、汪胡桢、张含英、须凯、孙辅世、颜世辑、陈泽荣、高镜莹、刘钟瑞、沙玉清等都是两刊的积极撰稿人。《水利》还没有国外通讯编辑，他们向国内介绍了大量的国外水利科学技术。汪胡桢、孙辅世、沈百先等先后负责刊物编辑。

《水利》

4.8.2 《行政院水利委员会月刊》

民国三十三年（1945年）由行政院水利委员会发行。

《行政院水利委员会月刊》

4.8.3 《扬子江水利委员会年报》《扬子江水道整理委员会季刊》《扬子江水道季刊》《扬子江水利委员会季刊》《扬子江季刊》《长江水利季刊》

这几种均为长江治水机构的机关刊物。1928年，“扬子江水道整理委员会”成立后，将前“扬子江水道讨论委员会”所属技术委员会之年终报告编辑成册，并继续编辑，定名为《扬子江水道整理委员会年报》。自1922年起至1934年，共11期。内容以各种测量报告（水位流量泥沙断面）为主，附有测量图表，并用中英两种文本编辑印刷。1934年5月，“扬子江水利委员会”成立，继续编辑年报，内容仍然以各项基本测量，如水文、水准、气象测验等各项记录为主要资料，改名为《扬子江水利委员会年报》，大概只出了2期。

在编辑年报的同时，“扬子江水道整理委员会”于1929年1月创办《扬子江水道整理委员会月刊》，该刊以报告本会会务状况，并研究改善扬子江航道，以利交通为宗旨，主要内容有：论述及译著、法令、法规、公牍、记载、报告、杂载等内容。另外还刊登国外论文。内容偏重于水道整治。由于经费稿源等关系，1931年改为季刊，即《扬子江水道整理委员会季刊》。1932年因战争停刊一年，1933年复刊，改名为《扬子江季刊》。1935年，“扬子江水利委员会”成立后，该刊再改名为《扬子江水利委员会季刊》，内容更广泛一些，包括太湖水系以及长江流域各省之勘测，设计规划，进行状况等均有报道。如第一卷第四期出，“白茆闸工程专号”，篇幅也较大。1940年10月停刊。1947年1月再复刊，定名为《扬子江水利季刊》，内容与原刊大同小异，但只出了2期。1947年7月，“长江水利工程总局”成立，该刊再改名为《长江水利季刊》，一直到1948年。

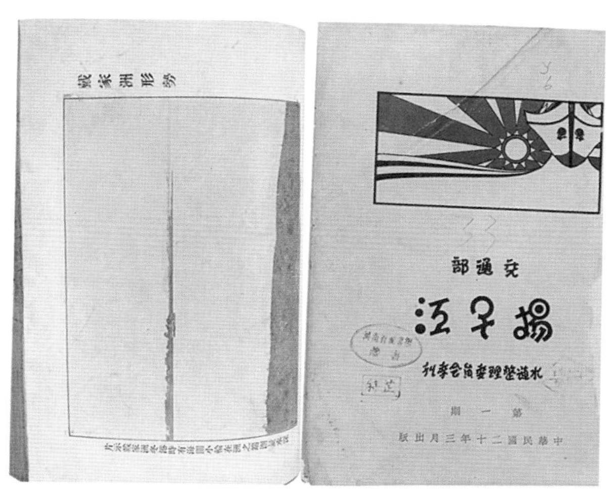

《扬子江水道整理委员会季刊》

《扬子江水道季刊》

《扬子江水利委员会季刊》

《扬子江季刊》

《长江水利季刊》

4.8.4 《导淮委员会半年刊》

为南京导淮委员会机关刊物，1936年9月创刊，第一、二期是关于淮河流之论著，计划、研究、报告、会议记录等。1937年抗战兴起，导淮委员会迁入四川。遂协助西南各省改进水利，以后又受命整理綦江、乌江水道。至1946年迁回南京，这八年多主要是关于西南水利“水道航运之整理，农田水利之勘测，水力发电之示范，工程教育之推行。”而以綦江、乌江水道整治工作尤多。所以第三期为“川、黔、滇农田水利查勘报告专号”第四期专载关于乌江和綦江水道管理工程。1947年第十八期还出版了“战时整理后方水道工程专号”。1947年7月，淮河水利工程总局成立，所载内容仍恢复到淮河流域。

4.8.5 《督办江苏运河工程局季刊》《江北运河工程局汇刊》

这两种刊物是治理江苏运河机构的机关刊物。《运工年刊》“发刊词”说：“民国九年督运局成立，将工程事务各文卷图表，分编季刊，先后二十九期，计时自九年四月起，至十六年六月止。是年秋，局改组隶于省。至十七年六月则有汇刊二期。二十年八月，运堤溃决，九至十二月由江北运河工程善后委员会亦发汇刊二期，二十一年一至十二月，驻扬办事处恢复运堤，初发运工周刊，继发运工专刊，周刊十二期，专刊一册。此已往发刊之经过也。”

《督办江苏运河工程局季刊》于1920年夏创刊，内容包括：图片及地图等，计划，各项工程计划、规划等；文牍选载，各种文件汇编。该刊大体上类似文件、档案汇编性质。编辑、出版、发行者均未刊布。大概该刊没有公开发行。

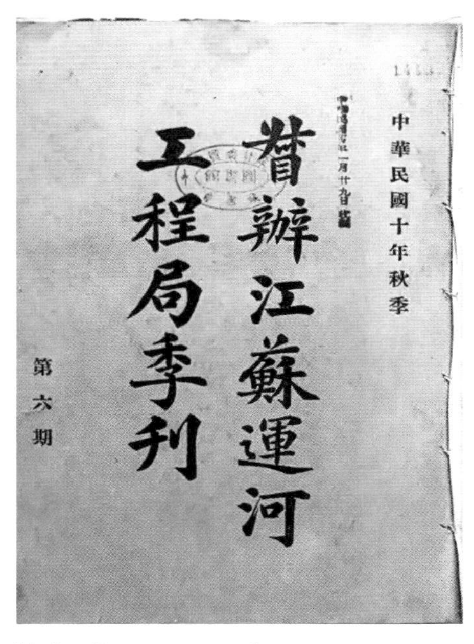

《督办江苏运河工程局季刊》

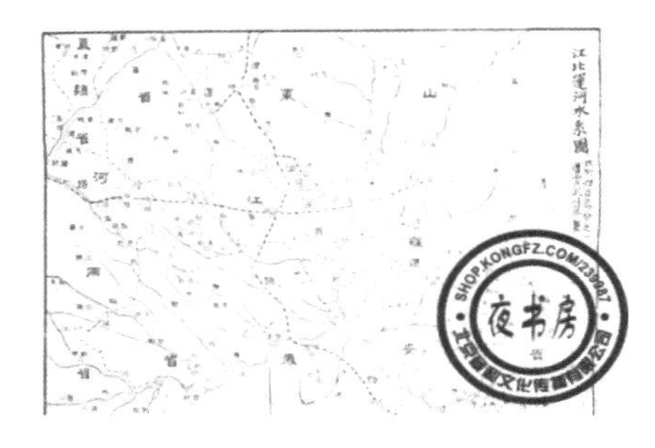

《江北运河工程局汇刊》

4.8.6 《黄河水利月刊》《黄河堵口复堤工程局月刊》

《黄河水利月刊》由开封黄河水利委员会编辑发行。1934年1月创刊。主要栏目有插图（摄影图片等）、论著、计划、法规、施政报告，公牍摘要，会议纪要。另外还登载译文。1936年10月后停刊。

《黄河堵口复堤工程局月刊》由郑州黄河堵口复堤工程局编辑发行。抗战胜利后，国民党政府决定堵筑花园口决堤，设立了黄河堵口复堤工程局。1946年7月创办该刊，详细报道花园口的工程情况。1947年3月，花园口堵口合龙。同年五月，出“合龙号”专刊（即第八、九、十期合刊 ）后停刊，前后共出10期7册，为研究花园口堵口之重要资料。

《黄河水利月刊》

《黄河堵口复堤工程局月刊》

4.8.7 《督办广东治河事宜处工程报告书》《广东水利年表》

“督办广东治河宜处”成立于民国三年（1914年），约民国八年（1919年）始编辑此报告书，每年一期。内容只有一些工程情况，经费等报告，以及附图、附表等。篇幅亦较少。至1928年共编辑9期。

1929年9月，“督办广东治河事宜处”改组为“广东治河委员会”。1930年6月创办《广东水利》，地点仍在广州。主要内容有：论著，即研讨广东的水利建设和港口建设论文；工作概要，工作报告以及经费报告、公牍等。因孙中山在“建国方略”中曾有改良广州为世界港等语，所以该刊以港口建设内容很多。

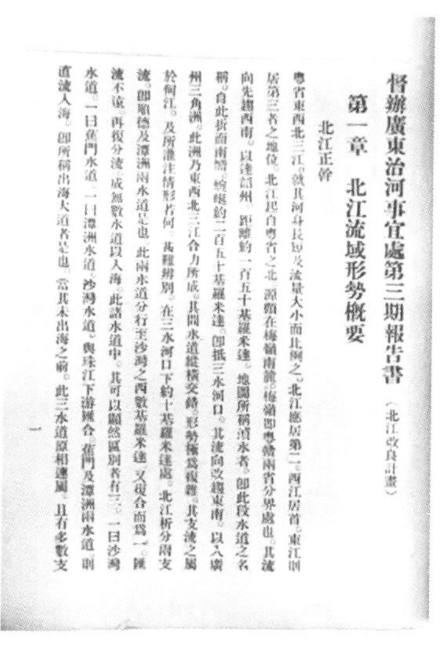
督辦廣東治河事宜處第三期報告書（北江改良計畫）

第一章 北江流域形勢概要

北江正幹

粵省東西北三江。就其河身長短及流量大小而比例之。北江應居第二。西江居首。東江則居第三者之地位。北江起自粵省之北。源頭在梅嶺南麓。梅嶺即粵贛兩省分界處也。其流向先趨西南。以達韶州。距離約一百五十基羅米達。地圖所稱湞水者。即此段水道之名稱。自此折而南趨。蜿蜒約二百五十基羅米達。即抵三水河口。其流向改趨東南。以入廣州三角洲。此洲乃東西北三江合力所成。其間水道縱橫交錯。形勢極為複雜。其支流之屬於何江。及所灌注情形若何。甚難辨別。在三水河口下約十基羅米達處。北江析分兩支流。即順德及潭洲兩水道是也。此兩水道分行至沙灣之西數基羅米達。又復合而為一。匯流不遠。再復分流。成無數水道以入海。此諸水道中。其可以顯然區別者有三。一曰沙灣水道。一曰蕉門水道。一曰潭洲水道。沙灣水道。與珠江下游匯合。蕉門及潭洲兩水道。則直流入海。即所稱出海大道者是也。當其未出海之前。此三水道原相連屬。且有多數支

一

《督办广东治河事宜处工程报告书》1

《督办广东治河事宜处工程报告书》2

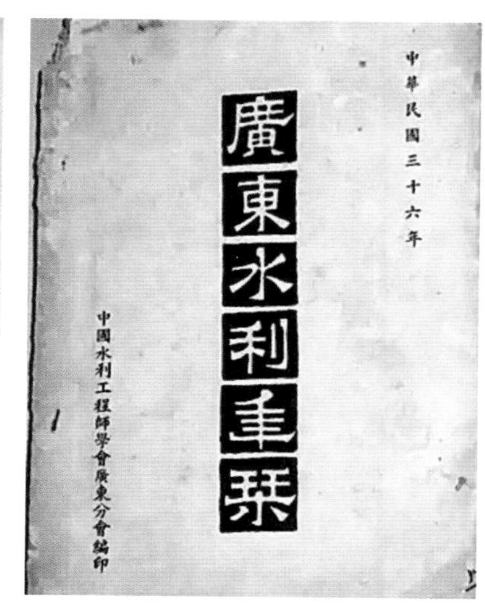

《广东水利年表》

4.8.8 《陕西水利月刊》

《陕西水利月刊》，陕西省水利局编印发行，栏目有论著、规划、法规、特载、统计、报告以及水利新闻、公牍等。“本刊以公布中央政府，省政府之水利重要命令、法规及全省水利工程之记载，特注重新的研究，并刊录各地水利工程计划书，建议案等为宗旨”。第四卷第六期（1939年7月出版）后因稿源、经费等关系改版为《陕西水利季报》，编辑发行于西安，1942年12月后停刊。

4.8.9 《河务季报》

该报于1919年9月创刊，内务部全国河务研究所编行，后改为内务部土木司编行。虽为季报，实则不定期。栏目主要有命令、文、论著、译件、调查报告等，内容以全国各大江河为主。出版至1925年。

4.8.10 《湖北水利月刊》

该刊为湖北省水利局机关刊物。于1929年10月创刊。关于水利行政之设施及修防工作之进行逐月刊载，公诸众览（序言）。内容分为：计划命令、法规、公牍、议案、报告、统计各项。1931年12月后停刊。

4.8.11 《宁夏省水利专刊》

宁夏省政府建设厅编印发行，于民国二十五年（1936年）四月出版。内容主要是各河道的硫没、治理计划、报告等，并附有大量图表。

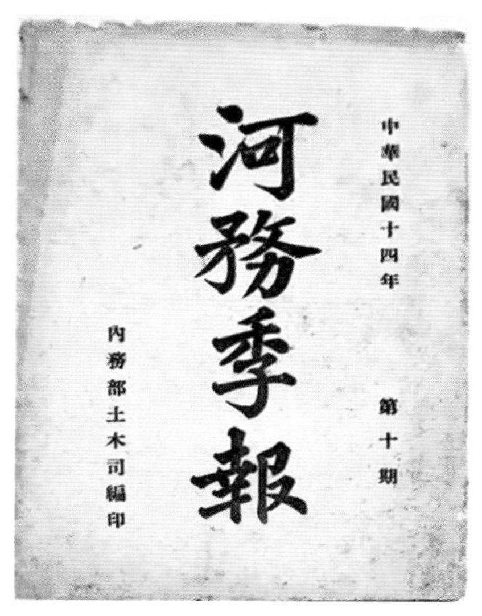

《河务季报》

《湖北水利月刊》

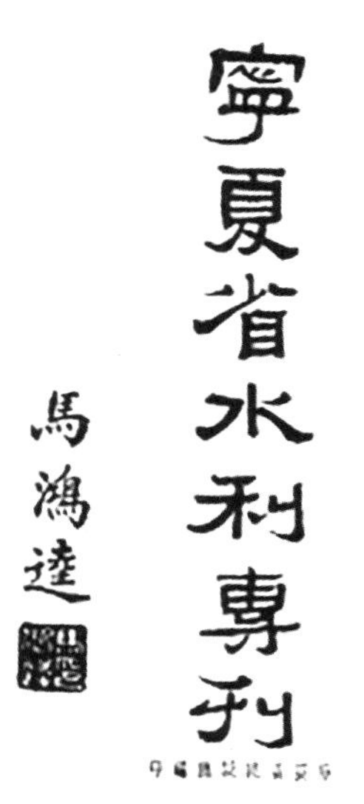

《宁夏省水利专刊》

4.8.12 《水文测验》

该刊由中央人民政府行政院新闻局于民国三十七年（1948年）一月编印，主要包括水文检测的内容、水文测验的重要性、水文测验的沿革、我国水文测验的现况以及展望等内容。

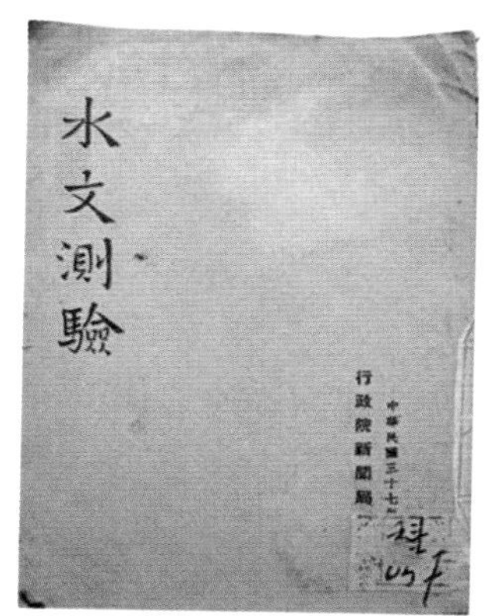

《水文测验》1

《水文测验》2

4.9 明清水簿（水册）

《水簿》是临洮府兰州监政厅、陕西巡抚监察御史为解决黄峪沟（现七里河黄峪乡）所属王家堡、小屯营等地村民农田浇灌用水纠纷、合理利用水源而制发的官方文书，详细记载了村民田亩浇灌的具体时间安排和对因土地买卖致使用水秩序混乱、村民私自涂改、抽换水簿等问题的处理。《水簿》自明天启七年（1627年）开始制定，期间经清康熙二十五年（1686年）和乾隆九年（1744年）两次修改，距今已有380多年历史。《水簿》每页除正面盖有官府印章外，在两页连接处还盖有官府骑缝印以杜绝私自涂改，反映出明清时期兰州地区用水紧张以及官府建立用水制度加强水资源管理的状况，也体现出明清时期公文制发的程序、格式、用语等特点，是一部珍贵的史料。现藏于兰州市七里河区档案馆。

这本水簿长51厘米、宽25厘米，厚实的纸张，正楷墨迹书写，用墨绿色的布面装帧，封面有“水簿一扇”字样，共40页。1~6页是清乾隆九年（1744年）为制发水簿而撰发的文书上；11~12页是清康熙二十五

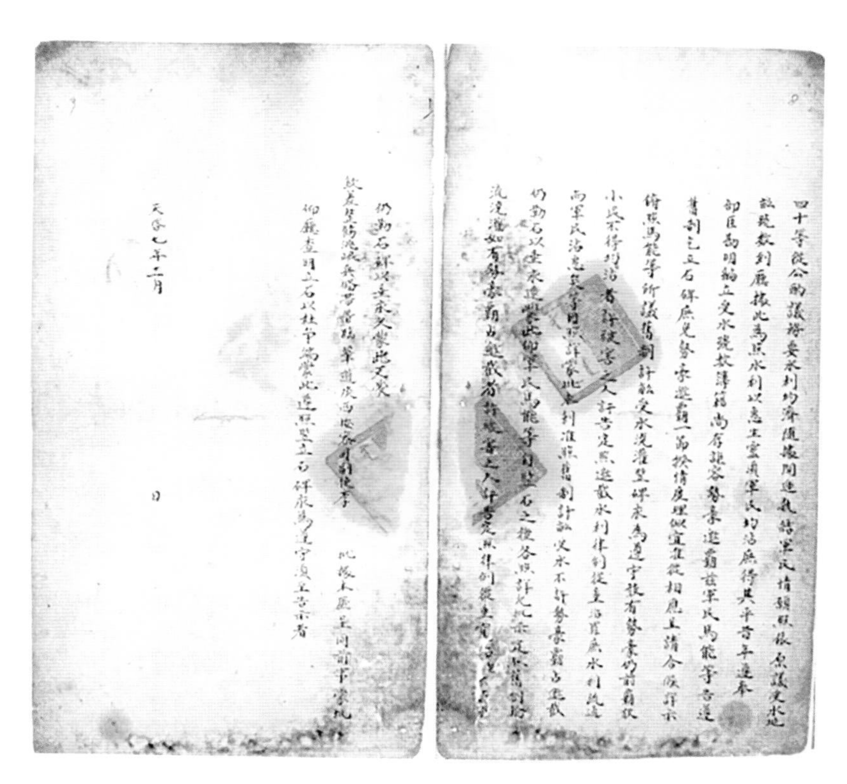

明清水簿1

明清水簿2

明清水簿3

年（1686年）为修改水簿而制发的文书；13~14页是村民田亩灌溉的具体安排，即水簿的具体内容。水簿共制发、修改过3次，历时117年，距今已有378年的历史，保存完整，实不多见。它不仅反映甘肃农民对水的珍视，也表现出了村民对此水簿的重视和爱护。

从这扇水簿中，可以看到当时明、清政府及官吏在处理村民用水矛盾、调节农民利益的方法以及加强水资源统一调度、上下游水资源分配、用水制度的建立及执行、责任追究等具体的做法，对当代建设节水型社会，提高农业用水效率，实行农业用水总量控制，对研究甘肃水利史及用水制度的发展史有重要的启示和研究价值。

甘肃干旱缺水，年降水量较少，用水矛盾突出。为了把有限的水资源合理地利用好，提高用水效率和效益，解决村民之间的用水矛盾，维护村民的利益，民间想出和使用了很多方法，该水簿就真实地反映了当时的情况。它是明熹宗天启七年（1627年），临洮府兰州监收厅、陕西巡抚监察御史为解决黄峪沟所属王家堡、小屯营、大柳树、双营儿、笋箩沟村民农田浇灌用水纠纷，合理利用水源而制发的。后因处理笋箩沟用水矛盾，增加浇灌用水时间；部分村民土地买卖，致使用水秩序混乱，出现村民私自涂改、抽换水簿，水簿破损等问题，在清康熙二十五年（1686年）和乾隆九年（1744年）进行过两次修改和制发。

明熹宗天启七年（1627年），马能等连名上告到临洮府兰州监收厅、陕西巡抚监察御史，称："本地计亩受水编立号数，共计伍拾玖昼夜，自下而上轮流浇灌，定有时刻毫不敢越，屯地折充军饷，民地办纳国税。今被势豪人役不遵，旧制朦胧，屡屡霸占，是诚利归势豪，害及军民。伏望批行衙门，照古所谓竖立石碑，自三月初一日为始轮流浇放，永冻为止，庶水利均沾。"临洮府兰州监收厅和陕西巡抚监察御史派钦命部侍郎调查此事，经调查钦命部侍郎批示"部臣勘明：编立受水号数簿籍尚存，讵容势豪邀霸。兹军民马能等告遵旧制，乞立石碑，庶免势豪邀霸一节，揆情度理，似宜准从，相应呈请合候详示。""蒙批，永利准照旧制计亩受水，不许势豪霸占邀截，仍勒石以垂永远。"钦差整饬洮岷兵备带管临巩道陕西按察司副使批示"批据：本厅呈前事蒙批，仰厅查明立石，以杜争端，蒙此遵照，竖立石碑，永为遵守，须至告示者。"至此，该水簿制发执行。其主要内容为“黄峪沟共地参拾陆顷肆拾伍亩壹分，共计民屯水贰拾陆昼夜，外奉，文复杨喜王武水壹昼夜。壹号该水壹昼夜，马能地伍拾亩，任意地陆拾亩，王四十地肆拾亩，先壹日流沟，自参月壹日寅时起初贰日寅时止。贰号该水一昼夜，王宜地壹顷……上下果园或牌未完而冰冻，下年春水到日，各计日期照数补完，其余春水行头小票，不许紊乱，永为遵守。”

清康熙二十五年（1686年），笋箩沟村民卢三荣连名向兰州知州府和甘宁巡抚平庆临巩等处都御史反映：“笋箩沟原系山水渠坝上下，轮流浇灌田苗，因执豪霸占水利不均”事宜，兰州知州府和甘宁巡抚派钦命部侍郎对其进行调查后上报甘宁巡抚：“本道为乞讨水利事等因，蒙批本州查审，除正数外添人牌水三昼夜，因此时日错乱，号数不对，上邀下截，水利紊乱乞查究。”甘宁巡抚批准：“人庙会审详明，因念既往不咎，将喜等奉：文添人牌水同众编人印簿号内，挨次浇灌。自此以后，再有势豪人等暗行私贿，假称有地无水者，许受害屯民人等据簿陈告，照律定罪，复行通谕，永为遵守，须至告示者。”这是在原有水簿基础上增加三昼夜浇灌时间，由原浇灌时间59昼夜增加至62昼夜的记录。这个水簿一直沿用至康熙五十二年（1713年），村民按编立水牌号簿接引渠泉浇灌，期间没有发生纠纷。

乾隆九年（1744年），因村民之间土地买卖，文载：“地亩厥后辗转售卖，陈孝等之地为郑文焕等买受，郭斌等之地为卢自珍等买受……”浇灌用水混乱，“是初玖日系郑文焕等应灌之水，贰拾类日系卢自珍、陈登甲等应灌之水，讵王豌、王相等以伊地多水少，辄将小屯营水簿私行抽换，将卢自珍、陈登甲等贰拾类日之水，改至初玖日……”村民具控不休，又发现水簿中有两页抽换，水簿破损、不全。水簿中记载：“小屯营水簿内，有两页抽换，墨迹字样不同。随吊别簿查对，面质王豌等，无从置辩。除责惩断令改正外，但查各水号簿历年又远，不特纸页破损，且有后尾不全者，将来难免奸民争讼之虞。”兰州府皋兰县知县下令：“本县饬令照抄玖本，查验有写错处所俱粘补更正，上盖印信磨对相符，并无壹字舛错，钤印分发收存，将旧簿概行缴销，尔等民屯士庶，永为遵守，世沾乐利，毋致争讼，此簿存考。”这扇水簿是其中的一本，留存至今，非常珍贵。

结语

从古至今，中国人对水的认识与定位都很明晰。《庄子·秋水》曰：“天下之水，莫大于海。百川归之，不知何时止而不盈；尾闾泄之，不知何时已而不虚……夫物量无穷，时无止，分无常，始终无故；消息盈虚，终则有始。”《吕代春秋·圜道篇》则云：“云气西行，云云然冬夏不辍；水泉东流，日夜不休。上不竭，下不满，小为大，重为轻，圜道也。”从中可以看出，当时的人们已经正确认识到了水的海陆循环。《庄子·徐无鬼》亦云：“风之过河也，有损焉；日之过河也，有损焉。”也表明当时人们已经认识到水蒸发的现象。屈原《天问》则云：“九州安错？川谷何洿？东流不溢，孰知其故？”提出了九州大地的安置与河流山谷的疏浚问题。这些都是古人关于水管理的思考，而这些想法付之以行，刑之于律，刻之于石，载之于籍，传之于世，是我们今天最可宝贵的文化遗产。

中国是世界四大文明古国中，唯一延续五千年文明而没有中断的国家，因为它是特定地理环境和气候条件下而形成的农耕文明，而这种文明的核心与精神实质就是对水的有效管理。从大禹治水传说、西周时期的井田沟洫制度、一直到民国时期的《水利法》，都是在不断探索如何进行水利管理，以维护百姓生活与农业生产的稳定发展。水管理从约定俗成的习惯法到国家强制规定的法律，中间经历了漫长的过程，正说明了水与人关系的密切程度。从上古时期先民对于水神的信仰崇拜和祭祀祝祷，到《老子》中“上善若水”“水利万物”的哲学观，无一不是在管理水的过程中出现的。后来，水的治理更进一步升华为国家之“治”。大禹作为一个部落首领，“身执耒臿，以为民先，股无胈，胫不生毛，虽臣虏之劳，不苦于此矣。”（《韩非子·五蠹》）从“治水”中树立威望、赢得民心，他的治水也是一个征服其他部落的过程：“平治水土，定千八百国”（《淮南子·修务训》），进而接受舜的禅让来治理国家，奠定了早期国家的秩序和统治基础。因此，国家与社会“共治”的水治理模式，一直延续至今。

中国古代水利的管理体系相当完备，通常可以分为政府和民间两个系统，中央政府对水利事务的管理模式，是半行政半军事化的，首先是颁布法令让民众遵守，如遇紧状况则采用准军事管理模式，如修建水利工程、堵塞河口、清理淤积、抢修堤坝，则会调动军队和劳役、征集物米。另外，由于水利管理多是跨区域的，如对大型灌溉工程，以及具有综合功用的河流、水路（如大运河）、渠道（如泾惠渠）的管理，这就需要多地政府联合管理。政府对水利工程的管理更多是通过县级以上地方政府实现的，乡村和城镇的水利管理则由民间自主的管理体系来完成，从筹集资金到工程运行，再到水源分配、人员调集等等，全都依靠有名望的乡老耆或者民众推选的代表人来组织管理。

中国古代对水利施工、农田水利、治河防洪、漕河航运、城市供水和污染治理等，都有专门的管理制度，既有国家大法，也有乡规民约，或载入法典，或立碑勒石，大多数都体现出了对自然规律的尊重和对环境的合理改造，表现出人与自然和谐的管理理念。相反一些错误的管理决策则造成了较为严重的后果与恶劣影响。如北宋神宗、哲宗时期“回河之争”，使并不复杂的黄河问题，演变成了政治斗争，再加上经济、民族矛盾，延误了治河时机，加之巡护不力，令黄河的河道更加紊乱，并屡次决口。还出现了三次强行回河、三次失败，酿成了重大事故的荒唐事件，使得百姓流离失所，庄稼颗粒无收、道路断绝。再如1128年黄河改道夺淮后，淮河下游改道，为了保证京杭运河畅通，在淮河、黄河和运河相交的清口兴建高家堰形成洪泽湖，强制淮河与黄河合流，结果导致黄河干流的大量泥沙在淮北平原淤积，造成了淮河行洪困难和中下游平原严重的渍涝灾害。

总的来说，中国古代水利管理中所蕴含的丰富科学思想、生态价值与人文情怀，都是值得我们借鉴与传承的，本书编著者以1949年以前的中国水利管理纪事遗产为导向，搜集整理了有关水利的管理建筑、管理碑碣、法规制度、管理文献等，以期能够对水利管理的文化遗产进行归纳总结，希望能为水利科学和工程技术的发展略尽绵薄之力。

由于编者见识有限，虽然尽可能地搜集资料，本书仍存在不少未尽与疏漏之处，敬请广大同仁与读者批评指正。

参考文献

[1] 管子 . 四部丛刊本 .

[2] 孟子 . 四部丛刊本 .

[3] 礼记 . 四部丛刊本 .

[4] 汉书 . 四部丛刊本 .

[5] 后汉书 . 四部丛刊本 .

[6] 晋书 . 四部丛刊本 .

[7] 隋书 . 四部丛刊本 .

[8] 白居易 . 白氏长庆集 . 四部丛刊本 .

[9] 刘禹锡 . 刘宾客文集 . 四部备要本，上海中华书局据结一庐朱氏刻本校刊。

[10] 文献通考 . 四部丛刊本 .

[11] 宋史 . 四部丛刊本 .

[12] 水利部编印《水利法规辑要》，民国三十六年（1947 年）五月增订。

[13] 陈全方 . 周原与周文化 [M]. 上海：上海人民出版社，1988.

[14] 薛允升 . 唐明律合编 [M]. 北京：法律出版社，1993.

[15] 范天平 . 豫西水碑钩沉 [M]. 西安：陕西人民出版社，2001.

[16] 谭徐明 . 中国灌溉与防洪史 [M]. 北京：中国水利水电出版社，2005.

[17] 张发民，刘璇 . 引泾记之碑文篇 [M]. 郑州：黄河水利出版社，2016.

[18] 南京博物院 . 大运河碑刻集（江苏）[M]. 南京：译林出版社，2019.

[19] 陈鸿钧，伍庆祥 . 广东碑刻铭文集（第一卷）[M]. 广州：广东高等教育出版社，2019.

[20] 朱海风，贾兵强，等 . 河南水文化史 [M]. 郑州：大象出版社，2020.

[21] 胡昌新 . 从吴江县水则碑探讨太湖历史洪水 [J]. 水文，1982（5）.

[22] 杨重华 .“丞相诸葛令”碑 [J]. 文物，1983（5）.

[23] 周魁一 . 水部式与唐代的农田水利管理 [J]. 历史地理（第四辑），1986.

[24] 史辅成 . 黄河碑刻题记与暴雨洪水 [J]. 人民黄河，1993（11）.

[25] 黄晓东 . 三峡洪水题刻：大水肆虐的证据 [J]. 中国三峡，2011（11）.

[26] 罗潜 . 关于中国古代水利文献的基础研究 [D]. 沈阳：辽宁大学，2011.

[27] 李岗 . 陕西泾阳发现明代洪堰制度碑 [J]. 农业考古，2017（3）.

[28] 忆江南 . 河南治水记忆：乾隆年间的豫东水利图碑 [J]. 美成在久，2021（5）.